21 世纪高等学校计算机教育实用规划教材

计算机组装与系统维护技术（第2版）

秦杰 主编
徐朝辉 赵淑梅 许德刚 副主编

清华大学出版社
北京

内容简介

本书面向计算机专业低年级学生及普通计算机用户，系统地介绍个人计算机(台式机、笔记本计算机、平板计算机)的选购、台式机的组装与升级，以及个人计算机系统维护的相关知识和操作，为选购、使用、维护个人计算机提供指导。

全书分为硬件篇和维护篇两部分，共16章。硬件篇(第1～第9章)详细介绍个人计算机常用硬件(主板、CPU、内存、硬盘、光驱、存储卡、显卡、显示器、机箱、电源、键盘、鼠标、手写板、打印机、扫描仪、投影机、数码相机以及常用网络设备)的组成、基本工作原理、分类以及关键性能指标；维护篇(第10～第16章)介绍台式机硬件组装过程、硬盘分区方法、系统软件安装过程、计算机系统的日常维护、硬件检测以及系统优化等常用工具软件的使用，重点介绍常见计算机故障的判别和故障处理法，并对笔记本计算机、平板计算机的主要性能指标、日常维护及选购方法进行了介绍。

本书将计算机组装与维护相关的知识与实践经验和方法紧密结合，内容通俗易懂，实用性强。可以作为高等学校计算机专业低年级学生的教材，也可以作为普通计算机用户及计算机爱好者了解个人计算机软硬件常识，进行计算机日常维护和常见故障处理的工具书。

图书在版编目(CIP)数据

计算机组装与系统维护技术/秦杰主编.--2版.--北京：清华大学出版社，2012.10(2016.7重印)
21世纪高等学校计算机教育实用规划教材
ISBN 978-7-302-29631-7

Ⅰ.①计…　Ⅱ.①秦…　Ⅲ.①电子计算机—组装　②电子计算机—维修　Ⅳ.①TP30

中国版本图书馆CIP数据核字(2012)第184218号

责任编辑：魏江江　赵晓宁
封面设计：常雪影
责任校对：李建庄
责任印制：何　芊

出版发行：清华大学出版社
网　　址：http://www.tup.com.cn，http://www.wqbook.com
地　　址：北京清华大学学研大厦A座　　邮　　编：100084
社 总 机：010-62770175　　邮　　购：010-62786544
投稿与读者服务：010-62776969，c-service@tup.tsinghua.edu.cn
质 量 反 馈：010-62772015，zhiliang@tup.tsinghua.edu.cn
课 件 下 载：http://www.tup.com.cn，010-62795954
印 刷 者：北京富博印刷有限公司
装 订 者：北京市密云县京文制本装订厂
经　　销：全国新华书店
开　　本：185mm×260mm　　印　张：22.5　　字　　数：552千字
版　　次：2010年3月第1版　　2012年10月第2版　　印　　次：2016年7月第5次印刷
印　　数：19501～20500
定　　价：35.00元

产品编号：046405-01

出版说明

随着我国高等教育规模的扩大以及产业结构调整的进一步完善，社会对高层次应用型人才的需求将更加迫切。各地高校紧密结合地方经济建设发展需要，科学运用市场调节机制，合理调整和配置教育资源，在改革和改造传统学科专业的基础上，加强工程型和应用型学科专业建设，积极设置主要面向地方支柱产业、高新技术产业、服务业的工程型和应用型学科专业，积极为地方经济建设输送各类应用型人才。各高校加大了使用信息科学等现代科学技术提升、改造传统学科专业的力度，从而实现传统学科专业向工程型和应用型学科专业的发展与转变。在发挥传统学科专业师资力量强、办学经验丰富、教学资源充裕等优势的同时，不断更新教学内容、改革课程体系，使工程型和应用型学科专业教育与经济建设相适应。计算机课程教学在从传统学科向工程型和应用型学科转变中起着至关重要的作用，工程型和应用型学科专业中的计算机课程设置、内容体系和教学手段及方法等也具有不同于传统学科的鲜明特点。

为了配合高校工程型和应用型学科专业的建设和发展，急需出版一批内容新、体系新、方法新、手段新的高水平计算机课程教材。目前，工程型和应用型学科专业计算机课程教材的建设工作仍滞后于教学改革的实践，如现有的计算机教材中有不少内容陈旧(依然用传统专业计算机教材代替工程型和应用型学科专业教材)，重理论、轻实践，不能满足新的教学计划、课程设置的需要；一些课程的教材可供选择的品种太少；一些基础课的教材虽然品种较多，但低水平重复严重；有些教材内容庞杂，书越编越厚；专业课教材、教学辅助教材及教学参考书短缺，等等，都不利于学生能力的提高和素质的培养。为此，在教育部相关教学指导委员会专家的指导和建议下，清华大学出版社组织出版本系列教材，以满足工程型和应用型学科专业计算机课程教学的需要。本系列教材在规划过程中体现了如下一些基本原则和特点。

(1) 面向工程型与应用型学科专业，强调计算机在各专业中的应用。教材内容坚持基本理论适度，反映基本理论和原理的综合应用，强调实践和应用环节。

(2) 反映教学需要，促进教学发展。教材规划以新的工程型和应用型专业目录为依据。教材要适应多样化的教学需要，正确把握教学内容和课程体系的改革方向，在选择教材内容和编写体系时注意体现素质教育、创新能力与实践能力的培养，为学生知识、能力、素质协调发展创造条件。

(3) 实施精品战略，突出重点，保证质量。规划教材建设仍然把重点放在公共基础课和专业基础课的教材建设上；特别注意选择并安排一部分原来基础比较好的优秀教材或讲义修订再版，逐步形成精品教材；提倡并鼓励编写体现工程型和应用型专业教学内容和课程体系改革成果的教材。

(4) 主张一纲多本,合理配套。基础课和专业基础课教材要配套,同一门课程可以有多本具有不同内容特点的教材。处理好教材统一性与多样化,基本教材与辅助教材,教学参考书,文字教材与软件教材的关系,实现教材系列资源配套。

(5) 依靠专家,择优选用。在制订教材规划时要依靠各课程专家在调查研究本课程教材建设现状的基础上提出规划选题。在落实主编人选时,要引入竞争机制,通过申报、评审确定主编。书稿完成后要认真实行审稿程序,确保出书质量。

繁荣教材出版事业,提高教材质量的关键是教师。建立一支高水平的以老带新的教材编写队伍才能保证教材的编写质量和建设力度,希望有志于教材建设的教师能够加入到我们的编写队伍中来。

21世纪高等学校计算机教育实用规划教材编委会

联系人:魏江江 weijj@tup.tsinghua.edu.cn

第2版前言

本书是清华大学出版社《计算机组装与系统维护技术》2010版的第2版。与第1版相比，主要改变包括添加了关于平板计算机的专题知识介绍；更加侧重介绍使用计算机过程中常见问题的处理方法；添加了自2010年以来个人计算机技术方面的最新知识介绍；对第1版的全部内容进行了修订。

个人计算机(台式机、笔记本计算机、平板计算机)已经成为人们日常学习、办公的必备工具，在选购和使用个人计算机的过程中人们遇到了许多的问题，虽然目前讲授计算机组装与维护的教材已经很多，但大多偏重计算机配件基本知识的讲解，对于日常使用计算机时的常见问题处理以及常用系统维护工具软件的介绍内容偏少；另外，虽然目前笔记本计算机、平板计算机的应用越来越广泛，但是有关笔记本计算机和平板计算机的使用常识以及日常维护方面的书籍并不多见。全面系统地介绍个人计算机的选购、零部件组装以及系统维护方面的相关知识和具体操作方法，为选购和日常使用个人计算机提供指导，是本书的写作初衷。

在本书作者维修计算机的过程中，以及讲授"计算机组装与维护"这门课程时，发现许多用户和学生对计算机相关部件的发展历程以及常用的计算机专业名词十分感兴趣，而现有教材关于这方面的知识介绍并不多，为了方便对计算机硬件知识感兴趣的学生和读者了解计算机各个部件的发展变化历程，本书在介绍计算机常用部件最新知识的基础上，添加了大量与计算机常用部件相关的知识介绍，例如关于内存方面，不仅介绍了最新的DDR3内存的技术规范及其选购要点，还对内存的发展历程进行了通俗易懂的介绍，使读者能够对计算机各个部件的来龙去脉有一个感性的认识。

本书还侧重介绍在日常使用计算机时的基本常识，以及常见问题和故障的处理方法，提供在选购计算机、组装或者升级计算机时所必需的基本知识和基本方法，基于此种考虑，本书将内容划分为硬件篇和维护篇两部分。硬件篇(第1～第9章)详细介绍个人计算机常用硬件(主板、CPU、内存、硬盘、光驱、存储卡、显卡、显示器、机箱、电源、键盘、鼠标、手写板、打印机、扫描仪、数码相机、投影机以及常用网络设备)的组成、基本工作原理、分类及其关键性能指标；维护篇(第10～第16章)介绍台式机硬件组装过程、硬盘分区方法、系统软件安装过程、计算机系统的日常维护、硬件检测以及系统优化等常用工具软件的使用和常见计算机故障的维护维修方法；并对笔记本计算机、平板计算机的分类、主要性能指标、选购以及日常维护方法进行了介绍。

参与本书编写的作者均为具有多年个人计算机维修经验，并且多次讲授计算机组装与系统维护方面课程的教师，具有较为丰富的实践经验和教学体会，因此能够较为准确地把握初学者的兴趣点以及常见计算机故障的现象和处理方法。本书把认识个人计算机各组成部件,掌握各个部件的选购方法,学会组装个人计算机,了解计算机使用常识,掌握各种常见故障的处理方法作为编写重点,通过简单具体的操作方法告诉读者如何解决使用计算机的过程中常见的问题。

本书将计算机组装与维护相关的理论知识与实践经验紧密结合,参考资料主要从原始技术文档和相关软硬件的官方网站上翻译、总结而来,内容力求准确、权威;与本书配套的电子教案及习题解答可供教师及学生参考。

本书由秦杰任主编,徐朝辉、赵淑梅、许德刚任副主编,参加编写工作的还有张文杰老师、李国平老师和乔蕊老师。其中,徐朝辉老师编写第5、第6和第11章,赵淑梅老师编写第9、第10和第13章,许德刚老师编写第1、第15和第16章,张文杰老师编写第7和第12章,李国平老师编写第3和第4章,周口师范学院的乔蕊老师编写第2章和第8章,秦杰负责书中其余内容编写及全书通稿和最终修改。由于作者水平所限,错误和不足之处在所难免,欢迎同行和读者提出宝贵意见。

书中参考了大量互联网上的最新技术资料,在此向相关作者及网站表示感谢。

本书的写作得到清华大学出版社的大力支持,在此表示感谢。

秦　杰

qinjie0160@163.com

2012年8月于郑州

第1版前言

本书所述“计算机”指个人计算机(PC)。个人计算机已经成为人们日常学习、办公的必备工具，在选购和使用个人计算机的过程中人们遇到了许多问题，因此，关于个人计算机组装与维护方面的课程已经成为普通高等院校信息技术方面的公共基础课程，虽然目前讲授计算机组装与维护的教材已经很多，但现有教材大多偏重电脑配件基本知识的讲解，对于日常使用计算机时的常见问题处理以及常用系统维护工具软件的介绍内容偏少；另外，虽然目前笔记本电脑的应用越来越广泛，但是有关笔记本电脑的使用常识以及日常维护方面的书籍并不多见。全面而又系统地介绍个人计算机的选购、零部件组装以及系统维护方面的相关知识和具体操作方法，为选购和日常使用个人计算机提供指导，正是本书的写作初衷。

在本书作者维修计算机的过程中，以及讲授“计算机组装与维护”这门课程时，发现许多用户和学生对计算机相关部件的发展历程以及常用的计算机专业名词十分感兴趣，而现有教材关于这方面知识的介绍并不多，为了方便对计算机硬件知识感兴趣的学生和读者了解计算机各个部件的发展变化历程，本书在介绍计算机常用部件最新知识的基础上，添加了大量与计算机常用部件相关的知识介绍。例如关于内存方面，不仅介绍了最新的DDR3内存的技术规范及其选购要点，还对内存的发展历程进行了通俗易懂的介绍，从而使读者能够对计算机各个部件的来龙去脉有一个感性的认识，能够知其然，而且知其所以然。

本书还侧重介绍在日常使用计算机时的基本常识，以及常见问题和故障的处理方法，提供在选购计算机、组装或者升级计算机时所必需的基本知识和基本方法，基于此种考虑，本书将内容设置为硬件篇和维护篇两部分。硬件篇(第1章至第10章)详细介绍了当前个人计算机常用硬件(主板、CPU、内存、硬盘、光驱、存储卡、显卡、显示器、机箱、电源、键盘、鼠标、手写板、打印机、扫描仪、数码相机以及常用网络设备)的组成、基本工作原理、分类及其关键性能指标，详细讲解了个人计算机硬件组装过程；维护篇(第11章至第14章)介绍系统软件安装过程、计算机系统的日常维护、硬件检测以及系统优化等常用工具软件的使用和常见计算机故障的维护维修方法；并对笔记本电脑的主要性能指标、日常维护以及使用技巧进行了介绍。

参与本书编写的老师均为具有多年个人计算机维修经验，并且多次讲授计算机组装与系统维护方面课程的教师，具有较为丰富的实践经验和教学体会，因此能够较为准确地把握初学者的兴趣点以及常见计算机故障的现象及处理方法。本书摆脱了以往计算机组装与维护教材以讲授计算机配件结构和工作原理为重点的编写思路，把认识个人计算机各组成部件、掌握各个部件的选购方法、学会组装个人计算机、了解计算机使用常识以及掌握各种常见故障的处理方法作为编写重点，尽量避免理论的说教，通过简单具体的操作方法来告诉读者如何解决日常使用计算机中常见的问题。

本书将计算机组装与维护相关的理论与实践经验和方法紧密结合,内容准确、权威,参考资料主要从原始技术文档和相关官方网站上翻译、总结而来;内容涉及面较广,且有一定深度。与本书配套的电子教案及习题解答可供教师及学生参考。

本书内容通俗易懂,实用性强。可以作为高等学校计算机专业低年级学生以及非计算机专业学生计算机组装与维护或者计算机系统维护方面的教材,也可以作为普通计算机用户及计算机爱好者了解个人计算机硬件常识,以及计算机维修和日常维护方面的工具书。

本书由秦杰任主编,许德刚任副主编,参加编写工作的还有杨爱梅老师和周德祥老师。其中秦杰老师编写第1、2、12、14章及附录,许德刚老师编写第3、4、5、6、7、8章,杨爱梅老师编写第11、13章,周德祥老师编写第9、10章,全书由秦杰老师负责统稿和最终修改。

由于作者水平所限,错误和不足之处在所难免,欢迎同行和读者提出宝贵意见。

书中参考了互联网上的最新技术资料,在此向相关作者及网站表示感谢。

作　者

目　　录

第1章　计算机系统概述

本章学习目标

- 了解计算机发展历史；
- 了解计算机工作原理；
- 了解个人计算机的种类；
- 了解计算机升级的相关知识；
- 掌握计算机常用术语。

计算机是一种能够按照指令对各种信息进行加工和处理的电子设备。

计算机在现代生产和生活中的作用越来越重要。对于一般计算机使用者来说，如何选择一台适用的计算机；在使用计算机时，如何对其进行简单的维护，使计算机能够发挥理想的性能；当计算机发生故障时，如何进行处理等，了解和掌握这些问题的解决方法很有益处。本章主要介绍计算机的基础知识。

1.1　计算机发展史

自1946年第一台电子计算机ENIAC出现至今，组成计算机的主要元器件经历了电子管、晶体管、集成电路和超大规模集成电路4个发展阶段，计算机的体积越来越小，功能越来越强，价格越来越低，应用越来越广泛，表1-1是对计算机各个发展阶段的概括。目前计算机正朝智能化程度更高的第五代计算机方向发展，将出现一些新型计算机，如超导计算机、生物计算机、纳米计算机、光计算机和量子计算机等。

表1-1　计算机发展史简表

	起止年代	主要元件	主要元件图例	速度/次/秒	特点及应用领域
第一代	1946年至1958年	电子管		5千～1万	体积巨大，运算速度低，存储容量小，耗电量大，价格昂贵。使用不方便，主要用于科学计算
第二代	1958年至1965年	晶体管		几万～几十万	速度提高，体积减小。用于科学计算、数据处理和事务处理及工业控制

续表

	起止年代	主要元件	主要元件图例	速度/次/秒	特点及应用领域
第三代	1965年至1970年	中、小规模集成电路		几十万～几百万	出现操作系统。拓展到文字处理、企业管理、自动控制、交通管理、情报检索等领域
第四代	1970年以后	大规模和超大规模集成电路		几千万～数十亿	性能大幅提高,体积进一步缩小,价格大幅降低,广泛应用于各个领域

根据计算机的功能和技术指标差异,通常将计算机分为巨型机、大型机、中型机、小型机、图形工作站、微型机等类型。图形工作站(简称工作站)的性能介于小型机与微型机之间,有较强的图形处理能力,主要用于工程设计。由于计算机技术发展迅速,上述分类也是相对的,界限不是十分明显,并且随着时间的推移而不断变化。比如,目前高配置的微型机性能已超过了10年前的小型机甚至中、大型机。

微型机种类繁多、用途广泛,常见的台式机、笔记本计算机、平板计算机都属于微型机。

1.2 计算机的工作原理

尽管不同类型计算机在性能、结构、应用等方面存在差别,但是基本组成结构相同。目前常见的计算机硬件系统结构采用美籍匈牙利数学家冯·诺依曼提出的模型。

1.2.1 冯·诺依曼模型

1944年8月冯·诺依曼提出了冯·诺依曼计算机模型。该模型确立了现代计算机的基本结构,即冯·诺依曼结构,其特点如下。

1. 计算机的硬件结构

计算机硬件由运算器、控制器、存储器、输入设备和输出设备5大基本部件组成。

2. 采用二进制

计算机内部运算采用二进制,二进制具有以下优点。

① 技术上容易实现。用双稳态电路表示二进制数字0和1很容易。

② 可靠性高。二进制只使用0和1两个数字,传输和处理时不易出错。

③ 运算规则简单。与十进制数相比,二进制数的运算规则要简单得多,不仅可以使运算器的结构简化,而且有利于提高运算速度。

④ 与逻辑量相吻合。二进制数0和1正好与逻辑量“真”和“假”相对应,因此用二进制数表示二值逻辑十分自然。

⑤ 二进制数与十进制数之间的转换规则简单。计算机能够将十进制数自动转换成二进制数存储和处理,输出处理结果时,将二进制数自动转换成十进制数。

3. 存储程序控制

程序(数据和指令序列)预先存放在存储器中,计算机工作时能够自动高速地从存储器中取出指令，并加以执行。

1.2.2 计算机的工作过程

冯·诺依曼将一台计算机描述成5个部分：运算器、控制器、存储器、输入设备和输出设备。这些部件通过不同用途的数据传输线路（总线）连接，并且由一个时钟来驱动。

控制器负责从存储器和输入输出设备读取指令和数据，对指令进行解码，向运算器提交符合指令要求的输入数据，告知运算器对数据做哪些运算、计算结果送往何处。

1980年以后，运算器和控制器被整合到一块集成电路上，称作中央处理器（Central Processing Unit，CPU）。这类计算机的工作模式很直观：计算机先从存储器中获取指令和数据，然后执行指令，存储数据，再获取下一条指令。这个过程被反复执行，直至遇到一条终止指令。

处理问题的步骤、方法和所需的数据的描述称为程序，换句话说，程序就是由多条有逻辑关系的指令按一定顺序组成的对计算过程的描述。在计算机中，程序和数据均以二进制代码的形式存放在存储器中，存放位置由地址指定，地址也用二进制数形式表示。

计算机工作时，由控制器控制整个程序和数据的存取以及程序的执行，而控制器本身也要根据指令来进行工作，计算机工作过程如图1-1所示。

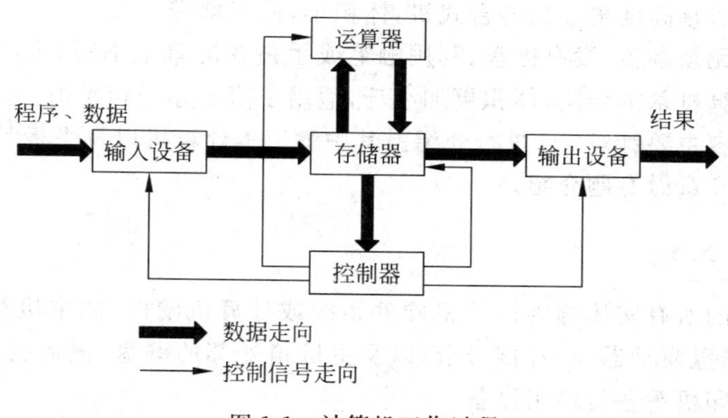

图1-1 计算机工作过程

根据冯·诺依曼计算机模型，计算机能自动执行程序，而执行程序又归结为逐条执行指令。执行一条指令分为以下5个基本操作。

① 取指令：从存储器某个地址单元中取出要执行的指令送到CPU内部的指令寄存器。

② 分析指令：或称指令译码，把保存在指令寄存器中的指令送到指令译码器，译出该指令对应的操作信号。

③ 取操作数：如果需要，发出取数据命令，到存储器取出所需的操作数。

④ 执行指令：根据指令译码，向各个部件发出相应控制信号，完成指令规定的操作。

⑤ 保存结果：如果需要保存计算结果，则把结果保存到指定的存储器单元中。

随着信息技术的发展，文字、图像、声音等各种各样的信息经过编码处理，都可以变成数据。计算机能够实现多媒体信息（图形、图像、动画、声音）的处理。

1.3 计算机系统组成

计算机系统由硬件系统和软件系统两大部分构成。硬件系统是指计算机实体,包括输入设备、输出设备、存储设备、CPU等。软件系统包括系统软件和应用软件。系统软件是指保障计算机系统正常运行的基础环境软件和用来开发新程序的基本工具软件。应用软件是指那些建立在系统软件之上的专门用于解决某个实用问题的软件。

1.4 个人计算机简介

个人计算机(Personal Computer,PC),俗称个人计算机、计算机,属于微型机的一个分支。PC由主机板、CPU、内存、硬盘、光驱、显卡、显示器、键盘、鼠标、机箱、电源等多个零部件组成。

PC可以分为:台式计算机、笔记本计算机、平板计算机三大类。

台式计算机(台式机)体积大,不宜移动,但可操作性、耐用性、扩展性好,价格便宜,维修简便,适合在家庭、办公室、机房等固定的环境使用。

笔记本计算机是高度集成化的台式机,体积小,便于携带。

平板计算机无须翻盖、没有键盘、利用触笔或手指在屏幕上书写,大小不等、形状各异,构成与笔记本计算机基本相同,体积更加小巧,适用于简单办公和娱乐。

本书后续内容主要针对PC进行介绍。其中笔记本计算机以及平板计算机的相关知识将在第15和第16章做专题介绍。

1.4.1 硬件系统

组成计算机的所有实体称为计算机硬件系统或计算机硬件,如主机箱内部的CPU、主板、内存、硬盘、光盘驱动器、各种接口卡,以及主机箱外部的键盘、鼠标、扫描仪等各类输入设备,显示器、打印机等各类输出设备。

1. 中央处理器

中央处理器是计算机硬件的核心部件,是整个计算机的控制指挥中心,其性能大致上反映了计算机的性能。图1-2所示是CPU外观。

CPU的附件:CPU风扇。由于CPU运行速度越来越快,功率也越来越大,为了使CPU运行中产生的热能及时散发,避免烧坏CPU,通常在CPU上安装一个风扇,图1-3所示是常见的CPU风扇。

(a) 正面

(b) 引脚

图1-2 CPU外观

图1-3 CPU风扇

2. 主机板

主机板简称主板，是计算机中最大的一块多层印制电路板，上面有 CPU 插槽、内存插槽，及其他外设接口电路的插槽，还有 CPU 与内存、外设数据传输的控制芯片（即主板“芯片组”），图 1-4 所示是一款主板外观。主板性能直接影响整个计算机系统的性能。

图 1-4　主板

主板与 CPU 密切相关，必须根据 CPU 类型选购相应的主板。

3. 内存

内存也称内存条，是计算机在运行过程中临时存储数据的场所，也是 CPU 与其他设备进行信息沟通的桥梁。当前使用的主要有 DDRⅡ、DDRⅢ内存，形状如图 1-5 所示。

图 1-5　内存条

4. 硬盘

计算机的绝大部分数据存储在硬盘中，如操作系统、应用程序以及各种数据等。常见硬盘外观如图 1-6 所示。

固态硬盘是一种新型硬盘，比传统硬盘速度快、体积小，正在逐步取代传统硬盘。

5. 显示卡

显示卡简称显卡，又称显示适配器，是主机与显示器通信的控制电路和接口，负责将主机发出的数字信息转换为图形信号送给显示器显示，图 1-7 显示了常见显卡的外观。

图 1-6 硬盘

图 1-7 显示卡

6. 显示器

显示器是计算机的输出设备。输入的命令、计算机执行的结果最直观的方式就是通过显示器显示出来。显示器主要有液晶显示器与 CRT 显示器两大类,目前液晶显示器是主流,图 1-8 显示了这两种显示器的外观。

(a) 液晶显示器

(b) CRT显示器

图 1-8 显示器

7. 移动存储设备

软盘(软磁盘)曾经是使用最频繁的小容量移动存储设备,常用的软盘直径 3.5 英寸(俗称 3 寸盘),容量 1.44MB。软驱(软盘驱动器)用于对软盘的读写。图 1-9 显示了 3.5 英寸软驱和软盘外观。现在软盘已被优盘(U 盘)取代,计算机不再安装软驱。

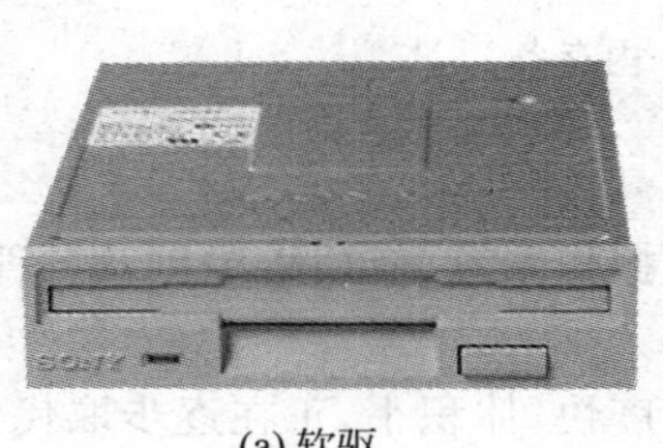

(a) 软驱

(b) 软盘

图 1-9 软驱和软盘

U 盘是一种使用 Flash(闪存)芯片作为存储介质的移动存储设备,具有容量大,重量轻,体积小,稳定性好、可以带电插拔(热插拔)等优点,是目前应用最广泛的移动存储设备之一,使用时插入到相应的 USB 接口即可。图 1-10 是一款 U 盘的外观。

光盘也是一种常用的移动存储设备,光盘通过光盘驱动器(光驱)进行读写。光盘有 CD-ROM、CD-R/W、DVD-ROM,DVD-R/W、蓝光光盘等类型,容量依次增大。图 1-11 展示了 DVD 光驱。

图 1-10　U 盘

图 1-11　DVD-ROM

8. 声卡和音箱

声卡是计算机的音频设备,负责将麦克风(MIC)送入的模拟信号转换为计算机可以存储的数字音频信号,以及将数字音频信号转换为模拟声音信号传送给音箱或耳机发出声音,图 1-12 展示了一款常见声卡。

声卡一侧有 3～6 个插孔,分别是 Speak Out(音箱输出)、Line out(线路输出)、Line in(线路输入)、Mic In(麦克风输入)、MIDI 和 GAME Port(数字音乐和游戏端口)。

音箱是计算机的发声装置,负责将声卡送来的模拟音频信号放大并驱动喇叭发出声音,图 1-13 展示了一款具有 5.1 声道(左右两路主声道、中置声道、左右两路环绕声道和一个重低音声道)的音箱。

图 1-12　声卡

图 1-13　音箱

9. 键盘和鼠标

键盘是向计算机输入数据和指令的设备。鼠标是计算机中的定点式输入设备,在图形环境下使用鼠标可以方便计算机的使用,图 1-14 展示了常见的鼠标和键盘外观。

10. 机箱和电源

机箱的作用是保护主机内部的硬件设备,屏蔽外界电磁场的干扰。电源(电源适配器)负责将交流电转换为计算机硬件工作所需要的直流电。图 1-15 展示了常见的机箱和电源外观。

图 1-14 键盘和鼠标

图 1-15 机箱和电源

1.4.2 软件系统

只有配备相应的操作系统和应用软件,计算机才能工作。计算机的软件分两大类:系统软件和应用软件。

操作系统是所有软件系统的核心,由一组程序构成,负责控制和管理计算机的软件资源和硬件资源,是应用软件与计算机硬件之间的桥梁。

操作系统分为单机操作系统(DOS、Windows、MacOS、Linux 等)和网络操作系统(UNIX、Linux 等)。个人计算机常用的是单机操作系统,如 Windows、Linux。

应用软件是为解决各类实际问题而编写的各种计算机程序及其相关文档,如办公软件 WPS、Office 等;数据库软件(Oracle、SQL Server 等);杀毒软件;Internet 浏览器;网页开发软件(FrontPage、Flash 等);图像处理软件(如 Photoshop、3d Studio MAX 等);数学软件包(Matlab、MathCAD 等);计算机辅助设计软件;多媒体开发软件(Authorware、Director 等);游戏软件等。

1.4.3 计算机系统的升级

计算机系统的升级包括硬件升级和软件升级两部分。计算机升级的目的是提高整个系统的性能,如提高运算速度、增大存储容量、扩充计算机的功能等。

1. 硬件升级

硬件升级主要是指更换或添加计算机的硬件设备,从而达到提升系统性能的目的。硬件升级的前提:更换或添加的部件必须与计算机其他的部件能够更加协调地工作。

台式机可以升级的部件有主板、硬盘、内存、显卡、显示器。

笔记本可以升级的部件有硬盘、内存。

主板升级有两种形式：一是更换新型主板，这种升级方式代价较大，但对系统性能提升非常有效；二是升级主板 BIOS 程序，能够在一定程度上改善主板的工作性能。

硬盘升级一般是更换更大容量、更高速度的硬盘，或者增加一块硬盘。

内存升级是指更换或者添加内存条，以扩充内存容量，或者采用更高速度的内存。

显卡升级是指更换新型显卡。

显示器升级一般是指更换新型显示器或者更大屏幕的显示器。

一般情况下，扩充内存容量和更换显卡是最简单、有效的硬件升级方法。

2. 软件升级

软件升级包括驱动程序升级、操作系统升级、应用软件升级。

驱动程序升级是指更新计算机硬件的驱动程序，从而使计算机硬件能够更加有效的工作。操作系统升级是指安装各种补丁程序，使操作系统更加安全可靠的工作；或者采用更高版本的操作系统。应用软件升级是指更新应用软件的版本。

1.5 计算机组装流程

表 1-2 所示是台式机的组装流程。本书后面章节将对涉及的各个部件进行详细介绍。

表 1-2 计算机组装步骤

步骤	工作内容	说明
1	准备工作	装机工具、配件以及系统软件、驱动程序等准备齐全
2	机箱的安装	主要是对机箱进行拆封，并且将电源安装在机箱里
3	CPU 的安装	在主板处理器插座上安装 CPU，并且安装上散热风扇
4	内存条的安装	将内存条插入主板内存插槽中
5	主板的安装	设置好主板跳线，将主板安装在机箱主板上
6	显卡、声卡及其他板卡的安装	根据显卡、声卡以及其他板卡的结构在主板中选择合适的插槽
7	存储设备的安装	主要是安装硬盘、光驱
8	主板连线	硬盘、光驱电源线和数据线的连接以及各种指示灯、电源开关线、音频线、PC 喇叭的连接
9	输入设备的安装	连接键盘、鼠标与主机一体化
10	输出设备的安装	显示器、音箱等设备的安装
11	连接主机电源	主机箱、显示器等连接电源，准备进行测试
12	开机测试	给机器加电，若显示器能够正常显示，表明初装已经正确，此时进入 BIOS 进行系统初始设置
13	安装系统软件	利用系统软件可管理使用各种硬件资源，可安装微软或其他公司提供的操作系统
14	安装驱动程序	驱动程序是计算机硬件与操作系统之间联系的桥梁
15	安装应用软件	首先应当安装安全防护软件

笔记本计算机以及平板计算机的选购与维护将在第 15 和第 16 章专门介绍。

1.6 计算机常用术语

1.6.1 程序的概念

计算机程序：是按一定顺序编排的，能完成一定功能的指令序列。

指令：是计算机完成某个基本操作的命令。指令能被计算机硬件理解并执行。一条指令就是计算机机器语言的一个语句，是程序设计的最小语言单位。一条指令通常由两个部分组成：操作码和操作数。

操作码：指明该指令要完成的操作的类型或性质，如取数、做加法或输出数据等。

操作数：指明操作对象的内容或所在的存储单元地址(地址码)，操作数在大多数情况下是地址码，地址码可以有0～3个。

计算机的指令系统是指计算机所能执行的所有指令的集合。不同类型的计算机的指令系统有差异，其指令内容和格式有所不同。

计算机指令系统发展有两个截然相反的方向：RISC和CISC。

精简指令系统计算机(Reduced Instruction Set Computer，RISC)尽量简化指令功能，只保留那些功能简单，能在一个脉冲内执行完成的指令，较复杂的功能通过子程序来实现。RISC指令系统指令条数少、寻址方式少、指令长度固定。

复杂指令系统计算机(Complex Instruction Set Computer，CISC)，指令系统丰富，把一些原来由软件实现的、常用的功能用硬件指令实现。CISC计算机的CPU设计比较复杂。个人计算机的CPU是改进了的CISC。

1.6.2 存储单元

为便于对计算机内的数据进行有效的管理和存储，需要对存储单元编号，即给每个存储单元(每个字节)一个地址。每个存储单元存放一个字节的数据。如果需要对某一个存储单元进行存储，必须先知道该单元的地址，然后才能对该单元进行信息的存取。计算机内所有的信息都以二进制形式表示，单位是位(b)。

位(bit，b)：计算机只认识由0或1组成的二进制数，二进制数中的每个0或1就是信息的最小单位，称为“位”。

字节(B)：是衡量计算机存储容量的单位。一个8位的二进制数称一个字节(Byte，B)。在计算机内部，一个字节可以表示一个数字、一个英文字母或其他特殊字符，二个字节可以表示一个汉字。

字：是计算机一次存储或处理的二进制数的位数。

字长：一个字中包含二进制数位数的多少称为字长。字长是衡量计算机计算精度的一项重要指标。字长与CPU中寄存器位数有关。字长越长，数的表示范围也越大，精度越高。

存储器的容量以字节为单位描述。常用单位有b、B、KB、MB、GB、TB、PB、EB等，在计算机中有以下换算关系。

$$1B=8b$$

1KB＝1024B

1MB＝1024KB＝1 048 576B

1GB＝1024MB＝1 073 741 824B

1TB＝1024GB＝1 099 511 627 776B

1PB＝1024TB

1EB＝1024PB

1.6.3 速度单位

计算机的运算速度与许多因素有关，如CPU的工作频率、执行的操作类型、主存的速度（主存速度快，取指、取数就快）、主板的性能等。早期用完成一次加法或乘法所需的时间来衡量运算速度，不是很合理。

运算速度一般采用单位时间内执行指令的平均条数来衡量，用MIPS(Million Instruction Per Second)作为计量单位，即每秒处理百万条机器语言指令数，也是衡量CPU速度的一个指标。如某计算机每秒能执行200万条指令，记作2MIPS。也有用CPI(Cycle Per Instruction)即执行一条指令所需的时钟周期（主频的倒数）数，或用FLOPS(Floating Point Operation Per Second)即每秒浮点运算次数来衡量运算速度。

数据传输速度一般用每秒钟传输位数b/s或bps(Bits Per Second)，或每秒钟传输字节数Bps或B/s(Bytes Per Second)表示，如，某网络的速度为2Mb/s，也可以表示为250KB/s或250KBps，表示该网络的数据传输速度为每秒钟250KB或2Mb。

1.7 本章小结

本章简要介绍了现代计算机的发展历史、工作原理，以及个人计算机的种类和基本构成；并对个人计算机的升级和台式机的组装流程，以及计算机常用术语作了简要介绍。本章是本书后续内容的概括和基础。

习题 1

1. 填空题

(1) ________年，美国宾夕法尼亚大学研制成功了世界上第一台电子计算机________，标志着电子计算机时代的到来。随着电子技术，特别是微电子技术的发展，依次出现了分别以________、________、________和________等为主要元件的电子计算机。

(2) 计算机系统通常由________和________两大部分组成。

(3) 计算机软件系统分为________和________两大类。

(4) 中央处理器简称________，是计算机硬件系统的核心，主要包括________和________两个部件。

(5) 计算机的外设很多，主要分成两大类，其中，显示器、音箱属于________，键盘、鼠标、扫描仪属于________。

(6) 计算机硬件和计算机软件既相互依存，又互为补充。可以这样说，________是计算机系统的躯体,________是计算机的头脑和灵魂。

2. 选择题

(1) 下面的________设备属于输出设备。

A. 键盘　　B. 鼠标　　C. 扫描仪　　D. 打印机

(2) 目前,世界上最大的CPU及相关芯片制造商是________。

A. Intel　　B. IBM　　C. Microsoft　　D. AMD

(3) 微型计算机系统由________和________两大部分组成。

A. 硬件系统 软件系统　　B. 显示器 机箱

C. 输入设备 输出设备　　D. 微处理器 电源

(4) 计算机的所有动作都受________控制。

A. CPU　　B. 主板　　C. 内存　　D. 鼠标

(5) 下列不属于输入设备的是________。

A. 键盘　　B. 鼠标　　C. 扫描仪　　D. 投影机

(6) 下列部件中,属于计算机系统记忆部件的是________。

A. CD-ROM　　B. 硬盘　　C. 内存　　D. 显示器

3. 判断题

(1) 计算机中信息是以十进制形式来编码存储的。

(2) 用高级程序设计语言编写的程序,计算机可以直接执行。

(3) 计算机运行时,CPU可以直接执行硬盘中的数据。

(4) PC也是微机。

4. 简答题

(1) 计算机硬件主要有哪些部件组成?

(2) 计算机组装的主要步骤有哪些?

第2章 计算机主板

本章学习目标

- 了解计算机主板的作用及类型；
- 熟悉主板的各组成部分及其功能；
- 掌握主板的选购策略；
- 了解安装主板的方法。

主板又叫主机板(Mainboard)、系统板(Systemboard)和母板(Motherboard)，是CPU连接计算机其他硬件的纽带，CPU、内存、显卡等均通过主板上相应的插座(插槽)安装在主板上，主板负责CPU与计算机其他部件的信息传递与控制。主板的性能直接影响计算机的整体性能。其作用类似于人体的躯干和神经传导系统。

2.1 主板概述

主板是一块矩形电路板，上面有插槽、芯片、电阻、电容等。主板安装在机箱内，是计算机最基本的也是最重要的部件之一。主板有多种不同的外观和结构，主板的接口形式决定了CPU、内存以及其他扩展卡部件的选择。

主板BIOS(基本输入输出系统)和芯片组对主板所承载的其他硬件设备性能的发挥起关键作用。开机启动时，BIOS检测各种硬件的工作状态，并引导操作系统工作。计算机的所有输入输出过程都由主板上的芯片组(南北桥芯片)控制。

主板主要由以下功能部件组成。

(1) 芯片组：是主板上比较大的芯片。作用是协调CPU与内存、显卡以及各种外部设备的数据通信。主要包括南桥和北桥，南桥主要负责对I/O设备的管理，北桥主要负责对内存的管理。

(2) CPU插座：用于安装CPU。

(3) 内存条插槽：用于安装内存条。

(4) 各类板卡插槽：用于安装显卡等设备接口卡。

(5) 数据线接口：用于连接硬盘、光驱等数据存储设备。

(6) 键盘、鼠标、打印机等接口。

(7) USB接口：用于连接U盘、移动硬盘、键盘、鼠标、打印机等具备USB接口的设备。

(8) BIOS芯片(Basic Input/Output System)：用于设置硬件的参数、引导计算机启动、对各个硬件进行检测、控制基本输入/输出系统。

(9) 电池：用于关机后，提供主板上部分器件工作的持续电力，如时钟的运行。

(10) 各种跳线：用于设置主板、内存、CPU的工作频率，以及清除硬件密码等。

(11) 电源开关、硬盘灯、电源灯、喇叭等连接点。

(12) 电源接口：为主板提供低压直流电力供应。

2.2 主板的组成及相关技术规范

不同品牌、型号的主板外观结构稍有差别，但主板上主要部件的样式基本相同。图2-1展示了一款主板外观。

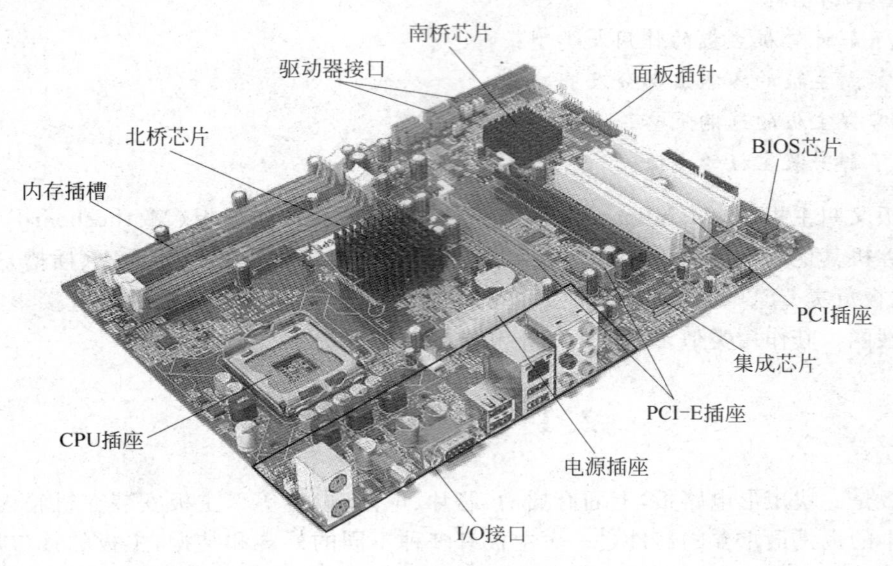

图2-1 计算机主板结构

1. CPU接口

CPU通过专门的接口与主板连接才能工作。CPU插座(Socket)或插槽(Slot)就是用来安装CPU的接口。

1) Socket插座

Socket插座为方形，上面分布着数量不等的针脚孔或金属触点，如图2-2所示。Socket是一种零插拔力(ZIF)插座，通过一个小杠杆将CPU卡紧，便于CPU安装和拆卸。

由于CPU的针脚排列大致成对称的方形，为了安装方便，CPU及CPU插座都采用了防“插反”设计。例如，图2-2(a)中CPU插座左下方的边角，与其他三个角是不一样的。

2) Slot插槽

Slot插槽是奔腾2、奔腾3档次的CPU采用的接口形式，为一条细长插槽，如图2-3所示。它主要有支持Intel PⅡ、PⅢ CPU的Slot 1和Slot 2插槽，支持AMD CPU的Slot A插槽，它们之间互不兼容。

2. 内存插槽

根据内存条与内存插槽的连接方式差异，内存插槽分为单内联内存模块(single inline

(a) 针脚孔类型的CPU插座

(b) 金属触点类型的CPU插座

图 2-2　CPU 插座

图 2-3　Slot 插槽类型主板

memory module,SIMM)和双内联内存模块(dual inline memory module,DIMM)两种,SIMM 已被淘汰。

DIMM 内存条有同步动态随机存取存储器(synchronous dynamic RAM,SDRAM)、总线式动态随机存取存储器(rambus dynamic RAM,RDRAM)和双倍数据速率(double data rate,DDR)SDRAM、DDR2 SDRAM、DDR3 SDRAM。这五种内存条的引脚、工作电压、性能各不相同,与之配套的内存插槽也不同,图 2-4 所示是主板上不同内存插槽的外观。

SDRAM 为 168 线,槽口有两个分隔。RDRAM 是 184 线,槽口也有两个分隔,但与 168 线 SDRAM 分隔的位置不同。DDR 内存为 184 线,槽口有一个分隔。

DDR2 和 DDR3 内存都是 240 线,都只有一个分隔,但二者分隔的位置不同。

3. BIOS 芯片、CMOS 芯片

1) BIOS 芯片

基本输入输出系统(basic input output system,BIOS)是一组固化到主板上一个 ROM 芯片上的程序,包括计算机最重要的基本输入输出的程序、系统设置信息、开机后自检程序和系统自启动程序。存储这些程序的 ROM 芯片称为 BIOS 芯片,为计算机提供最底层的、

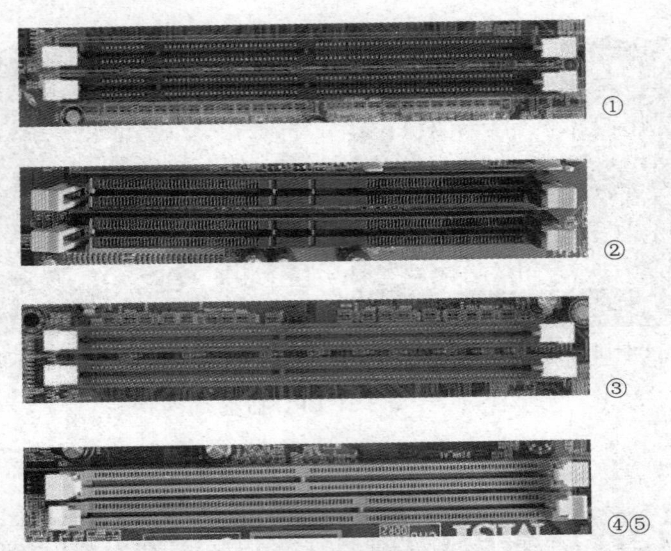

① 168线SDRAM内存插槽　② 184线RDRAM内存插槽　③ 184线DDR SDRAM内存插槽
④ 240线DDR2 SDRAM内存插槽　⑤ 240线DDR3 SDRAM内存插槽

图 2-4　内存插槽

最直接的硬件设置和控制。负责从开始加电(开机)到完成操作系统引导之前的各个部件和接口的检测、运行管理；操作系统工作时,BIOS 在 CPU 的控制下,完成对存储设备和 I/O 设备的各种操作、系统各部件的能源管理等。

目前全球只有 4 家 BIOS 供应商：Award Software 公司的 Award BIOS,多数主板采用这种 BIOS、Phoenix Technologies(美国凤凰科技)公司的 Phoenix BIOS,笔记本计算机大多采用 Phoenix BIOS、AMI(美国安迈科技)公司 BIOS、Insyde Software(中国台湾系微公司)的 Insyde BIOS。

早期的 BIOS 芯片为可编程只读存储器(PROM),封装形式为双列直插式,不能升级 BIOS 程序,之后改进为可擦除可编程 ROM (EPROM),升级 BIOS 程序时,在芯片的石英玻璃窗口处用紫外线灯照射 10～30 分钟,芯片中原来保存信息全部丢失,然后用专用编程器写入新的内容。为使芯片中的信息不丢失,通常在窗口上贴有不干胶避光纸,以防止外界紫外线照射,如图 2-5 所示。为了方便更换,还有安装在插座上的 BIOS,如图 2-6 所示。为了保证安全性,有的主板采用双 BIOS 芯片,两个 BIOS 芯片保存相同的信息,如图 2-7 所示,当第 1 个 BIOS 芯片损坏时,第 2 个 BIOS 芯片接替工作。

图 2-5　贴有避光纸标签的 BIOS

图 2-6　安装在插座上的 BIOS 芯片

图 2-7　主板上的双 BIOS 芯片

2）主板 CMOS 芯片

互补金属氧化物半导体存储器（complementary metal oxide semiconductor，CMOS）是一种用于集成电路芯片制造的原料。主板 CMOS 是指一种用电池供电的可读写的 RAM 芯片，芯片内部保存系统中硬件的配置信息，以备下次启动机器时完成硬件自检。断电后 CMOS 芯片中存储内容会丢失，为保证 CMOS 芯片中的信息保持不变，关机后主板上的电池自动为其供电。正是由于电池的存在，计算机的内部时钟不会因为断电而停止，CMOS 中的硬件配置信息也不会因为断电而丢失。

早期主板的 CMOS RAM 是一块独立芯片，现在一般把 CMOS RAM 集成到南桥芯片中，在新型主板上已看不到单独的 CMOS 芯片。

4. 芯片组

主板芯片组（chipset）是主板的灵魂与核心，芯片组性能的优劣，决定了主板性能的优劣。主板厂商从主板芯片组厂商那里购买芯片组，进行主板的生产。

芯片组的作用：在 BIOS 和操作系统的控制下，按规定的技术标准和规范，通过主板为 CPU、内存、显卡等部件建立可靠、正确的安装、运行环境，为各种接口设备提供方便、可靠的数据传输通道。芯片组是 CPU 与其他硬件进行数据通信的枢纽。

主板芯片组有单片式、两片式、三片式三种结构。其中，包含北桥和南桥两个芯片的两片式芯片组最常见。

两片式芯片组采用南、北桥两个芯片，图 2-8 展示了一款采用两片式芯片组的主板。

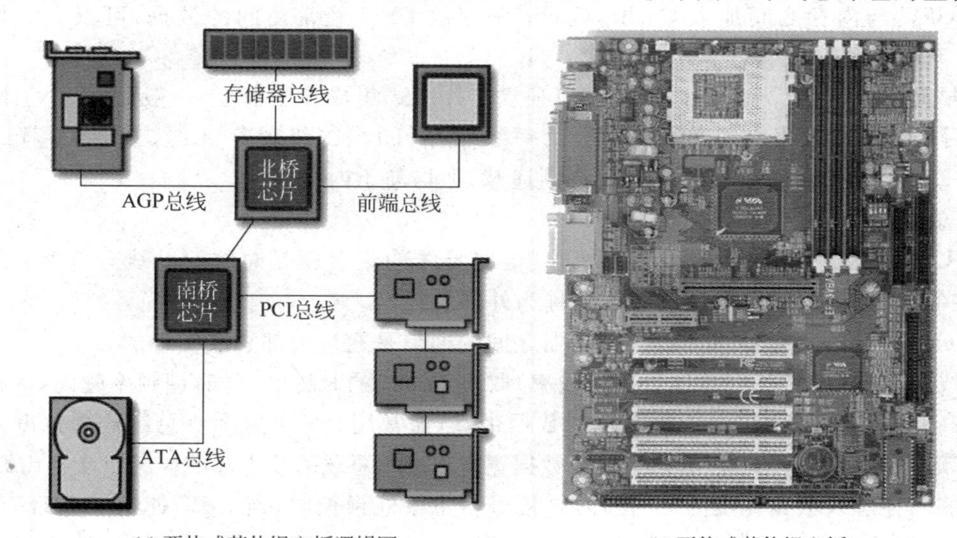

(a) 两片式芯片组主板逻辑图　　(b) 两片式芯片组主板

图 2-8　两片式芯片组主板

1）北桥芯片

北桥芯片（NorthBridge Chipset）离 CPU 较近，表面积较大，一般配有散热片或风扇，如图 2-9 所示。北桥通过前端总线（FSB）与 CPU 相连。北桥芯片负责与 CPU 的联系，并控制内存、显卡数据在北桥内部传输，提供对 CPU 的类型和主频、系统的前端总线频率、内存的类型和最大容量、AGP 插槽、ECC 纠错等支持。

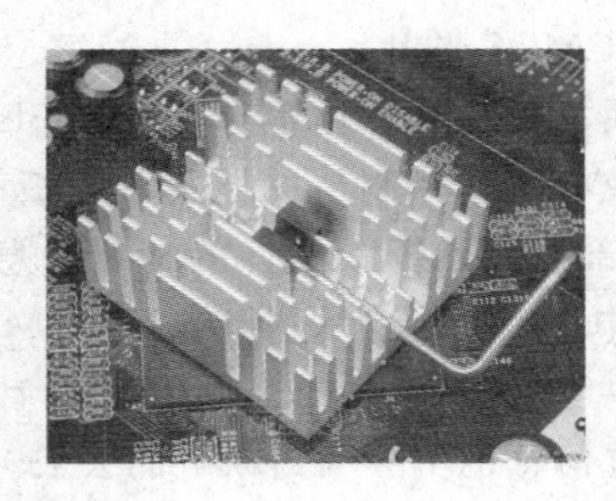

图 2-9　北桥芯片上通常装有散热器或风扇

北桥在芯片组中起主导作用,习惯上也称为主桥(host bridge)。

新型 CPU 中集成了北桥芯片的功能,有些新型主板上已经不存在北桥芯片。

2) 南桥芯片

南桥芯片离 CPU 较远,主要负责管理硬盘接口、USB 接口、PCI 总线、键盘控制器(keyboard and mouse controller,K/M 控制器)、实时时钟控制器等相对低速的部件。

南桥比北桥速度慢,通常 CPU 的信息须经过北桥才能到达南桥。

5. Cache

高速缓冲存储器(Cache)是一种特殊的存储器,由存储部件和控制部件组成。Cache 存储部件一般采用与 CPU 同类型的半导体存储器件,存取速度比内存快几倍甚至十几倍。

在 CPU 与内存之间加入 Cache,Cache 中存放 CPU 经常访问的数据,可以大大提高 CPU 的工作效率。

在早期的 486 CPU 主板上,Cache 以独立芯片形式集成在主板上,一般是 28 个引脚的芯片;后来 Cache 被集成到 CPU 中,分为一级缓存(L1)、二级缓存(L2)、三级缓存(L3)。L1、L2、L3 的容量逐渐递增,访问速度逐渐递减,但均高于内存。

6. 总线

CPU 和主板进行通信,要有导线相连,这些导线的集合就是总线。总线分 3 类:地址总线、控制总线、数据总线。这些总线统称为外部总线。

在 CPU 内部,寄存器、运算器、控制器之间的通信是通过内部总线实现的。

总线的数据传输速度(也称数据传输率)取决于总线的时钟频率,时钟频率越高,数据传输率越高。总线的最大数据传输率也叫数据带宽,通常用公式:速率=总线数据宽度×时钟信号频率/8 计算,单位为 MB/s。总线数据宽度取决于总线的技术标准。例如,Pentium Ⅱ 计算机的内存总线数据宽度为 64 位,时钟信号与主板外频相同,当 CPU 使用 66MHz 外频工作时,内存总线的最大数据传输率为 532MB/s=64×66.6(MHz)/8;但当 CPU 工作在 100MHz 外频时,数据传输速率为 800MB/s=64×100(MHz)/8。表明在保持总线数据宽度不变的情况下,可以通过提高总线时钟频率来提高最大数据传输率。这也是主板的外频和内存总线频率逐年攀高的原因之一。

1) 地址总线(address bus,AB)

地址总线用来传送存储单元或输入输出接口的地址信号,地址总线的条数(宽度)决定了计算机系统可安装的最大内存容量。例如,16 位地址总线的寻址数为 2^{16}=65 535,即内存的最大容量为 64KB。

2）数据总线（data bus，DB）

数据总线用于 CPU 与主存储器、I/O 接口之间传送数据，宽度等于 CPU 的字长。

3）控制总线（control bus，CB）

控制总线用于传送 CPU 与内存和外部设备之间的控制信号，分两类：一类是由 CPU 向内存或外设发送的控制信号；另一类是由外设或各种接口电路向 CPU 送回的信号，包括内存的应答信号。

除上述三类总线外，主板上还有前端总线（front side bus，FSB），是将 CPU 连接到北桥芯片的总线。前端总线频率由 CPU 和北桥芯片共同决定。

后来内存控制器集成到了 CPU 中，CPU 与内存通信无需通过北桥，FSB 总线被 Intel 的 QPI（quick path interconnect）总线或 AMD 的 HT（hyper transport）总线代替。

目前，整个北桥芯片被集成到 CPU 中，QPI 总线也被集成到 Intel CPU 内部，主板上只留下南桥芯片，CPU 依靠 DMI（direct media interface）总线与南桥芯片通信，即 CPU 内部的北桥芯片通过 DMI 总线与外部的南桥芯片通信。

7. 扩展插槽

主板上的各种扩展插槽用来连接各种输入输出设备，是外部设备与主板之间进行数据交换的通道。这些扩展槽都是标准化接口，便于生产与之兼容的外部设备和软件。

自 PC 出现以来，主板上依次出现了 ISA 总线、EISA 总线、VESA 总线、PCI 总线、AGP 插槽、Compact PCI 总线、PCI-E 总线等扩展插槽结构。

1）ISA 插槽

ISA（industrial standard architecture）总线标准是 IBM 公司 1984 年为 PC/AT 机建立的总线标准，接口外观如图 2-10 所示。在早期的 AT 型主板上常见，ISA 总线扩展槽为黑色，有 24 位地址线，8 位或 16 位数据线，时钟频率 8.33MHz，传输率 16.67MB/s。（最大数据传输率=（时钟频率×数据线的宽度）÷8）。

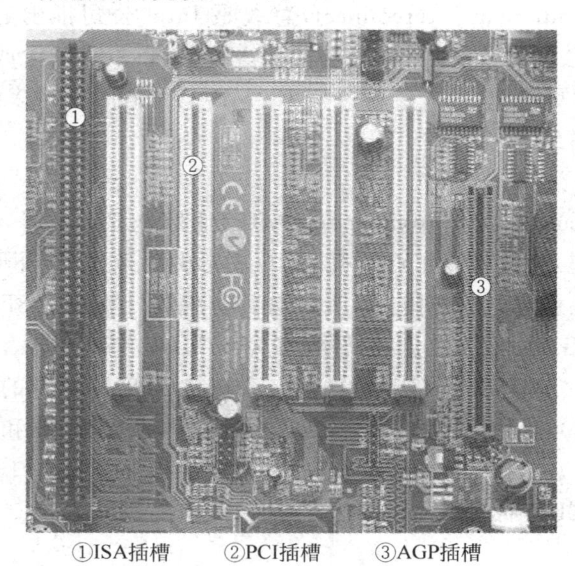

①ISA插槽　　②PCI插槽　　③AGP插槽

图 2-10　三种总线插槽

2) EISA插槽

扩展标准工业结构总线(enhanced industry standard architecture,EISA)是为配合32位CPU而设计的总线扩展标准,1988年由Compaq等9家公司联合推出。EISA总线在ISA总线的基础上使用双层插座,增加了98条信号线,在两条ISA信号线之间添加一条EISA信号线。完全兼容ISA总线信号,是早期AT型主板上最长的总线,插槽颜色为前黑后棕。有32位地址总线和数据总线,时钟频率8.33MHz,最大传输率33MB/s,专为486计算机设计。

3) VESA插槽

VESA(video electronics standard association)总线是1992年由60家板卡制造商联合推出的一种局部总线,简称VL(VESA Local Bus)总线。用于连接显卡。图2-11所示为VL总线结构的显卡,图2-12所示为主板上的ISA和VL插槽外观。VL总线有32位数据线,时钟频率33MHz,最大传输率132MB/s,支持386SX、386DX、486SX、486DX及奔腾CPU。

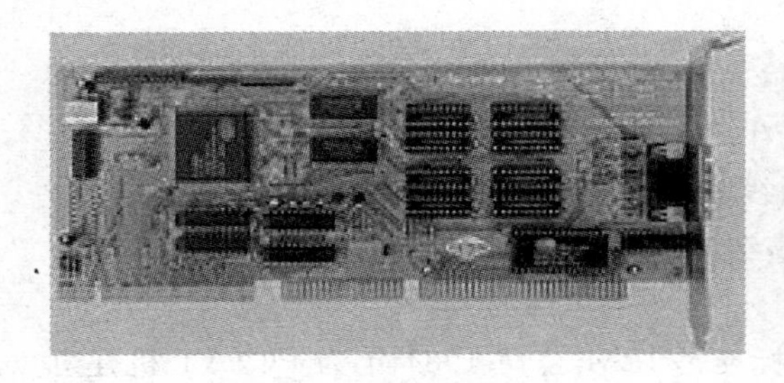

图2-11 一款VL扩充卡

图2-12 主机板上的数个ISA和VL插槽

4) PCI插槽

PCI(peripheral component interconnect)总线是Intel公司推出的一种局部总线,PCI总线主板插槽的体积比ISA总线插槽小,功能比VESA、ISA有极大改善。数据总线为32位、64位。支持突发读写操作,最大传输速率132MB/s,可同时支持多组外围设备。PCI总线不兼容ISA、EISA总线。

5) AGP插槽

图形加速端口(accelerated graphics port,AGP)插槽是显卡插槽,在内存与AGP显卡间提供专用的数据通道,大幅提高了计算机对3D图形的处理速度,外形如图2-10所示。

AGP不是总线,是点对点的连接,是Intel公司为提高计算机的3D显示速度而开发的,仅用于AGP显卡。AGP插槽为棕色,时钟频率为66MHz,基本传输率为256MB/s。

AGP工作模式有AGP1X、AGP2X、AGP4X和AGP8X,对应的数据传输率分别为266MB/s、532MB/s、1064MB/s和2GB/s。其中AGP4X的插槽和金手指与AGP1X、AGP2X不一样。支持AGP4X的插槽没有隔断,但金手指部分的缺口却多了一个。

AGP插槽已被PCI-E插槽取代。

6) Compact PCI

以上的系统总线一般用于商用PC中,还有另一大类为适应工业现场环境而设计的系统总线,如STD总线、VME总线、PC/104总线等。这里仅介绍当前工业计算机的热门总线之一——Compact PCI。

Compact PCI 的意思是“坚实的 PCI”，是一种基于标准 PCI 总线的小巧而坚固的高性能总线技术。1994 年由 PCI 工业计算机制造商联盟（PCI Computer Manufacturer's Group，PICMG）提出。在电气、逻辑和软件方面，与 PCI 标准完全兼容，主要用来满足工业环境应用要求。

7）PCI-E 插槽

PCI-E（PCI Express）规范由 Intel 公司于 2002 年提出，是新一代 I/O 接口标准，该标准正在取代 PCI 和 AGP，最终实现总线标准的统一。PCI-E 采用点对点的双向传输连接，每个设备都有自己的专用连接，不需要向整个总线请求带宽，增加通道不会使主板性能下降。它的主要优势是数据传输速率高。

PCI-E 规范经历了 PCI-E 1.0、1.0a、1.1、2.0、2.1、3.0 等版本。PCI-E 1.0 带宽为 256MB/s，PCI-E 2.0 带宽为 512MB/s，PCI-E 3.0 带宽为 1GB/s。

PCI-E 3.0 插槽能向下兼容 PCI-E 2.0、PCI-E 1.0 标准的接口卡。

PCI-E 有 5 种接口模式：X1、X2、X4、X8 和 X16，能够满足各种低速设备和高速设备的需求。其中，X16 数据带宽最大，专为显卡设计，PCI-E 2.0 X16 双向 16 通道数据带宽理论值为 16GB/s。X2 用于内部接口而非插槽模式。图 2-13 所示为 PCI-E X16 和 PCI-E X1 两种接口类型的外观。

图 2-13　PCI-E X16、PCI-E X1 插槽

X1 卡可以插入 X4、X8 插槽，即较短的 PCI-E 卡可以插入较长的 PCI-E 槽中使用。

8. 数据线接口

数据线接口主要包括硬盘、光驱、软驱接口等。其中，硬盘、光驱接口经历了从 IDE 接口到 SATA 接口的进化。

1）IDE 接口

电子集成驱动器（integrated drive electronics，IDE）接口也称 PATA（并行高级技术附件）接口，用来连接硬盘、光驱等设备。主板上的 IDE 接口有两个，均为 40 针，分别标注为 IDE1、IDE2 或 Primary IDE、Secondary IDE。为防插错，接口去掉第 20 针，且围栏设置缺口，如图 2-14 所示。

IDE1 为第一 IDE 接口，连接装有操作系统的硬盘；IDE2 为第二 IDE 接口，连接光驱或第二块硬盘。每个 IDE 接口可连接两个 IDE 设备，这两个 IDE 设备有主盘与从盘之分。

IDE 接口共有 7 个标准。最为典型的是第 4 标准 UDMA 33（Ultra ATA 或 Ultra DMA）或称 ATA-33。UDMA33 接口的硬盘与主板以 33MB/s 的速度交换数据；第 5 标准

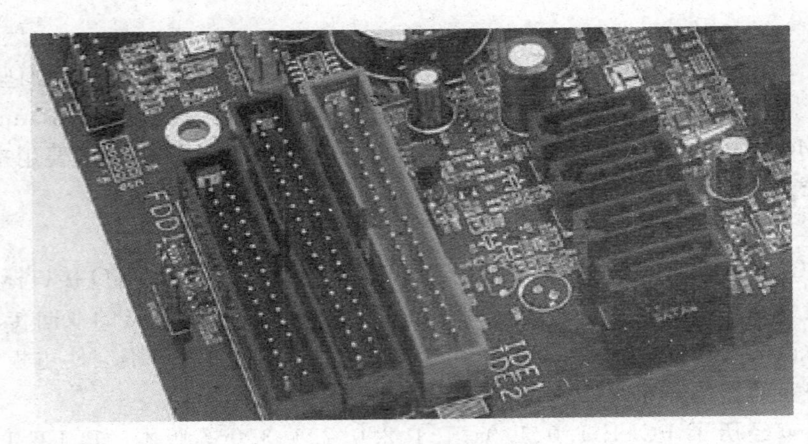

图 2-14　IDE 接口及 FDD(软驱)接口

UDMA66 或称 ATA-66,数据带宽 66MB/s；第 6 标准 ATA-100,数据带宽 100MB/s；第 7 标准 ATA 133 的最大数据传输率为 133MB/s。

用于连接符合 UDMA33 标准 IDE 设备的 40 线数据线也称 ATA-33 数据线,ATA-66 以后的数据线是 80 线,如图 2-15 所示。80 线中增加了 40 条地线,以减小传输数据信号之间的电磁干扰,提高数据传输率。

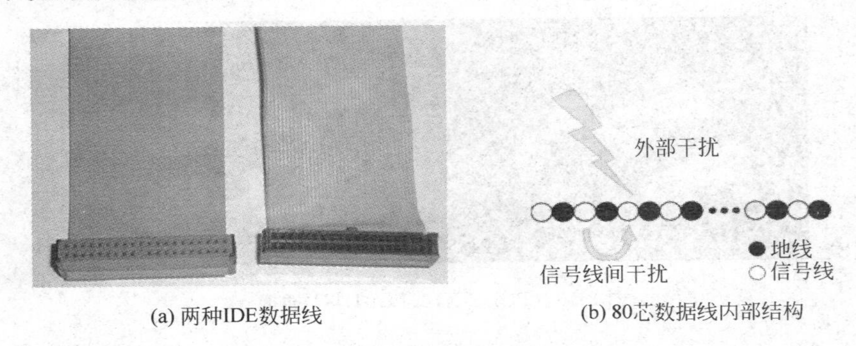

(a) 两种IDE数据线　　(b) 80芯数据线内部结构

图 2-15　IDE 的两种数据线

ATA-133 数据线带屏蔽层,称为导流散热排线,如图 2-16 所示。导流散热排线的数据线外层是普通材料保护层,里层是金属屏蔽层,能有效屏蔽数据线外部的电磁干扰,提高数据传输速率,并确保数据的准确性；数据线按矩形排列,较带状排线宽度减小 30%；每条数据线按横向和纵向与地线交错排列,能减少数据线间的信号干扰,数据传输率进一步提高。

导流散热排线便于收线整理,使数据线对机箱空气流通造成的阻碍降到最小,保证风道通畅,还可以避免灰尘在数据线上堆积,有利于提高机箱内硬件系统的整体散热效果。

目前 IDE 接口已经被 SATA 接口取代。

2) SATA 接口

SATA(Serial ATA)接口是串行 ATA 接口,连续串行的方式传送数据,一次只传送一位数据。这样能减少接口的针脚数目,使连接电缆数目变少,工作效率提高。这样的架构还能降低系统能耗,减小系统复杂性。

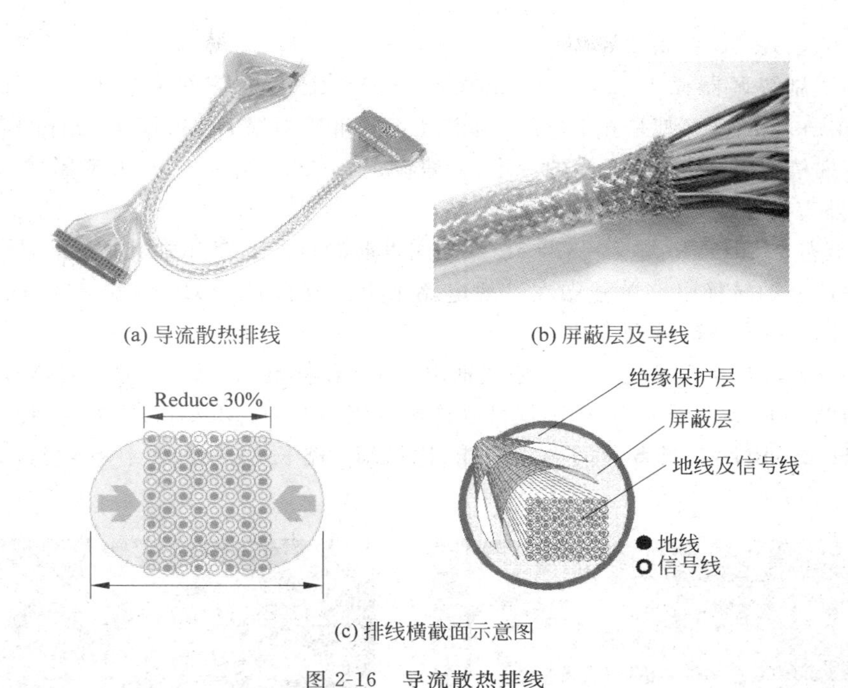

(a) 导流散热排线　　(b) 屏蔽层及导线

(c) 排线横截面示意图

图 2-16　导流散热排线

SATA 接口如图 2-17 所示，主要用于连接硬盘、光驱。

(a) SATA数据线　　(b) 主板的SATA接口

图 2-17　主板的 SATA 接口及数据线

SATA 接口是 7 引脚接线柱槽，通过 7 线数据线缆与存储设备相连。与 IDE 接口相比，具有数据传输速率高(SATA 2.0 为 3Gb/s，而 IDE 接口的最高技术规范 PATA-133 为 133MB/s)、支持热插拔、结构简单等优点。

SATA 规范的最新版本是 3.0，数据传输速率为 6Gb/s。而 SATA 1.0 的传输率是 1.5Gb/s，SATA 2.0 的传输率是 3.0Gb/s。

3) 软驱接口

早期主板上有一个 34 针(无第 5 针)的软驱接口，标注为 FDC、FDD 或 Floppy。用来连接软盘驱动器。通过一条软驱数据线可连接两个软驱。由于软盘传输速度慢，且容量小(一张软盘的容量有 180KB、360KB、1.2MB、720KB、1.44MB 等格式)，随着 USB 接口存储设备的普及，新主板已经取消了软驱接口。

9. AMR、CNR、ACR 接口

声音和调制解调器插卡(audio modem riser,AMR)和通信网络插卡(communication and network riser,CNR)都是在 Intel i810 芯片组问世后根据 AC'97 规范设计的声卡、通信和网络专用插槽,尺寸为 PCI 插槽的一半,一般设置在 AGP 插槽旁边,或者紧靠 ISA 插槽,AMR 插槽外观如图 2-18 所示。

AMR 规范早于 CNR,是 1998 年 Intel 公司发起制订的一套开放工业标准,旨在将数字信号与模拟信号的转换电路单独做在一块电路卡上。支持符合 AC'97 规范的软声卡和软 Modem。AMR 不支持局域网卡。

为弥补 AMR 规范的不足,Intel 公司推出了 CNR 标准,代替 AMR。与 AMR 规范相比,CNR 标准应用范围更加广泛,不仅可以连接专用的 CNR Modem,还能使用专用的家庭电话网络(Home PNA),具备即插即用功能,比 AMR 略长,与 AMR 卡不兼容,CNR 插槽外观如图 2-19 所示。

图 2-18　AMR 插槽

图 2-19　CNR 插槽

高级通信插卡(advanced communication riser,ACR),是 VIA(威盛)公司为了与 Intel 的 AMR 抗衡,联合 AMD、3Com、Lucent(朗讯)、Motorola(摩托罗拉)、nVIDIA、Texas Instruments 等厂商于 2001 年 6 月推出的一项开放性行业技术标准,目的也是为了拓展 AMR 在网络通信方面的功能。图 2-20 中最左侧的插槽为 ACR 插槽,注意其与右侧 5 个 PCI 插槽的区别。

图 2-20　ACR 与 PCI 插槽

10. 输入输出接口

输入输出接口(I/O 接口)是主板上用于连接各种外部设备的接口。通过这些接口,可以把键盘、鼠标、打印机、扫描仪、优盘、移动硬盘等设备连接到计算机上,还可以实现计算机间的互连。

目前主板上常见的 I/O 接口有键盘接口、鼠标接口、串行接口、并行接口、USB 接口、IEEE 1394 接口、网卡接口等,如图 2-21 所示。

图 2-21　输入输出接口

1）串行接口

串行接口又称 COM 接口,一次只能传送一位数据,数据传输速率较低(最高 115.2KB/s),但传送距离较长。主板一般有两个 9 针 D 型串口插座,如图 2-22 所示,用于连接 9 芯的大口鼠标及外置的串口设备,如 Modem。

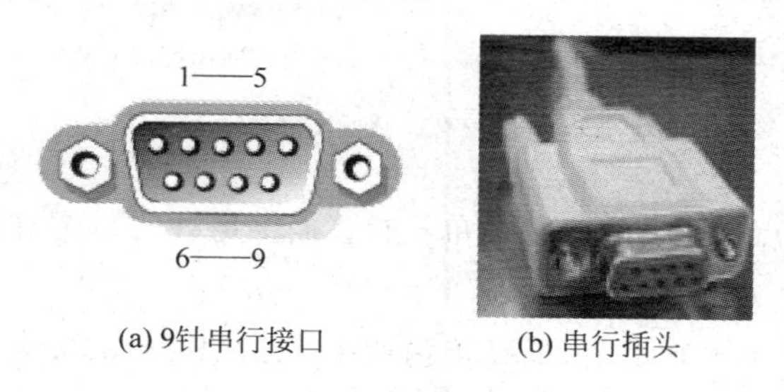

(a) 9针串行接口　　(b) 串行插头

图 2-22　串行接口

2）并行接口

并行接口主要连接打印机,也称打印口,记作 LPT 或 PRN。支持多位数据同时传输,速度相对较快(EPP 模式为 200～1000KB/s),可用于短距离通信。并行接口是一个 25 针 D 型插座,如图 2-23 所示。

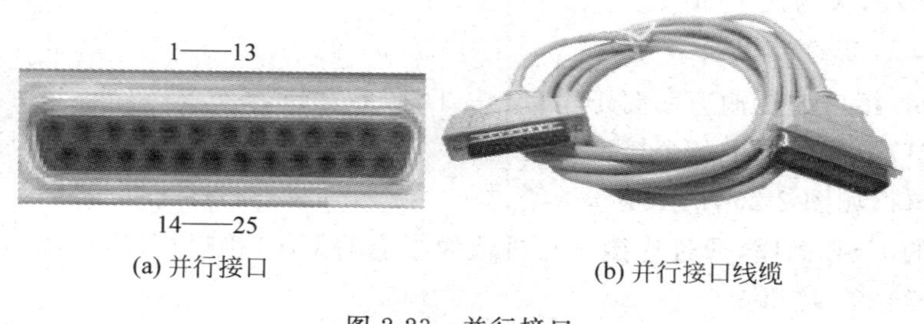

(a) 并行接口　　(b) 并行接口线缆

图 2-23　并行接口

3) PS/2 接口

主板一般有两个6芯PS/2接口,俗称小口,如图2-24所示。其中紫色的接键盘,绿色的接鼠标。PS/2接口的传输速度比串行接口稍快。

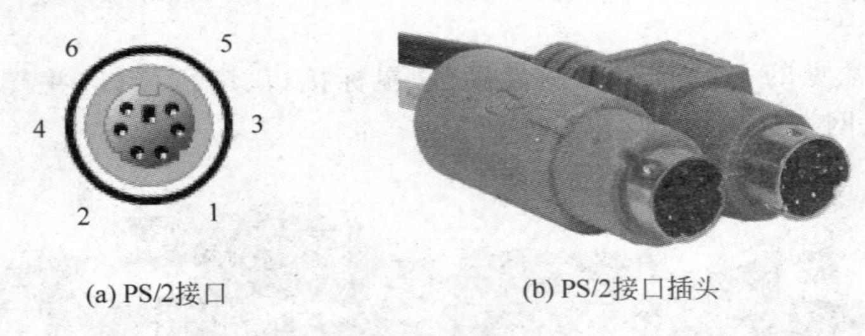

(a) PS/2接口　(b) PS/2接口插头

图 2-24　PS/2 接口

4) USB 接口

USB(通用串行总线)接口是一个4芯接口,支持热插拔,如图2-25所示。一个USB接口可同时支持高速和低速USB外设的访问,理论上可连接127个USB设备,由一条4芯电缆连接,其中两条是正负电源线,两条是数据线。

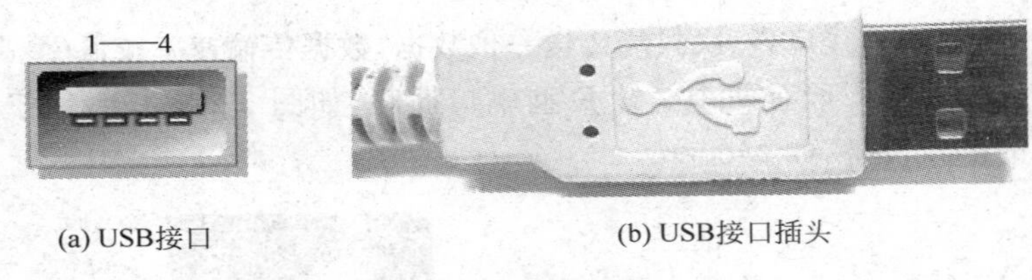

(a) USB接口　(b) USB接口插头

图 2-25　USB 接口

USB接口主要特点:外设的安装简单;能够提供足够的带宽和连接距离;支持多设备连接;提供内置电源。

1996年推出的USB 1.0规范,最高传输速率为12Mb/s,2000年推出的USB 2.0规范,最高传输速率为480Mb/s。

USB 3.0是Intel等公司2008年11月发布的USB规范,USB 3.0规范要点如下。

(1) 理论传输速度为4.8Gb/s。实际传输速率大约是3.2Gb/s(即400MB/s)。

(2) 对需要更大电力支持的设备提供了更好的支撑,增加了总线的电力供应。

(3) 增加了新的电源管理职能,支持待机、休眠和暂停等状态。

(4) 低功耗,大约比USB 2.0低25%的功耗。

(5) 兼容USB 2.0设备。

由于USB接口的传输速率高于串口、并口和PS/2口,又支持热插拔,所以许多主板已经用USB接口取代了以上各个接口,为了转换方便,不同类型的接口均可以利用转换器转接成USB接口,如图2-26所示。

主板上的USB插座,通过连接线与机箱面板上的USB接口相连,如图2-27所示。

5) IEEE 1394 接口

IEEE 1394是高速串行总线接口,支持热插拔,1394a规范的最高传输速率为400MB/s,

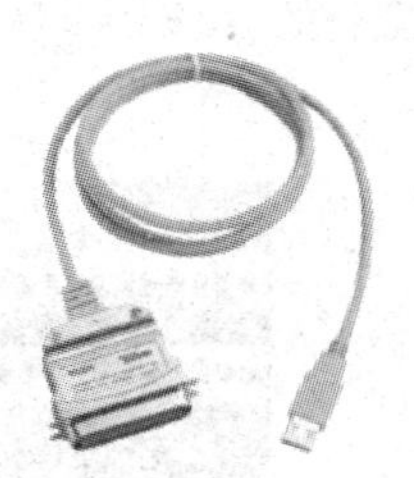

(a) 串并口转换　　(b) PS/2口转USB口　　(c) USB口转并口

图 2-26　各种类型的转换器

图 2-27　主板上 USB 插座

1394b 规范的传输速率为 800MB/s、1GB/s 和 1.6GB/s。Apple 公司称该接口为火线(FireWire),Sony 公司称其为 i.Link,Texas Instruments 公司称为 Lynx。

IEEE 1394 接口可连接最多 63 个设备,每个设备相距可达 4.5 米,能同时传送数字视频信号和数字音频信号,主要用在数码摄像机和高速存储设备上。

大多数 1394 接口通过一条 6 芯电缆与外设连接,也有的用 4 芯电缆,图 2-28 所示是两种 IEEE 1394 接口外观。两者的区别:6 芯电缆除包含一对视频信号线和一对音频信号线外,还向所连设备提供电源(8～40V),而 4 芯电缆不包含电源线,不为设备提供电源。

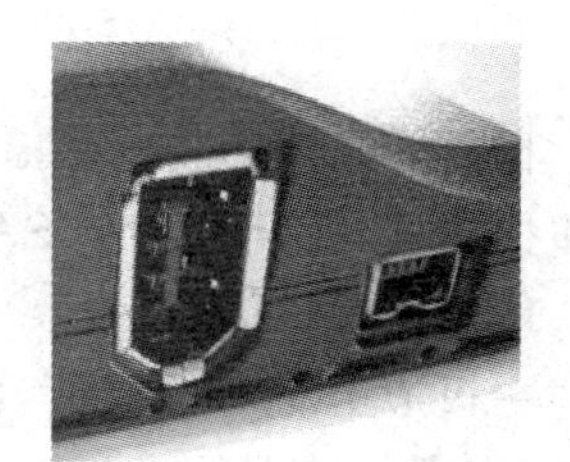

(a) 6芯IEEE 1394接口插头　　(b) 4芯IEEE 1394接口插头　　(c) 两种IEEE 1394接口

图 2-28　两种外形的 IEEE 1394 接口

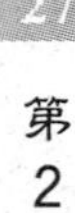

主板上的1394插座,通过连接线与机箱面板上的前端1394接口相连,如图2-29所示。

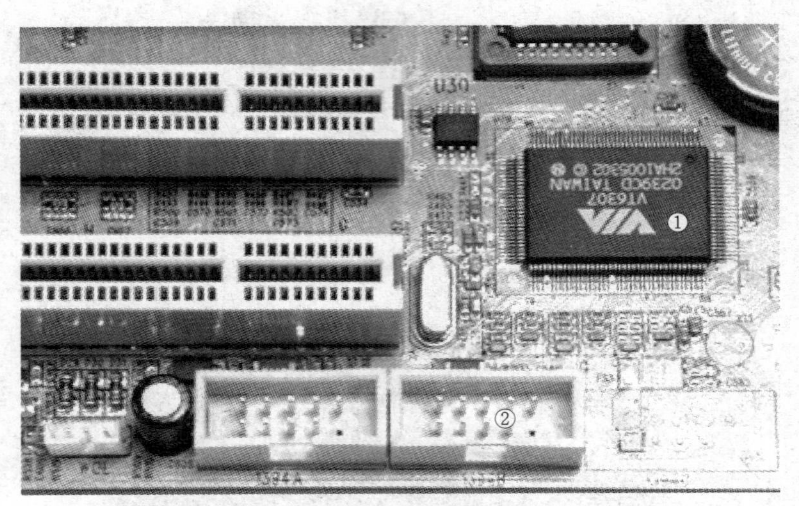

①IEEE 1394控制芯片,支持两个1394接口　　②1394接口

图2-29　IEEE 1394接口控制芯片和接口插座

6) eSATA接口

eSATA(external serial ATA)是外置SATA接口,是SATA接口的外部扩展,用来连接外部SATA设备,接口外观如图2-30所示。

图2-30　eSATA接口

目前eSATA最高可提供6Gb/s的数据传输速度,远高于USB 3.0和IEEE 1394,具备热插拔功能,使用外接的SATA装置(移动硬盘),十分方便。

11. 面板插针

主板边上有一排插针,而机箱中有一把带插槽的电缆。这些电缆用来与主板上的插针连接,实现机箱上的开机键、复位键、电源指示灯、硬盘指示灯功能。

图2-31所示是主板插针的两种形式,主板上插针及电缆上的插槽都标有英文字母,表示的含义如表2-1所示。

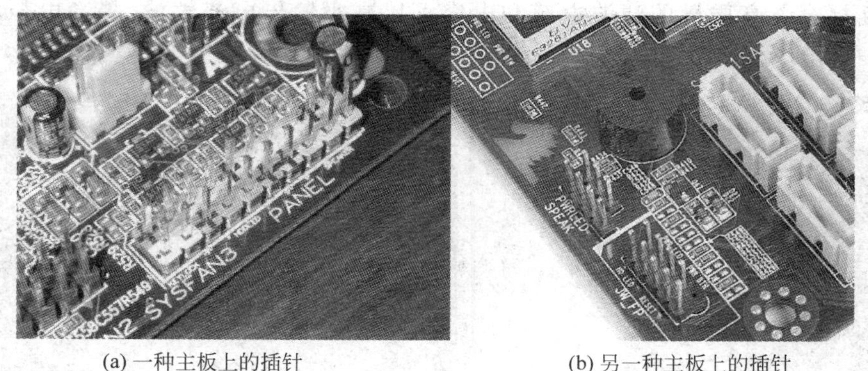

(a) 一种主板上的插针　　　　(b) 另一种主板上的插针

图 2-31　两种不同主板上的插针

表 2-1　插针连接功能对应表

序　号	英文简写	功　能
1	POWER LED	电源指示灯
2	SPEAKER	铃(扬声器)
3	HDD LED	硬盘指示灯
4	TURBO LED	跳频指示灯
5	TURBO SW	跳频控制按键插针
6	RESET SW Reset	复位控制按键插针
7	POWER SW	电源控制按键插针
8	KEYLOCK	键盘锁

12. 电源接口

1）主板电源接口

计算机电源通过电缆连接主板电源接口为主板供电。电源接口类型依电源版本或主板标准而定，图 2-32 展示了目前常见的两种不同的主板电源接口外观。

(a) ATX 12V版本标准使用的20针主电源接口

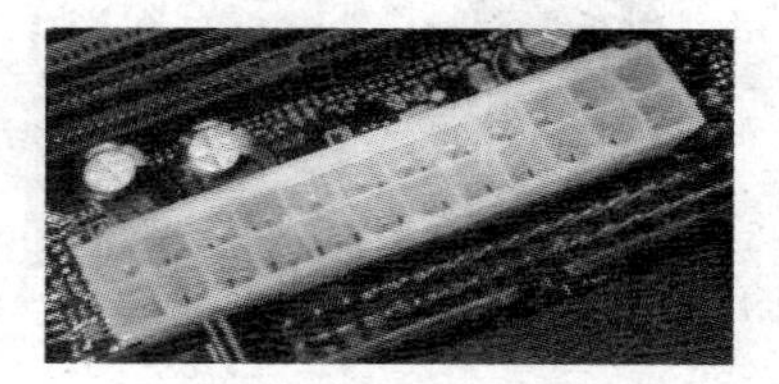

(b) ATX 12V 2.2标准使用的24针主电源接口

图 2-32　主机电源接口

2）CPU 电源接口

目前最常见的是 4 针 12V CPU 电源接口，如图 2-33 所示。12V 电源必须经过滤波和稳压才能供 CPU 使用。多采用两相以上供电电路，每相电路由 LC(电感电容)滤波器和 MOSFET(金属-氧化物场效应晶体管)稳压芯片及 MOSFET 驱动芯片组成，也有主板采用 LC 滤波器与集成电源模块组成电源电路。

随着 CPU 性能不断提升，功耗也不断增加，对 CPU 供电电路的功率及电压稳定性的要求也不断提高。高质量的滤波电感和电容可以减小输出电流纹波，提高电压稳定性。图2-34中采用的为固态电感。

图2-33　4针12V CPU电源接口

图2-34　固态电感

3）CPU风扇电源接口

CPU风扇电源接口分为3针或4针插座。3针分别为GND（接地）、+12V及风扇转速检测，4针多的1针为控制端PWM（脉宽调制），该信号可以控制风扇的转速，图2-35所示是一种CPU风扇电源接口。

Intel CPU内部配备了TCC（温度控制电路），可以实现CPU温度内外双监控模式，一旦CPU内部温度接近极限，TCC会降低CPU的主频以降低其功耗。有些CPU还能在紧急状态下，强制关闭计算机电源以保护硬件。

4）北桥芯片风扇电源接口

有些主板北桥芯片的散热器带有风扇，主板为该风扇提供一个2针或3针电源接口，如图2-36所示。

图2-35　CPU风扇电源接口

图2-36　北桥芯片风扇电源接口

5）机箱风扇电源接口

有的主板为机箱风扇提供了一个三针电源接口，如图2-37所示。

13. I/O芯片

I/O芯片提供对键盘、鼠标、软驱、并口、游戏摇杆等输入输出外围设备的支持。例如，Winbond W83627EHF可支持键盘、鼠标、软驱、并口、游戏摇杆等传统功能，也提供对CPU温度的监控以及过压保护（OVP和OTP）。图2-38所示是一种I/O芯片。

图 2-37　为机箱风扇提供的电源接口

图 2-38　I/O 芯片

14. 时钟电路

主板时钟电路由石英晶体振荡器与振荡电路模块(分频器)共同组成,为 CPU、内存、系统总线等提供时钟信号,如图 2-39 所示。

①英晶体振荡器　　②分频器

图 2-39　时钟电路

15. 跳线开关

跳线是在主板上可以进行各种硬件设置的设备,通过这些设置可以规定主板安装什么型号和规格的硬件。新主板需要跳线的地方越来越少。

跳线开关(JP)由跳针和跳线帽组成,主要用于设置 CPU 外频、倍频、电压、清除 CMOS 内容等。为了跳线方便也有主板提供了 DIP 开关跳线,如图 2-40 所示。

(a) 跳针及跳线帽

(b) DIP开关跳线

图 2-40　跳线开关

2.3　主板的类型

主板类型众多,分类方法也很多,可以按照主板的结构、采用的芯片组、CPU 接口形式、功能以及印刷电路板的制作工艺等对主板进行分类。

2.3.1　按结构分类

主板结构是指主板上各元器件的布局排列方式,尺寸大小,形状,所使用的电源规格等。

不同主板结构的差别主要包括尺寸大小和形状、元器件的布局、使用的电源规格等。

主板结构标准主要有AT、Baby-AT、ATX、Micro ATX、LPX、NLX、Flex ATX、EATX、WATX以及BTX等。

1. AT结构

AT和Baby-AT是多年前的老主板结构,现在已经淘汰。

AT主板产生于1984年,尺寸为13″×12″,外观如图2-41所示。

图2-41 AT结构主板

Baby AT减少了内存槽、扩展槽数量,比AT主板布局紧凑而功能不减。尺寸为15″×8.5″,比AT主板略长,宽度窄于AT主板。

2. ATX结构

ATX是目前常见的主板结构,标准ATX主板为横长竖短,俗称"大板",图2-42为两款ATX主板,图2-42(a)所示是采用AGP显卡的主板(已淘汰),图2-42(b)所示是采用PCI-E显卡的ATX主板。

(a) 搭配AGP插槽的主板

(b) 新型主板(已无北桥芯片)

图2-42 两款ATX结构主板

ATX 主板内置声卡、网卡功能，并将声卡接口、网卡接口、串口、并口、鼠标和键盘接口都固定在主板上。ATX 主板必须使用 ATX 结构的机箱电源，这样才能保证 ATX 主板的定时开机、Modem 唤醒、键盘开机等功能的实现。

ATX 主板是在 AT 主板的基础上发展起来的，与 AT 主板相比，主要优点如下。

(1) 主板的长边紧贴机箱后部，使更多的外设接口可以集成到主板上。

(2) 优化了内存及 CPU 的位置，有利于安装和散热。

(3) 标准 ATX 主板上有两个串行输出口、一个 PS/2 鼠标口、一个 PS/2 键盘口和一个并行输出口，还固化了声卡、网卡、游戏接口以及 USB 接口。

(4) 优化了各种接口位置，使得硬件安装更加方便。

(5) 对主板上的元件高度作了规定，增强了电源管理。

Micro ATX 又称 Mini ATX，是 ATX 结构的简化版，就是常说的"小板"，Micro ATX 保持了 ATX 标准主板上的外设接口位置，减少了扩展插槽的数量，从横向减小了主板宽度，比 ATX 标准主板结构更为紧凑。图 2-43 所示为 Micro ATX 主板外观。

LPX、NLX、Flex ATX 都是 ATX 的变种，多见于国外的品牌机，国内不多见；EATX 和 WATX 则多用于服务器/工作站主板。

3. BTX 结构

BTX(balanced technology extended)是 Intel 公司提出的一种新型主板架构，可能是 ATX 结构的替代者，能够在不牺牲性能的前提下做到更小的主板体积，将来的 BTX 主板将完全取消传统的串口、并口、PS/2 等接口。图 2-44 为 BTX 主板外观。

图 2-43　Micro ATX 主板

图 2-44　BTX 主板

BTX 主板有如下特点。

(1) 支持 Low-profile，即窄板设计，主板结构更加紧凑。

(2) 针对散热和气流的运动，对主板的线路布局进行了优化设计。

(3) 主板的安装更加简便，机械性能也经过最优化设计。

2.3.2 按芯片组分类

芯片组(Chipset)是主板的核心组成部分,决定主板的功能和性能。芯片组焊接在主板上,无法拆除或升级。芯片组有多种品牌和型号,不同品牌型号的芯片组与CPU配合工作时,计算机表现出的性能有差异。

生产主板芯片组的厂商主要有Intel(美国英特尔)、AMD(美国超微)、nVIDIA(美国英伟达)、VIA(中国台湾威盛)、SiS(中国台湾矽统)、ULI(中国台湾宇力)、Ali(中国台湾扬智)、IBM(美国国际商业机器公司)、HP(美国惠普)等公司,其中以Intel、nVIDIA以及AMD芯片组最为常见。

1. Intel芯片组

Intel芯片组专门用于Intel CPU。图2-45展示了一款采用Intel芯片组的微星(MSI)主板。Intel主板芯片组经过多年发展,不同时期有不同的产品,仅支持Intel P4系列CPU的芯片组型号就有810、820、845、865、915、945、965、P35等多种。

图2-45 采用Intel芯片组的MSI(微星)主板

Intel系列芯片组命名规则多变,965芯片出现以后基本采用1个英文字母搭配2个数字的命名方法,开头的英文字母代表其针对的市场。

P是面向个人用户的主流芯片组版本,无集成显卡,支持FSB(Front Side BUS,前端总线)、PCI-E X16插槽。

G是面向个人用户的主流的集成显卡芯片组,其余参数与P类似。

Q是面向商业用户的企业级台式机芯片组,具有与G类似的集成显卡,除了具有G的所有功能之外,还具有面向商业用户的特殊功能。

X是P系列的增强版本,X79系列为2011年Intel规格最高的民用主板芯片组。

在功能前缀相同的情况下,后面的数字来区分性能,数字低的表示支持的内存规格或系统总线方面有所简化。例如,P43芯片组比P45芯片组性能低一些,价格也相对便宜。

2. VIA芯片组

VIA(威盛)公司,是一家台湾芯片组生产商,主要面向中高端以下用户,产品以价格低廉取胜。早期 VIA 只为 AMD CPU 生产芯片组，常见的有 VIA K8T800、K8T890、K8T900 等。目前，其芯片组有三大系列，分别针对 VIA CPU、Intel CPU、AMD CPU。

3. AMD 芯片组

AMD 公司原本是专业生产 CPU 的厂商，自 2006 年收购著名的显示芯片制造商 ATi 公司之后，开始推出主板芯片组产品，主要支持 AMD CPU。

AMD 公司的产品主要有 AMD 9 系列芯片组、AMD 8 系列芯片组、AMD 7 系列芯片组。AMD 9 系列芯片组(990FX、990X、970)支持 AMD 8 核 CPU，为最高端产品。

AMD A75/A55 芯片组支持 AMD 新型 CPU——加速处理器(accelerated processing unit，APU)，为单芯片，主要包含南桥的功能，支持 4 个 USB 3.0、6 个 SATA 6Gb/s 接口。

APU 于 2011 年 1 月推出，将 CPU 和显示处理器 GPU 做在一个晶片上，同时具有处理器和显卡的功能。

4. nVIDIA 芯片组

nVIDIA 公司最初以制造显示芯片起家，在推出 nForce2 系列芯片组之后，nVIDIA 在芯片组市场的地位迅速提升，nVIDIA 不仅有支持 AMD CPU 的产品，也有支持 Intel CPU 的产品。目前主要有 nForce 900、nForce700、nForce500 等芯片组系列。

2.3.3 按 CPU 接口类型分类

随着 CPU 功能的日趋强大，封装形式也不断变化，CPU 接口也形式多样，有引脚式、卡式、触点式、针脚式等。选择 CPU，必须选择与之对应接口类型的主板。主板与 CPU 的接口主要有两大类：插槽形式(Slot)和插座形式(Socket)，Socket 形式是主流。

Slot 形式的接口主要有 Slot 1(用于 Intel Pentium Ⅱ 系列 CPU)、Slot 2(用于 Intel Xeon(至强)系列 CPU)、Slot A(供 AMD 公司的 K7 Athlon 使用)。

Socket 形式的接口如下：

- Socket A：也叫 Socket 462，462 根针脚，是 AMD Athlon XP 和 Duron CPU 专用插座。
- Socket 754：早期的 AMD Athlon 64 CPU 专用插座。
- Socket 939：取代 Socket 754 的 AMD 64 CPU 专用插座。
- Socket 940：也称 Socket AM2，用来取代 Socket 939。
- Socket AM3：938 针 AMD Athlon Ⅱ、Phenom Ⅱ CPU 插座。
- Socket AM3+：有 942 个针孔，支持 938 针 AMD Athlon Ⅱ、Phenom Ⅱ CPU。
- Socket 370：插座上有 370 个针孔，是 Intel Pentium Ⅲ、Celeron 及 VIA Cyrix Ⅲ/C3 CPU 使用的插座。
- Socket 423：早期的 Intel Pentium 4 CPU(Willamette 核心)使用的插座。
- Socket 478：Intel Pentium 4，Celeron 及部分 Celeron D CPU 使用的插座。
- LGA 775：又称 Socket T，是 Intel 公司 2006 年 7 月推出的 CPU 插座，用来取代 Socket 478。与旧式 CPU 插槽最大不同之处是，CPU 自身不带针脚，减少 CPU 插拔时针脚易损坏的问题。该插座支持 Pentium 4、Pentium D、部分 Prescott 核心的 Celeron D 以及早期的桌上型 Core 2 CPU。
- LGA1156：也称 Socket H、Socket 1156，是 Intel Core i3/i5/i7 CPU(Nehalem 系列)的插座，读取速度比 LGA 775 高。

- LGA1366：又称 Socket B，是 Intel Core i7 CPU(Nehalem 系列)的插座。
- LGA 1155：又称 Socket H2，是 2011 年推出的 Sandy Bridge 微架构 Core i3/i5/i7 CPU 的插座，用来取代 LGA 1156。

2.3.4 主板其他分类方法

除了上述三种主流的分类方法之外，主板还可以根据功能、印刷电路板工艺、主板的特点、生产厂家等进行分类。

1. 按功能分

按主板功能分类，也有多种功能各异的主板，下面介绍主要的三种。

1)PnP 功能主板

即插即用(Plug and Play，PnP)。主板带有 PnP BIOS，配合操作系统可以自动配置主机外设，做到即插即用。

2) 节能功能主板

节能功能主板又称绿色功能主板，开机时出现如图 2-46 所示的能源之星标志，如果计算机长时间不工作，能自动进入等待、空闲、休眠等节能状态。

图 2-46 能源之星标志

3) 免跳线主板

免跳线主板能自动识别 CPU 类型、工作电压等，利用 BIOS 对 CPU 频率、电压进行设置，免去硬跳线。功能更强的免跳线主板还可以设置 AGP、PCI、内存等设备的频率。

2. 按印刷电路板制作工艺分

计算机主板由多种电子元器件以及各类插槽组合而成，为了固定这些元器件，需要印刷电路板(PCB 板)。PCB 板的基板由绝缘隔热、不易弯曲的树脂材料制成，其表面可以看到的细小线路材料是铜箔，是连接各元器件的导线，PCB 板布满元器件的一面称为“零件面”，另一面是“焊接面”，图 2-47 展示了主板的焊接面。

图 2-47 印刷电路板(主板的焊接面)

常见的主板PCB一般有4～6层。4层板，最上和最下的两层叫“信号层”，中间两层分别为“接地层”和“电源层”；6层板则增加了辅助电源层和中信号层，因此，6层PCB的主板抗电磁干扰能力更强，主板性能更加稳定。

3. 按主板的设计特点分类

根据主板的设计特点分为：基于CPU的主板、基于适配电路的主板、一体化主板等类型。一体化(All In One)主板上集成了声音、显示等多种电路，一般不需再插卡（主要是显卡）就能工作。它的优点是减少了因接触不良而造成的故障，整体设计合理；缺点是不利于升级，一个部件的损坏会造成整个主板的损坏。一体化主板也被称为集成主板。

4. 按厂家和品牌分类

主板生产厂家会把商标印主板上，可以通过商标来识别。

常见的品牌有华硕(ASUS)、技嘉(GIGABYTE)、微星(MSI)、精英(ECS)、昂达(ONDA)、磐正(EPOX)、双敏(UNIKA)、映泰(BIOSTAR)、华擎(ASRock)、硕泰克(SOLTEK)、捷波(JETWAY)、钻石(DFI)等。图2-48所示是部分厂家品牌标识。

图2-48　部分厂家品牌标识

2.4　主板的新技术简介

1. 双通道内存控制技术

双通道内存控制技术（简称双通道内存技术）是控制和管理内存的技术。在北桥（又称MCH）芯片里设置两个可以独立工作的内存控制器。CPU可以在这两个内存通道上分别寻址、读取数据，从而使内存的带宽增加一倍，数据存取速度也相应地增加一倍（理论上），如图2-49所示。

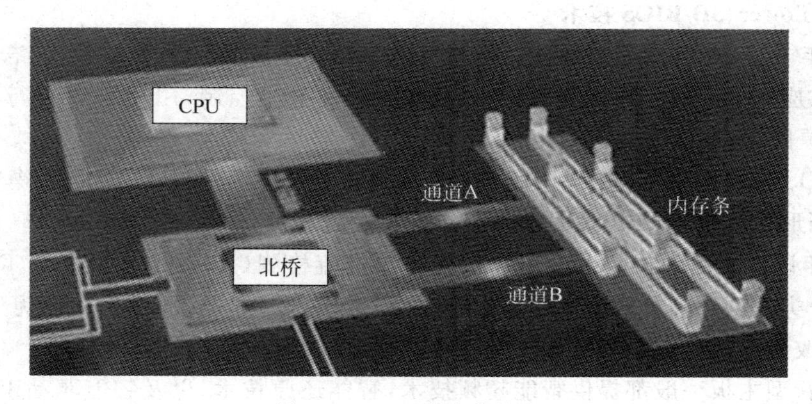

图2-49　双通道内存技术

内存控制器是北桥芯片的一个重要组成部分，是否支持双通道内存取决于芯片组而不是内存。AMD公司自Athlon 64 CPU起，将内存控制器集成到了CPU中。

组装双通道内存系统时要注意内存条的搭配,最好使用两条相同品牌、相同型号的内存条,以确保稳定性。

2. HyperTransport

HyperTransport 技术,又称 HT 总线,是一种高速、双向、低延时、点对点、串行或并行的高带宽总线技术,可以在内存控制器、磁盘控制器以及 PCI 总线控制器之间提供更高的数据传输带宽。该技术由 AMD 公司 1999 年提出,2001 年 4 月投入使用,随着 AMD 64 位平台的推广,应用越来越广泛。

HT 总线在一个系统时钟周期传输两次数据,在 400MHz 工作频率下,相当于 800MHz 的传输频率。

HT 总线已经推出了 4 个版本:1.0、2.0、3.0、3.1,频率最低 200MHz,最高 3.2GHz(PCI 总线频率为 33MHz 或 66MHz)。HT3.1 最高可以 51.2GB/s 传递数据。而且具有自适应性,即允许根据需求确定自己的工作频率。

HT 总线的另一特点是当数据位宽非 32b 时,可以分批传输数据来达到与 32b 相同的效果。例如,16b 数据可以分两批传输,8b 数据分四批传输。

对于将 HT 技术用于内存控制器的 CPU 来说,HT 的频率也就相当于前端总线的频率。

3. 硬件错误侦测

由于硬件的安装错误、不兼容或硬件损坏等原因,引起的硬件错误,导致轻则运行不正常,重则系统无法工作。碰到此类情况,以前只能通过开机自检时的 BIOS 报警提示音、硬件替换法或通过 DEBUG 卡来查找故障原因。这些方法对用户的专业知识要求较高,使用起来不方便。针对此问题,主板厂商在主板上增加了许多人性化的设计,以方便用户快速,准确地判断故障原因。

在硬件侦错报警方面,主板知名厂商都有独到的设计。例如,微星主板用 4 支 LED 来表示主板的故障所在,而华硕主板设计了硬件加电自检故障的语言播报功能。

4. 3D Power、3D BIOS 技术

2012 年 1 月,技嘉公司推出的主板,搭载了 3D Power 数字电源引擎,整合了最新的处理器电源供应技术,提供所有主板内置的组件数字电源控制,用户可以自行调校并监控 CPU 的电源供应。

3D BIOS 技术提供了包括 3D 模式及高级模式等两种不同模式的 BIOS 操作环境,通过更直觉的图形化接口,对 BIOS 的操作更加直观便捷。

2011 年以后推出的技嘉主板还提供先进数据流检测(Advanced Stream Detect)技术。可以自动分类并调整高分辨率的高清影片、在线即时影音通讯、网络游戏的优先级,减少数据冲突,并改善网络质量。

此外,新型主板一般都提供智能超频技术,智能还原技术,以及智能驱动引擎。智能超频技术能够自动检测 CPU 超频的潜力,使得对 CPU 超频更加便捷安全。智能还原技术能快速保护或恢复硬盘资料。智能驱动引擎使安装驱动的过程更加方便。

2.5 主板的选购

性能优良的主板能够能将 CPU、内存、显卡等部件的性能和潜力更好地发挥出来。下面介绍选择主板的注意事项。

1. 制造工艺

制造工艺直接决定主板的稳定性。质量好的主板一般采用 6 层以上的印刷电路板。

另外，看主板做工是否精细，焊点是否整齐标准，走线是否简捷清晰；设计结构布局是否合理，是否有利于其他配件的散热；看主板所选用的电容、电阻等元件，好的主板在 CPU 和扩展插槽附近使用大量高容量的电容(最好是钽电容)，一般来讲，电容小而多比大而少输出的电流更纯净和稳定。

2. 芯片组的选择

芯片组是主板的灵魂，对系统性能的发挥影响极大。不同的芯片组，性能有较大差别，如果使用 Intel CPU，最好选用 Intel 芯片组，也可以选用 nVIDIA 芯片组；如果使用 AMD CPU，则应当选用 AMD 芯片组或 nVIDIA 芯片组主板。

3. 升级和扩充

主板的扩展性也比较重要。受到价格和体积的影响，主板上不可能什么接口都有。一些具有特殊接口的主板，如带有 IEEE 1394 接口、红外接口不是一般用户所需要的。而且这些带特殊接口的主板成本较高，应根据自己的需求选择，否则会造成浪费。

一般说来，买主板时都要考虑主板将来升级扩展的能力，如扩充内存和增加扩展卡、升级 CPU 等方面的能力。主板插槽越多，扩展能力越好，但价格也更贵。

4. 注意散热性

热量是 CPU 的杀手，直接影响其稳定性。有些主板设计不合理，CPU 插座和附近的电容距离太近，不能安装较大的散热器。还有一些主板的电源接口不合理，电源线横跨 CPU 上方，阻碍了空气的流动，直接影响散热效果。这些问题在挑选主板时也应当注意。

5. BIOS 的调节能力

性能好的主板通常具有较为丰富的 BIOS 调节功能，通过对 BIOS 的合理设置可以充分发挥硬件的整体性能。一般主板都具有 CPU 外频、倍频等调节功能。有的主板提供了扩展槽中设备的电压调节，这些选项可以大大提高整个系统的工作效率。

6. 主板的特色功能

主板的新功能越来越多，选择主板时除了要注意常用功能、技术参数、价格、售后等方面外，还要注意特色功能和个性化设计，如 Dual BIOS 设计、D-LED 侦错灯、三相电源转换电路、语音报警、测温功能、Live BIOS(BIOS 自动升级)等特色功能，可以根据需要选择。

7. 附带的驱动及补丁是否完善

一些芯片组的主板需要安装补丁和驱动程序才能正常工作，购买主板时要留意主板是否附带有完备的驱动和补丁光盘。

另外，选购主板时，扩展槽的种类和数量也是一个重要指标。有多种类型和足够数量的扩展槽就意味着今后有足够的可升级性和设备扩展性,反之,则会在今后的升级和设备扩展方面碰到障碍。例如,不满意整合主板的游戏性能,想升级为独立显卡却发现主板上没有多余的PCI-E插槽;想添加一块视频采集卡,却发现插槽都已插满等。过多的扩展槽会导致主板成本上升,而且过多的插槽对许多用户而言并没有作用。例如,一台只做文字处理和上网的计算机却配有6个PCI-E插槽,而且配有独立显卡,就是一种典型的硬件资源浪费。

对于一般用户而言,选择知名主板制造商的Micro ATX主板就能完全满足使用要求。尽量选择推出时间在6～18个月之间的产品,因为太新的主板采用新技术较多,稳定性没有得到充分的实际验证,且价格奇高。而推出时间超过2年的主板采用的技术大多已经过时。图2-50所示是2011年分别支持Intel、AMD CPU的两款高端主板。

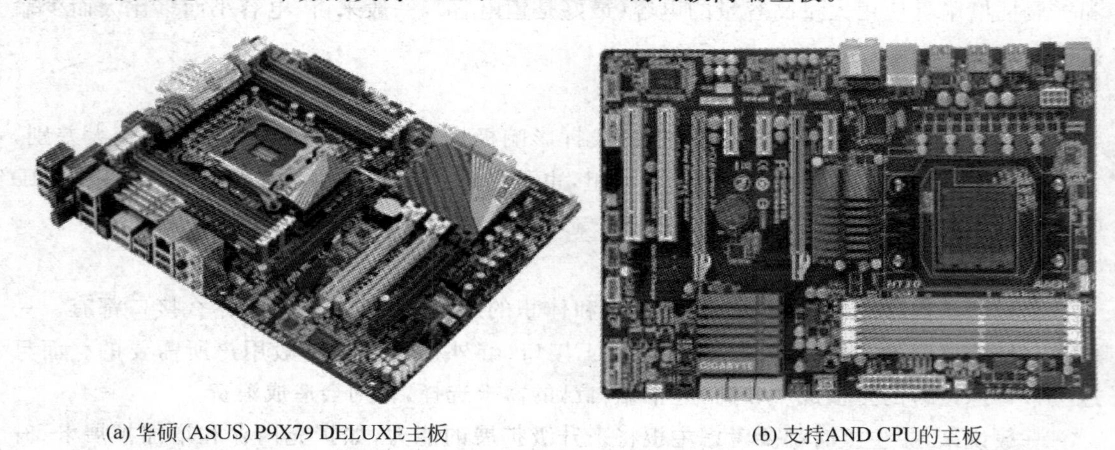

(a) 华硕(ASUS) P9X79 DELUXE主板　　(b) 支持AND CPU的主板

图2-50　分别支持Intel、AMD CPU的两款主板

图2-50(a)所示为2011年12月华硕公司推出的型号为P9X79 DELUXE的主板。采用Intel公司发布的顶级单芯片组X79,有8条内存插槽,最高容量64GB,最高频率2400MHz。CPU和内存的供电控制整合在一套供电设计方案中,采用16＋4＋2＋2相供电,其中16＋4相为CPU供电,2＋2相为内存供电,在供电部位和芯片组覆盖蓝色散热鳍片,确保关键部位温度正常。有4条PCI-E 3.0 X16和2条PCI-E 2.0 X4插槽,8个USB 3.0接口(2前6后),12个USB 2.0接口,支持双路、三路SLI以及CrossFireX多显卡技术;4个SATA 6Gb/s接口、4个SATA 3Gb/s接口和2个eSATA 6Gb/s接口;支持固态硬盘(SSD);集成蓝牙3.0功能,支持802.11b/g/n无线技术,具备一键BIOS升级功能。

该款主板是2012年初支持Intel CPU的顶级主板,售价3800余元。

2.6 本章小结

主板是一块长方形的多层印制电路板,上面集成了CPU插座、内存插槽、扩展槽、芯片组、BIOS芯片等部件,其性能直接影响整个计算机系统的性能。本章主要介绍主板的分类、接口类型,以及主板所涉及的主要技术和选购方法。目前,主流主板支持SATA 3.0硬盘、DDR3内存,提供USB 3.0接口。

主板是计算机硬件平台的基础，掌握主板的主要技术指标对于下一步学习计算机其他部件的作用与功能十分必要。

习 题 2

1. 填空题

(1) 计算机主板按 CPU 接口类型分为引脚式、卡式、________、________等。

(2) 计算机主板是由众多电子元器件以及各类插槽组合而成的，为了固定这些元器件，需要________。

(3) ________负责从开始加电(开机)到完成操作系统引导之前的各个部件和接口的检测、运行管理。

(4) ________指的是一种大规模应用于集成电路芯片制造的原料，但在计算机主板中其准确含义是指一种用电池供电的可读写的 RAM 芯片，芯片内部保存着可将当前系统中的硬件配置信息，以备下次启动机器时完成硬件自检。

(5) 芯片组从功能上由两个基本部分________和________组成，一般情况下它们各由一个芯片组成。

(6) ________技术其实是一种内存控制和管理技术，依赖于芯片组的内存控制器发生作用，在理论上能够使两条同等规格内存所提供的带宽增长一倍。

2. 简答题

(1) 计算机主板接口主要有哪些类型组成?

(2) 简述双通道内存技术的特点。

(3) 计算机主板选购时应注意哪些?

第3章 中央处理器

本章学习目标

- 了解 CPU 的发展历史；
- 熟悉 CPU 的结构及工作原理；
- 掌握 CPU 的主要技术指标；
- 了解 CPU 散热器的组成及安装。

CPU 又称微处理器，是计算机的运算核心和控制核心，其作用堪比人的大脑。

3.1 CPU 简介

CPU 主要由运算器、控制器、寄存器组、Cache 和内部总线构成。

CPU 作为计算机的核心，负责整个计算机系统的协调、控制以及程序运行，随着大规模集成电路的技术革命以及微电子技术的发展，其中集成的电子元件也越来越多，比如 Intel 第三代酷睿 Core i7-3930K 内部集成了 22.7 亿个晶体管。

CPU 主要具有如下 4 方面的基本功能。

指令控制：也称程序的顺序控制，控制程序严格按照规定的顺序执行。

操作控制：将取出的指令产生的一系列控制信号(微指令)，分别送往相应的部件，从而控制这些部件按指令的要求工作。

时间控制：有些控制信号在时间上有严格的先后顺序，如读取存储器的数据，只有当地址线信号确定后，才能通过数据线将所需的数据读出，这样计算机才能有条不紊地工作。

数据加工：对数据进行算术运算和逻辑运算处理。

3.2 CPU 的发展历史

下面介绍两大 CPU 生产厂家：Intel 和 AMD 的产品发展历程。

3.2.1 Intel 系列 CPU

1. 8088 和 8086

Intel 公司于 1978 年推出 8086 微处理器，属于 16 位微处理器，同时推出与之相配合的数学协处理器 8087。次年，Intel 推出 8088 微处理器。图 3-1(a)所示为 8086 微处理器。图 3-1(b)所示为 8088 微处理器。这两种 16 位的微处理器比以往的 8 位微处理器功能大大增强，地址线有 20 条，内存寻址范围为 1MB(2^{20})。它们的主要区别是，8086 的外部数据总线为 16 条，而 8088 为 8 条。1981 年 8088 芯片首次用于 IBM PC，开创了微型计算机时代，从 8088 开始，个人计算机(Personal Computer，PC)的概念开始在全世界流行起来。

(a) 8086　　(b) 8088

图 3-1　8086 与 8088 CPU

2. 80286

1982 年，Intel 推出 80286 芯片，如图 3-2 所示。80286 比 8086 和 8088 有了质的飞跃，虽然仍旧是 16 位结构，但是它含有 13.4 万个晶体管，频率比 8086 高，有 24 条地址线，寻址范围达到 16MB。

3. 80386

从 80386 开始，Intel 系列 CPU 进入 32 位时代，80386 CPU 外观如图 3-3 所示。

图 3-2　80286 CPU　　图 3-3　80386 CPU

80386 属于 32 位 CPU，内部和外部数据总线都是 32 位，地址总线也是 32 位，可寻址 4GB 内存。增加了一种称为虚拟 86 的工作方式，通过同时模拟多个 8086 处理器来提供多任务能力。

80386 主要有以下型号：

(1) 80386-SX，是准 32 位 CPU，数据总线 16 位，其内部 32 位寄存器必须分两个 16 位的总线来读取。是 286 与 386DX 之间的过渡产品。

(2) 80386-DX 是真正的 32 位 CPU，数据总线和内部寄存器都是 32 位。还可以搭配 80387 数字协处理器，以提高计算速度。

(3) 80386-SL，是 1990 年推出的 80386-SX 低功耗 CPU 版本，增加了系统管理方式(SMM)工作模式，具有电源管理功能，可以自动降低运行速度，进入休眠状态以实现节能。

(4) 80386-DL，1990 年推出的 80386-DX 低功耗版本，主频有 16、20、25、33、40MHz。

当时，除 Intel 公司生产 386 芯片外，AMD、Cyrix、Ti、IBM 等厂商也生产与 386 兼容的 CPU。

4. 80486

1989年Intel公司推出80486,属于32位CPU,内部集成了120万个晶体管,图3-4是486CPU外观。80486时钟频率从25MHz逐步提高到33MHz、50MHz,将80386和数学协处理器80387以及一个8KB的高速缓存集成在一个芯片内,并且在80x86系列中首次采用了RISC(精简指令)技术,一个时钟周期内执行一条指令。486CPU采用突发总线工作方式,提高了CPU与内存的数据交换速度。

5. Pentium及Pentium MMX

Pentium(奔腾)是Intel公司1993年推出的CPU,为了防止别的公司侵权,没有继续叫586,图3-5展示了Pentium CPU外观,内部集成了310万个晶体管,数据总线为64位,16KB高速缓存。Pentium CPU的时钟频率最初为60MHz和66MHz,后来提高到200MHz。

图3-4　80486 CPU

图3-5　Pentium CPU

为了增强CPU在音像、图形和通信应用方面的处理能力,Intel又推出了使用MMX(multimedia extension,多媒体扩展,能加速对声音图像的处理)技术的Pentium MMX,即多能奔腾。增加了57条多媒体指令,内部高速缓存为32KB,最高频率233MHz。

随后,Intel公司又推出了Pentium Pro,即高能奔腾,包括256KB的二级缓存。

Cyrix 6X86、Cyrix Media GX、AMD K5与Pentium是同一级别的CPU;AMD-K6和Cyrix 6x86MMX CPU与Pentium MMX同一级别。

6. Pentium Ⅱ

1997年5月,Intel公司推出Pentium Ⅱ CPU,外观如图3-6所示。采用与Pentium Pro相同的核心结构,继承了Pentium Pro的32位性能,加快了段寄存器写操作的速度,增加了MMX指令集,以加速16位操作系统的执行速度。在Pentium Ⅱ内部,750万个晶体管被压缩到一个203mm^{2}的印模上。Pentium Ⅱ比Pentium Pro大6mm^2,比Pentium Pro多容纳200万个晶体管。

在接口方面,为了击垮竞争对手,并获得更加大的内部总线带宽,Pentium Ⅱ采用Solt1接口标准,不再用陶瓷封装,而是采用一块带金属外壳的印刷电路板,该印刷电路板不但集成了处理器部件,还包括32KB的一级缓存。

1998年为了争夺低端市场,Intel公司推出Pentium Ⅱ的简化版,即赛扬(Celeron)CPU。Pentium Ⅱ的二级缓存和相关电路被抽离出来,再把塑料盒子去掉,就构成了第一代Celeron CPU,图3-7展示了第一代Celeron CPU。

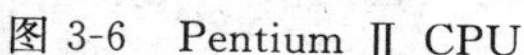
图 3-6　Pentium Ⅱ CPU

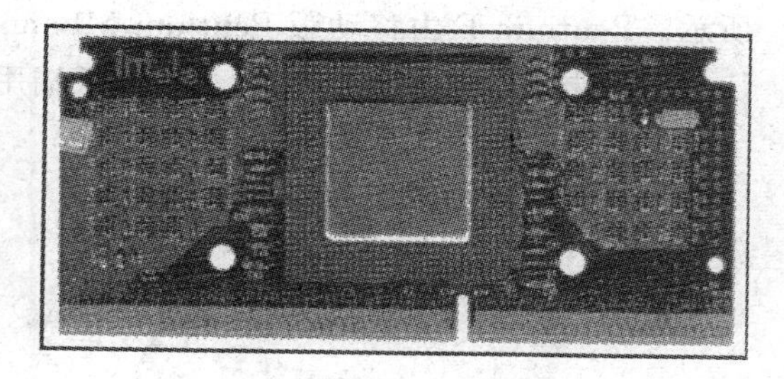

图 3-7　Celeron CPU

7. Pentium Ⅲ

1999 年初，Intel 公司推出第三代奔腾 CPU——Pentium Ⅲ，如图 3-8 所示。采用 Slot1 接口，0.25/0.18μm 制作工艺，100MHz/133MHz 外频，512KB 二级缓存（以 CPU 的半速运行），使用 SSE 多媒体指令集，比 MMX 多 70 条新指令，以增强三维图形处理和浮点计算能力。

2000 年，Pentium Ⅲ的简化版推出，俗称 Celeron2，采用 0.18μm 制作工艺，Celeron2 的超频性能出色，超频幅度可以达到 100%。

8. Pentium 4

2000 年 11 月，Intel 公司推出第四代 Pentium CPU，Pentium 4 简称 P4，如图 3-9 所示。P4 采用全新设计，包括 400MHz 前端总线（100x4），SSE2 指令集，256～512KB 二级缓存，全新的超管线技术及 NetBurst 架构，起步频率为 1.3GHz。P4 最大的技术提升是处理器支持 SSE2、SSE3 和 EMT64 技术，采用 65nm 制造技术，具备超线程技术，支持模拟的双核心，进一步提升了多任务处理能力。

图 3-8　Pentium Ⅲ CPU

图 3-9　Pentium 4 CPU

在低端 CPU 方面，Intel 公司发布了第三代的 Celeron 核心，代号为 Tualatin，采用 0.13μm 工艺，二级缓存容量 256KB，外频 100MHz。

9. Pentium D

Intel 公司 2005 年推出双核心 CPU，Pentium D，如图 3-10 所示。

Pentium D 有两个独立的执行核心及两个 1MB 的二级缓存，两核心共享 800MHz 的前端总线与内存连接。双核心 CPU 具有比单核心 CPU 更高的吞吐量和并行计算能力。

10. Pentium E

由于 Pentium D 耗电量大，2007 年 Intel 公司推出 Pentium E 系列 CPU，外观如图 3-11

所示。Pentium E 由移动版 Pentium MBanias 发展而来,功耗较低,采用超线程技术,基于 Core 微架构,双核心设计,主要是面向低端用户,各项指标强于 Pentium D。

图 3-10　Pentium D CPU

图 3-11　Pentium E CPU

11. Core

2006 年 Intel 公司针对桌面、移动和服务器平台使用统一的构架,即 Core(酷睿)微体系架构,其针对桌面、笔记本和服务器推出的产品代号分别是 Conroe、Merom 和 Woodcrest,有 64 位处理能力。

Core 制造工艺为 65nm 或 45nm,产品均为双核心,二级缓存(L2)缓存容量 4MB,晶体管数量达到 2.91 亿个,核心尺寸 $143mm^2$,性能提升 40%,能耗降低 40%,平均能耗 65W,采用无引脚的 LGA775 封装,如图 3-12 所示。

图 3-12　Core CPU

Core 节能的微架构,提升了 CPU 性能,提高了每瓦特性能(能效比)。为了进一步降低功耗,优化电源使用,可以智能地打开需要运行的子系统,而其他部分则处于休眠状态,大幅降低处理器的功耗。采用两个核心共享二级缓存技术,大幅提高了二级高速缓存的命中率,减少通过前端串行总线和北桥进行的数据交换。Core 还具备内存消歧的功能,对内存读取顺序做出分析,智能预测和装载下一条指令所需要的数据,能够减少处理器的等待时间,减少闲置,同时降低内存读取的延迟,可以侦测出冲突,并重新读取正确的信息,重新执行指令,保证运算结果不会出错误,大大提高了执行效率。

12. Core 2

Intel公司2006年7月27日推出基于Core微架构64位CPU——酷睿2(Core 2 Duo),如图3-13所示。Core 2是Core的升级版,主要在以下几个方面做了改进:

(1) 支持移动64位计算模式,为运算速度更快的时代提供了坚实的硬件基础。

(2) 二级缓存为4MB,比Core的2MB高一倍,更大的二级缓存意味着多任务处理能力更为强劲,处理时间大大缩短。

(3) Core 2 CPU加入了对EM64T与SSE4指令集的支持,由于对EM64T的支持使得其可以拥有更大的内存寻址空间,能够更好的支持VISTA操作系统,此外,SSE4指令集相比于Core的SSE3指令集,对多媒体的处理速度有多处优化。

Core 2分为Solo(单核,用于笔记本计算机)、Duo(双核)、Quad(四核)及Extreme(极致版)等型号。

图3-13　Core 2 CPU

13. Intel近期CPU分类

目前,Intel CPU主要包括4大系列:

(1) 用于个人计算机的第二代智能酷睿CPU和酷睿博锐CPU。

第二代智能酷睿CPU主要有T系列、E系列、P系列、Q系列、i3系列、i5系列、i7系列。

T系列是双核,主要用于笔记本。包括奔腾双核和酷睿双核,2以下的,如T2140是奔腾双核。2以上是酷睿双核,如T5800、T9600,数字越大功能越强。

E系列,双核,也包括奔腾双核和酷睿双核,用于台式机。

P系列,酷睿双核的升级版,旨在减少功耗。同数字的P型号CPU性能优于T型号CPU,如P8600好于T8600。

Q系列是用于指台式机的酷睿四核CPU,制作工艺为45nm或者65nm。

i3系列:双核心,4线程,4MB缓存,有内置显卡,不支持睿频加速,制作工艺35nm。

i5系列:2个或4核心,4线程,3MB、4MB、6MB或8MB缓存,有内置显卡(i5 750系列无显卡)支持睿频加速,相当于i7系列的简化版。

i7系列:首款产品2008年底推出,核心数2个、4个、6个,线程数为8个或12个,8M或12M缓存,支持睿频加速,无内置显卡。

上述CPU大体性能排列为,笔记本系列i7＞i5＞i3＞P＞T;桌面平台系列i7＞i5＞i3＞Q＞E。

第二代智能酷睿博锐处理器主要包括i3系列、i5系列、i7系列的产品。主要特性有内置视频处理功能、支持4路以上多任务处理、硬件安全及防盗功能、智能节能功能。

另外,i5、i7系列CPU具备智能加速功能(睿频加速)。

(2) 用于PC服务器的至强(Xeon)CPU。

Xeon E7系列:适用于多路处理器服务器,为目前Intel服务器使用的最高端CPU。

Xeon 5000系列:适用于双路处理器服务器。

Xeon E3系列:适用于单路处理器服务器。

(3) 用于大型服务器的安腾(Itanium)CPU。

配置Itanium CPU的服务器运行UNIX操作系统,支持大型的企业应用,虚拟化性能卓越,可以为最复杂的数据密集型工作负载提供支持,型号主要有9100、9300系列。

(4) 用于便携式设备的灵动(Atom)CPU。

Atom CPU的优势在于能耗低(1.3W～13W),能够满足日常上网、文字处理等基本应用。主要作为手机、上网本等手持移动设备的CPU。

图3-14展示了Intel四大系列CPU商标。

(a) CORE博锐　(b) Xeon　(c) Itanium　(d) Atom

图3-14　Intel四大系列处理器商标

2012年4月,Intel公司发布了第三代酷睿处理器,主要有i5、i7两大系列。采用22nm制造工艺,3D晶体管新架构,进一步提高了芯片密度和性能,并降低了功耗。

2013年6月,Intel公司发布第四代酷睿处理器,代号Haswell,能耗进一步降低,分为酷睿i3、i5和i7三大系列。与第四代酷睿处理器配套的台式机和笔记本的Intel芯片组型号分别为Z87和Q87。

3.2.2　AMD系列CPU

AMD公司成立于1969年,专为计算机、通信及电子消费类市场供应各种芯片产品,包括CPU、图形处理芯片、主板芯片组等。

AMD公司是目前唯一可与Intel公司匹敌的CPU厂商。AMD CPU的特点是以较低的核心时脉频率产生相对上较高的运算效率,主频通常比同效能的Intel CPU低。

自从Athlon XP上市以来,AMD公司与Intel公司的技术差距逐渐缩小。特别是2003年,AMD公司先于Intel发布了64位CPU Athlon 64,使得AMD的技术在某些方面已经领先于Intel公司。2005年AMD公司发布了拥有两个核心的CPU——Athlon 64 X2,该系列产品与Intel稍后推出的Core 2系列双核心CPU,是当时个人计算机选用CPU时效能最佳的两套方案。AMD公司系列CPU的发展经历可以总结成4个阶段。

1. 第一阶段

从涉足CPU产品至K6阶段。产品价格较低,虽然最高性能不比同期的Intel CPU弱,但却拥有较佳的性价比。图 3-15 展示了从 1982 年 16 位 CPU 到 K6 系列 CPU 阶段的产品。

(a) AMD 8086

(b) AMD 286

(c) AMD-K5

(d) AMD K6-Ⅲ

图 3-15　AMD 第一阶段的系列 CPU

这一阶段的产品主要如下：

Am2900 系列(1975 年)，4 位算数逻辑单元，可以进行硬件乘法。

Am 29000(29K)系列(1987—1995 年)，内置浮点运算功能，是嵌入式微处理器。

Amx86 系列(1991—1995 年)，最具代表性的产品 Am5x86(1995 年)性能相当于 Intel 486 CPU。

K5 系列(1995 年)：是与 Intel 的 Pentium 竞争的产品，但性能不及 Pentium。

K6 系列(1997—2001 年)性能相当于 Intel Pentium MMX 级别的 CPU。其代表性产品 AMD K6-Ⅱ CPU，性能优于同档次的 Pentium Ⅱ CPU。

2. 第二阶段

K7 阶段主要包括 Athlon、Athlon XP (Athlon MP)以及新 Duron 三个系列的产品。图 3-16 所示为两款 K7 CPU 外观，表 3-1 列出了 K7 系列 CPU 的主要参数。

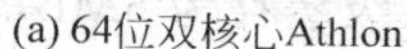

(a) 64位双核心Athlon

(b) 用于PC服务器的AMD Opteron

图 3-16　AMD K8 系列 CPU

K7 CPU 的倍频锁定限制较松，受超频用户的欢迎。超频过度的 K7 系列 CPU 有较高的烧毁风险。

表 3-1 K7 系列 CPU 主要参数

	Athlon	Athlon XP(MP)	Duron
CPU 核心	Thunderbird	Palomino	Morgan
主频	750MHz～1.4GHz	1.2GHz 以上	1.0GHz 以上
插槽	Socket A	Socket A	Socket A
生产工艺	0.18μm	0.18μm	0.18μm
晶体管数目	3700 万	3750 万	3750 万
芯片面积/mm^2	120	128	128
高速缓存/KB	L1 128,L2 256	L1 128,L2 256(data Prefetch 技术)	L1 128,L2 64(data Prefetch 技术)
3D 指令集	3DNow!	3DNow! Professional	3DNow! Professional

3. 第三阶段

第三阶段主要包括 K8、K10 两代产品。K9 由于设计原因没有正式推出。

2003 年 9 月 AMD 发布第一款桌面 64 位 CPU Athlon 64 和 Athlon 64 FX,标志 AMD CPU 进入 K8 时代。K8 是 AMD 第 8 代 CPU 的通称,也是从 32 位的 x86 平台向 64 位的 AMD64 平台过渡的时代。

由于先于 Intel 推出 64 位 CPU,使得 AMD 在 64 位 CPU 领域有发展优势,在 K8 系列的变化中,值得注意的是其整合内存控制器与 x86-64 指令,重点解决了因为电气性能有限所导致 CPU 不稳定和发热量、耗电功率过大的问题。

K8 CPU 性能由低到高依次出现的型号有 Sempron(闪龙)Athlon 64(速龙 单核)、Athlon 64 X2(速龙 双核)、Athlon 64 FX、Turion 64(炫龙)。另外还有用于服务器的处理器 Opteron。图 3-16 所示是两款 K8 CPU 外观。

K8 早期有 Socket 754、Socket 939 和 Scoket 940 三种接口。Socket 754 主要面向中低端用户,Socket 939 面向中高端用户,Socket 940 为早期服务器 CPU Opteron 专用(后来服务器 CPU 也改用 Socket 939 接口)。新 K8 统一为 Socket AM2(940 针)接口。

K10 是 K8 架构产品的继任者,主要为四核心,也有 2、6 核心的产品。每核心 64KB 一级缓存、512KB 二级缓存、共享 2MB 或 6MB 三级缓存,具备 HyperTransport 3.0 总线、增强型 PowerNow 省电技术、AMD-V 虚拟化技术等。

K10 处理器主要有速龙(Athlon)、羿龙(Phenom)和推土机(FX)三大系列。其中,速龙面向中低端用户,羿龙面向高端用户,FX 为 AMD 顶级产品。

2012 年 K10 处理器的代表性产品如下:

(1) 定位低端的 Athlon Ⅱ X4 650,主频 3.2GHz,功耗 95W,接口为 Socket AM3,性能与 Core i3 相当。

(2) 高端的 AMD Phenom Ⅱ X4 965,主频 3.4GHz,三级缓存为 6MB,功耗 125W,接口为 Socket AM3,性能与 Core i5 相当。

(3) 顶级产品 AMD FX-8150,8 核心,默认主频 3.6GHz,最高 4.2GHz。8 个核心被封装成 4 个模块,每个模块共享 2MB 二级缓存,4 个模块共享 8MB 三级缓存,支持 DDR3-1866 内存,接口为 Socket AM3+。其性能与 Core i7 相当。

Socket AM3 与 Socket AM3＋针脚数均为 938，不同之处在于针脚定义，图 3-17 给出了两种接口的差别。

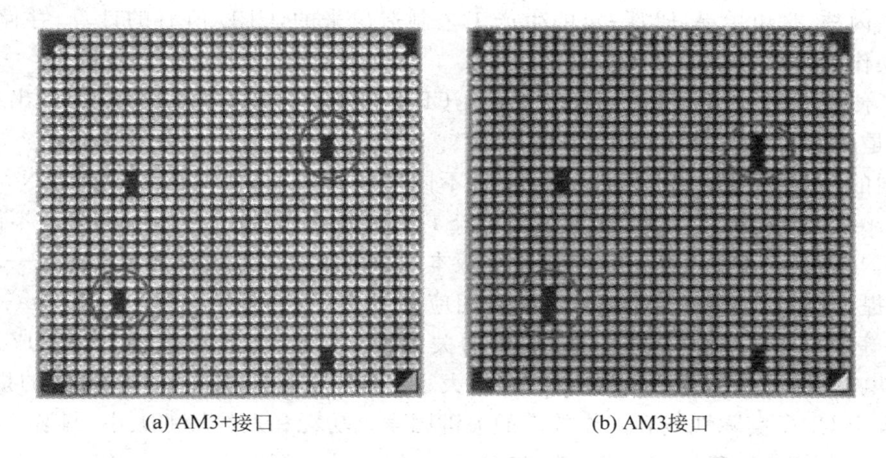

(a) AM3+接口　　(b) AM3接口

图 3-17　Socket AM3 与 Socket AM3＋针脚定义差别示意图

4. 第四阶段

APU 阶段。2011 年 AMD 公司推出加速处理器 Fusion APU(accelerated processing units)，融聚了 CPU 与 GPU(图形处理器)的功能，研发代号为 LIano，其中 CPU 部分采用 Phenom Ⅱ核心，目前最高为四核心；GPU 部分采用 Radeon HD 5000 显示核心，集成 480 个流处理单元，支持 DX11 技术。支持最新的视频解码器 UVD3。

虽然现有的单核心 AGP 性能仅与 Intel Core i3 相当，但有可能成为 AMD 未来处理器的一个发展方向。

AMD 未来的处理器将按照推土机(Bulldozer)和山猫(Bobcat)两款全新的处理器架构划分，推土机架构主攻性能和扩展性，面向主流客户端和服务器领域；山猫架构侧重灵活性、低功耗和小尺寸，用于低功耗设备、小型设备、云客户端。

3.3　CPU 的结构

从外部物理构造的角度看，CPU 主要由基板、内核、针脚、基板之间的填充物以及散热器装置支撑垫等组成，如图 3-18 所示。

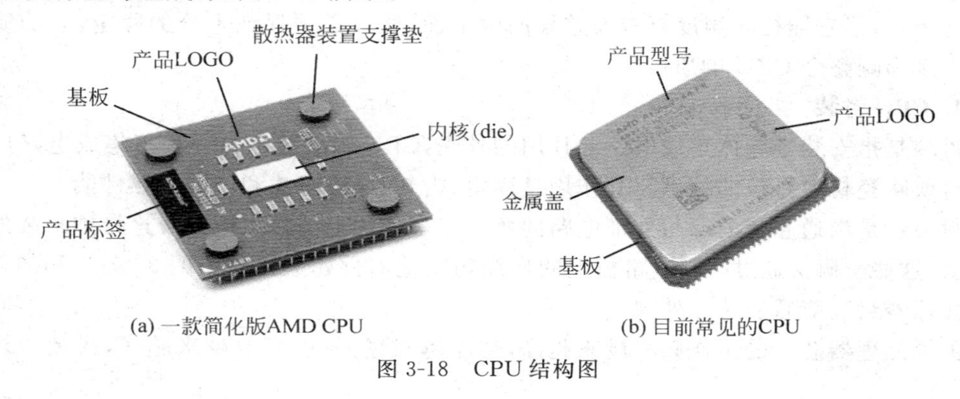

(a) 一款简化版AMD CPU　　(b) 目前常见的CPU

图 3-18　CPU 结构图

1. CPU内核

内核(die)又称核心,是CPU最重要的组成部分。图3-18(a)中CPU中心那块隆起的芯片就是内核,是由单晶硅以一定的生产工艺制造出来的,CPU所有的计算、存储命令、处理数据操作都由内核执行。

为了便于CPU设计、生产、销售的管理,CPU制造商会对各种CPU核心给出相应的代号,这就是所谓的CPU核心类型。

不同的CPU(不同系列或同一系列)有不同的核心类型(如Pentium 4的Northwood、Willamette以及K6-2的CXT和K6-2+的ST-50等),甚至同一种核心也会有不同版本的类型(如Northwood核心分为B0和C1等版本),核心版本的变更是为了修正上一版存在的错误,并提升性能。每一种核心类型都有相应的制造工艺(如0.25um、0.18um、0.13um、0.09um等)、核心面积(是决定CPU成本的关键因素,成本与核心面积基本上成正比)、核心电压、电流大小、晶体管数量、各级缓存的大小、主频范围、流水线架构和支持的指令集(这两点是决定CPU实际性能和工作效率的关键因素)、功耗和发热量的大小、封装方式(如S.E.P、PGA、FC-PGA等)、接口类型(如Socket A、Socket 478、Socket T、Slot 1、Socket 940等)、前端总线频率(FSB)等。核心类型在某种程度上决定了CPU的工作性能。

随着技术的进步以及CPU制造商对新核心的不断改进和完善,新核心的中后期产品性能通常超越老核心产品。

CPU核心的发展方向是更低的电压、更低的功耗、更先进的制造工艺、集成更多的晶体管、更小的核心面积(这会降低CPU的生产成本,从而降低CPU的销售价格)、更先进的流水线架构和更多的指令集、更高的前端总线频率、集成更多的功能(如集成内存控制器等)以及多核心等。

2. 基板

CPU基板是承载CPU内核的电路板,是核心和针脚的载体。负责内核芯片和外界的一切通信,并决定芯片的时钟频率,上面有经常在计算机主板上见到的电容、电阻,还有决定CPU时钟频率的电路桥,在基板的背面或者下沿,还有用于和主板连接的针脚或卡式接口。

早期CPU基板采用陶瓷,新型CPU基板用有机物制造,能提供更好的电气和散热性能。

3. 填充物

CPU内核和CPU基板之间有填充物,作用是缓解来自散热器的压力以及固定芯片和电路基板,由于它连接着温度有较大差异的两个面,所以必须保证十分的稳定,它的质量的优劣直接影响整个CPU的质量。

4. CPU封装

封装是指安装半导体集成电路芯片用的外壳,CPU封装技术是一种将集成电路用绝缘的塑料或陶瓷材料打包的技术。其作用是固定、密封、保护芯片和增强导热性能。

封装还是沟通芯片内部与外部电路的桥梁——芯片上的接点用导线连接到封装外壳的引脚上,这些引脚又通过印刷电路板上的导线与其他器件建立连接。图3-19为Intel Core 2 Duo处理器封装前后的芯片外观。

由于处理器芯片的工作频率越来越高,功能越来越强,引脚数越来越多,封装的外形也

图 3-19　Intel Core 2 Duo 处理器封装前后的芯片

不断在改变。封装时主要考虑的因素如下。

(1) 为提高封装效率,芯片面积与封装面积之比尽量接近 1∶1。

(2) 为减小传输延迟引脚尽量短,为减少相互干扰引脚间距离尽量远。

(3) 为确保散热,封装越薄越好。

基于以上因素,随着 CPU 集成度的提高以及越来越突出的散热问题,CPU 的封装形式也在不断变化。从 DIP、QFP、PGA、BGA 到 S. E. C. C 再到 LGA,芯片面积与封装面积的比例越来越趋近于 1∶1,承受的频率越来越高,耐热越来越好,引脚越来越多,引脚间距越来越小,重量越来越轻,可靠性越来越高,操作越来越人性化。

CPU 的封装方式取决于 CPU 安装形式和器件集成设计,从大的分类来说采用 Socket 插座安装的 CPU 使用 PGA(栅格阵列)方式封装,而采用 Slot 槽安装的 CPU 则采用 SEC(单边接插盒)的形式封装。现在还有 PLGA(plastic land grid array)、OLGA(organic land grid array)等封装技术。

下面介绍几种常见的封装。

1) DIP 封装

DIP 封装(dual in-line package),指采用双列直插形式封装的集成电路芯片,绝大多数中小规模集成电路采用这种封装形式,引脚数一般不超过 100。DIP 封装的 CPU 芯片有两排引脚,需要插入到具有 DIP 结构的芯片插座上。也可以直接插在有相同焊孔数和几何排列的电路板上再焊接。DIP 封装的芯片从芯片插座上插拔时应特别小心,以免损坏管脚。DIP 封装结构形式有多层陶瓷双列直插式 DIP,单层陶瓷双列直插式 DIP,引线框架式 DIP(含玻璃陶瓷封接式,塑料包封结构式,陶瓷低熔玻璃封装式)等。

DIP 封装具有以下特点:

(1) 适合在 PCB(印刷电路板)上穿孔焊接,操作方便。

(2) 芯片面积与封装面积之间的比值较大,故体积也较大。

2) QFP 封装

方型扁平式封装技术(plastic quad flat pockage,QFP)实现的芯片引脚之间距离小,管脚细,一般大规模或超大规模集成电路采用这种封装形式,引脚数一般都在 100 以上。该技术封装操作方便,可靠性高; 封装外形尺寸较小,寄生参数减小,适合高频应用; 该技术适合用表面贴装技术(surface mounted technology,SMT)在 PCB 上布线。

3) PFP 封装

塑料扁平组件封装(plastic flat package,PFP)技术封装的芯片采用表面贴装器件(surface mounted devices,SMD)技术将芯片与主板焊接起来。采用SMD安装的芯片不必在主板上打孔,在主板表面上有设计好的相应管脚的焊盘,将芯片针脚对准相应的焊盘,即可实现与主板的焊接。用这种方法焊上去的芯片,不用专用工具是很难拆卸。该技术与QFP技术基本相似,只是外观的封装形状不同。

4) PGA 封装

针栅阵列(pin grid array,PGA)封装,也叫插针网格阵列封装(ceramic pin grid array package),外观为正方形或者长方形,封装的芯片外有多个方阵形的插针,每个方阵形插针沿芯片的四周间隔一定距离排列,根据管脚数目的多少,可以围成2~5圈。安装时,插入专门的PGA插座。为了方便CPU的安装和拆卸,从486芯片开始,出现了ZIF(zero insertion force)CPU插座,专门满足PGA封装的CPU在安装和拆卸上的要求。80486和Pentium、Pentium Pro等CPU均采用PGA封装,如图3-20所示。

图 3-20　PGA 封装形式

5) BGA 封装

球栅阵列封装(ball grid array package,BGA)。BGA封装占用基板的面积较大。虽然该技术的I/O引脚数增多,但引脚之间的距离远大于QFP,从而提高了组装成品率。该技术采用可控塌陷芯片法焊接,改善了电热性能。组装用共面焊接,能提高封装的可靠性;由该技术封装的CPU信号传输延迟小,频率提高很大。

6) S. E. C. C. 封装

单边接触卡盒(single edge contact cartridge,S. E. C. C.)封装,不使用针脚,而使用"金手指"触点,CPU通过触点与主板连接。CPU被一个金属壳覆盖,如图3-21所示。卡盒的背面是热材料镀层,充当散热器。在S. E. C. C. 内部,有一个被称为基体的印刷电路板连接处理器、二级高速缓存和总线控制电路。S. E. C. C 封装用于242个触点的Pentium Ⅱ、330个触点的Pentium Ⅱ至强(Xeon)和Pentium Ⅲ至强CPU。

7) S. E. C. C. 2 封装

与S. E. C. C 封装相似,S. E. C. C. 2 封装使用更少的保护性包装,并且不含有导热镀层。用于较晚版本的Pentium Ⅱ和Pentium Ⅲ CPU(242触点),如图3-22所示。

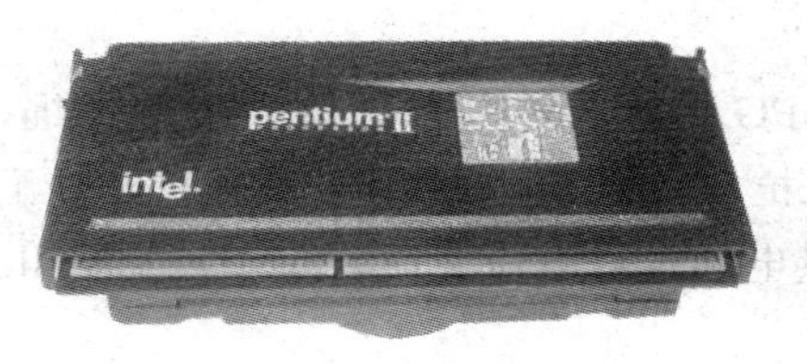

(a) Pentium Ⅱ 正面

(b) Pentium Ⅱ 背面

图 3-21　S. E. C. C. 封装形式

8）FC-PGA 封装

反转芯片针脚栅格阵列（flip-chip pin grid array，FC-PGA），1999 年由 Intel 公司发明，应用到之后出现的 Pentium 芯片上。这种封装中片模（构成 CPU 的主要集成电路部分）暴露在芯片的上部，热量解决方案直接做用到片模上，能实现更有效的芯片冷却。为了通过隔绝电源信号和接地信号来提高封装的性能，在 CPU 的底部放置电容和电阻。芯片底部的针脚是锯齿形排列，如图 3-23 所示。

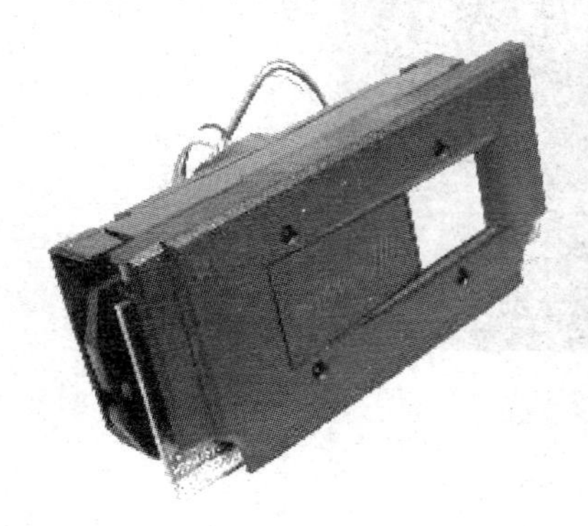

图 3-22　S. E. C. C. 2 封装形式

图 3-23　FC-PGA 封装形式

9）FC-PGA2 封装

FC-PGA2 封装与 FC-PGA 相似，封装时添加了集成式散热器（IHS）。IHS 在生产时直接安装到 CPU 芯片上。IHS 与片模有很好的热接触，并且提供了更大的表面积以更好地发散热量，增加了热传导。FC-PGA2 封装用于后期的 Pentium Ⅲ 和赛扬 CPU（370 针）和 Pentium 4 CPU（478 针），如图 3-24 所示。

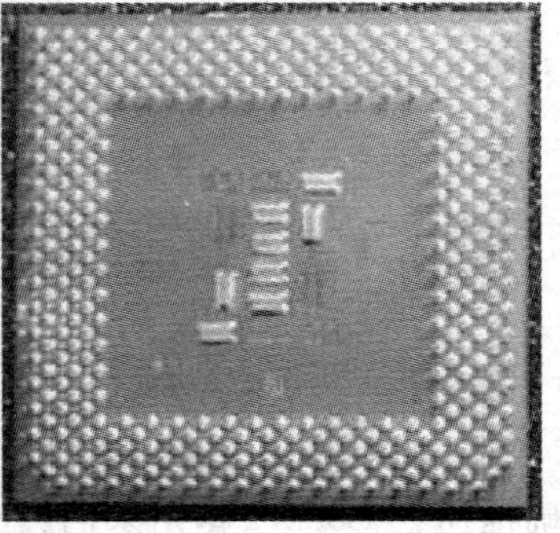

图 3-24　FC-PGA2 封装形式

10）OPGA 封装

有机管脚阵列(organic pin grid array,OPGA)。封装的基底使用玻璃纤维,类似印刷电路板上的材料。此种封装方式可以降低阻抗和封装成本。OPGA 封装拉近了外部电容和处理器内核的距离,可以更好地改善内核供电和过滤电流杂波。AMD 的 AthlonXP 系列 CPU 大多使用此类封装。

11）CPGA 封装

CPGA(Ceramic PGA)就是常说的陶瓷封装,主要在 Thunderbird(雷鸟)核心和 Palomino 核心的 Athlon CPU 上采用。

12）mPGA 封装

mPGA,微型 PGA 封装,AMD 公司的 Athlon 64 和 Intel 的 Xeon(至强)系列 CPU 等少数产品采用,如图 3-25 所示。

图 3-25　mPGA 封装形式

13）LGA 封装

LGA(land grid array)是栅格阵列封装,与 Intel CPU 之前的封装技术 Socket 478 相对应,也称 Socket T。用金属触点式封装取代了以往的针状插脚。LGA775,表示有 775 个触点,如图 3-26 所示。

图 3-26　LGA775 封装形式

采用 LGA775 接口的 CPU 在安装方式上与以往的产品不同,需要一个安装扣架固定,让 CPU 可以正确地压在 Socket 露出来的具有弹性的触须上。

5. 接口类型

CPU与主板连接的接口类型主要有引脚式、卡式、针脚式、触点式等，对应到主板上有相应的插槽(slot)或插座(socket)。图3-27所示为插座形式的针脚式和触点式CPU接口。

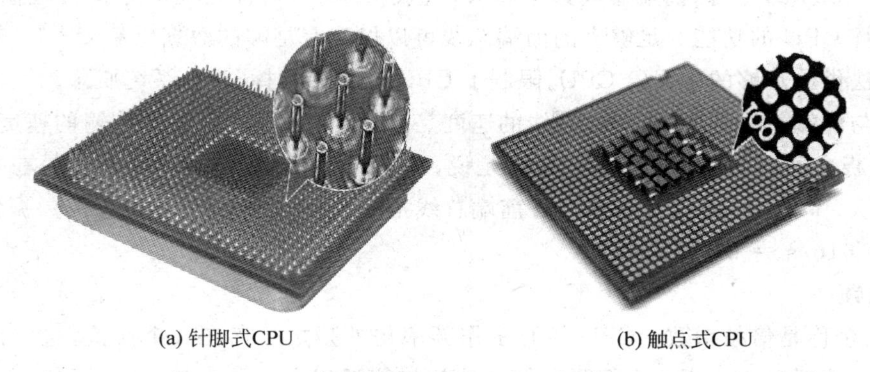

(a) 针脚式CPU　　(b) 触点式CPU

图3-27　针脚式和触点式CPU接口

插槽接口(也称卡式接口)的CPU外观像常见的各种扩展卡(显卡、声卡、网卡等)，竖立插到主板上，当然主板上必须有对应Slot插槽。Socket接口的CPU有数百(千)个针脚或者触点一一对应插在主板的CPU插座上。CPU的接口和主板插座必须完全吻合。例如，Slot 1接口的CPU只能安装在具备Slot 1插槽的主板上，Socket 478接口的CPU只能安装在具备Socket 478插座的主板上。

注意： 接口类型不同，金手指数、插针数或触点数，以及接点的布局、形状等就不同，不能互相接插。

3.4　CPU的主要技术指标

1. 主频

主频即CPU内核工作的时钟频率(CPU Clock Speed)，单位是MHz或GHz。通常所说的某某CPU是多少兆赫，指的就是CPU的主频。

注意： 很多人认为CPU的主频就是其运行速度，其实不然。

CPU的主频表示CPU内数字脉冲信号震荡的速度，主频和实际的运算速度存在一定的关系，但目前还没有一个确定的公式能够定量两者的数值关系，因为CPU的运算速度还要看CPU的流水线数目、缓存大小、指令集，CPU的位数等各方面的指标。

2. 外频

外频是CPU的基准频率，单位是MHz，是CPU与主板之间同步运行的工作频率(系统时钟频率)。绝大部分计算机系统中外频也是内存与主板之间同步运行的频率。

3. 前端总线

前端总线(front side bus，FSB)是AMD推出K7 CPU时提出的概念，是将CPU连接到北桥芯片的总线，决定CPU与内存数据交换的速度。

数据传输最大带宽取决于所有同时传输的数据宽度和传输频率，即数据带宽＝(FSB×数据位宽)/8。例如，64位的至强CPU，前端总线是800MHz，则它的数据传输最大带宽是6.4GB/s。目前常见的前端总线频率有266MHz、333MHz、400MHz、533MHz、800MHz、1066MHz、1333MHz等，前端总线频率越大，代表CPU与内存之间的数据传输量越大，更能充分发挥CPU的功能。足够大的前端总线可以保障有足够的数据供给CPU。较低的前端总线无法供给足够的数据给CPU，限制了CPU性能得发挥，成为系统瓶颈。

外频与前端总线的区别，前端总线的速度是CPU与内存之间数据传输的速度，外频是CPU与主板之间同步运行的频率。也就是说，100MHz外频特指数字脉冲信号在每秒钟震荡一千万次；而64位处理器100MHz前端总线指的是每秒钟CPU可接受的数据传输量是100MHz×64b/s ＝ 800MB/s。

4. 倍频

倍频，全称是倍频系数。CPU核心工作频率与外频之间存在一个比值，这个比值就是倍频系数。倍频以0.5为一个间隔单位。外频与倍频相乘就是主频，其中任何一项提高都可以使CPU的主频上升。

原先并没有倍频概念，CPU的主频和系统总线的速度是一样的，但CPU的速度越来越快，倍频技术也就应运而生。

CPU主频的计算方式为主频 ＝ 外频×倍频，也就是倍频是指CPU和系统总线之间相差的倍数。当外频不变时，提高倍频，CPU主频也就越高。

5. CPU的位和字长

位：在数字电路和计算机技术中采用二进制，只有0和1，无论是0还是1在CPU中都是一“位”(bit，b)。

字长：CPU在单位时间内(同一时间)能一次处理的二进制数的位数叫字长。能处理字长为8位数据的CPU通常叫8位CPU。同理32位CPU在单位时间内处理字长为32位二进制数。字节和字长的区别：由于常用的英文字符用8位二进制数就可以表示，所以通常将8位称为一个字节。字长的长度是不固定的，对于不同的CPU、字长的长度也不一样。8位CPU一次只能处理一个字节，而32位CPU一次能处理4个字节，字长为64位CPU一次可以处理8个字节。

6. 缓存(Cache)

Cache是位于CPU与内存之间的临时存储器，容量比内存小，但存取速度比内存快。缓存中的数据实际上是内存中的一小部分，计算机工作时，CPU需要重复读取同样的数据块，如果每次都从内存中读取，由于CPU速度远高于内存速度，则内存成为计算机工作的瓶颈，Cache正是在这种情况下出现的。

缓存的工作原理：当CPU要读取一个数据时，首先从缓存中查找，如果找到就立即读取并送给CPU处理；如果没有找到，就从速度相对慢的内存中读取，同时把这个数据所在的数据块调入缓存中，以便以后能够快速地从缓存中读取该数据，而不必再去读内存，其工作原理如图3-28所示。

这样的读取机制使CPU读取缓存的命中率非常高(大多数CPU可达90%左右)，也就

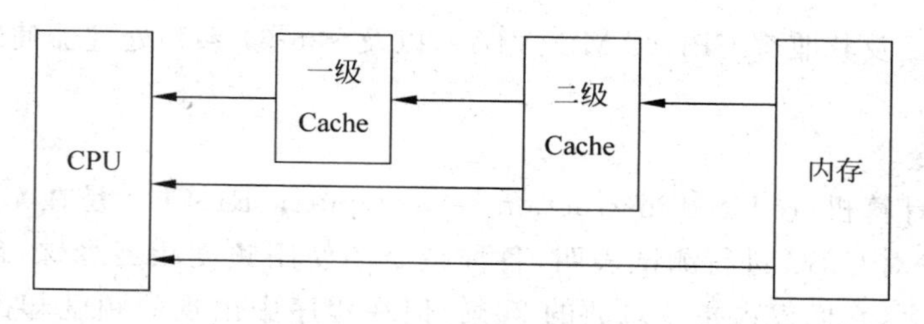

图 3-28　Cache 工作原理图

是说 CPU 下一次要读取的数据 90%都在缓存中，只有大约 10%需要从内存读取。这样可以大大节省 CPU 读取数据的时间。

早期的 CPU 缓存是直接固定在主板上的存储块，从 80486 开始缓存加入到了 CPU 内部，但容量很小，起初只有几千字节，Intel 公司从 Pentium 开始对缓存进行分类。当时集成在 CPU 内核中的缓存容量小，但存取速度快，由于当时制造工艺的限制不可能大幅度提高 CPU 中缓存的容量。就把 CPU 内核集成的缓存称为一级缓存(L1 Cache)，而主板上集成的缓存称为二级缓存(L2 Cache)。一级缓存中可以进一步分为数据缓存(I-Cache)和指令缓存(D-Cache)，分别用来存放数据和执行这些数据的指令，可以同时被 CPU 访问，能够减少争用 Cache 所造成的冲突，提高了处理器效能。

随着 CPU 制造工艺的发展，二级缓存也被集成到 CPU 内核中，容量也在逐年提升，目前 CPU 中还集成了三级缓存 (L3 Cache)。截至 2012 年 10 月，已经面世的 CPU 中 L1 容量在 32～6×256KB 之间，L2 在 256～12MB 之间，L3 最大为 24MB。

L2 就是 L1 的缓冲器：L1 制造成本很高，容量有限，L2 存储那些 CPU 处理时需要用到、L1 又无法存储的数据。同理，L3 和内存可以看做是 L2 的缓冲器，它们的容量递增，但单位制造成本却递减。需要注意的是，无论是 L2、L3 还是内存都不能存储处理器操作的原始指令，这些指令只能存储在 CPU 的一级指令缓存中，而 L2、L3 和内存仅用于存储 CPU 所需数据。

7. 指令集

CPU 依靠指令完成计算和控制各部件的工作，每款 CPU 在设计时就规定了一系列与其硬件电路相配合的指令系统。指令集的强弱也是 CPU 的重要指标，指令集是提高处理器效率的最有效工具之一。

从计算机体系结构讲，指令集可分为复杂指令集和精简指令集两部分；目前常见的 Intel 公司以及 AMD 公司的 CPU 均采用 x86 架构的复杂指令集。

从具体运用看，Intel 公司的 MMX(multi media extended)、SSE、SSE2(streaming-single instruction multiple data-extensions 2)和 AMD 公司的 3DNow! 等都是 x86 架构 CPU 的扩展指令集，分别增强了 CPU 的多媒体、图形图像和 Internet 等的处理能力。

1) CISC 指令集

复杂指令集计算机(complex instruction set computer，CISC)。在 CISC 处理器中，程序的各条指令是按顺序串行执行的，每条指令中的各个操作也按顺序串行执行。顺序执行的优点是控制简单，但计算机各部分的利用率不高，执行速度慢。Intel 公司的 x86 系列

(IA-32架构)CPU及其兼容CPU(AMD、VIA),以及x86-64系列处理器使用的指令集都属于CISC的范畴。

2) RISC指令集

精简指令集计算机(reduced instruction set computer,RISC)。是在CISC指令系统基础上发展起来的,对CISC进行测试表明,各种指令的使用频度相当悬殊,最常使用的是一些比较简单的指令,它们仅占指令总数的20%,但在程序中出现的频度却占80%。复杂的指令系统必然增加微处理器的复杂性,使处理器的研制时间长,成本高,并且复杂指令需要复杂的操作,必然会降低计算机的速度。基于上述原因,20世纪80年代RISC型CPU诞生了,相对于CISC型CPU,RISC型CPU不仅精简了指令系统,还采用了一种叫做"超标量和超流水线结构",增加了并行处理能力。RISC指令集是高性能CPU的发展方向。相比而言,RISC的指令格式统一,种类比较少,寻址方式也比CISC简单,处理速度提高很多。目前在中高档服务器中普遍采用RISC型CPU。RISC指令系统更加适合高档服务器的操作系统UNIX,但RISC型CPU与Intel和AMD的CPU在软件和硬件上不兼容。

在中高档服务器中采用RISC指令的CPU主要有以下几类:PowerPC处理器、SPARC处理器、PA-RISC处理器、MIPS处理器、Alpha处理器。

3) MMX指令集

1997年Intel公司推出多媒体扩展指令集(MMX),包括57条多媒体指令。MMX主要用于增强CPU对多媒体信息的处理能力,提高处理3D图形、视频和音频信息的能力。

4) SSE指令集

由于MMX指令并没有带来3D游戏性能的显著提升,所以,1999年Intel公司在Pentium Ⅲ CPU产品中推出了数据流单指令序列扩展指令(streaming SIMD extensions,SSE)。SSE兼容MMX指令,可以通过SIMD(单指令多数据技术)和单时钟周期并行处理多个浮点数来提高浮点运算速度。

在MMX指令集中,借用了浮点处理器的8个寄存器,导致浮点运算速度降低。而在SSE指令集推出时,Intel公司在Pentium Ⅲ CPU中增加了8个128位的SSE指令专用寄存器。SSE指令寄存器可以全速运行,保证了与浮点运算的并行性。

5) SSE2指令集

在Pentium 4 CPU中,Intel公司开发了新指令集SSE2,共144条,包括浮点SIMD指令、整型SIMD指令、SIMD浮点和整型数据之间转换、数据在MMX寄存器中转换等几大部分。重要的改进包括引入新的数据格式,如128位SIMD整数运算和64位双精度浮点运算等,还新增加了几条缓存指令,允许程序员控制已经缓存过的数据,更好地利用高速缓存。

6) SSE3指令集

SSE3相对于SSE2新增加了13条新指令,被统称为pni(prescott new instructions)。13条指令中,一条用于视频解码,两条用于线程同步,其余用于复杂的数学运算、浮点到整数转换和SIMD浮点运算。

7) SSE4指令集

SSE4相对于SSE3又增加了50条指令,这些指令有助于编译、媒体、字符/文本处理和程序指向加速。

SSE4 指令集作为 Intel 公司"显著视频增强"平台的一部分。该平台的其他视频增强功能还有 Clear Video 技术(CVT)和统一显示接口(UDI)支持等,其中前者是对 ATi AVIVO 技术的回应,支持高级解码、后处理和增强型 3D 功能。

8) 3D Now! 指令集

3D Now! 指令集是 AMD 公司开发的多媒体扩展指令集,有 21 条指令。针对 MMX 指令集没有加强浮点处理能力的弱点,提高了 AMD 公司 K6 系列 CPU 对 3D 图形的处理能力。3D Now! 指令集主要用于 3D 游戏,对其他商业图形应用处理支持不足。

3DNow! +指令集:在 3D Now! 指令集基础上,增加到 52 条指令,包含了部分 SSE 指令,该指令集主要用于新型的 AMD CPU 上。

8. CPU 内核和 I/O 工作电压

从 Pentium CPU 开始,CPU 的工作电压分为内核电压和 I/O 电压两种,核心电压即驱动 CPU 核心芯片的电压,I/O 电压则指驱动 I/O 电路的电压。通常 CPU 的核心电压小于等于 I/O 电压。制作工艺越先进,内核工作电压越低,I/O 电压一般在 1.6~5V。CPU 的工作电压呈明显的下降趋势,较低的工作电压主要三个优点:

(1) 低电压使 CPU 总功耗降低。功耗降低,系统的运行成本就相应降低,对于便携式和移动系统非常重要,电池可以工作更长时间,从而延长电池使用寿命。

(2) 功耗降低,使发热量减少,运行温度不高的 CPU 可以与系统更好的配合。

(3) 降低电压是提高 CPU 主频的重要因素之一。

9. 制造工艺

只有更高集成度的制造工艺,才能降低晶体管增加带来的功耗,而且更高的集成度意味着制作成本的降低。衡量集成度的标准是制造工艺。

制造工艺是指集成电路内电路与电路之间的距离。芯片制造工艺在 1995 年以后,从 0.5 微米、0.35 微米、0.25 微米、0.18 微米、0.15 微米、0.13 微米、90 纳米、65 纳米、45 纳米,一直发展到目前的 32 纳米、15 纳米制造工艺。

先进的制造工艺会在 CPU 内部集成更多的晶体管,使处理器实现更多的功能和更高的性能;先进的制造工艺会使处理器的核心面积不断减小,在相同面积的晶圆上可以制造出更多的 CPU,直接降低 CPU 的成本,从而降低 CPU 的售价;先进的制造工艺还会减少处理器的功耗,从而减少其发热量,解决处理器性能提升的障碍。

10. 超流水线与超标量

在解释超流水线与超标量前,先了解流水线(Pipeline)。

流水线是 Intel 公司在 486CPU 中开始使用的。流水线的工作方式就像工业生产上的装配流水线。流水线技术是通过增加硬件来实现的。例如要能预取指令,就需要增加取指令的硬件电路,在 CPU 中由 5~6 个不同功能的电路单元组成一条指令处理流水线,并将一条指令分成 5~6 步,再由这些电路单元分别执行,从而使各步操作在时间上重叠,从而提高 CPU 的运算速度。

Pentium CPU 每条整数流水线分为 4 级流水,即指令预取、译码、执行、写回结果。理想情况下,每步需要一个时钟周期。当流水线完全装满时,每个时钟周期平均有一条指令从流水线上执行完毕,输出结果,就像轿车从组装线上开出来一样。

超级流水线通过细化流水、提高主频,使得在一个机器周期内完成一个甚至多个操作,其实质是以时间换取空间。例如,Pentium 4 的流水线长达 20 级。将流水线设计的步(级)越长,完成一条指令的速度越快,才能适应主频更高的 CPU。但是,流水线过长也带来了一定的副作用,很可能会出现主频较高的 CPU 实际运算速度较低的现象,Intel 公司的 Pentium 4 就出现了这种情况,虽然它的主频可以高达 1.4G 以上,但其运算性能却远远比不上 AMD 1.2G 的速龙甚至 Pentium Ⅲ。

超标量(Superscalar)是指在 CPU 中内置多条流水线来同时执行多条指令,每时钟周期内可以完成一条以上的指令,这种设计就叫超标量技术。其实质是以空间换取时间。

11. SMP

对称多处理结构(symmetric multi-processing,SMP)是指在一个计算机上汇集了一组处理器(多 CPU),各 CPU 之间共享内存以及总线结构。在高性能服务器和工作站级主板架构中最为常见,如 UNIX 服务器可支持最多 256 个 CPU。

组建 SMP 系统,对 CPU 有很高的要求,首先,CPU 内部必须内置高级可编程中断控制器(advanced programmable interrupt controllers,APIC)。其次,相同的产品型号,同样类型的 CPU 核心,完全相同的运行频率;最后,尽可能保持相同的产品序列编号,因为两个生产批次的 CPU 作为双处理器运行时,有可能发生一颗 CPU 负担过高,而另一颗负担很少的情况,无法发挥最大性能,还可能导致死机。

12. 多核心

多核心,指单芯片多处理器(chip multiprocessors,CMP)。CMP 由美国斯坦福大学提出,其思想是将大规模并行处理器中的 SMP 集成到同一芯片内,各个处理器并行执行不同的进程。从体系结构的角度看,SMP 比 CMP 对处理器资源利用率高,在克服延迟影响方面更具优势。CMP 相对 SMP 的最大优势在于其模块化设计的简洁性。复制简单,设计容易,指令调度也更加简单。SMP 中多个线程对共享资源的争用也会影响其性能,而 CMP 对共享资源的争用要少得多,因此当应用的线程级并行性较高时,CMP 性能优于 SMP。在设计上,更短的芯片连线使 CMP 比长导线集中式设计的 SMP 更容易提高芯片的运行频率,从而在一定程度上起到性能优化的效果。

13. 多(超)线程技术

每个正在运行的程序都是一个进程。每个进程包含一到多个线程。线程是一组指令的集合,或者是程序的特殊段,可以在程序里独立执行。

多线程技术是指从软件或者硬件上实现多个线程并发执行的技术。具有多线程能力的计算机因有硬件支持而能够在同一时间执行多于一个线程,进而提升整体处理性能。具有这种能力的系统包括 SMP、CMP 以及芯片级多处理(chip-level multithreading)或同时多线程(simultaneous multithreading,SMT)处理器。

软件多线程。操作系统通过快速的在不同线程之间进行切换,由于时间间隔很小,给用户造成一种多个线程同时运行的假象。这样的程序运行机制称为软件多线程。例如,Windows 和 Linux 可以在各个不同的线程间来回切换,被称为多任务操作系统。

超线程(hyper-threading,HT)技术是 Intel 在设计 P4 CPU 时开发的一种技术,利用特殊的硬件指令,把两个逻辑内核模拟成两个物理芯片,让单个处理器能使用线程级并行计算,进而兼容多线程操作系统和软件,减少 CPU 闲置时间,提高 CPU 运行效率。虽然采用超线程技术能同时执行两个线程,但它并不像两个真正的 CPU 那样,每个 CPU 都具有独立的资源。当两个线程都同时需要某一个资源时,其中一个要暂时停止,并让出资源,直到这些资源闲置后才能继续。因此超线程的性能并不等于两颗 CPU 的性能。另外,含有超线程技术的 CPU 需要芯片组、软件支持,才能比较理想的发挥该技术的优势。

14. NUMA 技术

NUMA 即非一致访问分布共享存储技术,是由若干通过高速专用网络连接起来的独立节点构成的系统,各个节点可以是单个的 CPU 或是 SMP 系统。在 NUMA 中,Cache 的一致性有多种解决方案,需要操作系统和特殊软件的支持。

15. 乱序执行技术

乱序执行(out-of-orderexecution),是指 CPU 允许将多条指令不按程序规定的顺序分开发送给各相应电路单元处理的技术。根据各电路单元的状态和各指令能否提前执行的具体情况分析后,将能提前执行的指令立即发送给相应电路单元,在这期间不按规定顺序执行指令,然后由重新排列单元将各执行单元结果按指令顺序重新排列。采用乱序执行技术的目的是为了使 CPU 内部满负荷运转,相应提高 CPU 的速度。

3.5 散热装置

计算机部件中大量使用集成电路。高温是集成电路的大敌。高温不但会导致系统运行不稳,使用寿命缩短,甚至有可能使某些部件烧毁。散热器的作用就是将这些热量吸收,然后发散到机箱内或机箱外,保证计算机部件的温度正常。多数散热器通过和发热部件表面接触,吸收热量,再通过各种方法将热量传递到机箱内的空气中,然后机箱将这些热空气传到机箱外,完成计算机的散热。

散热器种类繁多,CPU、显卡、主板芯片组、硬盘、机箱、电源甚至光驱和内存都会需要散热器,不同的散热器不能混用。

依照散热器带走热量的方式,散热器分为主动散热和被动散热。前者常见的是风冷散热器;后者常见的是散热片。

随着 CPU 内部晶体管数目的增加,CPU 工作所造成的高温带来的散热问题必须重视。最常用的解决高温散热的方法是在 CPU 上面加装散热装置。各种型号 CPU 的发热量不同,使用时要根据 CPU 类型以及是否超频来综合考虑。

3.5.1 CPU 散热器的分类

CPU 散热器可以分为风冷散热器、热管散热器、水冷散热器等类型。

与传统散热相比,热管技术可以说是一项突破。热管温差小,导热系数高,具有很强的导热能力。热管由三部分组成:密封中空管(一般为铜管)、附于管内壁的毛细结构和工质(一般为水)。热管工作时可分为三段:蒸发段、绝热段和冷凝段。与热源接触吸收热量的部分为蒸发段;向外界放热使蒸汽凝结的部分为冷凝段;在蒸发段与冷凝段之间的部分为绝热段。

目前主流的CPU散热器为风冷散热器和热管散热器,因为价格实惠,性能卓越,质量优异而受到认同。另外,风冷散热器和热管散热器两个种类的产品已经融合在一起。图3-29所示为两款散热器。

(a) 水冷散热器

(b) 风冷/热管散热器

图3-29 两款散热器

水冷散热器的散热效果突出,图3-29(a)所示为一款水冷散热器。水冷散热器有致命的缺陷:安全问题,虽然很多水冷散热器防水性做得比较好,但长时间高温使用,一旦漏水,CPU、主板、内存、显卡等电子元件极有可能立即损坏。此外用水冷散热器还比较麻烦,因为需要一个水箱,还需要耐心细致的安装。

风冷散热器的散热效果不如水冷散热器,但因为其使用安全,安装简便的特点,所以一直是计算机CPU的首选散热器。

不同系列、不同型号的CPU封装不同,所需散热器也不同。图3-30是目前常用CPU的风冷散热器。

图3-30 CPU风冷散热器

3.5.2 散热器的组成

下面介绍风冷散热器的组成及各部分作用。

1. 底座与散热片

散热器的底座和散热叶片采用铜或铝。铜比铝热传导快,散热效果好,但价格贵。绝大多数散热片用铝合金,高端CPU的散热器底座用铜,图3-31所示为散热器的底座。

影响散热效果的另一主要因素是散热片(称鳍片或鳃片)的表面积。散热片的热经流动的冷空气带走,与空气接触的面积越多,热交换面积越大,散热速率越快。所以散热片越薄越密集、表面积越大,散热效果越好。

2. 风扇

风扇是风冷散热器的最主要组成,其质量决定散热器的散热效果和使用寿命,如图3-32所示。衡量风扇性能的主要指标有风扇口径、风量、噪音、风压大小、采用的轴承及使用寿命等。

图 3-31　散热器底座

图 3-32　散热器风扇和散热片

3. 扣具

扣具是固定 CPU 散热器的装置。可以使散热片与 CPU 表面紧密接触，加强散热片底部的吸热能力。为了加强散热效果，扣具的设计除保证使散热器底部与处理器均匀受力外，压力的大小必须适当。压力太小会产生空隙，太大会压坏处理器，因此扣具的压力必须控制在一定范围内。图 3-33 所示是一种散热器扣具。

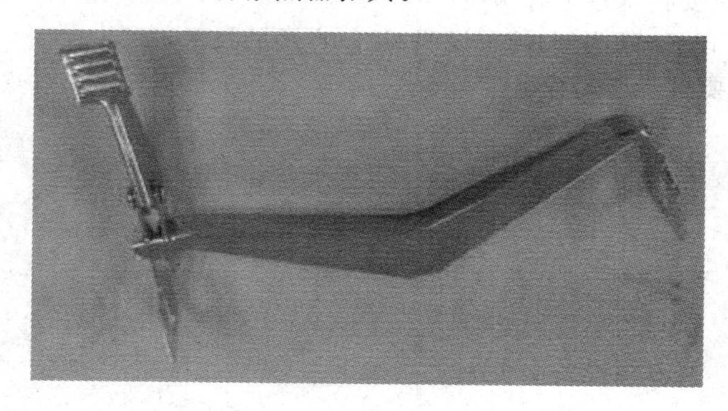

图 3-33　散热器扣具

3.6　本章小结

CPU 中央处理器作为计算机的核心，负责整个计算机系统的协调、控制以及程序运行。伴随着大规模集成电路的技术革命以及微电子技术的发展，CPU 发展日新月异、种类繁多，集成的电子元件也越来越多、速度越来越快、功能越来越强。一般从功能组成上讲，CPU 由控制器和运算器两大功能部件组成；从结构组成上讲，CPU 由基板、内核、针脚、基板之间的填充物以及散热器装置支撑垫等组成。

CPU 在一定程度上决定着计算机的档次。在选择 CPU 时，应该熟悉它的主要技术指标。

CPU 与主板的关系就如同人体的大脑与躯干的关系。CPU 的计算功能相当于人体大脑的思维功能，而功能齐备的主板则相当于人体强健的躯干和灵敏的神经传导系统。

习 题 3

1. 填空题

(1) CPU主要由________、________、寄存器组和内部总线等构成，再配上储存器、输入/输出接口和系统总线组成为完整的计算机系统。

(2) 从________开始，Intel系列CPU进入了64位时代。

(3) CPU中的________是计算机的控制指挥中心，协调和指挥整个计算机系统的操作。

(4) CPU中的________负责对信息进行加工和运算，也是控制器的执行部件。

(5) ________封装技术具有跨越性的技术革命，主要体现在它用金属触点式封装取代了以往的针状插脚。

(6) 计算机技术中对CPU在单位时间内能一次处理的二进制数的位数叫________。

(7) CPU的风冷散热器主要由________、________、________组成。

2. 简答题

(1) 计算机的主要技术指标有哪些?

(2) 以Intel公司CPU为例，简要说明CPU产品的技术进展?

(3) CPU的主要封装形式有哪些?

第4章 内　存

本章学习目标

- 了解存储器的分类；
- 了解内存的发展历史及相应产品类型；
- 掌握内存的主要技术指标。

内存分为随机存取存储器(random access memory，RAM)和只读存储器(read only memory，ROM)两种，RAM的主要特征是断电后数据会丢失，用于暂时存放计算机工作时所需要的程序和数据，平时说的内存就是特指这一种。ROM的主要特征是断电后数据不会丢失，例如每次开机首先启动的就是存于主板上ROM中的BIOS程序。

本章介绍的内存特指RAM。内存容量的大小、速度的高低、质量的优劣等直接影响计算机运行的速度和稳定性。

4.1 存储系统概述

存储系统是计算机中存放程序和数据的各种存储设备、控制部件及管理信息调度的设备(硬件)和算法(软件)的总称。计算机存储系统为层次结构，由高层到低层分别为寄存器堆、高速缓冲存储器(Cache，简称缓存)、主存储器(main memory，简称主存或内存)和外存(secondary memory，也称辅助存储器)。上述这4个层次的存储器容量依次逐渐增大，读写速度依次逐渐降低。

寄存器堆集成在CPU内部，存放CPU工作时直接使用的指令和数据。Cache存放内存中频繁使用的数据块，用来改善内存与CPU的速度匹配问题，目前已经集成到CPU内部。

通常所说的存储系统主要指内存和外存。外存通常是磁性介质或光盘，如硬盘、U盘、光盘、软盘、磁带等，能长期保存信息，数据存取速度与CPU相比慢得多。

内存是相对于外存而言，因其安装在计算机主机内部，故称为内存。内存速度比外存快、容量比外存小、断电信息会丢失。计算机工作时，内存存放正在使用(即执行中)的数据和程序。

内存由一组或多组具备数据输入输出和数据存储功能的集成电路芯片组成，内存分两种：静态随机存储器(static RAM，SRAM)和动态随机存储器(dynamic RAM，DRAM)。

SRAM用触发器储存信息，速度快，但制造成本高，多见于Pentium时代的主板上，用来做Cache。其逻辑位置介于CPU和DRAM之间，可以大大减少CPU的等待时间，提高系统性能。也称为二级缓存(L2)。图 4-1 所示为一款使用 SRAM 的主板。随着 Intel 将 L2 集成到 CPU(Medocino 核心 Celeron 之后的绝大多数型号)中后,AMD 也将 L2 集成到 CPU 中,目前 SRAM 在主板上已经找不到踪影。

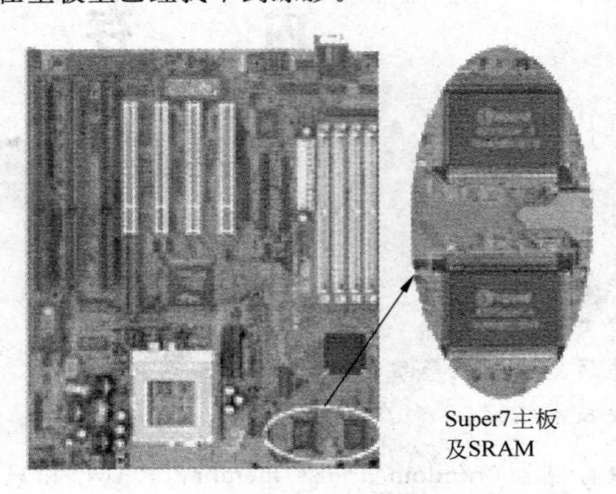

图 4-1 早期使用 SRAM 缓存的主板

最常见的内存是 DRAM,在 DRAM 中晶体管和电容器合在一起构成一个存储单元,代表一个数据位。通过电容器的充、放电来保存信息——0 或 1;由于电容本身有漏电问题,因此必须每隔几微秒刷新一次,否则数据会丢失。刷新动作的缺点是费时,会降低内存速度。DRAM 的优点是成本比较便宜,常用作计算机的内存。

目前常用的内存 DDR3 就属于 DRAM。

4.2 内存的发展历程

计算机内存经历了由内存芯片到内存条的演变。

4.2.1 内存芯片

最早的内存以磁芯的形式排列在线路上,每个磁芯与晶体管组成的一个双稳态电路作为存储器的一位。后来出现了焊接在主板上的集成电路内存芯片,早期的内存芯片容量小,最常见的是 256K×1b、1M×4b。

早期内存芯片采用双列直插式封装(DIP),通过插在总线插槽里的内存卡与系统连接,此时还没有正式的内存插槽。DIP 芯片安装起来很麻烦,随着计算机工作时间的增加,由于系统温度的反复变化,热胀冷缩的作用,它会逐渐从插槽里偏移出来,最终导致接触不良,产生内存错误。

早期还有一种安装内存的方法:把内存芯片直接焊接在主板上或扩展卡里,这样有效避免了 DIP 芯片偏离的问题,但无法再对内存容量进行扩充,而且如果一个芯片发生损坏,整个系统将不能使用,只能重新焊接一个芯片或更换包含坏芯片的板卡。

4.2.2 内存条

286CPU 出现后,出现了模块化的条状内存,一个内存条上可以集成多块内存芯片,主板上设计了相应的内存条插槽，如图 4-2 所示。这样便于内存条的安装和拆卸，内存的维修、升级也很简单，内存难以安装和更换的问题得以解决。

图 4-2　内存条与内存插槽

内存条发展速度很快。从 286 计算机时代的 30pin SIMM 内存、486 时代的 72pin SIMM 内存，到 Pentium 时代的 EDO 内存、Pentium Ⅱ时代的 SDRAM 内存，到 Pentium 4 时代的 DDR 内存和目前的 DDR2、DDR3、DDR4 内存。内存条从规格、技术、总线带宽等不断更新换代，其目标是不断提高内存的带宽，以满足 CPU 不断攀升的带宽要求、避免成为 CPU 运算的瓶颈。

根据内存条接口形式的不同可以把内存条分为两种：单列直插内存条（single inline memory module，SIMM）、双列直插内存条（dual inline memory module，DIMM）。SIMM 内存条主要有 30 线、72 线两种接口。与 SIMM 内存条相比，DIMM 内存条引脚增加到 168 线以上，DIMM 内存可单条使用，不同容量可混合使用，而 SIMM 必须成对使用。目前 SIMM 内存已被淘汰。

根据内存的工作方式，内存又有 FPA、EDO、DRAM 和 SDRAM（同步动态 RAM）等规格。

快速页面模式随机存取存储器（fast page mode，FPA）RAM，是较早的计算机使用的内存，每个三个时钟脉冲周期传送一次数据。

EDO（extended data out）RAM 扩展数据输出随机存取存储器，简称 EDO 内存，取消了主板与内存两个存储周期之间的时间间隔，每两个时钟脉冲周期输出一次数据，缩短了存取时间，存储速度比原先提高 30%。EDO 内存一般是 72 脚，EDO 内存已经被 SDRAM 取代。

SDRAM（synchronous DRAM），同步动态随机存取存储器为 168 脚，是 Pentium 及更高机型使用的内存。CPU 和 RAM 能够共享一个时钟周期，每一个时钟脉冲的上升沿开始传递数据，速度比 EDO 内存提高 50%。

DDR（double data rage）RAM（即 DDR 内存）是 SDRAM 的更新换代产品，允许在时钟脉冲的上升沿和下降沿传输数据，这样不需要提高时钟的频率就能加倍提高内存的速度。

RDRAM（rambus DRAM）存储器，全称是总线式动态随机存取存储器，是 Rambus 公司开发的新型 DRAM，能在很高的频率范围内通过一个简单的总线传输数据，使用低电压信号，在时钟脉冲的两边沿传输数据。由于这种内存的价格太过昂贵，在普通计算机上没有得到普及。

DDR2(double data rate 2)SDRAM(即DDR2内存)是由JEDEC(电子设备工程联合委员会)开发的内存技术标准,与上一代DDR内存技术标准最大的不同是,DDR2内存拥有两倍于上一代DDR内存预读取能力。即,DDR2内存每个时钟能够以4倍外部总线的速度读/写数据。此外,由于DDR2标准规定所有DDR2内存均采用FBGA封装形式,而不同于之前广泛应用的TSOP/TSOP-Ⅱ封装形式,FBGA封装可以提供了更为良好的电气性能与散热性,为DDR2内存的稳定工作提供了坚实的基础。

4.2.3 SIMM内存

80286主板推出后,内存条采用SIMM接口,所谓单列是指内存模块电路板与主板插槽的接口只有一列引脚(即内存条上的金属线,也就是常说的"金手指"),初期产品引脚数目为30根。容量最大为256KB,图4-3所示是30根引脚的SIMM内存条。

计算机进入386时代后,30根引脚的SIMM内存无法满足CPU的工作需求,于是72根引脚SIMM内存出现了,如图4-4所示。

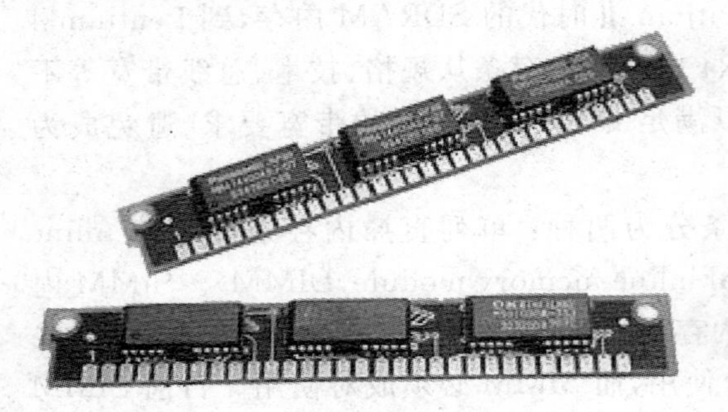

图4-3　30根引脚的SIMM内存

图4-4　72根引脚的SIMM内存

72根引脚的SIMM内存,单条容量有512KB、1MB和2MB三种规格,要求两条内存同时使用。

4.2.4 EDO内存

EDO内存是1991年到1995年间流行的内存条,速度比普通DRAM快15%～30%。工作电压一般为5V,位宽32b,存取速度≥40ns,主要用在486及早期的Pentium计算机上,其外观如图4-5所示。

图4-5　EDO内存条

EDO 内存也属于 72pin SIMM 内存，采用了全新的寻址方式，单条 EDO 内存的容量最高 32MB。由于 Pentium 及更高级别的 CPU 数据总线宽度都是 64b 甚至更高，所以 EDO 内存必须成对使用。

4.2.5 SDRAM 内存

随着 Intel Celeron 系列以及 AMD K6 处理器以及相关的主板芯片组的推出，出现了 SDRAM 内存，属于 DIMM 内存。

同步动态随机存取存储器（synchronous dynamic random access memory，SDRAM）的工作速度与系统总线速度同步，也就是与系统时钟同步，避免了不必要的等待周期，减少数据存储时间，同步还使存储控制器知道在哪一个时钟脉冲周期由数据请求使用，因此数据可在脉冲上升期便开始传输。图 4-6 所示为一款常见的 SDRAM 内存条，工作电压为 3.3V，引脚为 168(84×2)针，位宽为 64b。SDRAM 不仅应用在内存上，也应用在显存上。

图 4-6　SDRAM 内存

第一代 SDRAM 内存为 PC 66 规范（工作频率 66MHz），很快被工作频率 100MHz 的 PC 100 内存取代，随着 133MHz 外频的 PⅢ以及 K7 CPU 的出现，PC133 内存随之出现，传输速度 1064MB/s(=133×64/8)，由于 SDRAM 的位宽为 64b，对应 CPU 的 64b 数据总线宽度，因此只需要一条内存便可工作。由于其输入输出信号保持与系统外频同步，速度明显超越 EDO 内存。

为了方便用户超频的需求，还出现了 PC 150(150MHz)、PC 166(166MHz)规范的内存，图 4-7 所示是一款 PC 150 SDRAM 内存条。

图 4-7　PC 150 SDRAM 内存

4.2.6 RDRAM 内存

RDRAM 内存采用串行数据传输模式。数据存储位宽是 16 位，频率 400MHz 以上，在一个时钟周期内传输两次数据，传输速度达到 1.6GB/s。

RDRAM 彻底改变了以往内存的传输模式，无法与原有的内存制造工艺兼容，而且生产 RDRAM 还必须增加一定专利费用，再加上其本身制造成本等因素，导致 RDRAM 价格高昂，没有成为主流。图 4-8 所示是 RDRAM 内存外观。

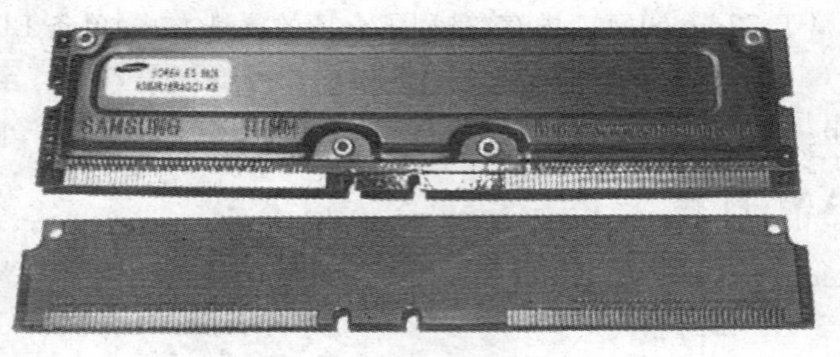

图 4-8　RDRAM 内存

4.2.7　DDR 内存

DDR 内存是 DDR SDRAM(double data rate SDRAM)的简称,是 SDRAM 的升级版本,SDRAM 在一个时钟周期内只传输一次数据,而 DDR 内存在一个时钟周期内传输两次数据,在时钟的上升期和下降期各传输一次数据,数据传输速度为传统 SDRAM 的两倍,因此也称为双倍速率同步动态随机存储器。

外形体积上 DDR 与 SDRAM 差别不大,但 DDR 为 184 针脚,比 SDRAM 多 16 个针脚,主要包含了新的控制、时钟、电源和接地等信号。DDR 内存采用 2.5V 电压。

图 4-9 给出了 DDR 内存与 SDRAM 内存的差别:SDRAM 的金手指处有两个缺口,而 DDR 内存只有一个缺口,这是辨别 SDRAM 和 DDR 最简单有效的办法。

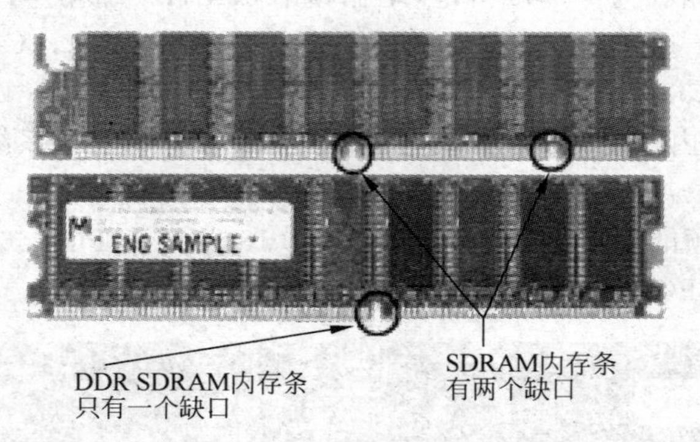

图 4-9　DDR 内存与 SDRAM 内存差别示意图

DDR 内存频率有工作频率和等效频率两种表示方式。工作频率是内存颗粒实际的工作频率,由于 DDR 内存可以在脉冲的上升和下降沿都传输数据,因此传输数据的等效频率是工作频率的两倍。

常见的 DDR 内存如图 4-10 所示。表 4-1 所示是 DDR 各种规格内存的技术参数。

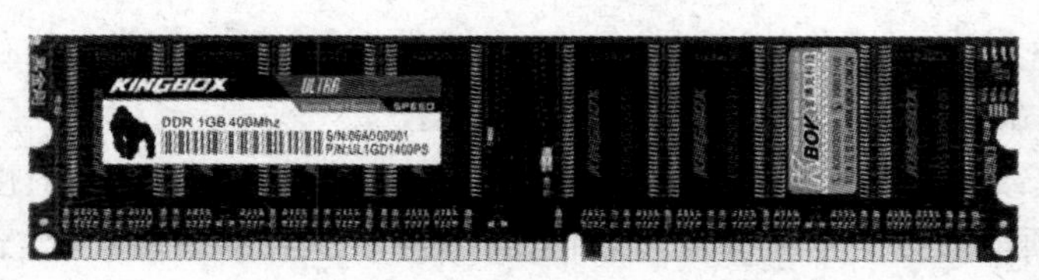

图 4-10　DDR400 内存

表 4-1　DDR 内存各种规格的技术参数

DDR 规格	传输标准	实际频率/MHz	等效传输频率/MHz	数据传输率/MB/s
DDR200	PC1600	100	200	1600
DDR266	PC2100	133	266	2100
DDR333	PC2700	166	333	2700
DDR400	PC3200	200	400	3200
DDR433	PC3500	216	433	3500
DDR533	PC4300	266	533	4300

4.2.8　DDR2 内存

与 DDR 相比，DDR2(double data rate 2)内存最主要的改进是可以提供相当于 DDR 内存两倍的带宽。DDR2 采用 240 引脚 DIMM 接口标准，与 DDR 内存不兼容。

DDR2 工作电压为 1.8V，发热量进一步降低。此外，DDR2 还融入了 CAS、OCD、ODT 等性能指标和中断指令，以提升内存带宽的利用率。DDR2 内存有 266MHz、333MHz、400MHz、533MHz、667MHz、800MHz、1000MHz 等规格，相应的工作频率分别是 133/166/200/266/333/400/500MHz。为了加强散热效果，个别厂家在内存条上加了散热器，如图 4-11 所示。

图 4-11　加装散热器的 DDR2 内存

4.2.9　DDR3 内存

DDR3(double-data-rate three synchronous dynamic random access memory)内存于 2006 年进入市场，采用 CSP、FBGA 封装方式。相对于 DDR2 内存，只是规格上的提高，并没有真正的全面换代。与 DDR2 针脚数目相同，但缺口位置不同，外观图 4-12 所示。

图 4-12　DDR3 内存条

DDR3 内存容量有 2GB、4GB、8GB、16GB、32GB 等规格，主要针对 64 位操作系统的应用，为目前计算机主流内存。表 4-2 所示是目前常见的 DDR3 内存规格。

DDR3 在 DDR2 的基础上采用了以下新型设计：

(1) 8b 预取设计，DDR2 为 4b 预取，这样 DRAM 内核的频率只有接口频率的 1/8，

DDR3-800的核心工作频率只有100MHz。

表4-2 常见的DDR3内存规格

标准名称	I/O总线时钟频率/MHz	周期/ns	存储器时钟频率/MHz	数据速率/Mb/s	传输方式	模块名称	极限传输率/GB/s	位宽/b
DDR3-800	400	10	100	800	并行传输	PC3-6400	6.4	64
DDR3-1066	533	7½	133	1066	并行传输	PC3-8500	8.5	64
DDR3-1333	667	6	166	1333	并行传输	PC3-10600	10.6	64
DDR3-1600	800	5	200	1600	并行传输	PC3-12800	12.8	64
DDR3-1866	933	4²⁄₇	233	1866	并行传输	PC3-14900	14.9	64
DDR3-2133	1066	3¾	266	2133	并行传输	PC3-17000	17.0	64

(2) 采用点对点的拓朴架构,以减轻地址/命令与控制总线的负担。

(3) 采用100nm以下的生产工艺,工作电压1.5V,增加异步重置(reset)与ZQ校准功能。

用于DDR3内存电压的降低,耗电量降低,更适合笔记本计算机使用,使电池续航力增加,电池寿命及热量可得到改善。

DDR3内存在台式机上使用的是240引脚,在笔记本计算机上使用的是204引脚内存。

小知识:*内存的XMP(Intel extreme memory profiles)技术,是Intel公司用在DDR3内存上的一种优化技术,可以识别DDR3内存,并自动超频。使用该技术的前提是:主板和内存支持XMP技术。在BIOS里打开XMP,将XMP设置为Auto,如图4-13所示。*

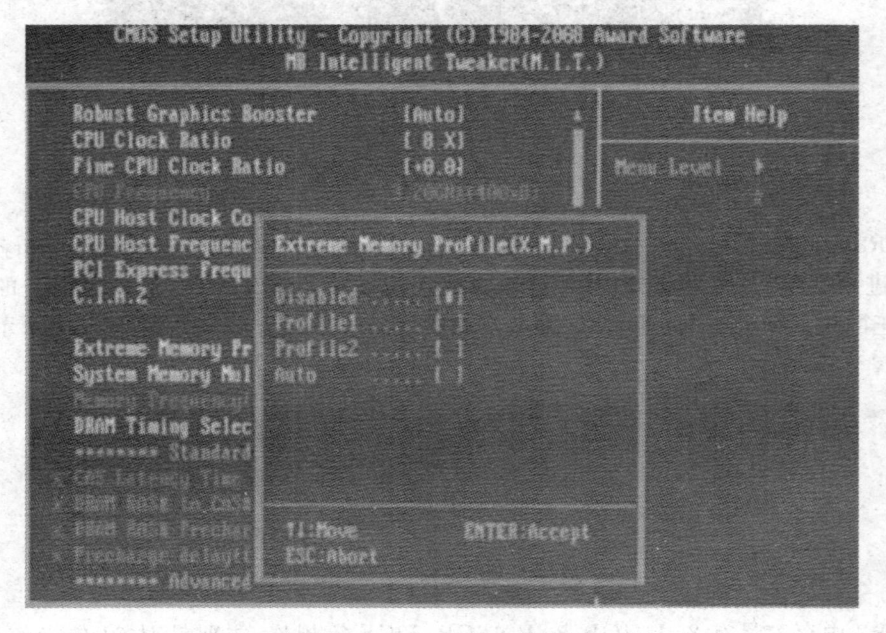

图4-13 BIOS中的XMP设置

可以超频的内存通常都有专门的散热装置,图4-14所示为支持XMP技术的创见DDR3-2000内存。

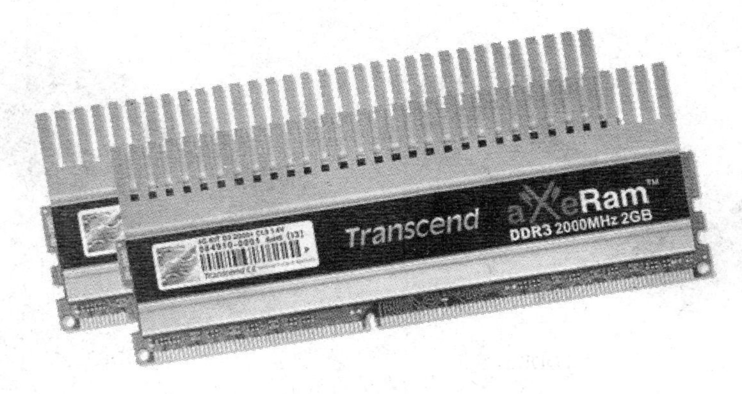

图 4-14　一款支持 XMP 技术的 DDR3-2000 内存

4.2.10　DDR4 内存

2011 年 1 月，三星电子公司发布了第一款 DDR4 DRAM 规格内存条，如图 4-15 所示。采用 30nm 工艺制造，容量 2GB，工作电压 1.2V，工作频率 2133MHz。DDR3 内存的标准频率最高为 2133MHz，运行电压标准版为 1.5V，节能版为 1.35V。比同等容量的 DDR3 内存节能最多 40%。

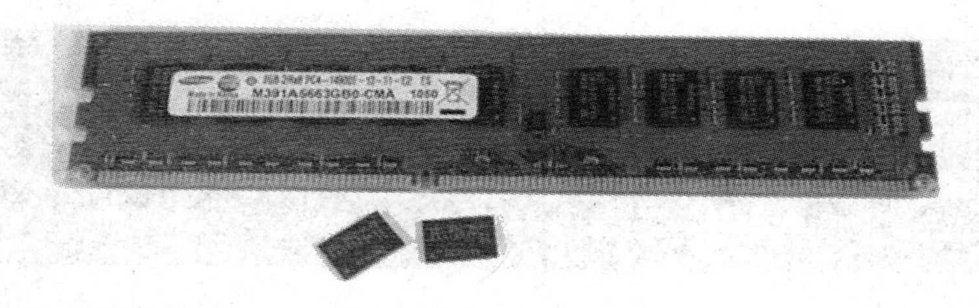

图 4-15　DDR4 内存条

实际上，第一条 DDR、DDR2、DDR3 内存也是三星分别于 1997 年、2001 年、2005 年率先推出。

DDR4 内存使用了虚拟开漏极（pseudo open drain）技术，在读写数据时，漏电率只有 DDR3 内存的一半。DDR4 内存由于制造工艺上的进步使得其频率较高，起步频率为 2133MHz，最大频率可以达到 4266MHz，电压进一步降低至 1.2V、1.1V，甚至有 1.05V 的超低压节能版。目前，DDR4 内存的标准规范尚未最终确定，但可以预见 DDR4 将继续沿着高频率、低电压之路前进。

2013 年以后 DDR4 内存有可能成为计算机内存主流配置。

4.3　笔记本内存

笔记本使用的内存与台式机内存在性能上没有差异，但接口不同，目前笔记本内存采用的基本上是 DDR2 和 DDR3 内存条，其 DIMM 插槽接口为 204 针，图 4-16 为两个 DDR2 和 DDR3 内存条，注意其引脚缺口的差异。

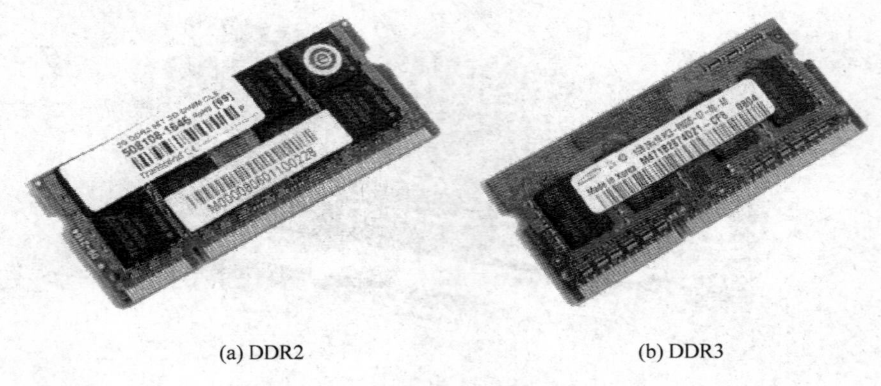

(a) DDR2　　(b) DDR3

图 4-16　两种笔记本内存

4.4　内存条结构

内存条主要由芯片(颗粒)和 PCB 电路板两大部分构成,其中 PCB 电路板表面分布有很多电容、电阻等元器件,如图 4-17 所示。无论是 DDR、DDR2 还是 DDR3 内存,其基本结构大致相同。

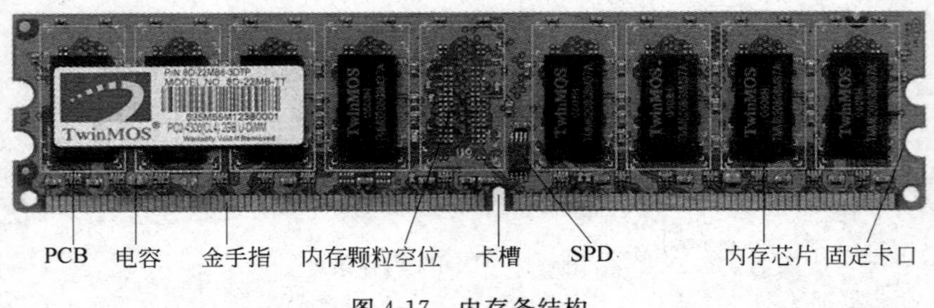

图 4-17　内存条结构

1. 内存 PCB

内存 PCB 是承载内存芯片的重要部件,其重要指标是层数多少及布线工艺。DDR3 内存采用 6 层电路板,不少高规格、高频率产品甚至使用 8 层 PCB 电路板。8 层 PCB 的 DDR 内存,信号抗干扰能力更强,稳定性更高。高质量的原厂内存 PCB 表面线路都使用 135 度折角处理,保证了引线长度一致,局部使用蛇行布线,符合国际电气学设计规范。

2. 内存芯片

内存芯片又称内存颗粒,决定内存条性能、速率、容量,是内存条中最重要的部分,不同的内存芯片性能也不同。目前生产内存芯片的厂商主要有:三星、美光(Micron)、尔必达(Elpida)、海力士(Hynix)、奇梦达(Qimonda)等。

DDR2、DDR3 内存条上通常为 8 片内存颗粒。

3. 电容和电阻

电阻和电容的作用是提高内存信号传输的稳定性。直观挑选内存的方法之一就是看金手指上方和芯片周围的电阻、电容数量,尤其是位于芯片旁边的效验电容和第一根金手指引脚上的滤波电容的数量多少。

4. 内存颗粒空位

内存颗粒空位作为预留空位，可以安放 ECC 校验模块芯片。

5. 金手指

在内存的 PCB 电路板下部有一排镀金触点，因其表面镀金，且导电触片排列如手指状，所以称为“金手指”(connecting finger)。金手指是内存条上与内存插槽之间的连接部件，所有信号都通过金手指传送。金手指制作工艺有两种：电镀金和化学镀金。电镀金比化学镀金金层更厚，能够提高抗磨损性和防氧化性。

因为金的价格昂贵，目前主板、内存和显卡等设备的“金手指”几乎都采用锡材料，只有部分高性能服务器/工作站的配件接触点采用镀金，由于这些金属触点比较容易脱落或氧化，因此使用时要注意，由于金手指接触不良，容易引起隐性故障。

6. 卡槽

卡槽也称缺口，用来指示内存条插入的方向，区分不同线数和规格的内存条。

7. SPD

SPD 是 8 针 EEPROM(电擦写可编程只读存储器)，容量 256 字节，保存内存相关资料，如容量，芯片生产商，工作速度等。

每次开机，主板 BIOS 自动读取 SPD 信息，北桥芯片根据这些参数自动配置内存工作时序与控制寄存器，从而充分发挥内存条的性能，使之工作状态最佳，确保系统稳定。

4.5 内存条的技术指标

内存对计算机整体性能影响较大，性能参数较多，这里介绍几种最重要的技术指标。

1. 容量

内存容量是指内存条的存储容量，是内存条的关键性参数。内存容量以 MB 或 GB 为单位。内存容量一般是 2 的整次方倍，如 256MB、512MB、1GB、2GB、4GB 等。内存容量越大，越有利于系统的运行。

计算机系统中内存容量等于插在主板内存插槽上所有内存条容量的总和，内存容量的上限由主板芯片组和内存插槽决定。不同主板芯片组支持的容量不同，主板内存插槽的数量也会对内存容量造成限制，比如使用 1GB 一条的内存，主板有两个内存插槽，最高可以使用 2GB 内存。因此在选择内存时要考虑主板内存插槽数量，并且要考虑将来有升级的余地。2012 年主流内存条容量为 4GB、8GB。

2. 内存电压

内存电压是指内存正常工作所需要的电压值，不同类型的内存电压不同，各有自己的规格，超出其规格，会造成内存损坏。

SDRAM 内存工作电压在 3.3V 左右，上下浮动额度不超过 0.3V。

DDR SDRAM 内存一般工作电压在 2.5V 左右，上下浮动额度不超过 0.2V。

DDR2 内存的工作电压一般为 1.8V，DDR3 为 1.5V。

在允许的范围内浮动，略微提高内存电压，有利于内存超频，但同时发热量大大增加，有损坏硬件的风险。

3. 内存频率

内存频率代表内存能达到的最高工作频率。以MHz(兆赫)为单位。内存频率越高在一定程度上代表着内存的速度越快。决定该内存最高能在什么样的频率下正常工作。

目前主流的内存频率为DDR3-1666和DDR3-1333。

4. 内存时序参数

内存时序参数：存储在内存条的SPD上，有的内存条上也有说明，如图4-18所示，8-8-8-24这一数字序列即为内存时序参数，分别对应的参数是"CL-tRCD-tRP-tRAS"。第一个"8"就是第1个参数，即CL参数(CAS latency，内存CAS延迟时间)，是内存的重要参数之一。其余参数的含义依次为RAS-to-CAS Delay(tRCD)，内存行地址传输到列地址的延迟时间。Row-precharge Delay(tRP)，内存行地址选通脉冲预充电时间。Row-active Delay(tRAS)，内存行地址选通延迟。

图4-18 内存标签

1) CL参数

该参数对内存性能的影响最大，在保证系统稳定性的前提下，CL值越低，则会导致更快的内存读写操作。

内存是根据行和列寻址的，锁定数据地址需要提供行地址和列地址，行地址的选通由RAS控制，列地址的选通由CAS(column address strobe)列地址选通脉冲控制。

CL(也称tCL、CAS latency time、CAS timing delay)是内存读写操作前列地址控制器的潜伏时间，即列地址译码器打开时间，是指CAS信号需经多少个时钟周期才能读写数据。用于CPU速度超过内存速度很多，因此很多情况下CPU都需要等待内存提供数据，这就是常说的"CPU等待时间"。内存传输速度越慢，CPU等待时间越长，系统整体性能受到的影响就越大。因此，快速的内存是有效提升CPU效率和整体性能的关键之一。CL控制从接受一个指令到执行指令之间的时间。所以它是最为重要的参数，在稳定的前提下应该尽可能设低。这个参数越小，则内存的速度越快。

注意：部分内存不能运行过低的延迟，可能会丢失数据。

DDR2 的 CL 范围一般在 2～5 之间，而 DDR3 则在 5～11 之间。

2）tRCD 参数

tRCD（也被描述为 active to CMD）参数，该值是 8-8-8-24 内存时序参数中的第 2 个参数，即第 2 个 8。表示行寻址到列寻址延迟时间，数值越小，性能越好。对内存进行读、写或刷新操作时，需要在这两种脉冲信号之间插入延迟时钟周期。降低此延时，可以提高系统性能。如果内存的超频性能不佳，可将此值设为内存的默认值或尝试提高 tRCD 值。

3）tRP 参数

tRP（也被描述为 RAS precharge、precharge to active）该值是 8-8-8-24 内存时序参数中的第 3 个参数，即第 3 个 8，表示内存行地址控制器预充电时间，预充电参数越小内存读写速度就越快。

tRP 用来设定在另一行能被激活之前，RAS 需要的充电时间。

4）tRAS 参数

tRAS（也被描述为 active to precharge delay、row active time、precharge wait state、row precharge delay、RAS active time），该值是 8-8-8-24 内存时序参数中的最后一个参数，即 24。表示内存行有效至预充电的最短周期，调整这个参数需要结合具体情况而定，一般设在 24～30 之间。

如果 tRAS 的周期太长，系统会因为无谓的等待而降低性能。降低 tRAS 周期，则会导致已被激活的行地址更早的进入非激活状态。如果 tRAS 的周期太短，则可能因缺乏足够的时间而无法完成数据的突发传输，会丢失数据或损坏数据。该值一般设定为 CL＋tRCD＋2 个时钟周期。

2011 年，三星采用 30nm 工艺制造内存，使用黑色矮版 PCB，属于节能内存系列。单条容量分别是 2GB 与 4GB。工作电压默认为 1.35V，符合 DDR3L（低电压）标准。默认频率为 DDR3-1600，时序 11-11-11-28。

计算机工作时，BIOS 读取 SPD 中的内存配置信息，自动为内存配置与主板、CPU 匹配的工作参数。为了进一步提高内存的性能，也可以手动设置内存时序参数，可以通过 BIOS 进行设置，如图 4-19 所示。

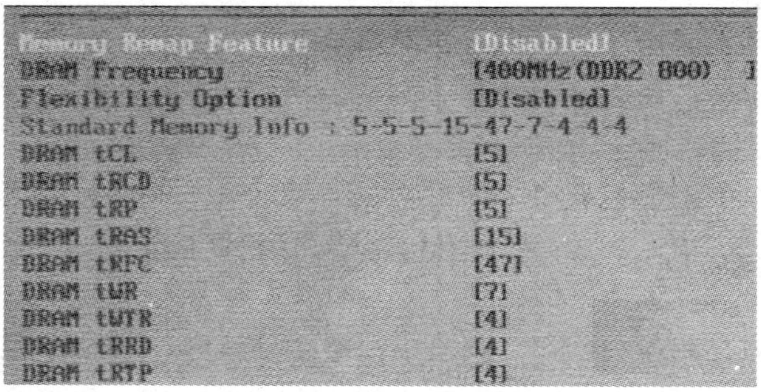

图 4-19　通过 BIOS 对内存时序进行设置

5. 存取时间

存取时间(access time from cLK,tAC),是指最大CAS延迟时的最大数输入时钟,表示存取一次数据所需时间,反映内存存取数据的快慢,单位为纳秒(ns)。与内存时钟周期是完全不同的概念。tAC代表读取、写入的时间,而时钟频率则代表内存的速度。例如,PC 100规范要求在CL=3时tAC不大于6ns。

目前大多数DDR3内存条的存取时间小于8ns。

6. 带宽

内存的数据带宽指它一秒钟能够处理的二进制数据位数。

内存带宽计算公式:带宽=内存核心频率×内存总线位数(位宽)×倍增系数。

DDR3 1066内存条在默认频率下的带宽:

内存带宽=(1066/8)×64×8=68224Mb

1066是指有效数据传输频率,除以8是核心频率。一条内存采用单通道模式,位宽为64b。

7. 物理Bank

传统内存系统为了保证CPU的正常工作,必须一次传输完CPU在一个传输周期内所需要的数据。而CPU在一个传输周期能接受的数据容量就是CPU数据总线的位宽,单位是位。这个位宽称为物理Bank(Physical Bank)。内存必须要组织成物理Bank与CPU打交道。例如,在Pentium计算机上,需要两条72pin的SIMM计算机才能工作,因为一条72pin-SIMM只能提供32b的位宽,不能满足Pentium的64b数据总线的需要。直到168pin-SDRAM DIMM上市后,才可以使用一条内存工作。

8. Parity(奇偶校验)

在每个字节(Byte,B)上加一个数据位对数据进行检查的一种方式。奇偶校验位主要用来检查其他8位上的错误,Parity只能检查出错误但不能更正错误。

9. ECC错误更正码

ECC(Error Checking and Correcting)是错误检查和纠正。ECC具有自动校正更正的能力,用来检验存储在DRAM中的整体数据的一种方式。ECC在设计上比Parity更精巧,不仅能检测出多位数据错误,还可以指定出错的数位并改正。通常ECC每个字节使用3位来纠错,而Parity只使用一位。ECC多应用在服务器及图形工作站上,使整个计算机系统在工作时更安全稳定。

10. 芯片密度

密度指一个芯片可以容纳信息的多少,如一个128兆位的芯片有128百万个存储单元,每个单元可以容纳一位的信息,该芯片可以容纳128Mb的数据。

4.6 内存条的选购

品质好的内存性能稳定,与主板兼容性好,可长时间稳定、可靠的运行。实际上,计算机的性能瓶颈不在于CPU或者其他部件,而在于内存存取速度的快慢。由于操作系统、应用软件越做越大,对于计算机硬件环境的要求也越来越高,而升级内存是计算机硬件升级中最有效、最实用的提升计算机速度的方法。在选购内存时,除了应当了解内存的主要技术指标之外，以下方面也需要注意。

1. 按需购买

选择内存首先要明确一点：确定计算机的用途。对于一般的办公使用4GB内存足够，如果经常需要进行快速复杂的计算可以选择8GB以上的内存。

2. 识别真假

有些小型内存条生产商把低档内存芯片上的标示打磨掉，再写上一个新标示，这种情况叫做Remark，从而把低档产品当高档出售。打磨或腐蚀芯片的表面，一般都会在芯片的外观上表现出来。正品的芯片表面一般都很有质感，要么有光泽或荧光感，要么就是亚光的。如果觉得芯片的表面色泽不纯甚至比较粗糙、发毛，那么这颗芯片有可能是Remark的。

3. 仔细察看电路板

PCB电路板是承载内存芯片的重要部件，其重要指标是层数多少及布线工艺。对于DDR3内存来说，6层电路板是最基本的，很多高规格、高频率产品甚至使用8层PCB电路板。通常，PCB电路板层数越多，其信号抗干扰能力越强，对内存稳定性越有帮助。

此外，PCB表面线路布局也很重要，按照国际电气学设计规范要求，PCB表面线路必须使用135度折角处理，而且为了保证引线长度一致，局部应该使用蛇行布线。

PCB电路板下部金手指部分应该光亮，没有发白或发黑的现象。

目前金手指制作工艺有两种，一种是电镀金；另一种是化学镀金。电镀金比化学镀金金层更厚，能够提高抗磨损性和防氧化性。

在PCB金手指上方和芯片周围有一些很小的电子元件，是电容和电阻。一般说，电阻和电容越多对于信号传输的稳定性越好，尤其是位于芯片旁边的效验电容和第一根金手指引脚上的滤波电容。

4. 看品牌

内存条中最重要的部件是内存芯片，它的质量对整个内存条的影响至关重要。目前世界上有能力生产内存芯片的厂商主要有：三星、美光(Micron)、尔必达、海力士(Hynix)、奇梦达(Qimonda)等。挑选内存时首先看内存芯片是否是上述这些厂家的产品。另外，质量比较可靠的内存条品牌主要有金士顿、威刚、金邦、宇瞻、现代、胜创、黑金刚、海盗船、三星(Samsung)、金泰克等。

5. 售后服务

品质好的内存条通常有精美的独立包装，如果选择用橡皮筋扎成一捆进行销售的内存条，一旦内存条出现故障，售后服务很难保证。应当选择信誉良好的内存经销商，购买的产品在质保期内出现质量问题，只需及时去更换即可。

4.7 本章小结

内存安装在计算机主板上，又称主存。在计算机运行过程中，内存主要存放当前正在使用的(即执行中)的数据和程序，它的物理实质是一组或多组具备数据输入输出和数据存储功能的集成电路，相对于外存，内存具有速度快、容量小、断电信息丢失等特点。

内存有SDRM和DRAM两种。SRAM速度快但价格贵，DRAM相对便宜，但速度较慢。SRAM用来组成CPU中的高速缓存，而内存条通常由DRAM制造。

目前计算机主流内存为DDR3,容量在4GB以上。

因内存与CPU之间数据交换频繁,其性能直接影响计算机工作的效率,对于内存的主要技术指标应当熟悉。

习　题　4

1. 填空题

(1) 相对于外存,内存具有________、________、断电信息丢失等特点。

(2) ________内存的工作速度是与系统总线速度同步的。

(3) Cache、________、________构成了分层次存储体系。

(4) 传统内存系统为了保证CPU的正常工作,必须一次传输完CPU在一个传输周期内所需要的数据。如果内存位数不够,那么内存必须要组织成________来与CPU打交道。

2. 简答题

(1) 简述为什么要采用分层次存储体系结构。

(2) 简述DRAM和SRAM的异同。

(3) 简述DRAM内存的发展历史。

(4) 试对内存时序参数进行说明。

第5章 计算机外部存储器

本章学习目标

- 了解硬盘的类型及其组成结构；
- 掌握硬盘的主要技术指标；
- 了解固态硬盘、移动硬盘、Flash盘的特点；
- 了解光盘的种类及其主要技术指标；
- 了解计算机外部存储器的发展趋势。

外部存储器即外存，也称辅存，作用是保存需要长期存放的系统文件、应用程序、各种电子文档和数据等。当CPU需要执行某部分程序和数据时，由外存调入内存供CPU使用。与内存相比，外部存储器具有容量大、数据存取速度较慢、成本低、信息能够在断电状态下长久保存的特点。

常用的外存有机械硬盘（俗称硬盘）、固态硬盘（未来将取代传统硬盘）、软盘（已淘汰）、光盘和各种移动存储器（移动硬盘、U盘、存储卡）等。

5.1 机械硬盘

5.1.1 硬盘概述

机械硬盘（hard disk drive，HDD）也称硬盘驱动器，俗称硬盘，由盘体和硬盘驱动器构成，盘体由一至多个铝制或玻璃的圆形碟片组成，碟片外覆盖铁磁性材料，被密封固定在硬盘驱动器中，硬盘驱动器负责对盘体的读写操作。硬盘存储容量大，为内存容量的数百倍；可靠性高，能够永久保存数据，读写速度比软驱、光驱快，但远低于内存。操作系统（如Windows XP/7、Linux等）和各种应用软件、游戏程序及各种电子数据等都在硬盘中存放。

目前常见硬盘容量在320GB～2.5TB之间，采用SATA 3.0接口。是计算机系统配置中必不可少的外存储器，对计算机整体性能的影响也很大。

1956年9月IBM推出第一台磁盘存储系统IBM 350 RAMAC，是现代硬盘的雏形，容量为5MB，体积相当于两个冰箱。

1968年IBM发明温彻斯特（Winchester）磁盘，简称温盘，是现代硬盘的原型，图5-1所示是硬盘的内部结构与外观。温盘使用附有磁性介质的硬质盘片，盘片密封，盘片位置固定并高速旋转，磁头沿盘片径向移动，磁头悬浮在高速转动的盘片上方，不与盘片接触。

1980年希捷（Seagate）公司推出首款面向台式机的硬盘，盘体直径5.25英寸（in），容量为5MB。

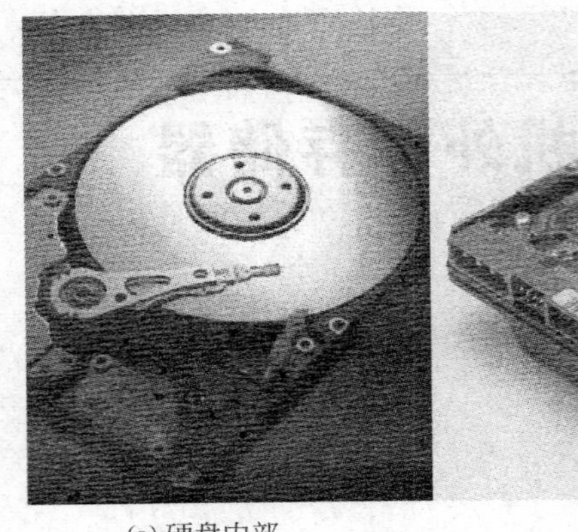

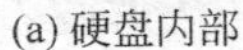

(a) 硬盘内部　　(b) 硬盘外观

图 5-1　硬盘

20 世纪 80 年代末，IBM 公司发明磁阻(magneto resistive，MR)技术，磁头灵敏度大幅提升，盘片的储存密度较之前的 20Mb/s(b/每平方英寸)提高数十倍，该技术为硬盘容量的大幅提升奠定了基础。1991 年，IBM 公司应用该技术推出了首款 3.5 英寸的 1GB 硬盘。

1997 年后，硬盘储存密度提升得益于 IBM 的巨磁阻(giant magneto resistive，GMR)技术，使磁头灵敏度进一步提升，进而提高了储存密度。

1995 年为了配合 Intel 的 LX 芯片组，昆腾(Quantum)公司与 Intel 公司共同发布 UDMA 33 接口——EIDE 标准，将接口数据传输率从 16.6MB/s 提升到 33MB/s。同年，希捷开发出液态轴承(fluid dynamic bearing，FDB)马达。FDB 将陀螺仪技术引进到硬盘生产中，用厚度相当于头发直径十分之一的油膜取代金属轴承，降低了硬盘噪音与发热量。

5.1.2　硬盘的分类

硬盘类型通常按照容量、转速、尺寸、接口等进行划分。

1. 根据转速分类

转速(rotation speed)是硬盘内主轴电机的旋转速度，即盘片在一分钟内所能完成的最大转数，单位为 rpm(rotation per minute)，即“转/分钟”。转速是决定硬盘内部数据传输率的关键因素之一，也是区分硬盘档次的重要指标。

常见硬盘的转速主要有 5400rpm、7200rpm 两种，7200rpm 为高转速硬盘。另外，希捷公司还推出了 5900rpm 低功耗硬盘；笔记本计算机硬盘有 4200rpm、5400rpm 以及 7200rpm；服务器对硬盘性能要求更高，使用的 SAS 硬盘转速为 10 000rpm、15 000rpm。

2. 根据尺寸分类

根据盘片直径可分为 1.8 英寸、2.5 英寸、3.5 英寸和 5.25 英寸硬盘，图 5-2 给出了各种尺寸的硬盘外观。台式计算机一般用 3.5 英寸硬盘，笔记本计算机一般用 2.5 英寸硬盘，5.25 英寸硬盘已被淘汰。

一般将小于 1.8 英寸的硬盘称为微硬盘，同等容量的硬盘，体积越小价格越高。微硬盘主要应用在数码相机等计算机外部设备中。随着各种大容量 U 盘、存储卡的出现，微硬盘的优势逐渐丧失。

(a) 5.25英寸硬盘

(b) 3.5英寸硬盘和2.5英寸硬盘

(c) 1.8英寸微硬盘

(d) 0.85英寸微硬盘

图 5-2 各种尺寸的硬盘

3. 根据接口分类

硬盘的接口方式很大程度上影响硬盘的最大外部数据传输率，进而影响计算机的整体性能。常见的硬盘接口类型主要有 IDE、SATA、SCSI、SAS、FC 等。

IDE 是俗称的并口，SATA 是俗称的串口，IDE 硬盘已经被 SATA 硬盘取代。SATA 硬盘目前是 PC 和低端服务器常见的硬盘。SCSI 是小型计算机系统专用接口的简称，SCSI 硬盘就是采用这种接口的硬盘。性能比 IDE 硬盘高，稳定性更强，SAS 是串行的 SCSI 接口，是对传统 SCSI 的改进。新型高性能服务器硬盘采用 SCSI 硬盘或者 SAS 硬盘。FC 是光纤通道，随着存储系统对速度的需求，逐渐应用到网络硬盘系统中。但 FC 硬盘价格较贵，未来可能被 SAS 硬盘取代。

1) IDE 接口

电子集成驱动器(integrated drive electronics，IDE)是把“硬盘控制器”与“盘体”集成在一起的硬盘驱动器。IDE 也称高级技术附加装置(advanced technology attachment，ATA)。把盘体与控制器集成在一起减少了硬盘接口的电缆数目与长度，数据传输的可靠性增强，硬盘制造起来容易，硬盘安装也方便。并具有价格低廉、兼容性好的优点，但也有速率慢、只能内置使用、对接口电缆长度限制严格的缺点。图 5-3(a)为 IDE 硬盘接口，图 5-3(b)为主板上的 IDE 信号线接口。

IDE 接口是 1986 年由 CDC、康柏和西部数据公司共同开发。1991 年最早生产的 IDE 硬盘为 5 英寸，容量为 40MB，通过 40 芯的电缆与主板连接。

最早的 IDE 类型硬盘为 ATA-1，依次出现的 IDE 硬盘规范有 ATA-2(EIDE Enhanced IDE/Fast ATA)、ATA-3(FastATA-2)、ATA-4(UltraATA、UltraDMA 33)、ATA-5(Ultra DMA 66)、ATA-6、ATA-7。表 5-1 给出了 IDE 硬盘的主要类型及其技术参数。

(a) IDE硬盘接口

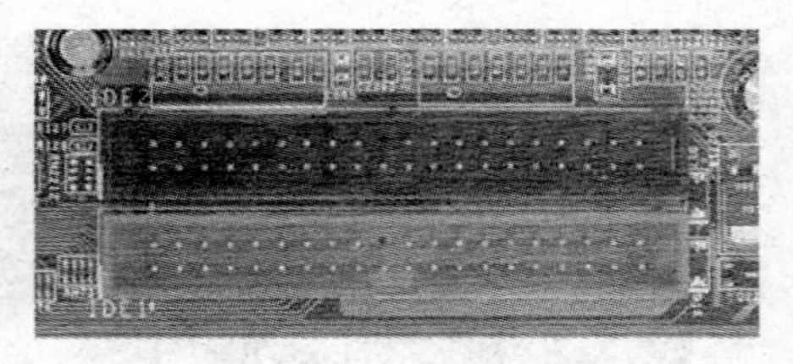

(b) 主板上的IDE接口

图 5-3　IDE 硬盘及其接口

表 5-1　ATA 硬盘的主要类型及技术参数

ATA 硬盘接口规格			
接口名称	传输模式	传输速率/MB/s	电缆
ATA-1	单字节 DMA 0	2.1	40 针电缆
	PI0-0	3.3	
	单字节 DMA 1,多字节 DMA 0	4.2	
	PI0-1	5.2	
	PI0-2,单字节 DMA 2	8.3	
ATA-2	PI0-3	11.1	40 针电缆
	多字节 DMA 1	13.3	
	PI0-4,多字节 DMA 2	16.6	
ATA-3	PI0-4,多字节 DMA 2	16.6	40 针电缆
ATA-4	多字节 DMA 3,Ultra DMA 33	33.3	40 针电缆
ATA-5	Ultra DMA 66	66.7	40 针 80 芯电缆
ATA-6	Ultra DMA 100	100.0	40 针 80 芯电缆
ATA-7	Ultra DMA 133	133.0	40 针 80 芯电缆

EIDE(enhanced IDE)是 IDE 的改进,针对硬盘的 EIDE 规范也称为 Fast ATA, EIDE 规范还制定了连接光盘等非硬盘产品的标准,称为 ATAPI 接口。

需要说明的是,Ultra DMA 66 以上的 IDE 接口传输标准,必须使用专门的 80 芯 IDE 排线,与早期的 40 芯 IDE 排线相比,增加了 40 条地线以提高信号的稳定性。

2) SATA 接口

SATA(serial ATA)接口硬盘又叫串口硬盘,不同于并行的 IDE 的硬盘接口。图 5-4 是 SATA 接口硬盘及主板上的接口外观。SATA 硬盘采用串行传输方式,在同一时间点内只有 1 位数据传输,这样能减少接口的针脚数目,用 4 个针完成所有的工作(第 1 针发出、2 针接收、3 针供电、4 针地线)。线缆连接简洁,性能更高,支持热插拔。还能降低电力消耗,减小发热量,对于 SATA 接口,一台计算机同时挂接两个硬盘没有主、从盘之分,各设备对计算机主机来说，都是 Master，节省了硬盘主、从盘跳线的麻烦。

(a) SATA接口硬盘

(b) 主板上的SATA接口

图 5-4 SATA 接口硬盘及主板上的接口

2001 年，由 Intel、Dell、IBM、希捷、迈拓等公司组成的 SATA 委员会提出 SATA 1.0 规范。定义的数据传输率为 1.5Gb/s，SATA 1.0 也称 SATA 1.5Gb/s，实际速度 150MB/s，比 ATA-7(ATA/133)的最高数据传输率 133MB/s 还高。

2002 年，SATA 2.0 发布，数据传输率为 3Gb/s(实际速度 300MB/s)，还包括原生命令队列(native command queuing，NCQ)、端口多路器(port multiplier)、交错启动(staggered spin-up)等一系列的新技术。SATA 2.0 也称 SATA 3Gb/s，

2009 年 5 月，SATA 3.0 规范发布，定义的数据传输率为 6Gb/s，实际速度为 600MB/s，兼容 SATA 3Gb/s 和 SATA 1.5Gb/s。

3) SCSI 接口

小型计算机系统接口(small computer system interface，SCSI)出现于 1979 年，是专为小型机研制的一种接口技术。SCSI 硬盘是采用 SCSI 接口的硬盘，使用 50 针接口，支持热插拔，如图 5-5 所示，比普通 IDE 硬盘传输速度快，主要用于服务器。

图 5-5 SCSI 接口硬盘

SCSI 硬盘有 Ultra Wide SCSI、Ultra2 Wide SCSI、Ultra160 SCSI、Ultra320 SCSI 等标准，对应的最高数据传输率分别为 40MB/s、80MB/s、160MB/s、320MB/s。

SCSI 硬盘的最高转速为 15 000rpm，平均寻道时间 6ms 左右，数据传输率可达到

320Mb/s；IDE接口只能连接4块设备，而SCSI接口可以连接7～15台设备。

SCSI接口利用SCSI控制器对数据传输进行管理，对CPU的占用率较低，仅为5%左右，能在高使用强度的情况下正常工作2、3年，但是价格高，需要另外配置SCSI卡才能使用。由于SATA硬盘的出现，SCSI接口硬盘的优势基本消失。

4）FC

FC(fiber channel)，光纤通道接口，FC最初是专门为网络系统设计，但随着存储系统对速度的需求，逐渐应用到硬盘系统中。FC硬盘用于服务器之类的多硬盘系统环境，能够提高多硬盘系统的速度和灵活性。主流FC硬盘速度为4Gb/s。

光纤通道的主要特性包括热插拔、高速带宽、远程连接、连接设备数量大等。

FC硬盘价格偏高，正在被SAS硬盘取代。

5）SAS

SAS(serial attached SCSI)，即串行连接SCSI，是新一代的SCSI技术，具有传统SCSI接口的全部优点，采用串行技术以获得更高的传输速度，与SATA硬盘兼容。

目前SAS硬盘有传输速度为3Gb/s、6Gb/s、12Gb/s等规格。

5.1.3 硬盘的结构

硬盘是将磁头、盘片、电机等驱动装置密封成一体的精密机电装置，外部包括接口、控制电路、固定面板等，内部结构包括盘片、磁头、马达等。硬盘内部结构如图5-6所示。

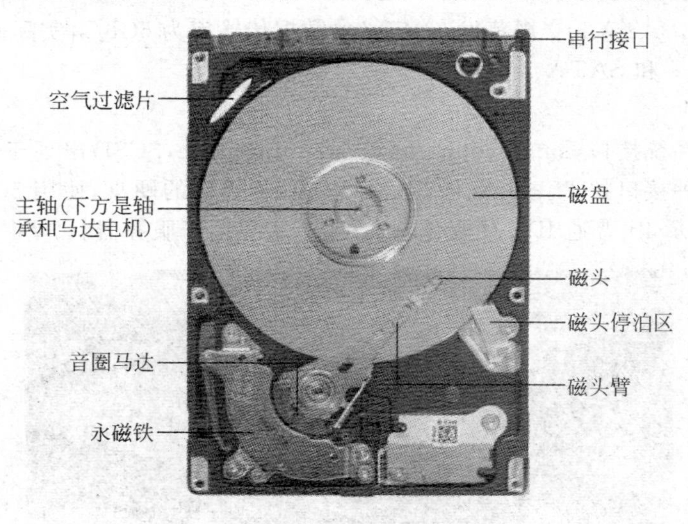

图5-6　硬盘内部结构图

5.1.4 硬盘的技术指标

1. 硬盘容量

硬盘容量的单位是GB或TB，对硬盘格式化后，系统显示的硬盘容量比硬盘的标称容量小，这是由不同的单位转换关系造成的。操作系统对容量的计算是以每1024字节为1KB，每1024KB为1MB，每1024MB为1GB；硬盘厂商计算容量是以每1000字节为1KB，每1000KB为1MB，每1000MB为1GB，两者进制上的差异造成了硬盘容量"缩水"。

下面以120GB的硬盘为例。

厂商容量计算方法：120GB＝120 000MB＝120 000 000KB＝120 000 000 000字节

换算成操作系统计算方法：120 000 000 000字节/1024＝117 187 500KB/1024＝11 444 091 796 875MB＝114GB

以下是与硬盘相关的常用术语。

磁道(track)：磁面上均匀分布的同心圆存储轨迹。最外层为0磁道。

扇区(sector)：磁道上等弧度划分的扇段。一般一个扇区的存储容量为512字节。

柱面(cylinder)：各个盘面上同一编号磁道的组合。

磁盘格式化后的容量可用下式算出：

格式化容量(B) = 512B × 每磁道扇区数 × 每面磁道数 × 磁头数(柱面数)

2. 转速

硬盘转速是区分硬盘档次的重要指标。硬盘转速越快，数据传输速度也会提高，读写数据的速度也越快。但过高的转速会导致发热量增大、控制困难。

常见的硬盘转速有5400rpm、7200rpm、10 000rpm、12 000rpm、15 000rpm等。

3. 平均寻道时间

硬盘的平均寻道时间是指硬盘的磁头从初始位置移动到盘面指定磁道所需的时间，单位是毫秒(ms)，是影响硬盘内部数据传输率的重要技术指标。硬盘的平均寻道时间越小，硬盘的性能越高。主流硬盘的平均寻道时间为7～9ms。

4. 内部数据传输率

内部数据传输率又称持续数据传输率，是指磁头与硬盘缓存之间的最大数据传输率，单位为Mb/s。它取决于盘片转速和盘片线密度(指同一磁道上的数据容量)。转速相同时，单碟容量大的硬盘内部传输率高；单碟容量相同时，转速高的硬盘内部传输率高。

5. 外部数据传输率

外部数据传输率也称突发数据传输率，是指从硬盘缓冲区读取数据的速率，单位为MB/s。外部数据传输率和硬盘的接口方式有关。

6. 硬盘缓存

缓存(Cache memory)是硬盘控制器上的一块内存芯片，具有极快的存取速度，是硬盘内部存储单元和外界接口之间的缓冲器。由于硬盘的内部数据传输速度和外界传输速度不同，缓存起缓冲的作用。缓存的大小与速度是直接关系到硬盘传输速度的重要因素，能够大幅度地提高硬盘整体性能。当硬盘存取零碎数据时需要不断地在硬盘与内存之间交换数据，如果有大缓存，则可以将那些零碎数据暂存在缓存中，减小外系统的负荷，也提高了数据的传输速度。常见的硬盘缓存有8MB、16MB、32MB、64MB。

7. 单碟容量

增加硬盘容量有两种方法：一是增加盘片数量；二是提高单碟的容量。大容量硬盘采用GMR巨磁阻磁头，使记录密度大大提高，硬盘的单碟容量也相应提高。提高单碟容量已成为提高硬盘容量的主要手段，也是反映硬盘技术水平的一个主要指标。

提高单碟容量有利于提高硬盘的内部数据传输率。数据记录密度同数据传输率成正比。单碟容量越大，硬盘内部数据传输率也就越高。

8. S.M.A.R.T技术

S.M.A.R.T(self-monitoring analysis and reporting technology)是硬盘自动监测分析报告技术,可以监测和分析硬盘的工作状态和性能,该技术需要主板BIOS配合。

9. MTBF

MTBF(mean time between failure)是平均故障间隔时间,也称连续无故障工作时间,是指两次相邻故障之间的平均时间。单位为"小时"。一般硬盘MTBF不低于50 000小时。MTBF是衡量产品可靠性的重要指标。

10. IOPS

每秒的输入输出量(或读写次数)(input/output per second,IOPS),是指单位时间内系统能处理的I/O请求数量,I/O请求通常是指读或写数据操作请求。IOPS是衡量硬盘性能的主要指标之一。

5.1.5 硬盘的主流品牌

硬盘品牌主要有希捷(Seagate),西部数据(Western Digital,WD)等公司。

1. 希捷

希捷公司成立于1979年,现为全球最大的硬盘、磁盘和读写磁头制造商,在设计、制造和销售硬盘领域居领先地位。3D防护技术和Soft Sonic降噪技术是希捷硬盘的特色。希捷硬盘的性价比较高。

2006年希捷公司收购了迈拓(Maxtor)公司。迈拓公司主要生产IDE硬盘,产品质量好。迈拓公司是韩国现代电子美国公司的一个独立子公司,2001年并购了昆腾硬盘公司。

2. 西部数据

美国西部数据公司始创于1970年,1988年开始设计和生产硬盘。

3. 日立

日立(HITACHI)硬盘由日立环球存储科技公司生产。2003年初,日立公司合并了IBM的硬盘部门,日立便承继了IBM在硬盘方面的许多专利技术。自1956年磁盘存储技术面世以来,IBM公司曾是全球存储器的龙头企业,许多项突破性存储器技术都是出于IBM公司。

2011年3月,日立硬盘业务被西部数据公司收购。

4. 三星

2011年4月,三星(Samsung)公司硬盘业务被希捷公司收购。

5.1.6 硬盘的选购

选购硬盘时,考虑的基本因素主要有接口、容量、速度、稳定性、缓存、售后服务等。

1. 接口

普通计算机应选用SATA 3.0接口的硬盘,服务器应当选用SAS硬盘。

2. 容量

硬盘的容量是首选因素。单碟容量也是要参考的一个标准。目前主流硬盘容量为1TB。

3. 转速

硬盘转速越快,硬盘的数据传输速度也越快。主流硬盘一般为7200rpm。

4. 稳定性

尽量不要选择技术最新的硬盘,因其技术新,难免有缺陷,应当选择技术相对成熟的硬盘。可以参考其MTBF和IOPS两个指标。

5. 缓存容量

缓存是硬盘与外部总线交换数据的场所,缓存容量直接关系到硬盘的实际传输速度。常见硬盘的缓存容量有8MB、16MB、32MB、64MB等规格,缓存大的硬盘价格也高。

6. 发热问题

随着硬盘转速的提升,发热量也不断升高。若硬盘散发的热量不能及时传导出去,会使硬盘工作状态不稳定,而且硬盘的盘片与磁头长时间在高温下工作也很容易使盘片出现读写错误和坏道,对硬盘使用寿命也有影响。发热量越小的硬盘质量越好。

7. 售后服务

硬盘用于存储数据,由于读写操作比较频繁,出故障的几率较大。一般情况下,硬盘提供的保修服务是三年质保(一年包换、两年保修),硬盘应通过正规的渠道购买,这样出问题时能得到及时的服务。

5.2 固态硬盘

固态硬盘(solid state disk或solid state drive,SSD),也称电子硬盘或者固态电子盘,是由控制单元和固态存储单元(DRAM或Flash芯片)组成的硬盘。最大读、写速度分别可达1300MB/s和1200MB/s。与传统硬盘相比,固态硬盘具有速度快、可靠性高、低功耗、无噪音、抗震动、低热量的特点。目前主要用在笔记本计算机以及刀片服务器上。

图5-7所示是目前常见的两款SSD。大部分SSD被制作成与传统硬盘相同的外壳尺寸,常见的有1.8英寸、2.5英寸等规格,采用SATA 3.0接口;有些SSD采用PCI Express或Express Card接口,以获得更高的速度,同时便于在有限空间(如上网本、移动计算机等)中放置。

(a) 盒式固态硬盘

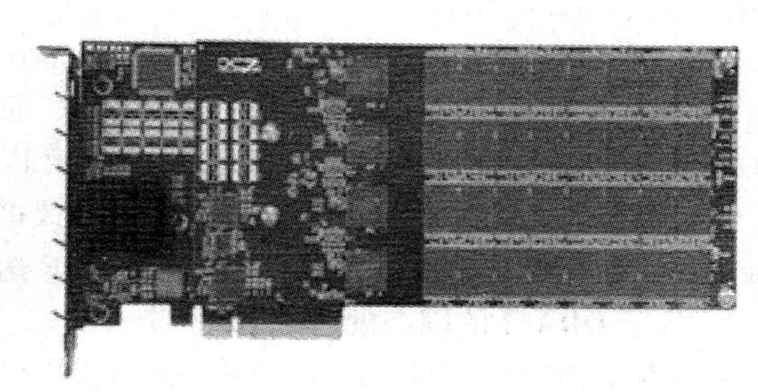

(b) 插卡式固态硬盘

图5-7 两种固态硬盘的外观

SSD的主体是一块PCB板,PCB板上主要的部件是控制芯片、缓存芯片和用于存储数据的存储芯片。

SSD 结构中最重要的是主控芯片,其作用:一是调配数据在各个存储芯片上的负荷;二则是承担数据中转,连接存储芯片和外部接口。不同的主控芯片用的算法、数据处理能力、对存储芯片的读取写入控制上有非常大的差别,直接导致 SSD 产品性能上差距高达数十倍。图 5-8 所示是目前常见的 SSD 内部结构。

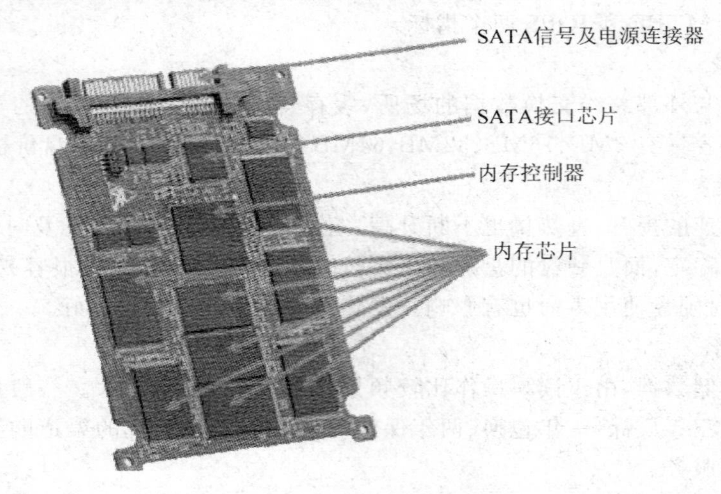

图 5-8 固态硬盘内部结构

5.2.1 固态硬盘的分类

根据存储介质的差异,固态硬盘分为两种,一种采用闪存(Flash memory, Flash 芯片)作为存储介质;另外一种采用 DRAM 作为存储介质。

1. 基于闪存的固态硬盘

通常所说的 SSD,采用的存储介质是闪存。外观有多种,如笔记本硬盘、微硬盘、存储卡、U 盘等样式。这种 SSD 最大的优点就是可以移动,而且数据保护不受电源控制,能适应各种环境,但是使用年限不高,适合个人用户使用。

基于闪存的 SSD 使用的存储单元分两类:单层单元(single layer cell,SLC)和多层单元(multi-level cell,MLC)。

SLC 容量小、成本高、但速度快。能够复写 100 000 次以上,比 MLC 闪存高 10 倍。

MLC 容量大、成本低,速度相对较慢。MLC 的每个存储单元是 2b,结构相对复杂,出错几率高,工作时必须进行错误检验和修正,导致其性能大幅落后于 SLC 闪存。

为了提高 MLC 的寿命,SSD 主控芯片不断改进校验和智能磨损平衡算法,尽量平均分摊每个存储单元的写入次数,使得 SSD 的 MTBF 达到 200 万小时以上。

2. 基于 DRAM 的固态硬盘

采用 DRAM 作为存储介质的 SSD,具有 DRAM 的全部优点,写入速度极快,是一种高性能的存储器,使用寿命长,提供 PCI-E 和 FC 接口,便于现有操作系统的操作和管理。有 SSD 硬盘和 SSD 硬盘阵列两种;缺点是需要独立电源来保护数据安全。

5.2.2 固态硬盘的特点

现阶段固态硬盘主要有如下特点。

1. 启动快、读取延迟小

SSD工作时没有电机加速旋转的过程,能够快速随机读取,读数据延迟极小。

据测试,两台同样配置的笔记本计算机,搭载固态硬盘的笔记本从开机到出现桌面用时18s,而搭载传统硬盘的笔记本用时31s,两者几乎有将近一半的差距。

2. 数据碎片不影响读取时间

由于寻址时间与数据存储位置无关,因此数据碎片不会影响读取时间。

3. 无噪音、抗震动

SSD没有高速旋转的盘体机构,不存在磁头臂寻道的声音,SSD工作时不产生噪音,不怕外部碰撞、冲击、振动。即使在高速移动甚至翻转倾斜的情况下也不会影响正常使用。能够将数据丢失的可能性降到最小。

4. 发热量较低

低容量的基于闪存的SSD能耗和发热量较低,但能耗会随着容量的提升而升高。

5. 不会发生机械故障

SSD内部不存在任何机械活动部件,不会发生机械故障。不怕震动和冲击,不用担心因为震动造成无可避免的数据损失。

6. 工作温度范围更大

传统硬盘只能在5～55℃范围内工作,而SSD工作范围是-40～85℃。

7. 体积小、重量轻

金士顿公司的一款2.5英寸,容量512GB的SSD硬盘质量为84g。

目前,SSD的不足主要有,一是成本高,如OCZ公司3.2TB的SSD,2012年2月份报价为12万元;二是易受到某些外界因素的不良影响,如断电(基于DRAM的SSD)、磁场干扰、静电等;三是数据损坏后难以恢复。一旦在硬件上发生损坏,要想找回数据几乎是不可能的。当然这种不足也可以通过备份来弥补。

另外,使用MLC闪存的SSD在Windows XP系统下运行会出现假死现象。这是由于Windows XP的文件系统与基于闪存的SSD兼容性不好。Windows 7为SSD进行了优化,禁用了SuperFetch、ReadyBoost以及启动和程序预取等传统硬盘机制,可更好的发挥SSD的性能。

表5-2所示是对固态硬盘和传统硬盘特性的一个比较。

表5-2 固态硬盘与传统硬盘特性比较

项　目	固 态 硬 盘	传 统 硬 盘
容量	较小	大
价格	高	低
随机存取	极快	一般
写入次数	SLC：10万次、MLC：1万次	无限制
盘内阵列	可	极难
工作噪音	无	有
工作温度	－40～85℃	5～55℃
防震	很好	较差
数据恢复	难	可以
重量	轻	重

5.2.3 固态硬盘主流产品

目前生产SSD的厂商按照市场占有率排名由高到低依次为美光、OCZ、Intel、金士顿(Kingston)、金盛(KingSpec)、影驰、三星等。

接口类型为SATA3(6Gb/s)的2.5英寸固态硬盘容量有512GB、256(240)GB、128(120)GB、64(60)GB等。存储介质为MLC,数据读出速率415MB/s(左右),写入175MB/s(左右),重量75g左右,外观尺寸100.5×69.85×9.5mm。

截止2012年2月,SSD产品的最大容量为3.2TB,由OCZ公司推出,外观如图5-7(b)所示。其主要技术参数:PCI-E 2.0×8接口;平均无故障时间200万小时;重238g;待机功耗23W,读写功耗26W,板载八颗主控制器,持续读写速度最高为2.8GB/s,随机写入性能8KB 275 000 IOPS,4KB 410 000 IOPS,最大IOPS 500 000。

5.3 移动存储器

移动存储器是外部存储器的一个重要分支,具有体积小、使用、携带方便等特点。常见的移动存储器有移动硬盘、闪存盘、存储卡、光盘、软盘等。

闪存盘(俗称U盘)体积小、速度快、抗震性高,便于携带,U盘已经取代软盘,用于32GB以下的数据存储;存储卡容量与U盘近似,主要用在数码相机等设备中;移动硬盘能够提供更大的存储空间,随着固态硬盘价格的降低,固态硬盘将取代移动硬盘。

5.3.1 移动硬盘

移动硬盘实际上是由普通硬盘外加一个移动硬盘盒组装而成。

移动硬盘有1.8英寸、2.5英寸和3.5英寸三种。2.5英寸移动硬盘较为常见,普通笔记本计算机用的是2.5英寸移动硬盘。3.5英寸移动硬盘使用的就是台式机硬盘,体积较大,一般自带外置电源和散热风扇,便携性相对较差,已不多见。

相对于普通硬盘,新型移动硬盘的盘片以及盘盒采用防震设计,抗震性较高,多采用USB接口或eSATA接口,如图5-9所示。不需要单独的供电系统,支持热插拔。

图5-9 USB接口硬盘

移动硬盘的读写速度主要由盘体、读写控制芯片、缓存容量、接口类型四种因素决定。在容量相同情况下,缓存大的移动硬盘读写速度较快。常见的2.5英寸硬盘品牌有日立、希捷、西部数据、三星等。

目前移动硬盘容量主要有320GB、500GB、1TB、2TB和4TB,接口为USB 3.0。

下面以东芝原装移动硬盘为例,介绍原装品牌移动硬盘的识别。

正品原装移动硬盘外包装底部有粘贴的条形码,盘身背部也有条形码。两张条形码上的数字相同。型号编码(P/N码)承载了硬盘产品的规格信息。图5-10所示是东芝移动硬盘 P/N 码的编写规则。

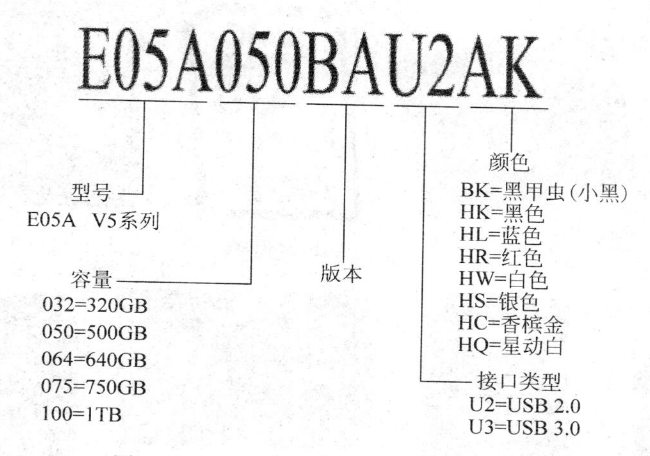

图 5-10 东芝移动硬盘 P/N 码编写规则

5.3.2 闪存盘

闪存盘又称 U 盘或优盘,以闪存作为存储介质,以 USB 作为接口的微型高容量移动存储设备,可以通过 USB 接口与计算机连接,即插即用。闪存盘体积小,重量轻,适合随身携带。闪存盘中无任何机械装置,抗震性能强,还具有防潮防磁、耐高低温等特性。

闪存是一种长寿命的非易失性(在断电情况下仍能保持所存储的信息)半导体存储器,其中没有运动的部件,芯片的内部是由记忆行与记忆列交叉而成的网栅,在网栅的交点处有一个由两个晶体管构成的存储单元。数据删除以固定的区块为单位。

闪存是电子可擦除只读存储器(EEPROM)的变种,EEPROM 与闪存不同的是,能在字节水平上进行删除和重写而不是整个芯片擦写,闪存比 EEPROM 的更新速度快。由于其断电时仍能保存数据,闪存通常被用来保存设置信息,如作为主板的 BIOS 芯片、PDA(个人数字助理)和数码相机的存储卡。

5.3.3 存储卡及读卡器

存储卡是用于手机、数码相机、便携式计算机、MP3 等数码产品上的独立存储介质,一般是卡片的形态,故称存储卡,也称数码存储卡、数字存储卡、储存卡等。

存储卡种类较多,图 5-11 所示是常见的几种存储卡外观。与闪存盘类似,存储卡具有良好的兼容性,便于在不同的数码产品之间交换数据。随着数码产品的不断发展,存储卡的存储容量不断提升,应用范围也越来越广。

1. 常见的存储卡类型

1) CF 卡

CF 卡(compact Flash)是目前市场上历史悠久的存储卡之一。佳能和尼康的数码相机采用 CF 存储卡,数码单反相机几乎都使用 CF 卡作为存储介质。CF 卡容量大、成本低、兼容性好,但体积较大。由美国 SanDisk、日立、东芝、德国 Ingentix、松下等 5C 联盟在 1994 年推出。2012 年初,CF 卡最高容量为 120GB。

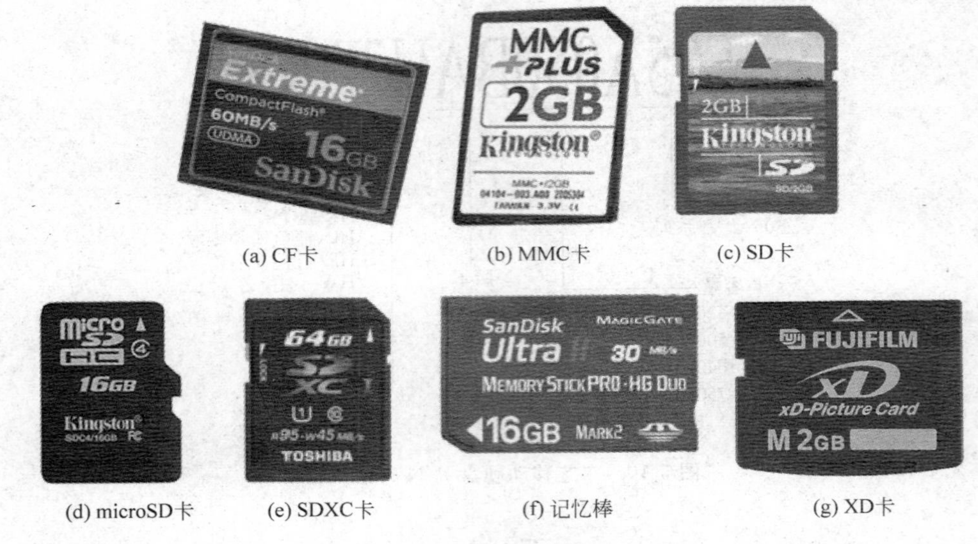

(a) CF卡　(b) MMC卡　(c) SD卡

(d) microSD卡　(e) SDXC卡　(f) 记忆棒　(g) XD卡

图 5-11　各类存储卡

CF 卡由控制芯片和存储模块组成,接口采用 50 针设计,有 CFⅠ与 CFⅡ之分,后者比前者厚一倍。只支持 CFⅠ卡的数码相机不支持 CFⅡ卡,而支持 CFⅡ卡的相机则可以使用 CFⅠ卡。

数码相机采用的 CF 卡,存取速度的标志为×,其中“1×”=150KB/s,如 4×(=600KB/s)、12×(=1.8MB/s),CF 卡最高存取速度为 40×。更快的 CF 卡会提高数码相机的拍摄效果。建议高端数码相机选择高速的 CF 存储卡。

不同厂商通常会采用一些专利技术,优化数码相机和 CF 存储卡的读写速度,例如 Lexar 公司的写加速技术(WA),通过在数码相机中采用写加速技术,使数码相机拥有更快的传输速度,减少多余的指令,对于高分辨率的数码相机,通过缩短拍摄高分辨率图像文件的写入速度,使连拍模式中的应用得到优化。

2) MMC 卡系列(MultiMedia Card)

由于 CF 卡体积较大,Infineon 和 SanDisk 公司在 1997 年推出了一种存储卡 MultiMedia Card 卡(简称 MMC 卡)。尺寸为 32mm×24mm×1.4mm,采用 7 针的接口,没有读写保护开关。主要用在数码相机、手机和一些 PDA 产品上。

2002 年,MMC 协会推出专为手机设计的存储卡 RS-MMC,比 MMC 卡小,可以配合专用的适配器转换成标准的 MMC 卡使用。

2004 年 9 月,MMC 协会推出 MMC PLUS 和 MMC mobile。MMC PLUS 卡尺寸与 MMC 卡相同,读取速度更快。一些厂商业还推出了低电压的 MMC PLUS。

MMC mobile 能在 1.65～1.95V 和 2.7～3.6V 两种模式下工作,理论传输速度最高 52MB/s。既能在低电压下工作又能兼容原有 RS-MMC,被称为双电压 RS-MMC。与 RS-MMC 卡尺寸一致,最大的区别是 MMC mobile 有 13 个金手指。

MMC micro 体积为 12mm×14mm×1.1mm。支持双电压,适用于对尺寸和电池续航能力要求很高的手机以及其他手持便携式设备。

3）SD卡系列

SD(secure digital)卡，从字面理解就是安全卡，由松下公司、东芝公司和SanDisk公司共同开发，最大特点是通过加密功能，保证数据资料的安全保密。尺寸为32mm×24mm×2.1mm。SD卡可看作是MMC的升级，两者的外形和工作方式都相同，只是MMC卡的厚度稍薄一些，用SD卡的设备都可以使用MMC卡。

SD卡略显臃肿，后来出现了更小的存储卡，名为miniSD。外形尺寸为20mm×21.5mm×1.4mm，封装面积是SD卡的44%、体积是SD卡的63%，有11个金手指(SD卡只有9个)。通过转接卡可以当SD卡使用。该卡在手机上广泛使用。

T-Flash(transFlash)卡，2004年由摩托罗拉与SanDisk共同推出，是一种超小型卡(11×15×1 mm)，约为SD卡的1/4。插入SD卡转换器，可以当SD卡使用。

T-Flash主要是为手机拍摄大幅图像以及能够下载较大的视频而开发的。可以储存数字照片、MP3、游戏及手机的应用和个人数据等，还内置版权保护管理系统，使下载的音乐、影像及游戏受保护；未来的T-Flash还将备有加密功能。

microSD卡由SD协会2005年参照T-Flash的相关标准制定，与T-Flash卡相互兼容。与miniSD卡相比，microSD卡体积更为小巧，尺寸为11mm×15mm×1.4mm，为标准SD卡的1/4左右，是目前体积最小的存储卡。

SDHC(secure digital high capacity)卡，即高容量SD存储卡。2006年5月SD协会发布的SD 2.0系统规范，规定SDHC是容量大于2GB小于等于32GB的SD卡。

SDHC采用FAT32(参见本书11.1节)文件系统，之前的SD卡使用FAT16文件系统，支持的最大容量仅为2GB，不能满足SDHC的要求。

SDHC传输速度被定义为Class2(2MB/s)、Class4(4MB/s)、Class6(6MB/s)等级别，高速SD卡可以支持高分辨视频的实时存储。

有些品牌的4GB或更高容量的SD卡并不符合以上条件，如缺少SDHC标志或速度等级标志，这些存储卡不能被称为SDHC卡，严格说来它们是不被SD协会认可的，这类卡在使用中很可能出现与设备的兼容性问题。

SDXC存储卡(SD extended capacity)是SD协会2009年4月定义的下一代SD存储卡标准，最高容量2TB，最大传输速度300MB/s。SDXC存储卡采用NAND闪存芯片，使用Microsoft公司的exFAT文件系统。

目前，常见的SDXC卡最大容量64GB。支持UHS 104(一种新的超高速SD接口规格)，采用SD存储卡Ver.3.0标准，在接口上实现104MB/s的总线传输速度，可实现45MB/s的最大写入速度和95MB/s的最大读取速度。

4）记忆棒系列

MS(memory stick)，记忆棒是Sony公司1999年推出的存储卡产品，外形酷似口香糖，长度与普通AA电池相同，重量为4g。采用10针接口结构，内置写保护开关。按照外壳颜色的不同，有蓝条与白条两种。白条记忆棒有MagicGate版权保护功能，主要用于Sony数码相机、PDA和数码摄像机。

后来，Sony公司推出了MS的扩展升级产品，包括MS PRO，MS Duo，MS PRO Duo，

MS Micro,Compact Vault 等。

MS PRO：增强型记忆棒，尺寸为 50mm×21.5mm×2.8mm，最高传输速度 160Mb/s，最大容量 32GB，不兼容原有的记忆棒，购买时必须看清楚是否支持这种类型的记忆棒，从 2003 年起应用在索尼数码相机上。

MS Duo：袖珍型记忆棒（短棒），尺寸为 20mm × 31mm × 1.6mm，体积比标准的 Memory Stick（长棒）减小大约 1/3，重量减轻 1/2，仅为 2g，最大写入速度 14.4Mb/s，最大读取速度 19.6Mb/s。

MS PRO Duo：MS Duo 的新版本，尺寸为 20mm×31mm×1.6mm，支持 MagicGate 版权保护技术，传输速度 20MB/s。用在 Sony 数码相机、数码摄像机、索爱手机和 PSP 上。

MS Micro(M2)：2006 年 2 月推出，主要为手机设计，尺寸为 15mm×12mm×1.2mm，为 MS PRO Duo 的 1/4。支持 1.8V 以及 3.3V 双电压。

Compact Vault：是索尼公司与希捷公司合作研发的一种兼容 CFⅡ存储卡标准的微硬盘产品。

5) xD 图像卡

xD 图像卡(extreme digital-picture card)是一种专门用于数码相机的存储卡，由富士胶卷与奥林巴斯两公司于 2002 年 7 月发布，后来东芝参与研发。柯达、新帝和雷克沙(Lexar)等公司也生产 xD 卡。

富士胶卷与奥林巴斯两公司以往采用 SM 卡(smartmedia card)，但因 SM 卡本身的容量限制及卡片尺寸受限，因此开发了 xD 卡取代它，内部电路继承了 SM 卡的设计概念，只有存储器没有控制电路，为 xD 卡设计的控制集成电路可兼容 3.3V 的 SM 卡。

xD 卡在奥林巴斯、柯达、富士胶卷的数码相机上使用。

M 型 xD 卡于 2005 年推出。基于 Multi Level Cell 技术，容量最高 8GB。

H 型 xD 卡 2005 年 11 月推出。主要追求高速访问速率。读取速率 5.0MB/s，写入速率 4.0MB/s；容量有 256MB、512MB、1GB、2GB。

要将照片从 xD 卡传输到计算机，可以将数码相机连接到计算机上(通常使用 USB 接口)，也可以通过读卡器直接从 xD 卡上读取。

2. 读卡器

读卡器是读取存储卡的设备，有插槽可以插入存储卡，有端口可以连接计算机。

把适合的存储卡插入插槽，端口与计算机相连并安装所需的驱动程序之后，计算机把存储卡当作一个可移动存储器，通过读卡器读写存储卡。按所兼容存储卡的种类可以分为 CF 卡读卡器、SM 卡读卡器、PCMICA 卡读卡器以及记忆棒读写器等，还有双槽读卡器可以同时使用两种或两种以上的卡；按端口类型分可分为串行口读卡器(速度很慢，极少见)、并行口读卡器(适用于早期主板的计算机)、USB 读卡器。

为便于使用，读卡器一般采用多合一设计，称多功能读卡器，可以连接不同的闪存卡，读卡器分内置和外置两种。外置的便于携带，使用 USB 接口，如图 5-12 所示。

(a) 存储卡转换器

(b) 多功能读卡器

图 5-12　外置读卡器

5.4　光盘存储器

光盘存储技术(optical disc technique)是利用激光将信息存储到记录介质上,并可用激光读出的技术。该技术出现在 20 世纪 70 年代初。光盘存储具有存储密度高、容量大、可随机存取、保存寿命长、工作稳定可靠、轻便、易携带等优点。

光盘存储器由光盘和光盘驱动器组成。

光盘数据的存取通过光盘驱动器进行。早期光盘驱动器与老式硬盘一样采用 IDE 接口,连接时位置可以互换。目前流行的光盘驱动器采用 SATA 接口。

5.4.1　光盘

最早用于存储计算机信息的光盘是 CD-ROM(compact disc read-only memory),是一种只读的光存储介质。源于存储音频 CD 的 CD-DA(digital audio)格式。CD-ROM 与常见的音乐 CD 外形相同。CD-ROM 驱动器读取数据和 CD 播放器方式相似,主要区别在于 CD-ROM 驱动器电路中引进了检查纠错机制,保障读取数据时不发生错误。

CD-ROM 盘片厚 1.2mm,直径有三种规格:12cm(4.75 英寸)、14cm(5.25 英寸)、8cm(3.5 英寸)。其中,12cm 盘片最常见,能够保存 74～80 分钟的高保真音频,或 682MB(74 分钟)/737MB(80 分钟)的视频信息。

图 5-13 所示为 12cm 光盘的外形结构。中心直径 15mm,圆孔向外 13.5mm 区域内不保存信息,再向外 38mm 区域存放数据,最外侧 1mm 为无数据区。

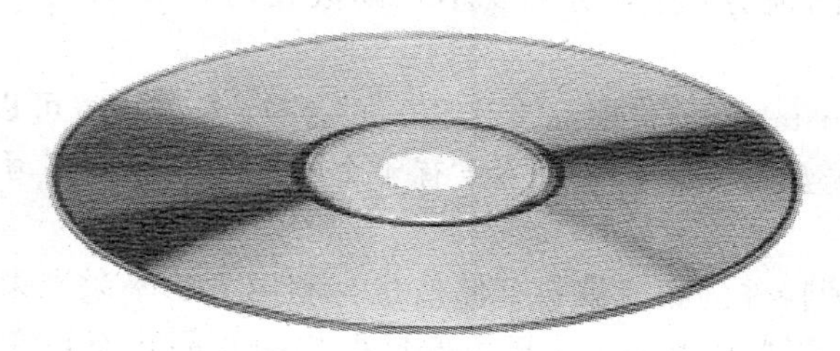

图 5-13　光盘外形

1. 光盘的存储原理

CD-ROM 主要由聚碳酸酯塑料做成,上层为印刷层,下层为数据层。在盘基上浇铸了螺旋状的物理光道,道密度约为 630 条/mm,从光盘的内部一直螺旋到最外圈,螺旋线圈间距 1.6μm,线宽 0.6μm,总长约 5km。光道内排列着一个个蚀刻的"凹陷","凹坑"深 0.12μm,最小"凹坑"长 0.834μm,由这些"凹坑"和"平地"构成了存储的数据。由于读光盘的激光会穿过塑料层,因此需要在其上面覆盖一层金属反射层(通常为铝合金),再在铝合金层上覆盖一层丙烯酸树脂(亚克力)的保护层,用于保护金属反射层,以免出现裂纹、划痕。

光盘沿光道存储数据,光道与磁道不同,它是由中心逐渐向外沿展开的渐开线。当激光束照射到凹坑时,反射光束强弱发生变化,读出的数据为 1;当激光束照射到平坦部分时,反射光强弱没有发生变化,读出的数据为 0。

注意:CD-ROM 光盘表面变脏和划伤都会降低其可读性。

2. 光盘规范

光盘规范很多,下面是常见的光盘规范。

(1) CD-ROM(read only memory):只读型光盘,1985 年推出的黄皮书标准。可以存储数字化文字、声音、图形、图像、动画和数据,容量 650MB。在 DVD 诞生以前,CD-ROM 驱动器一直是大多数计算机的标准设备,采用 780 纳米激光束进行读写,现在已被波长更小的 DVD-ROM、BD-ROM 取代。

(2) VCD(video compact disc):视频光盘,1993 年制定的白皮书规范,用于存储 MPEG 标准的声音、视频信息,可以存储 74 分钟的动态图像。能在 CD-ROM 驱动器和 VCD 播放器上使用。

(3) CD-R(recordable):橙皮书标准,是可进行一次写入、多次读出的 CD。写入信息后的 CD-R 可以在 CD-ROM 驱动器上读取。

CD-R 与 CD-ROM 不同之处在于 CD-ROM 的"凹陷"是印制的,而 CD-R 是刻录机烧制的,用有机染料作记录层。记录数据时,CD-R 驱动器内的激光头发出高功率的激光照射到 CD-R 盘片的特定部位上,其中的染料层被融化并发生化学变化,形成一系列代表信息的凹坑,与 CD-ROM 盘上的凹坑类似。

CD-R 驱动器中使用的光学读写头与 CD-ROM 的光学读出头类似,只是其激光功率受写入信号的调制。CD-R 驱动器刻录时,在要形成凹坑的地方,半导体激光器的输出功率变大;不形成凹坑的地方,输出功率变小。读数据时,CD-R 与 CD-ROM 的工作原理相同。

(4) CD-RW(rewritable):可擦除多次重写的 CD。CD-RW 可以进行文件的复制、删除等操作。CD-RW 光盘与 CD-R 光盘主要有 4 个方面不同:可重写,价格更高,写入速度慢,反射率更低。

CD-RW 使用一种特殊的相变染料存储信息。利用大功率激光束的照射对 CD-RW 盘片进行局部瞬间加温,使盘片上的记录层由低反射率的非晶状态转变为高反射率的结晶体状态,从而记录数据。

为了实现反复擦写数据,CD-RW 刻录机使用三种能量不相同的激光。

① 高能激光:又称写入激光,可使染料层达到非结晶体状态。

② 中能激光：也称擦除激光，可使染料层融化并将它转化为结晶体。

③ 低能激光：也称读出激光，不能改变染料层的状态，用于读取盘片数据。

激光温度高于染料层融化点温度（500～700℃）时，被照射区域内的所有原子迅速移动而成液态。然后，又在很短的时间内充分冷却下来。

由于激光束的温度未达到染料融化点，但又高于结晶温度（200℃），照射一段充足的时间后（至少长于最小结晶时间），又会回到结晶态。

CD-RW 光盘反射率低，对物理损伤更为敏感。

(5) DVD(digital video disk，数字通用光盘)：是由飞利浦、索尼公司与松下、时代华纳两大 DVD 阵营制定的数据存储标准，容量更大，是 CD-ROM 光盘的换代产品。

DVD 激光头采用波长 650nm 的红光进行读写操作，光道道宽为 0.74μm，采用 0.41μm/位高密度记录线技术，线间距为 0.74μm，密度更高、容量更大。DVD-ROM 光盘最小“凹坑”长 0.4μm，由两层 0.6mm 基层粘成，主要有 4 种规格：DVD-5、DVD-9、DVD-10 与 DVD-18。

① DVD-5 规格：单面单层，标准容量为 4.7GB。这种规格的 DVD 光盘最常见。

② DVD-9 规格：单面双层，将数据层增加到两层，中间夹入一个半透明反射层，读取第二层数据时，不需要将 DVD 盘片翻面，直接切换激光读取头的聚焦位置。理论容量9.4GB，但是由于双层的构造会干扰信号的稳定度，所以实际容量 8.5GB。

③ DVD-10 规格：双面单层，正反面都可以储存数据，标准容量 9.4GB。

④ DVD-18 规格：双面双层，容量 17GB。

(6) DVD-R(recordable)：一次写入、永久读出，类似 CD-R，可以在 DVD-ROM 驱动器上使用。DVD-R 单面容量 3.95GB，双面盘的容量加倍。

(7) DVD-RW(rewritable)：相变可擦除格式，可在 DVD 光驱上使用，容量 4.7GB。

(8) BD(blu-ray disc)-DVD：一种只读光盘，由于采用的激光束波长为 405nm，刚好是光谱中的蓝光，因此称为蓝光 DVD 或蓝光光盘。单层容量为 25GB 或 27GB，双层可达到 46GB 或 54GB，4 层及 8 层容量可达 100GB 或 200GB。

蓝光光盘分 BD-ROM、BD-R、BD-RE 等格式。主要通过缩小激光光点，以增加容量，蓝光光盘构成 0 和 1 数字数据的“凹坑”更小，达到 0.15μm；利用不同反射率达到多层写入效果；沟轨并写方式，增加记录空间。

(9) HD DVD：一种数字光储存格式的光盘产品，是高清 DVD 标准之一。外观与蓝光光盘相似。HD DVD 由东芝、NEC、三洋电机等企业组成的 HD DVD 协会推广，HD DVD 分为 4 类：只读 HD DVD-ROM，单次写入的 HD DVD-R，多次写入的 HD DVD-RW 和 HD DVD-RAM。2008 年东芝公司宣布终止 HD DVD 的生产。

5.4.2 光盘驱动器的分类

光盘驱动器，简称光驱，是一种结合光学、机械及电子技术的产品。

光驱主要有 CD-ROM、CD-R、CD-RW、DVD-ROM、COMBO(康宝)、DVD-R、DVD-R/RW、BD-ROM、BD-R/RW、HD-ROM、HD-R/RW 等类型。

不同规格的光驱兼容性不同。一般来说是向下兼容，向上不兼容，如 DVD 光驱可读大部分CD光盘格式。

康宝光驱能读取CD-ROM、DVD-ROM,还能够刻录CD-R盘。

DVD-R/RW光驱(也称DVD刻录机)能刻录CD读取DVD,还能刻录DVD-R和DVD-RW。

BD/HD-ROM光驱能读取BD和HD DVD光盘,其刻录功能向下兼容,兼容性取决于具体的产品。

根据光驱的放置位置不同,可以分为内置式和外置式。外置式光驱,是放置在主机外部的光驱,图5-14所示是常见的外置式光驱,早期笔记本计算机通常配备外置式光驱。

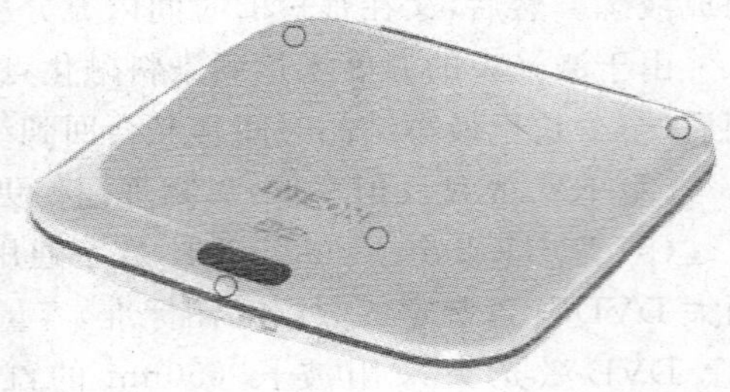

图5-14 外置式光驱

5.4.3 光驱的性能指标

光驱的性能指标主要包括接口类型、数据传输率、平均寻道时间、内部数据缓冲、支持光盘的格式等。

1. 倍速

倍速表示光驱传输数据的速度,是光驱最基本的性能指标。最早出现的CD光驱数据传输速率为150KB/s,当时国际电子工业联合会规定该速率为单速,随后出现的光驱速度与单速标准是一个倍率关系,如2倍速光驱的数据传输速率为300KB/s,CD-ROM光驱有4倍速、8倍速、24倍速、48倍速、52倍速等。

DVD-ROM光驱的单速是1385KB/s,约为CD-ROM的9倍。

CD-R刻录机标称倍速有三个:写/复写/读。例如,CD-R刻录机面板标出40X/10X/48X,表示刻录CD-R时速度为40倍速,复写CD-RW速率为10倍速,读取CD-ROM时为48倍速。康宝光驱的标称速率有4个,如48X/16X/48X/24X,表示读取CD-ROM时为48倍速,读取DVD-ROM时为16倍速,刻录CD-R时速度为48倍速,复写CD-RW速率为24倍速。

2. 平均寻道时间

平均寻道时间是光驱查找一位数据所花费的平均时间,单位为ms。是衡量光驱性能的一个重要指标,平均寻道时间越短越好。

3. 高速缓存

高速缓存对光驱的性能非常重要,缓存配置高不仅可以提高光驱的传输性能和传输效率,而且对于光驱的纠错能力也有帮助。多数光驱缓存容量界于1～8MB之间。

4. 数据接口

常见的光驱接口有IDE、SCSI、SATA和USB接口,其中USB接口主要用于外置光驱。

5. 刻录方式

1) 整盘刻录(disk at once,DAO)

用于光盘的复制,一次完成整张光盘刻录。

特点:盘片剩余空间无法再使用。

2）区段刻录（session at once，SAO）

一次只刻录一个区段而不是整张光盘，余下的空间可以继续使用。

3）轨道刻录（track at once，TAO）

一次以一个轨道为单位的刻录方式。可多次写入，但是新旧轨道之间会产生空隙。

4）飞盘（on the fly，OTF）

将数据转换成使用 ISO-9660 格式映像文件后，再刻录。

5）封装刻录（packet writing，PW）

可以任意对盘片进行复制、改名、移动、删除等操作。真正能够用来存放数据的空间只有 80%左右。

6）多轨道刻录（multi session）

允许分多次数据刻录到 CD-R 光盘上。优点：可以充分利用 CD-R 的剩余空间。

5.4.4 光驱的选购

当前市场主流光驱有两类：DVD-ROM 和 DVD 刻录机，选购时要注意以下方面。

1. 全钢机芯

购买光驱首先是选择机芯，全钢机芯是首选。采用全钢机芯的光驱比采用普通塑料机芯的使用寿命长很多。全钢机芯能够在高温、高湿的情况下长时间工作。

2. 纠错能力

纠错能力强，即光驱读盘能力强。随身携带几张普通光盘，直接进行验证。

3. 速度

速度是衡量光驱读写数据快慢的标准，选择时不必要追求最高速度，选择主流速度即可，主流的 DVD 光驱速度为 16× 和 18×。

4. 缓存大小

缓存越大越好，同等价格，建议优先考虑缓存大的产品。

5. 减缓震动

当 DVD 刻录机达到 16 倍速时，马达转速已接近极限，震动不可避免，而震动带来的不仅仅是噪音，更不利于盘片的平衡和光头组件的精确定位。要确保刻录的品质，必须解决整体减震和光头精确定位这两大难题。选择时要对光驱的减震措施加以关注。例如，索尼 DVD 光驱针对高速转动盘片的震动问题，设计出 PSDV 结构，防止盘片因共振带来的颤动，在光驱的金属顶盖靠近后端的部分，新增了一道凹槽，凹槽的作用是改变驱动器内部的气流方向，从而改变内部气流震动的频率，避免共振。

6. 品牌

品牌是质量的保障。不同品牌产品寿命不同，质保时间也不同。光驱品牌非常多，但质量过硬的品牌并不多。可以通过用户的口碑了解各种品牌的实际情况，之后综合厂家的生产实力、保修时间、渠道和售后服务方面是否完善等方面来考虑。主流品牌有三星、飞利浦、索尼、先锋、NEC、明基、HP、LG、松下、华硕和建兴等。

5.4.5 光驱的使用与维护

光驱是计算机的标准配置,也是易损部件,在光驱的日常使用中应注意以下几点。

(1) 对光驱的任何操作都要轻缓。尽量按光驱面板上的按钮来进出托盘,不宜用手推动托盘进盒。光驱中的机械构件大多是塑料,过大的外力可能导致损坏。

(2) 当光驱进行读写操作时,不要按弹出按钮强制弹出光盘。因为此时光盘正在高速旋转,若强制弹出,光盘还没有完全停止转动,在弹出的过程中光盘与托盘发生摩擦,很容易使光盘产生划痕。

(3) 不使用光盘时,应及时将光盘取出,以减少磨损。因为有时光驱即使已停止读取数据,但光盘还会转动。

(4) 注意防尘。灰尘会损坏光驱,应保持光盘清洁。尽量不要使用脏的、有灰尘的光盘,而且每次打开光驱后要尽快关上,不要让托盘长时间露在外面,以免灰尘进入光驱内部。

(5) 不要使用劣质的光盘或已变形光盘,如磨毛、翘曲、有严重刮痕的光盘,这些光盘会损坏光驱。

(6) 清洗激光头时,不要用酒精,因为酒精会腐蚀光头。

5.5 本章小结

计算机外部存储设备是存放计算机中需要长期保存的程序、数据的设备,它的容量和数据传输速度是关注的重点。主要有机械硬盘、固态硬盘、移动存储器,光盘存储器等。选购外部存储器时,首先应当了解它的基本特性和适用场合。

机械硬盘是目前计算机必备的存储装置,主流产品接口为SATA 3.0。传统硬盘未来有可能被固态硬盘取代。存储卡种类繁多,目前SDXC存储卡最为流行。

2012年1月,IBM公司纳米技术研究人员宣布找到一种新方法,能够将1b信息存储在12个磁原子上。而现在的存储设备存储1b信息需要100万个磁原子。这项新发现将打破目前存储器存储容量的上限,大幅降低存储器尺寸,同时还可以提高运行速度并降低能耗。IBM公司将其视为未来存储器发展的一个方向。

习 题 5

1. 填空题

(1) 转速是硬盘内电机主轴的旋转速度,也是硬盘盘片在一分钟内所能完成的最大转数,单位表示为________。

(2) 硬盘所采用的接口方式很大程度上会影响硬盘的最大外部数据传输率,从而影响计算机的整体性能。硬盘与计算机之间的数据接口,一般可分为________、________、________、________等硬盘。

(3) ________硬盘接口采用串行连接方式,具有结构简单、支持热插拔的优点。

(4) 硬盘磁面上均匀分布的________存储轨迹构成的磁道,而光盘沿光道存储数据,与磁道不同的是由________构成的存储轨迹。

(5) 硬盘的________时间是指硬盘的磁头从初始位置移动到盘面指定磁道所需的时间。

(6) ________是一种长寿命的非易失性固态存储器。

2. 简答题

(1) 简述光驱的种类。

(2) 简述闪存盘的特点。

(3) 目前常用的存储卡有哪些？

第6章　显示系统

本章学习目标

- 了解显卡的类型、结构组成及主要技术指标；
- 了解显示器的分类；
- 了解 LED 显示器的工作原理；
- 掌握显卡、显示器、投影机的选择方法。

计算机的显示系统由显卡与显示器构成。显卡是主机与显示器之间连接的“桥梁”。投影机是家庭影院、教学、办公场合常用的显示设备。

6.1 显　　卡

显卡(video card,graphics card)全称是显示接口卡,也称显示适配器(video adapter)、视频卡、视频适配器、图形加速卡、图形适配器等。是连接主机与显示器的接口卡,作用是将主机的输出信息转换成字符、图形和颜色等信息,传送到显示器上显示。

显卡主要由显示芯片、显示存储器(也称显示缓存,简称显存)、数字模拟转换器(RAMDAC)、输出接口等器件组成。图 6-1 所示是一款显卡的外观。

图 6-1　独立显卡

显卡接到 CPU 送来的显示指令后，显示芯片根据显示指令对数据进行处理，处理完后的图形数据保存在显存中，随后 RAMDAC 从显存中读取数据并将这些数字信号转换为模拟信号，再通过显卡上的输出接口将信号输出至显示器。

1. 集成显卡与独立显卡

显卡分为集成显卡和独立显卡两大类。

集成显卡将显示芯片、显存及相关电路做在主板上，与主板融为一体。这种主板也称为集成主板或整合型主板。早期集成显卡的显示芯片是单独的，后来集成到主板的北桥芯片中，目前 AMD 的新型 CPU，以及 Intel CPU i5、i7 系列也集成了显示芯片的功能。

出于制造成本的考虑，集成显卡没有单独的显存，使用内存充当显存，使用量由系统自动调节；集成显卡的系统功耗较小，不用花费额外的资金购买显卡，能够满足一般用户的需求。显示效果与性能相对较差，不能对显卡进行硬件升级。

独立显卡安装有显存，不占用系统内存，显示效果比集成显卡好，容易进行显卡的硬件升级；缺点是功耗较大，发热量也较大，需额外花费购买显卡的资金，对于游戏爱好者以及图形图像处理工作者来说，独立显卡是必备的。

随着技术的进步，独立显卡的数据总线接口经历了 ISA 显卡→PCI 显卡→AGP 显卡→PCI-E 显卡的演变。

2. 软加速与硬加速

早期的显卡还有 2D 和 3D 显卡之分。

2D 显卡在处理三维图像和特效时，主要依赖 CPU 的处理能力，称为软加速。

3D 显卡的显示芯片集成了三维图形和特效处理功能，能承担许多原来由 CPU 处理三维图形的任务，从而减轻 CPU 的负担，加快三维图形的处理速度，称为硬加速。

3. GPU

1999 年，nVIDIA 公司发布显示芯片 GeForce 256，如图 6-2(a)所示，首次提出了图形处理器(graphic processing unit，GPU)的概念，由 GPU 负责完成原本 CPU 执行的图形处理工作，使显卡减少了对 CPU 的依赖。

目前生产 GPU 的厂家主要有 nVIDIA 和 AMD-ATI。GPU 不仅能处理 3D 图形数据，还具备可编程特性，能够处理 3D 图形以外的计算应用，如音频处理、流媒体模拟、代替 CPU 进行密码破解、蛋白质分子计算等；也可以与 CPU 一道，完成并行计算任务。

(a) 第一款GPU—GeForce 256

(b) 新型GPU

图 6-2　GPU

6.1.1 显卡的组成

独立显卡主要由显卡 PCB、显示芯片(GPU)、显存、数字模拟转换器、显卡 BIOS、总线接口、输出接口及其他外围元器件等组成。显卡 PCB 是显卡的躯体。显卡其余元器件都放在 PCB 板上,PCB 板的质量,直接决定显卡的电气性能。

1. 显示芯片

GPU 是显卡上最大的芯片,是显卡的核心部件,主要任务是处理系统输入的视频信息并将其进行构建、渲染等工作。它的性能直接决定显卡的性能。不同 GPU 的内部结构及性能存在差异,价格差别也很大。

GPU 采用的核心技术有硬件 T&L(几何转换和光照处理)、立方环境材质贴图和顶点混合、纹理压缩和凹凸映射贴图、双重纹理四像素 256 位渲染引擎等,硬件 T&L 技术是 GPU 的标志。由于发热量巨大,其上覆盖散热片并通过散热风扇散热。

早期显示芯片制造商有 SIS、3DLabs、VIA、ATi 和 nVIDIA 等,目前仅剩 nVIDIA 和 AMD-ATi 两家。其中,ATi 被 AMD 收购称为 AMD-ATi 或 AMD。在制造工艺方面,GPU 基本上落后于 CPU 一个时代。

通常将采用 nVIDIA GPU 的显卡称为 N 卡,AMD GPU 的显卡称为 A 卡。

2012 年初,nVIDIA、AMD 的顶级 GPU 分别是 GTX680、Radeon HD 7970。

(1) nVIDIA 公司的 GPU。

nVIDIA 公司先后推出了 GeForce2、GeForce3、GeForce4、GeForce FX、GeForce 6000、GeForce8000、GeForce9800 等系列 GPU。

下面是近期 nVIDIA 的 GPU 型号中符号含义。

G:低端产品,如 G100、G110。

GS:普通版或 GT 的简化版,如 9300GS。

GE:GT 的简化版,略强于 GS。

GT:主流产品,游戏芯片。比 GS 高一个档次。如 9400GT、GT120、GT130 等。

GTS:GT 的加强版。

GTX(GT eXtreme)高端产品。

Ultra:在 GF8 系列之前代表最高端,但 9 系列最高端的命名改为 GTX。

GT2 eXtreme:双 GPU 显卡。

Go、M:用于移动平台。

(2) AMD-ATi 的 GPU。

AMD-ATi 的 GPU 主要是 Radeon(镭龙)系列,先后推出了 Radeon 9000、Radeon X、Radeon HD 5000、Radeon HD 7000 等系列产品,性能依次由低到高。

AMD-ATi 和 nVIDIA 同等档次 GPU 产品性能的排序:GT555＞GT445＞GT550M＞HD 6570M≈HD 5730≥GT 540M＞GT 435M＞HD 6550M＞GT 425M＞HD 5650。

说明:GPU 型号数字后面的 M 表示笔记本专用。

2. 显存

显存是显卡上存储图形信息的部件。显示屏上的画面由一个个的像素点构成,每个像素点都以 4、8、16、32 位甚至 64 位二进制数描述亮度和色彩，这些数据由显存保存，再交由显示芯片调配，最后把运算结果转化为图形输出到显示器上。

GPU 决定了显卡所能提供的功能和基本性能，而显卡性能的发挥程度取决于显存。无论 CPU 的性能如何出众，最终其性能都要通过配套的显存来发挥。

显存位宽是影响显存性能的重要因素之一。理论上，随着位宽的增加，每周期传输的数据量增大，显卡的性能会得到提升。例如，在频率相同情况下，128 位总线传输的数据是 64 位总线的两倍。常见的显存位宽有 64 位、128 位、192 位、256 位，高端显卡为 512 位。

显存容量越大，能显示的分辨率及色彩位数就越高。

显存主要有 SGRAM（同步图形随机存储器）、SDRAM、GDDR（graphics double data rate）三大类。SDRAM 采用薄型小尺寸（thin small outline package，TSOP）封装，SGRAM 采用塑料方块平面（plastic quad flat package，PQFP）封装。目前 GDDR 显存是主流。

GDDR 经历了 GDDR→GDDR2→GDDR3→GDDR4 到 GDDR5 的进化。

GDDR2 显存，采用 BGA（ball grid array package）封装，速度从 3.7ns～2ns 不等，频率 500～1000MHz，单颗颗粒位宽为 16b，组成 128b 的规格需要 8 颗。

GDDR3 显存，采用微型球栅阵列（micro ball grid array package，MBGA）封装，单颗颗粒位宽 32b，8 颗颗粒可组成 256b/512MB 的显存位宽及容量。速度在 2.5ns（800MHz）～0.8ns（2500MHz）间。比 GDDR2 功耗低、频率高、容量大，目前主流显卡产品广泛采用 GDDR3。

GDDR4 采用 FBGA（底部球型引脚）封装，内部器件的间隔更小，信号传输延迟小，利于提高频率。单颗显存可实现 64b 位宽 64MB 容量，8 颗可实现 512b 位宽 512MB 容量。速度在 0.7～0.9ns 之间，但 GDDR4 时序过长，存在高功耗、高发热的问题，正被淘汰。

GDDR5 显存具备更高的带宽、更低的功耗、更高的性能。搭配同数量、同显存位宽的 GDDR5 显存颗粒的总带宽是 GDDR3 的三倍以上。高端显卡采用 GDDR5 显存。

实际上，GDDR3、GDDR5 都属于 DDR3 类型。图 6-3 所示是不同显存颗粒的外观。

图 6-3　各种封装形式的显存

3. 数字模拟转换器

随机存取内存数字/模拟转换器(random access memory digital-to-analog converter, RAMDAC)作用是将显存中的数字信号转换为显示器能够显示的模拟信号,转换速率以MHz表示。

RAMDAC的数/模转换速率直接影响显卡的刷新频率和最大分辨率。刷新频率越高,图像越稳定。分辨率越高,图像越细腻。

分辨率和刷新频率与RAMDAC转换速率之间的关系为:

RAMDAC转换速率 = 刷新频率 × 分辨率 × 1.344(折算系数) ÷ 1.06

例如,要在1024×768的分辨率下达到85Hz的刷新频率,RAMDAC的速率至少是1024×768×85×1.344÷1.06≈90MHz。

早期显卡的RAMDAC是一独立芯片,目前GPU中集成了RAMDAC的功能。

4. 显卡BIOS

显卡BIOS储存在显卡BIOS芯片中。功能和主板BIOS类似,负责显卡上各器件之间正常运行的控制和管理,包括显卡BIOS程序,以及显卡的硬件相关信息,如采用的GPU型号参数、显存的默认工作频率、程序的版本和编制日期等。

早期显卡BIOS芯片容易辨别,芯片上贴有标签,新型显卡BIOS已经与GPU芯片集成在一起。在集成显卡的主板上,显卡BIOS被集成在主板BIOS中。

计算机启动时,首先通过显卡BIOS检测并显示显卡的相关信息,然后显示主板BIOS版本信息以及主板BIOS对硬件系统配置进行检测的结果等,显卡BIOS信息显示时间很短,必须注意观察才能看清显示的内容。新型显卡的GPU表面被散热片遮盖,无法看到芯片的具体型号,可以通过显卡BIOS显示的信息,或硬件检测工具(参见13.1节)了解GPU的技术规格或型号。

5. 输出接口

显卡的输出接口负责向显示器输出图像信号。

显卡的输出接口主要有VGA接口、DVI、TV Out接口和S-Video接口。

1) VGA接口

视频图形阵列(video graphics array, VGA)接口,也叫D-Sub接口,是一种D型口,有15针孔,分三排,每排5个,如图6-4所示,与显示器15针Mini-D-Sub(又称HD15)插头相连,用于输出来自显卡RAMDAC的模拟信号。CRT显示器因为设计制造上的原因,只能接受模拟信号输入,这就需要显卡能输出模拟信号。VGA接口就是显卡上输出模拟信号的接口。VGA接口是显卡上应用最为广泛的接口类型,绝大多数显卡有此接口。

(a) 显卡外部接口

(b) 显示器插头

图6-4 显卡VGA接口及显示器插头

2）DVI 接口

数字视觉接口（digital visual interface，DVI）是 1999 年由 Silicon Image、Intel、Compaq、IBM 等公司组成的数字显示工作组（digital display working group，DDWG）推出的接口标准。以 Silicon Image 公司的 PanalLink 接口技术为基础，基于最小化传输差分信号（transition minimized differential signaling，TMDS）电子协议作为基本电气连接。TMDS 是一种微分信号机制，可以将像素数据编码，并通过串行连接传递。显卡产生的数字信号由发送器按照 TMDS 协议编码后，通过 TMDS 通道发送给接收器，经过解码送给数字显示设备。DVI 显示系统包括一个传送器和一个接收器，传送器是信号的来源，可以在显卡芯片中，也可以以附加芯片的形式出现在显卡 PCB 上；接收器是显示器上的一块电路，作用是将接收的数字信号解码，并传递到数字显示电路中，成为显示器上的图像。

DVI 接口分两种：DVI-D 和 DVI-I。

DVI-D 接口只能接收数字信号，不兼容模拟信号。接口上有 3 排 8 列共 24 个针脚，如图 6-5(a)所示，其中右上角的一个针脚为空。

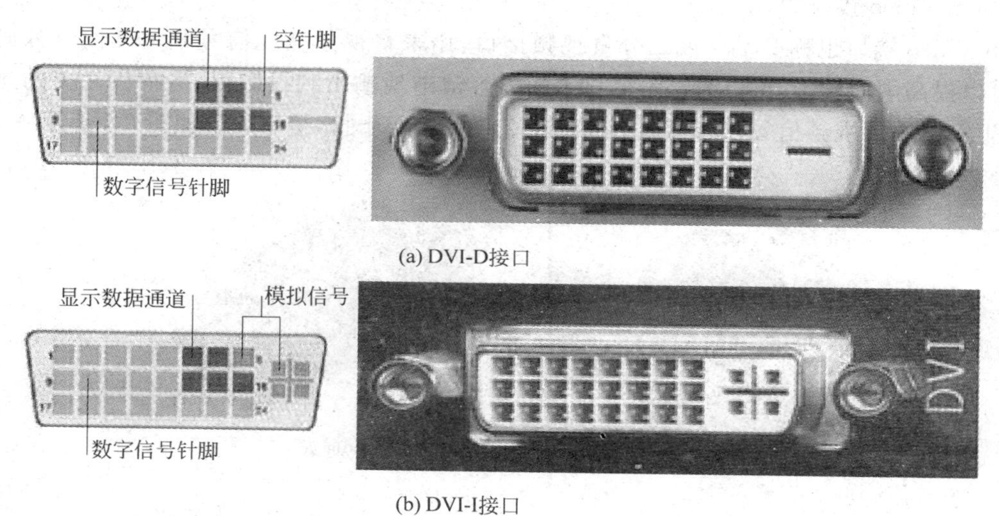

图 6-5　DVI 接口

DVI-I 接口同时兼容模拟和数字信号，如图 6-5(b)所示。当然，兼容模拟信号并不意味着模拟信号的接口可以连接在 DVI-I 接口上，而是必须通过一个转换接头才能使用，一般采用这种接口的显卡都带有相关的转换接头。

目前显卡一般采用 DVD-I 接口，这样可以通过转换接头连接普通的 VGA 接口。

显示设备采用 DVI 接口有两大优点：

(1) 速度快。

DVI 传输的是数字信号，数字图像信息不需经过任何转换，直接被传送到显示设备上，减少了数字→模拟→数字的转换过程，节省了时间，速度更快，还能够有效消除拖影现象，而且使用 DVI 进行数据传输，信号没有衰减，色彩更纯净，更逼真。

(2) 画面清晰。

计算机内部传输的是二进制数字信号，使用 VGA 接口连接液晶显示器，需要先把信号通过显卡中的D/A(数字/模拟)转换器转变为R、G、B三原色信号和行、场同步信号,这些信号通过模拟信号线传输到液晶内部还需要相应的A/D(模拟/数字)转换器将模拟信号再一次转变成数字信号才能在液晶上显示出图像来。在D/A、A/D转换和信号传输过程中会出现信号的损失和受到干扰,导致图像出现失真甚至显示错误,而DVI接口无需进行这些转换,避免了信号的损失,图像的清晰度大大提高。

3) TV Out 接口

TV Out 接口是视频输出接口,为电视机提供视频输入信号,支持TV Out功能的显卡有专门的信号处理、转换电路,如图6-6所示。早期TV Out芯片是一块独立芯片,新型显卡将其集成到GPU中。

图 6-6　TV Out 接口

4) S-Video 接口

S-Video接口也称S端子或二分量视频接口,用来将视频亮度信号和色度信号分离输出,可以提高画面质量,可以将显示器显示的内容清晰地输出到投影仪、电视机之类的显示设备上。克服了视频信号复合输出时亮度跟色度的互相干扰,接口外形如图6-7所示。

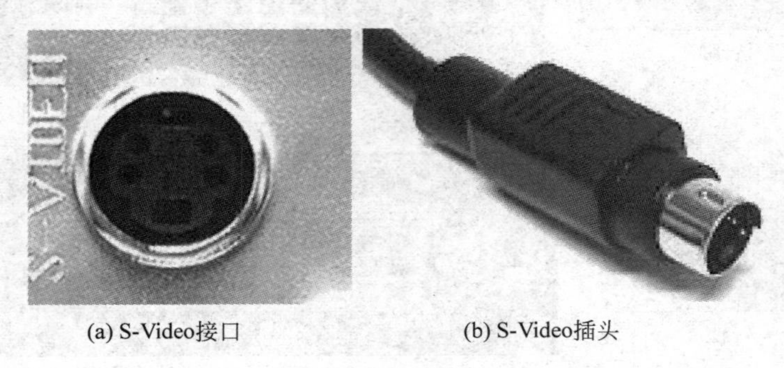

(a) S-Video接口　　(b) S-Video插头

图 6-7　S-Video 接口

5) 显卡总线接口

显卡插在主板的扩展槽上。显卡总线接口是与主板连接的通道,显卡接口经历了由ISA接口,到PCI接口,再到AGP接口的演变,目前显卡采用PCI-Express X16接口。

6.1.2　独立显卡的分类

显卡种类繁多,根据显卡总线接口方式的不同主要有ISA、PCI、AGP、PCI-Express(简称PCI-E)等类型。显卡总线接口是指显卡与主板总线连接采用的方式,决定了显卡与系统之间数据传输的最大带宽,即显卡单位时间能传输的最大数据量。

目前独立显卡基本采用PCI-E接口。

1. ISA 接口

工业标准结构(industry standard architecture,ISA)是Intel公司和IEEE协会联合开发的一种总线接口。

ISA 接口显卡(简称 ISA 显卡)的主要性能指标：可直接寻址的容量为 16MB、8/16 位数据线、62/36 引脚、最大位宽 16b、最高时钟频率 8MHz、最大传输速率 16MB/s、允许多个物理设备共享 ISA 插槽。图 6-8 所示为 ISA 显卡。

ISA 接口传输速率过低、CPU 占用率高，ISA 显卡已被淘汰。

2. PCI 接口

PCI(peripheral component interconnect)总线是一种高性能局部总线，是为了满足外设间以及外设与主机间高速数据传输而提出来的。PCI 接口显卡在 33MHz 时钟频率下，32 位的 PCI 总线，峰值数据传输可以达到 132MB/s，64 位的 PCI 总线可达 264MB/s。64 位的 66MHz 时钟的 PCI 总线，可以达到 528MB/s，还具有与 CPU 和存储器完全并行操作的能力。但 PCI 显卡仍然不能适应 CPU 的图形处理需求，被 AGP 显卡替代。图 6-9 所示为 PCI 接口的显卡。

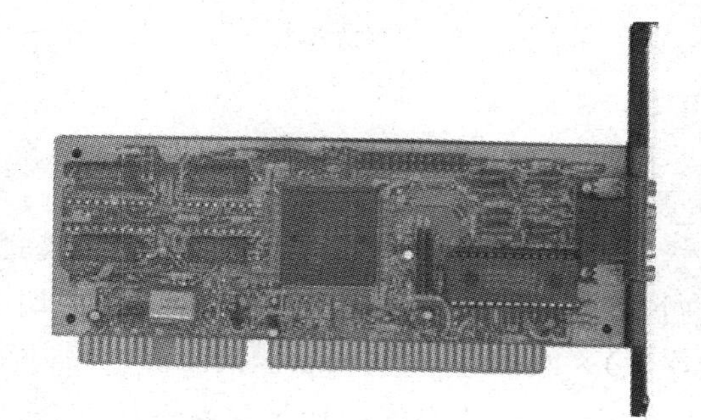

图 6-8　ISA 接口的显卡

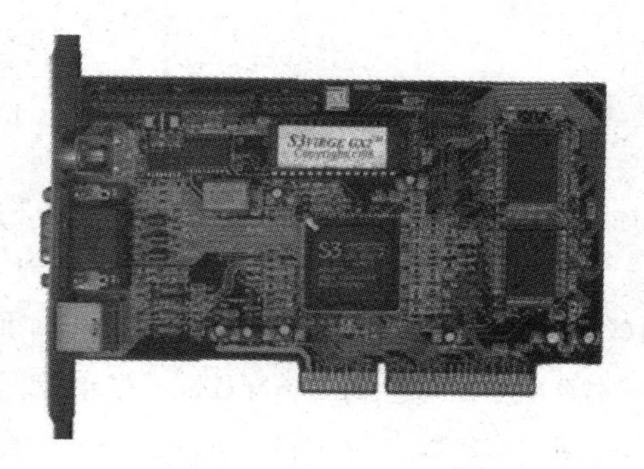

图 6-9　PCI 接口的显卡

3. AGP 接口

图形加速端口(accelerated graphics port，AGP)是显卡的专用插槽，是在 PCI 图形接口的基础上发展而来的。AGP 不是一种总线，而是一种图形接口，完全独立于 PCI 总线之外，直接把显卡与主板控制芯片联在一起，解决了低带宽 PCI 接口造成的系统瓶颈问题。AGP 规范由 Intel 公司提出，图 6-10 所示是一款常见的 AGP 显卡。

PCI 显卡处理 3D 图形有两个缺点，一是 PCI 总线最高数据传输速度不能满足处理 3D 图形的要求；二是需要足够多的显存参与图像运算，导致显卡的成本很高。AGP 接口为显卡提供 1064MB/s(AGP 4x)的数据传输速率，以系统内存为帧缓冲(frame buffer)，可将纹理数据存储在其中，减少了对显存的消耗。

AGP 标准有 AGP 1.0、AGP 2.0 和 AGP 3.0 三种，数据位宽均为 32b。

1) AGP 1.0 规范

AGP 1.0 规范由 1996 年 7 月发布，有 1× 和 2× 两种模式。频率为 66MHz，电压为 3.3V。

AGP 1× 模式传输带宽 266MB/s。

AGP 2× 使用正负沿(一个时钟周期的上升沿和下降沿)触发的工作方式。在一个时钟周期的上升沿和下降沿各传送一次数据，使传输带宽加倍，触发信号的工作频率为 133MHz，这样 AGP 2× 的传输带宽达到 266MB/s×2(触发次数)＝533MB/s。

图 6-10　AGP 接口显卡

2) AGP 2.0 规范

1998 年 5 月,AGP 2.0 规范发布,工作频率 66MHz,工作电压 1.5V,增加了 4×模式。AGP 4×利用两个触发信号在每个时钟周期的下降沿分别引起两次触发,一个时钟周期中触发 4 次,带宽达到 266MB/s×2(单信号触发次数)×2(信号个数)=1064MB/s。

与 AGP 2.0 同时推出的还有一个规范:AGP Pro。专为高端图形工作站设计,图形接口主要的特点是比 AGP 4×略长,加长部分可容纳更多的电源引脚,这种接口可以驱动功耗更大(25～110W)或处理能力更强大的 AGP 显卡,兼容 AGP 4×规范,AGP 4×显卡可以插在这种插槽中正常使用,但 AGP Pro 显卡不能插入 AGP 4×插槽。

AGP Pro 细分为 AGP Pro110 和 AGP Pro50。功耗在 25～50W 的称 AGP Pro50 显卡,要求留有足够的散热空间,能耗较小,发热量也较小,邻近一个 PCI 槽就能满足要求,输入、输出托架只有两个插槽的宽度。AGP Pro110 能耗为 50～100W,要求在其正面有足够的自身冷却空间,必须空出邻近的两个 PCI 插槽,两个空置 PCI 槽能提供 55mm 的空间,AGP Pro110 显卡一端安装有一个有三个插槽宽的输入、输出托架来保证其专用空间。

3) AGP 3.0 规范

2000 年 8 月,Intel 公司推出 AGP 3.0 规范,增加了 8×模式,工作电压 0.8V,工作频率 266MHz,两个信号触发点也变成了每个时钟周期的上升沿,单信号触发次数为 4 次,在一个时钟周期所能传输的数据从 AGP 4×的 4 倍变成了 8 倍,理论传输带宽可达 266MB/s×4(单信号触发次数)×2(信号个数)=2128MB/s。

AGP 8×支持超大影像对映区(large aperture size)、超大分页寻址(4MB Paging)与虚拟寻址能力,可以控制 2^{40}=1TB(=1024GB)的地址空间,AGP 8×的影像内存容量上限,理论上是 AGP 4×(2^{32}=4GB)的 256 倍;内存管理以及读写效率更加优化。针对视频编码与译码播放的串流化、流畅化,AGP8×规格中预留了等速同步频宽机制,使系统的性能得以全面发挥,而不会在数据读取上浪费太多的资源。

4. PCI Express 接口

PCI Express(PCI-E)最大的特点是允许设备间采用点对点串行连接,允许每个设备有自己的专用连接,不需要向整个总线请求带宽,串行连接能将数据传输速度提到很高的频率。PCI-E 接口每个针脚可以获得比传统 I/O 标准更多的带宽,这样可以降低 PCI-E 设备生产成本和体积。PCI-E 支持高级电源管理、热插拔、数据同步传输,为优先传输数据进行带宽优化。

PCI-E 接口根据总线位宽不同有 X1(250MB/s),X2,X4,X8,X12,X16 和 X32 通道规格(模式)。从 1 条通道连接到 32 条通道连接,有很强的伸缩性,可以满足不同设备对数据传输带宽的需求。较短的 PCI-E 卡可以插入较长的 PCI-E 插槽中使用。

目前,PCI-E X1 和 PCI-E X16 是 PCI-E 主流规格,很多芯片组厂商在南桥芯片当中添加了对 PCI-E X1 的支持,在北桥芯片当中添加了对 PCI-E X16 的支持。

PCI-E X1 传输速度为 250MB/s,可以满足主流声卡、网卡和存储设备对数据传输带宽的需求,但无法满足 GPU 对数据传输带宽的需求。

PCI-E X2 用于内部接口而非插槽模式。

取代 AGP 接口的 PCI-E 接口模式为 X16,理论传输速度为 5GB/s,即便有编码上的损耗,仍能提供 4GB/s 左右的实际带宽,远超 AGP 8×的 2.1GB/s 带宽。

表 6-1 所示是 PCI- E 与 AGP 传输速率比较。

表 6-1 PCI-E 与 AGP 传输速率比较

类 型	PCI-E 传输带宽	类 型	AGP 传输带宽
X1	250MB/s(单工);500MB/s(全双工)	AGP 1×	266MB/s
X2	500MB/s(单工);1GB/s(全双工)	AGP 2×	533MB/s
X4	1GB/s(单工);2GB/s(全双工)	AGP 4×	1.06G/s
X8	2GB/s(单工);4GB/s(全双工)	AGP 8×	2.1G/s
X16	4GB/s(单工);8GB/s(全双工)		

6.2 显卡的选购

显卡的性能直接关系到整机的性能,也与购机预算和用途有密切关系。对于游戏发烧玩家而言,显卡就相当于游戏的生命。只有明白了显卡的用途,才会更有针对性地选择显卡。另外就是要确定购买显卡的预算,确定了显卡的用途和购买预算之后,基本上就可以把显卡的选择锁定在一个比较小的范围内。

简单来说,通过以下几条可以判断显卡性能的优劣。

(1) GPU:型号越新越好。

(2) 显卡核心频率:越大越好。一般>800MHz。

(3) 显存容量:越大越好,一般>1GB。

(4) 显存类型:普通的是 GDDR3,好的是 GDDR5。

(5) 显存频率：越高越好，低的＞1600MHz，高的＞4000MHz。

(6) 显存速度：越小越好，不要大于0.5ns。

(7) 显存位宽：越大越好，≥256b。

(8) 接口类型：PCI-E X16。

6.2.1 显卡技术指标

显卡的综合性能由GPU型号、分辨率、色深、刷新频率、显存位宽、显存容量等多方面的情况决定。

1. 分辨率

分辨率是指显卡在显示器屏幕上所能描绘的像素数目，用“横向像素点数×纵向像素点数”表示，典型值有640×480、800×600、1024×768、1280×1024、1600×1200等，分别称为VGA标准、SVGA标准、XGA标准、SXGA标准和UX-GA标准。分辨率越高，图像像素越多，图像越细腻。

2. 色深

色深也称颜色数，是指在一定分辨率下每一个像素能够表现出的色彩数量，用颜色的数量或存储每一像素信息所使用的二进制编码位数表示。例如，设置显卡在1024×768分辨率下的色深为24位，每个像素点可以表示的颜色数为2^{24}，即16M种颜色，16M种颜色基本能够表示自然界中的各种色彩，因此也称色深24位为24位真彩色。

3. 刷新频率

刷新频率是指图像在屏幕上的更新速率，即每秒钟图像在屏幕上出现的次数，也称帧数，单位为Hz。刷新频率越高，屏幕图像越稳定。

4. 显存容量

显卡容量是指显存的大小。显卡的分辨率越高，颜色数越多，所需的显存也就越多。

显示卡至少需要具备512KB的显存，显存随着显卡的进步而不断地跟进。显存容量经历了512KB、1MB、2MB、4MB、8MB、16MB、32MB、64MB、128MB、256MB、320MB、512MB、直至目前的2GB的变化。目前主流显存容量为1GB、2GB。

5. 显存位宽

显存位宽是指显存在一个时钟周期内所能传送数据的位数，位数越大能传输的数据量越大。显存带宽由显存位宽和频率决定。计算公式为“显存带宽＝显存位宽×频率/8”。

显存位宽有128位、192位、256位、320位、384位、512位等，平时所说的256位显卡就是指其显存位宽为256位。显存位宽越高，性能越好，价格也越高。

6. 显存频率

显存频率是指，显存工作时的频率，以兆赫兹(MHz)为单位。显存频率一定程度上反应显存的速度。显存频率随着显存的类型不同而不同，SDRAM显存工作在较低的频率上，一般是133MHz和166MHz。GDDR5是目前采用最为广泛的显存类型，显存频率在3200MHz以上。

常见的显存速度有1.5ns、1.2ns、1.1ns、0.5ns、0.4ns等。

显存的理论工作频率计算公式为：额定工作频率(MHz)＝1000/显存速度×n(n由显存类型决定，如果是SDRAM显存，n＝1；DDR显存n＝2；DDR2显存n＝4)。

7. 核心频率

显卡的核心频率是指GPU的工作频率，一定程度上可以反映出GPU的性能。

在同样级别的芯片中，核心频率高的性能要强一些。

表6-2所示是2012年3月nVIDIA、AMD的几款顶级显卡主要技术参数对比。

表6-2 nVIDIA、AMD的顶级显卡主要技术参数对比

GPU型号	GeForce GTX 680	Radeon HD 7970	Radeon HD 6970	GeForce GTX 580
定价/元	3999	4299	2999	3999
GPU代号	GK104	Tahiti	Cayman	GF110
GPU工艺/nm	28	28	40	40
GPU晶体管/亿	35.5	43	26.7	30
着色器数量	1536	2048	1536	512
ROPs数量	32	32	32	48
纹理单元数量	128	128	96	64
核心频率/MHz	1006	925	880	772
理论计算能力	3.09 TFLOPs	3.79 TFLOPs	2.7 TFLOPs	2.37 TFLOPs
等效内存频率/MHz	6000	5500	5500	4008
显存位宽/b	256	384	256	384
显存带宽/GB/s	192.3	264	176	192.4
显存类型	GDDR5	GDDR5	GDDR5	GDDR5
显存容量/MB	2048	3072	2048	1536

6.2.2 选购显卡的注意事项

虽然GPU主流生产厂商只有nVIDIA和AMD-ATi两家，但基于这两家的显卡产品却种类繁多。在了解显卡的主要性能指标前提下，选购显卡时还应当注意以下事项。

尽量选有研发能力的公司的产品。

尽量选有自己的制造工厂公司的产品，在品质上有保证。

尽量选主板厂商生产的显卡，因为这些厂商一般都有很好的条件测试主板和显卡的兼容性，而且主板厂商往往能很早拿到新的甚至还未正式公布的主板芯片，所以生产的显卡对未来的主板兼容性问题较少，发生问题也容易解决。

做工方面也能反映出产品的质量，如风扇及散热片的做工。

注意显卡的金手指部分，做工用料差别很大，从侧面看，做工好的显卡金手指镀得厚，有明显的突起，反复插拔不易剥落。

6.3 显 示 器

显示器是计算机最基本的输出设备，根据显示原理的不同，分为CRT显示器、液晶显示器两大类。液晶显示器主要分为两类，一类是采用传统CCFL(冷阴极荧光灯管)的LCD

显示器；另一类是采用LED(发光二极管)背光的液晶显示器。后者是目前的主流显示器。

显示器的尺寸通常是指显示屏对角线的尺寸，单位是英寸。

CRT显像管的屏幕尺寸与画面尺寸不同，真正能显示画面的尺寸称为可视尺寸，一般来说，15英寸CRT显示器，可视尺寸一般为13.8英寸；17英寸的CRT显示器，可视尺寸一般为16英寸；19英寸的CRT显示器，可视尺寸一般为18英寸。

液晶显示器是一种采用液晶为材料的显示器。具有体积小、机身薄、辐射小、耗电少等优点。15英寸LCD的显示面积与17英寸CRT显示器的可视面积相当。

6.3.1 CRT显示器

阴极射线管(cathode ray tube，CRT)显示器，是一种依靠高电压激发的游离电子轰击显示屏而产生图像的显示器，是目前技术最成熟、应用最广泛的显示器之一。CRT纯平显示器具有可视角度大、无坏点、色彩还原度高、色度均匀、可调节的多分辨率模式、响应时间极短等优点，价格比LCD显示器便宜。CRT显示器按照显像管结构不同，可分为球面、平面直角、柱面和纯平显像管。

球面管技术最为成熟，其缺点是随着观察角度的改变，屏幕上的图像会发生歪斜，而且容易引起外部光线的反射，降低对比度。

平面直角管采用扩张技术，使传统球面管在水平和垂直方向向外扩张，荧屏平坦很多，对防光线反射和暗光有所改进，但不是真正的平面管。

柱面管从水平方向看呈曲线状，垂直方向为平面，采用条形荫罩和带状荧屏技术，透光性好，亮度高，色彩鲜明，适合对色彩表现要求高的场合。其缺点是条栅状荫栅抗冲击性能差。

纯平管在水平、垂直方向上是真正的平面，分为视觉纯平管和物理纯平管。视觉纯平管玻璃外表面是物理平面，内表面对于折射做了精密计算的曲度补偿，即外面纯平里面弧形；物理纯平管是真正的纯平，显示屏内外及荧光层和荫罩板都是完全平面。显示更清晰真实，长时间使用眼睛不会疲劳。

CRT显示器的主要性能指标如下。

1. 点距

点距是一个衡量画面清晰度的指标，是屏幕上两个相邻荧光点的距离。以毫米为单位，点距越小，图像就越清晰。点距的测量方式取决于所使用的技术，一般17英寸以下用荫罩型，20英寸以上用光栅型，如图6-11所示。

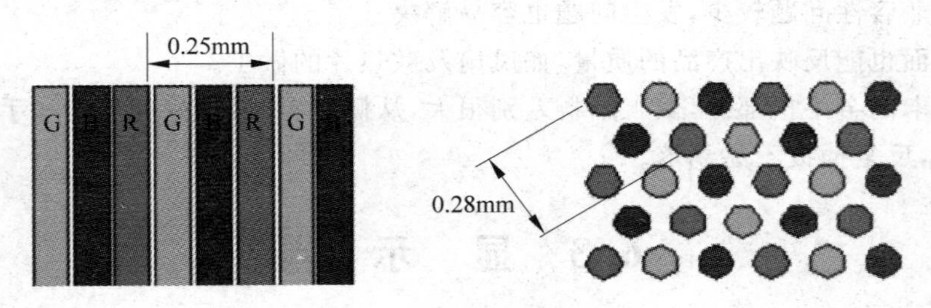

图6-11 荫罩型和光栅型显示器点距测量方法

荫罩型显示器点距是指两个颜色相同的磷光点之间的对角距离或水平距离。

光栅型显示器的点距是两个颜色相同的磷光点之间的水平距离。这种点距也称为栅距。

2. 分辨率

分辨率指显示器所能显示的像素数，用“水平方向像素点数×垂直方向像素点数”表示，如640×480、1024×768、1280×1024等。由于图像是由若干个像素构成，所以像素越多，图像越细腻越精美。

显示器分辨率不仅与屏幕尺寸有关，还受显像管点距、视频带宽、刷新频率及显卡等因素影响，与显示器刷新频率关系最密切。可用软件设置分辨率，但有最高分辨率限制，最高分辨率是指当刷新频率为“无闪烁刷新频率”时显示器所能达到的最大分辨率。

3. 刷新频率

刷新频率是显示器每秒的成像次数，单位是Hz，包括垂直刷新频率(场频)和水平刷新频率(行频)。刷新频率控制显示器的闪烁速度。刷新频率越高越好。如果每秒的刷新次数太少，显示器的闪烁就会非常明显，很容易使人头晕，并产生视觉疲劳。

刷新频率一般指垂直刷新频率，如果CRT显示器的刷新频率是72Hz，说明每秒可从顶部像素到底部像素循环72次。低于60Hz时屏幕会有明显抖动，一般到72Hz以上才有较好的视觉感受。

水平刷新频率，又称行频，行频＝垂直分辨率×场频×1.04。

4. 视频带宽

视频带宽简称带宽，指电子枪每秒能扫描的像素总数，以MHz为单位，即带宽＝水平分辨率×垂直分辨率×场频(MHz)。例如，在1024×768×85Hz模式下，带宽为90MHz。带宽值越大，显示器性能越好。

每一种分辨率都对应一个最小可接受的带宽。如果带宽小于该分辨率的可接受数值，显示出来的图像会因损失和失真而模糊不清。CRT显示器的带宽一般在110～203MHz之间。

5. 高亮显示和显亮显示

高亮显示和显亮显示都是关于显示器亮度的技术。高亮技术是三星公司的技术，通过硬件技术的改进，使显示器在显示画面时可以达到较高的亮度，同时设置了多个亮度模式，可以根据不同情况进行调节。显亮技术由飞利浦公司推出，通过软硬件的共同作用，实现显示画面亮度的智能调节。

6. 环保认证

由于显示器工作时消耗电能并有辐射，因此，人们对显示器在辐射、节电和环保等方面的要求也越来越苛刻，促进了各种环保认证标准的发展。

显示器的安全认证有TCO系列和MPR系列认证。

另外，还有一种美国环保局(environmental protection agency，EPA)标准，开机时看到的“能源之星”标志就符合该认证标准。

1) MPR认证

MPR标准是由瑞典国家测量测试局(Swedish National Board For Measurement And Testing，SWEDAC)制定的电磁场辐射规范(包括电场、静电场强度)，包括MPR Ⅰ、MPR Ⅱ。

MPR I 诞生于1987年,由SWEDAC就电场和磁场对人体健康的影响而提出的一个标准。1990年,MPR Ⅱ推出,详细列出了21项显示器标准,包括闪烁度、跳动、线性、光亮度、反光度及字体大小等,对ELF(超低频)和VLF(甚低频)辐射提出了最大限制,是一种比较严格的电磁辐射标准。市场上的低辐射显示器,一般都符合这一标准。

2) TCO认证

TCO认证是针对人体健康和生态环境所设定的标准,直接关系显示器对使用者健康的影响。它是由瑞典专业成员协会(Swedish Federation of Professional Employees)推行的一种显示器认证标准,包括生态(ecology)、能源(energy)、辐射(emissions)以及人体工学(ergonomics)4个方面的标准。

TCO于1992年推出的认证标准称为TCO'92,又陆续推出TCO'95、TCO'99和TCO'01三项认证标准,2002年底的TCO'03是最新的认证标准,图6-12所示是TCO系列认证标志。

(a) TCO'92 (b) TCO'95 (c) TCO'99 (d) TCO'03

图6-12 TCO系列认证标志

6.3.2 LCD显示器

液晶显示器(liquid crystal display,LCD)的显示物质是液晶。液晶是一种介于液体和固体之间的具有规则性分子排列的有机化合物,既具有液体的流态性质又具有固体的光学性质。加热会呈现透明的液体状态,冷却则会出现结晶颗粒的混浊固体状态。当液晶受到电压作用时会发生形变,导致通过它的光的折射角度也发生变化而产生色彩。

LCD通过控制是否透光来控制亮和暗,当色彩不变时,液晶也保持不变,无须考虑刷新率的问题。LCD通过液晶控制透光度让底板整体发光,做到了完全平面。

数字LCD采用数字方式传输数据、显示图像,不会产生由于显卡造成的色彩偏差或损失。完全没有辐射,即使长时间观看LCD屏幕也不会对眼睛造成很大伤害。体积小、能耗低也是CRT显示器无法比拟的,一台15寸LCD的耗电量相当于17寸纯平CRT显示器的三分之一。

与CRT显示器相比,LCD图像质量仍不够完善,在色彩表现和饱和度方面,LCD都在不同程度上输给了CRT显示器,而且液晶显示器的响应时间比CRT显示器长。

1. LCD的类型

LCD根据液晶屏物理结构可以分为扭曲向列(twisted nematic,TN)、超扭曲向列(super TN,STN)、双层超扭曲向列(dual scan tortuosity nomograph,DSTN)以及薄膜晶体管(thin film transistor,TFT)4类。常见产品主要有DSTN-LCD和TFT-LCD两种。

DSTN 因屏幕上每个像素的亮度和对比度不能独立控制，只能显示颜色的深度，与传统的 CRT 显示器的颜色相比相距甚远，因而也称为伪彩显。TFT 的每个液晶像素点都由集成在像素点后面的薄膜晶体管控制，使每个像素都能保持一定电压，可以做到高速度、高亮度、高对比度、可视角度大、色彩丰富的显示，TFT 是 LCD 产品的绝对主流类型。

TFT 显示屏因采用不同技术，又细分为 4 种。

TN(扭曲向列型)是 6 位屏，显示 RGB 各 64 色，最大色彩 262 144 种，通过"抖动"技术可超 1600 万，只能显示 0～256 灰阶三原色，实际显示 16.2M 色。色数少，提高对比度困难、可视角度小。优点是响应时间少。TN 屏生产成本低廉，属于中低端液晶显示器。

VA(垂直配向)是 8 位屏，可显示 16.7M 色，具有大可视角度。价格比 TN 屏贵。VA 屏又分 MVA(多象限垂直配向型)和 PVA(图案状垂直配向型)，后者是前者的改良。VA 屏正视对比度最高，但屏幕均匀度不好，会发生颜色漂移。

IPS(平面转换)俗称 Super TFT，最大特点是两极在同一平面，任何状态下液晶分子都与屏幕平行，减少了透光率，因此需要更多的背光灯。优点是可视角度大，响应速度快，色彩还原准确，价格便宜。缺点是黑色纯度不够，比 PVA 稍差。

CPA(连续焰火状排列)屏严格说也属于 VA 类屏，其液晶分子朝中心电极呈放射焰火状排列，是一种广视角液晶屏。

TN、VA、CPA 显示屏属于"软屏"，用手轻轻划会出现水纹状。IPS 屏较"硬"，用手轻划不容易出现水纹样变形，因此又称为"硬屏"。

2. 液晶显示器的基本参数

1）最佳分辨率(真实分辨率)

LCD 属于数字显示方式，其显示原理是直接把显卡输出的模拟信号处理为带具体地址信息的显示信号，任何一个像素的色彩和亮度信息都与跟屏幕上的像素点直接对应，由于这种显示方式，液晶显示器不能像 CRT 显示器那样支持多个显示模式，LCD 只有在显示与该液晶显示板的分辨率完全一样的画面时，才能达到最佳效果。

在显示小于最佳分辨率的画面时，LCD 采用两种方式来显示，一种是居中显示，如在显示 800×600 分辨率时，显示器以其中间 800×600 个像素来显示画面，周围则为阴影，这种方式由于信号分辨率是一一对应，所以画面清晰，唯一遗憾就是画面太小。另外一种则是扩大方式，将 800×600 的画面通过计算方式扩大为 1024×768 的分辨率来显示，由于此方式处理后的信号与像素并非一一对应，虽然画面大，但是比较模糊。

目前 13 寸、14 寸、15 寸的液晶显示器的最佳分辨率都是 1024×768，17 寸的最佳分辨率则是 1280×1024。19 寸宽屏 LCD 放入最佳分辨率为 1440×900，22 寸 16∶10 屏幕的 LCD 分辨率为 1680×1050。

2）亮度和对比度

LCD 亮度以平方米烛光 cd/m^2(流明)或 nits 为单位。台式机 LCD 由于在背光灯的数量比笔记本计算机的显示器多，看起来明显比笔记本计算机亮，已超过 CRT 显示器。

低档 LCD 亮度不均匀，中心的亮度与边框部分区域的亮度差别比较大。

对比度是直接体现显示器能否体现丰富的色阶的参数，对比度越高，还原的画面层次感就越好，即使在观看亮度很高的照片时，黑暗部位的细节也可以清晰体现。

LCD 的对比度普遍在 150∶1～350∶1，高端的 LCD 可以达到 500∶1。

3）响应时间

响应时间是LCD对于输入信号的反应时间，LCD的最基本的像素单元sub-pixel由前一帧色亮度过渡到后一帧色的亮度，会有一个时间过程，即响应时间。

这项指标直接影响动态画面的展现。目前LCD响应时间一般<5ms。

4）可视角度

LCD画面在不同的角度观看的颜色效果不相同，是由于LCD可视角度过低导致的失真所致。LCD属于背光型显示器件，其发出的光由液晶模块背后的背光灯提供。而液晶主要是靠控制液晶体的偏转角度来“开关”画面，这必然导致LCD只有一个最佳的欣赏角度——正视。当从其他角度观看时，由于背光可以穿透旁边的像素而进入人眼，所以会造成颜色的失真。

目前LCD的水平可视角度一般在120°以上，并且左右对称。垂直可视角度则比水平可视角度要小。高端LCD可视角度可以做到水平和垂直都是170°。

5）最大显示色彩数

最大显示色彩数是LCD的色彩表现能力的指标，13、14、15英寸LCD像素一般是1024×768个，每个像素由RGB三基色组成，低端的LCD，各基色只能表现6位色，即$2^6=64$种颜色，每个像素可以表现的最大颜色数是64×64×64=262 144种颜色，新型液晶显示板利用FRC技术使得每个基色则可以表现8位色，即$2^8=256$种颜色，每个像素能表现的最大颜色数为16 777 216=256×256×256种。显示画面色彩更丰富，层次感也好。

6）屏幕坏点

屏幕坏点最常见的是白点或黑点。黑点的鉴别方法是将整个屏幕调成白屏；白点则相反，将屏幕调成黑屏，白点就会现出原形。通常一般坏点3点以内的为A屏，3点以上10点以内或带轻斑的算B屏，带重斑的和带线的算C屏。

7）厚度

影响LCD厚度的主要因素是电路控制屏的技术、塑料外壳设计、机内空间压缩。另外，采用尖端液晶技术，采用最新的超薄型液晶板和更轻薄的高亮度冷阴极荧光灯，以及集成化的控制IC设计和更优化的散热处理，也能缩小外形尺寸。

6.3.3 LED显示器

发光二极管(light emitting diode，LED)是一种通过控制半导体发光二极管的显示方式。最初，LED只是作为微型指示灯，在计算机、音响和录像机等高档设备中应用，随着大规模集成电路和计算机技术的不断进步，LED显示器正在迅速崛起，近年来逐渐扩展到证券行情股票机、数码相机、PDA以及手机领域。

目前所说的LED显示器实际上应当称为LED背光液晶显示器。用LED背光代替了LCD中的冷阴极荧光灯管(CCFL)。采用LED背光有以下优点。

(1) 屏幕可以做的更薄。在传统LCD的内部可以看到排列着几根丝状的CCFL灯管，为了使屏幕均匀发光，还需要添加一些其他的器件，这样就没法做到很薄；LED背光源本身就是平面发光材料，无须加其他的器件。

(2) 不会发黄变暗。CCFL荧光灯和日光灯一样，时间长了会老化，所以传统的笔记本计算机屏幕两三年后会发黄变暗，而LED背光屏的寿命要长至少两倍以上。

(3) 更加省电。LED 是一种半导体，在低压下工作，结构简单，功耗小。

(4) 更加环保。而 LCD 的 CCFL 灯管中的汞对环境有污染。

新型的 LED 显示器还具备了 3D 显示效果，不过得佩戴 3D 眼镜才能欣赏 3D 效果。

6.3.4 显示器的选购

显示器的质量关系到视觉效果和身体健康。

目前市场上主要有 CRT 和液晶显示器，两者各有特点。

CRT 显示器价格便宜，如果要购买，应当选择 17 寸、19 寸的纯平显示器，可供选择的品牌有优派、美格、EMC、AOC、飞利浦、三星等。由于 CRT 显示器面临淘汰，选购 CRT 显示器时，要注意是否是翻新的二手显示器。

现阶段一般应当选择 22、23 英寸的 LED 背光的液晶显示器，即俗称的 LED 显示器，除了应当了解液晶显示器的主要技术参数之外，以下几点需要注意。

显示器品牌繁多，知名产品品质比较过硬。如 AOC、明基、宏基、长城、三星、飞利浦、LG、优派等都是专业显示器制造商，最好选择技术成熟的产品，而不是最新产品。

显示器的质保时间由生产厂商制定，质保时间越长，质量越有保障。

6.4 投 影 机

投影机(projection display)又称投影仪，随着投影技术的不断进步，以往体积庞大的投影机正在变得精巧化、便携化、娱乐化、实用化，更加贴近办公、生活和娱乐。投影机的基本原理是利用光学投影的方式，将影像投射在大尺寸的银幕上。

6.4.1 投影机分类

投影机主要分为家用视频型和商用数据型两类。

家用视频型投影机亮度在 1000 流明左右，对比度较高，投影的画面宽高比多为 16∶9，各种视频端口齐全，适合播放电影和高清晰电视，适于家用用户使用。

商用数据型投影机主要显示计算机输出的信号，用于商务演示、办公和日常教学，亮度根据使用环境的差异而有不同的选择，投影画面宽高比为 4∶3，功能全面，对于图像和文本以及视频都可以演示，所有型号都同时具有视频及数字接口。

依据采用技术的不同，主要有三大系列投影机：LCD 投影机、数字光处理(digital lighting process，DLP)投影机和 CRT 投影机。

CRT 投影机采用技术与 CRT 显示器类似，是最早的投影技术。其优点是寿命长，显示的图像色彩丰富，还原性好，具有丰富的几何失真调整能力。由于技术的制约，无法在提高分辨率的同时提高亮度，已被淘汰。

LCD 投影机采用透射式投影技术，目前最为成熟。投影画面色彩还原真实鲜艳，色彩饱和度高，光利用效率很高，比用相同瓦数光源的 DLP 投影机有更高的亮度，常见的高亮度投影机以 LCD 投影机为主。缺点是黑色层次表现不是很好，可以明显看到投影画面的像素结构。对比度在 700∶1～20 000∶1 之间。图 6-13 所示是一款 LCD 投影机。

图 6-13　一款 LCD 投影机

DLP 投影机采用反射式投影技术,使投影图像灰度等级、图像信号噪声比大幅度提高,画面质量细腻稳定,播放动态视频图像流畅,没有像素结构感,形象自然。出于成本和机身体积的考虑,DLP 投影机多采用单片 DMD(digital light processing)芯片设计,图像颜色的还原比 LCD 投影机稍差,色彩不够鲜艳生动。

最新型投影机采用 LCOS 投影技术。LCOS 是一种新型的反射式 microLCD 投影技术。LCOS 具有利用光效率高、体积小、开口率高、制造技术较成熟等特点,很容易实现高分辨率和充分的色彩表现。LCOS 尺寸一般为 0.7 英寸,使相关的光学器件尺寸也大大缩小。由于制造工艺等方面原因,目前基于 LCOS 技术的产品还没有大规模生产,少数厂家开发出了应用于投影机的 LCOS 芯片和应用 LCOS 技术的投影机及背投电视机。由于 LCOS 无专利权的问题,LCOS 技术在未来大屏幕显示应用领域具有优势。

6.4.2　投影机的主要技术指标

选购投影机时,应当了解投影机的主要技术参数。常用的投影机技术参数如下。

1. 分辨率

分辨率直接决定显示效果。投影机的分辨率有原始分辨率和最大分辨率两种指标。

原始分辨率是投影机的实际分辨率,是计算机支持的最佳分辨率,有三个等级:SVGA(800×600)级、XGA(1024×768)级、SXGA(1280×1024)级。高档投影机的分辨率为 1920×1200。SVGA 的显示效果能满足家庭的需要,XGA 的显示的效果更清晰,亮丽。

对于家用投影机来说,投影机有 720p 机型和 1080p 机型,两种产品价格相差较大。

720p 投影机的分辨率是 1280×800,适合看网络电视或打游戏,售价较低,性价比高。

1080p 投影机分辨率为 1920×1080,价格稍高,适合组建家庭影院、播放蓝光电影等。

兼容分辨率,也称最大分辨率,是投影机可以兼容的最大分辨率,数值比其原始分辨率高。在播放高于原始分辨率的图片或视频时,通过算法对画面进行转换,会影响画面质量。

选择投影机时,要分清原始分辨率与最大分辨率的差别,对于家用投影机来说,还要分清 720p 与 1080p 的差别,

2. 亮度

亮度是投影机极为关键的性能指标,是屏幕表面受到光照射发出的光能量与屏幕面积之比,直接关系到屏幕上图形文字的清晰程度。

投影机的亮度还有一个专业名词称为光输出(light out)：即投影机输出的光能量。亮度单位有三种：流明(lumen)，勒克斯(lux)，ANSI(American National Standards Institute)流明。最常用的是ANSI流明(lm)，ANSI流明的亮度是由均匀分布于测试屏幕画面上的9个测点亮度平均值得出，能准确反映投影机在正常工作下的亮度。

中低端的投影机亮度在2000流明左右，适合在家中客厅、小型会议室使用。

商务、教育投影机的亮度大都在3000流明左右。

4000流明左右的投影机适合大型会议室、阶梯教室等环境使用，可以投射出清晰的大画面。4000流明以上的投影机大都用在工程投影机产品中，用于大型场馆、礼堂等环境，可以投射超大型的画面。

3. 对比度

对比度(contrast ratio)反映的是投影机所投影出的画面最亮与最暗区域之比，对比度对视觉效果的影响仅次于亮度指标，一般来说对比度越大，图像越清晰。

4. 均匀度

投影机射出的画面存在中心区域与四角的亮度不同的现象。均匀度(uniformity)是反映边缘亮度与中心亮度的比值，均匀度越高，画面的均匀一致性越好。

5. 灯泡寿命

投影机灯泡寿命(lamp life)直接关系到投影机的使用成本。

市场上标识投影机灯泡寿命有两种模式，一种是正常模式，一般为4000小时；另一种是ECO模式，即节能模式，通过降低投影画面的亮度，可将寿命延长至6000小时。

6. 投射比

投射比，是投影距离与所投射画面宽度之间的比值，用来表明投影机在投射画面时距离的远近。比值越大，代表产品在投射同一尺寸画面时，所需要的距离越远；而相反，比值数字越小，投射同一尺寸画面时，所需要的距离越近。

普通镜头投影机，投射比在1.5～1.9之间，投射100英寸的画面，需要3米左右的距离，采用鱼眼镜头的投影机，投射比在0.6～1，在1.5米以内就可以投射100英寸的画面。

投射比最小的是反射式产品，液晶投影中用的超大鱼眼镜头，投射比一般在0.6以下，在1米以内的距离就可以投射100英寸的画面。但短焦投影机有一定的弊端，投射画面会出现畸变，并且投射比数值越小的产品，画面畸变的程度越大。一般的商务教育用户，可以接受，但对于对画质要求较高的家庭用户来说，画面畸变严重影响画质。

选购家用投影机时，不要选择投射比数值小的产品，越小的数值，画面畸变会越严重。如果空间够大，可以选择正常焦距，即投射比在1.5～1.9的产品，如果空间不够大，可以选择投射比在0.6～1的投影机。

7. 特殊功能

有的投影机具备一些特殊功能，如3D功能、无级局部放大功能、激光教鞭、中文菜单、无线网络管理等。可根据需要选择。

6.4.3 投影机的日常维护

使用投影机时，以下方面需要注意。

1. 机械方面

严防强烈的冲撞、挤压和震动。

强震会造成液晶片的位移,影响放映时三片LCD的会聚,出现RGB颜色不重合的现象;光学系统中的透镜,反射镜也会产生变形或损坏,影响图像投影效果;变焦镜头在冲击下会使轨道损坏,造成镜头卡死,甚至镜头破裂无法使用。

2. 光学系统

注意使用环境的防尘和通风散热。

LCD板一般只有1.3英寸,有的甚至只有0.9英寸,而分辨率最低的是800×600,也就是说每个像素只有0.02mm,灰尘颗粒足够把它阻挡。为了使投影机LCD板充分散热,有专门的风扇以每分钟几十升空气的流量对其进行送风冷却,高速气流经过滤尘网后有可能夹带微小尘粒,它们相互摩擦产生静电而吸附于散热系统中,将对投影画面产生影响。因此,使用环境中防尘非常重要,要严禁吸烟,烟尘微粒更容易吸附在光学系统中。要保持进风口的畅通,经常或定期清洗进风口处的滤尘网。

吊顶安装的投影机,要保证房间上部空间的通风散热。

3. 灯源部分

大部分投影机使用金属卤素灯(metal halide),点亮状态,灯泡两端电压为60～80V,灯泡内气体压力大于10kg/cm,温度有上千度,灯丝处于半熔状态。在开机状态下严禁震动,搬移投影机,防止灯泡炸裂,停止使用后不能马上断开电源,要让机器散热完成后自动停机,在机器散热状态断电造成的损坏是投影机最常见的返修原因之一。另外,减少开关机次数对灯泡寿命有益。

4. 电路部分

严禁带电插拔电缆,信号源与投影机电源最好同时接地。

当投影机与信号源(计算机)连接不同电源时,两零线之间可能存在较高的电位差。当带电插拔信号线或其他电路时,会在插头插座之间发生打火现象,损坏信号输入电路。

投影机在使用时,有时要求信号源和投影机之间有较大距离,如吊装的投影机一般距信号源15米以上,这时相应信号电缆必须延长。由此会造成输入投影机的信号发生衰减,投影出的画面会发生模糊拖尾甚至抖动的现象。这不是投影机故障,也不会损坏机器。解决这个问题的办法是在信号源后加装一个信号放大器,可以保证信号传输20米以上。

另外,投影机发生故障,不可擅自开机检查,机器内没有可自行维护的部件,并且投影机内的高压器件有可能对人身造成严重伤害。购买时要选知名品牌,弄清维修服务电话,有问题向专业人员咨询。

还要考虑投影机的使用环境,例如将投影机放置在有空调的环境中,以降低投影机的环境温度;尽量让投影机远离用户,以免风扇发出的噪音对人体造成影响等。

6.5 本章小结

计算机显示系统包括显卡和显示器。显卡是显示器与主机通信的控制电路和接口电路,负责从CPU获得二进制数据转换为显示器可以识别的信息。显示器是计算机系统中最基本的输出设备。了解显卡、显示器的主要技术指标,对于挑选合适的显卡和显示器十分重要。

集成显卡与主板融为一体，能够满足普通用户的需求；独立显卡画面效果优于集成显卡，目前独立显卡均采用 PEI-E 接口。GPU 是显卡的核心部件，GPU 供应商主要有 AMD(ATi)和 nVIDIA(英伟达)两家。未来会有更多计算使用 GPU 强大的运算能力来加速，CPU 和 GPU 的地位将变得同等重要。

带 3D 效果的 LED 液晶显示器是主流显示器。投影机正在逐渐走进人们的生活和工作中，选购投影机时亮度与对比度的值要适中，因为亮度和对比度是相关联的，如果其中一个值高，另一个值就可以适当低一些。

习　题　6

1. 填空题

(1) ________是计算机系统必备的装置，负责将 CPU 送来的影像资料处理成显示器可以识别的格式，再送到屏幕上形成影像。

(2) 显卡发展至今主要出现过________、PCI、________、PCI Express 等几种接口，提供的数据带宽依次增加。

(3) ________是显卡上最大的芯片，是显卡的核心部件，主要负责图形数据的处理。它决定显卡的档次和部分性能，又称________。

(4) ________显示器是一种依靠高电压激发的游离电子轰击显示屏而产生各种各样的图像的显示器，是目前技术最成熟、应用最广泛的显示器之一。

(5) ________是一个衡量画面清晰度的指标，以毫米为单位，指的是屏幕上两个相邻同色荧光点的距离。

(6) ________显示器一种是采用了液晶控制透光度技术来实现色彩的显示器。

2. 简答题

(1) 简述显卡的工作原理及结构组成。

(2) 简述 LED 显示器的工作原理及主要技术指标。

(3) 简述投影机的主要技术指标。

第7章 多媒体设备

本章学习目标

- 了解声卡的构成及主要技术指标；
- 了解音箱和麦克风的分类及选购方法；
- 了解数码相机和扫描仪的主要技术指标；
- 了解摄像头的组成；
- 了解视频卡、电视卡的用途。

多媒体技术是指能够同时捕捉、处理、编辑、存储和播放两种以上不同类型信息媒体的技术。常见的信息媒体包括文本、图形、图像、动画、音频、视频等。随着多媒体技术的发展，声卡、音箱、麦克风、数码相机、扫描仪、摄像头等形式多样的多媒体设备不断普及。多媒体设备使计算机不仅具备了“看”、“听”的能力，而且还具备“说话”、“交流”的能力，本章介绍常见的多媒体设备。

7.1 声　　卡

声卡(sound card)也叫音频卡、声效卡，是实现音频信号与数字信号相互转换的一种硬件设备。声卡处理的声音信息在计算机中以文件形式存储。

1984年，英国的Adlib Audio公司推出了世界上第一块声卡：魔奇声卡，当时这款声卡仅有FM合成音乐的能力，不能处理数字音频信号；1989年，新加坡创新公司(Creative)发明SoundBlaster声卡，拥有8位的采样能力和单声道模拟输出能力，使声卡具备了处理数字信号的能力，当时被称为声霸卡。

声卡有三个基本功能：一是音乐合成发音功能；二是混音器(mixer)功能和数字声音效果处理器(DSP)功能；三是模拟声音信号的输入和输出功能。

声卡主要包括模数转换电路和数模转换电路两部分，模数转换电路负责将麦克风等声音输入设备采集到的模拟声音信号转换为计算机能处理的数字信号；而数模转换电路负责将计算机使用的数字信号转换为喇叭等设备能使用的模拟信号。

7.1.1 声卡的分类

声卡主要有两种形式：一种直接集成在主板上，称为板载声卡，俗称集成声卡；另一种是将声音处理芯片及其他元器件集成在一块印制电路板上，通过总线扩展接口与主板连接，称独立声卡或插卡式声卡。图7-1所示是独立声卡。

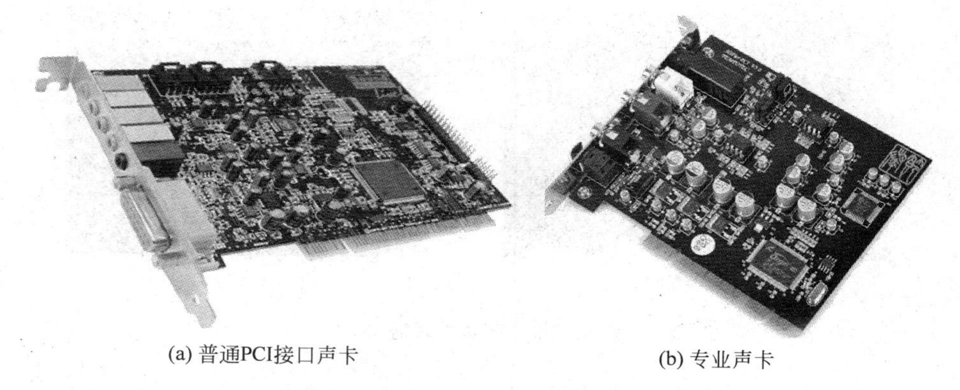

(a) 普通PCI接口声卡　　(b) 专业声卡

图 7-1　独立声卡的外观

除上述两种声卡之外，还有一种外置式声卡，通过 USB 接口与计算机连接，具有使用方便、便于移动等优势，主要用于特殊环境或对音质有特殊要求的用户，如连接笔记本实现更好的音质或支持高品质音箱。

1. 集成声卡

以前集成声卡的音质比独立声卡要差，但随着芯片制造技术的不断提高，集成声卡的音质也在不断改善，目前所有主板均集成了声卡。

集成声卡分为集成软声卡和集成硬声卡。集成软声卡主板没有声音处理芯片，只有一个称为 Codec 的编码芯片，由 CPU 执行声音处理芯片的功能，CPU 占用率较高。通常集成软声卡都符合 AC'97(Audio Codec'97)规范，该规范是 Intel、Yamaha 等公司制定的一个音频电路系统标准。符合该规范的声卡也称 AC'97 声卡。

图 7-2(a)所示是主板上支持 AC'97 规范的声音处理芯片。

2004 年 Intel 与杜比(Dolby)等公司推出高保真数字音频标准 HD Audio(high definition audio)，也称 Azalia，具有数据传输带宽大、音频回放精度高、支持多声道阵列麦克风音频输入、CPU 占用率低，以及和底层驱动程序可以通用等特点。

HD Audio 具备设备感知和接口定义功能，即所有输入输出接口可以自动感应设备接入并给出提示，每个接口的功能可以随意设定。能自行判断哪个端口有设备插入，还能为接口定义功能。例如，将 MIC 插入音频输出接口，HD Audio 便能探测到该接口有设备连接，并且能自动侦测设备类型，将该接口定义为 MIC 输入接口。这样，连接音箱、耳机和 MIC 就像连接 USB 设备一样简单。

图 7-2(b)所示是 Realtek 公司的 ALC883 Codec 芯片，支持 HD Audio，提供 8 声道音效输出。Intel 915/925 以后的南桥芯片均采用 HD Audio 标准对音频进行处理。

2. 独立声卡

最早的声卡就是独立声卡。随着硬件技术的发展以及成本考虑，出现了把声音处理芯片集成到主板上的板载声卡。虽然板载声卡音效已经很好，但独立声卡针对音乐发烧友以及其他特殊场合量身订制，对电声中的一些技术指标有更为严苛的要求。

当集成声卡的接口或相关部件损坏无法正常工作时，也可以通过给主板添加独立声卡来解决问题。

独立声卡拥有更多的滤波电容以及功放管，经过数次的信号放大，降噪电路，使得输出

(a) 支持AC'97的芯片

(b) ALC883

图 7-2 声音处理芯片

音频的信号精度提升，音质输出效果更好。

独立声卡有丰富的音频可调功能，而板载声卡在主板出厂时给出一种默认音频输出参数，不可随意调节，多数是软件控制，不能满足对音频输出有特殊要求用户的需求。

独立声卡产品有低、中、高档次，售价从几十元至上千元不等。早期的独立声卡为ISA接口，此接口总线带宽较低、功能单一、占用系统资源过多，已被淘汰；目前常见的独立声卡采用PCI接口。

7.1.2 声卡的组成结构

独立声卡主要由声音处理芯片（主要包括DSP芯片、I/O控制芯片）、Codec芯片、总线接口、输入输出端口、CD音频连接器等部件组成。其中DSP芯片负责2D和3D音效的加速处理，I/O控制芯片负责输入输出控制，Codec芯片负责数字和模拟信号的转换。

图7-3所示是一款声卡的外观。

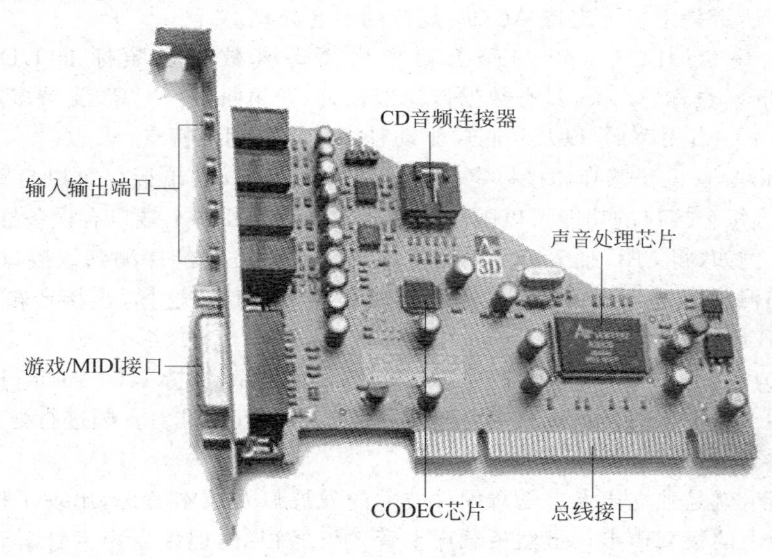

图 7-3 声卡的结构示意图

音质的好坏直接取决于声音处理芯片和外接的音响设备（有源音箱）的档次。

1. 声音处理芯片

声音处理芯片决定声卡的性能和档次，是声卡的主芯片，基本功能包括对输入音频模拟信号进行采样和编码、对声波回放的控制、处理 MIDI 指令等，有的声音处理芯片还具有混响、和声、音场调整等功能。

2. 总线接口

声卡插入到计算机主板上的那一端称为总线接口，是声卡与计算机交换信息的“桥梁”。根据总线的不同，可以把独立声卡分为两大类：ISA 声卡和 PCI 声卡。

3. 输入输出端口

声卡有录音和放音功能。声卡上一般有 5～6 个插孔：Speaker、Line Out、Line In、Mic In、MIDI 及游戏摇杆接口，有的声卡 Speaker 与 Line Out 共用一个插孔。

Line In 接口：负责将声音、音乐信号输入，通过计算机的控制将信号录制成一个文件。该端口用于外接辅助音源，如影碟机、收音机、录像机及 VCD 回放卡的音频输出。

Mic In 接口：麦克风输入端口。用于连接麦克风(话筒)，录音或聊天。

Line Out 接口：用于外接音箱功放或带功放的音箱。

Speaker 接口：扬声器输出端口，简称 SPK。连接的音箱一般不带功放。

MIDI 及游戏摇杆接口，标记为 MIDI。该接口可以配接游戏摇杆、模拟方向盘，也可以连接电子乐器上的 MIDI 接口，实现 MIDI 音乐信号的直接传输。

4. CD 音频连接器

CD 音频连接器位于声卡的中上部，通常是 3 或 4 针的小插座，与光驱的相应端口连接，可以实现 CD 音频信号的直接播放。随着芯片集成度的提高，新型声卡已经没有 CD 音频连接器。

CD_IN 接口用于与光驱对应的模拟信号输出口相连，以实现光驱直接播放 CD 的功能。通常在购买光驱时，会附带这根音频连接线，如图 7-4 所示。

(a) 接口

(b) 连线

图 7-4　CD_IN 接口与音频连线

7.1.3　声卡的主要技术指标

从声卡的主要技术指标可以了解声卡的性能。

1. 采样位数与采样频率

采样位数是指声卡在采集和回放声音文件时所使用的数字声音信号的二进制位数，即用几位二进制数表示某一时刻采集到的声音信号。采样位数越多，录制和回放的声音越真实，声音质量越高。声卡的主流产品多为 16 位，专业级声卡可到 32 位。

采样频率简称采样率，是指一秒钟内对声音信号的采样次数。采样率越高，声音的还原就越真实。声卡采样率分为22.05kHz、44.1kHz、48kHz三个等级。22.05kHz为FM广播的声音品质,44.1kHz是理论上的CD音质界限,48kHz的音质则更加精确一些。

2. 动态范围

动态范围是指当声音骤然变化时设备所能承受的最大变化范围,单位是分贝(dB)。数值越大,越能表现出音乐作品的情绪和起伏,一般声卡的动态范围在85dB左右。

3. 信噪比

信噪比(SNR)是输出信号电压与同时输出的噪声电压之比,单位是dB,是衡量声卡音质的一个重要指标。信噪比越大,表示输出信号的噪音越少,音质越纯。

4. 复音数

复音数是播放MIDI音乐时声卡在一秒钟内能发出的最多声音数量。复音数越大,音色越好,播放MIDI音乐时可以听到更多更细腻的声部。

5. 声道

声道是录音或回放声音过程中相互独立的音频信号。分为单声道、双声道、多声道。

单声道录制是非常原始的声音录制形式,即使通过两个扬声器回放单声道信息,也会明显地感觉声音是从两个音箱中间传过来的,缺乏位置感。

立体声技术在录制声音时将声音分配成两个声道,使回放达到很好的声音定位效果,欣赏音乐时很有用,可以清晰地分辨出各种乐器来的方向。

四声道环绕音频技术能够实现三维音效。发音点分别为前左、前右、后左、后右。

5.1声道为四声道的改进,即前置双声道、后置双声道、中置声道(5声道)和低音声道(1声道)构成5.1环绕声场系统。6.1声道比5.1音效系统多一个后中置音箱。

7.1声道是在5.1音效系统基础上增加两个侧中置音箱,负责侧面声音的回放。

7.2 音 箱

音箱又称扬声器系统,是将音频信号还原成声音的设备。计算机的音箱也称多媒体音箱,功能是将声卡送来的音频信号放大后驱动扬声器发声。

音响系统由优质音源、优质放大器和音箱组成,放音质量主要取决于音箱。

7.2.1 音箱的组成结构

音箱主要由扬声器、箱体和分频器组成。

1. 扬声器

扬声器俗称喇叭,是把音频电流转换成声音的器件,是决定音响效果的最重要部件。

扬声器种类很多。按能量方式分类有电动(动圈)扬声器、电磁扬声器、静电(电容)扬声器、压电(晶体)扬声器、放电(离子)扬声器。按辐射方式分类有纸盆(直接辐射式)扬声器、号筒(间接辐射式)扬声器。按振膜形式分类有纸盆扬声器、球顶形扬声器、带式扬声器、平板驱动式扬声器。按用途分类有高保真(家庭用)扬声器、监听扬声器、扩音用扬声器、乐器用扬声器、接收机用小型扬声器、水中用扬声器。按外形分类,主要有圆形扬声器、椭圆形扬声器、圆筒形扬声器、矩形扬声器。

其中,电动扬声器应用最广,利用音圈与恒定磁场之间的相互作用力使振膜振动而发声。电动低音扬声器以锥盆式居多,中音扬声器多为锥盆式或球顶式,高音扬声器多为球顶式、带式、号筒式。

锥盆式扬声器能量转换效率较高。使用非纸质振膜材料,如聚丙烯、云母碳化聚丙烯、碳纤维纺织、防弹布、硬质铝箔、CD波纹、玻璃纤维等复合材料。

球顶式扬声器有软球顶和硬球顶之分。软球顶扬声器的振膜用蚕丝、丝绢、浸渍酚醛树脂的棉布、化纤及复合材料,特点是重放音质柔美;硬球顶扬声器的振膜采用铝合金、钛合金及铍合金等材料,特点是重放音质清脆。

号筒式扬声器的声音经过号筒扩散出去。电声转换及辐射效率较高、距离远、失真小,但重放频带及指向性较窄。

带式扬声器的音圈制作在振膜上,音圈与振膜间直接耦合。音圈生产的交变磁场与恒磁场相互作用,使振膜振动辐射出声波。响应速度快、失真小,音质细腻、层次感好。

2. 箱体

箱体用来消除扬声器单元的声短路,抑制其声共振,拓宽其频响范围,减少失真。音箱的箱体外形结构有书架式和落地式之分,还有立式和卧式之分。质地优良的音箱板材大多采用中密度板。箱体内部结构有密闭式、倒相式、带通式、空纸盆式、迷宫式、对称驱动式和号筒式等多种形式,使用最多的是密闭式、倒相式和带通式。

落地音箱属大型音箱,箱体高度在750mm以上,书架音箱的箱体高度在750mm以下,450～750mm之间的为中型书架音箱,450mm以下的为小型书架音箱。

家庭影院系统的前置主音箱通常为立式音箱。

3. 分频器

分频器作用是频带分割、幅频特性与相频特性校正、阻抗补偿与衰减,主要有功率分频器和电子分频器两种。

功率分频器也称无源式后级分频器,在功率放大之后进行分频。制作成本低,结构简单,但插入损耗大、效率低、瞬态特性较差。

电子分频器也称有源式前级分频器,各频段频谱平衡,相互干扰小,输出动态范围大,有一定的放大能力,插入损耗小,电路构成相对复杂。

分频器按分频频段分为二分频、三分频和四分频。二分频是将音频信号的整个频带划分为高频和低频两个频段;三分频是将整个频带划分成高频、中频和低频三个频段;四分频将三分频多划分出一个超低频段。

7.2.2 音箱的类型

音箱有多种分类方法,可以按照使用场合、放音频率、用途、箱体结构、扬声器个数以及按箱体材质对音箱分类。

根据使用场合的不同,分专业音箱与家用音箱两大类。按照放音频率的不同,分为全频带音箱、低音音箱和超低音音箱。根据用途的不同,分为扩声音箱、监听音箱、舞台音箱、包房音箱等。按照箱体结构的不同,分密封式音箱、倒相式音箱、迷宫式音箱和多腔谐振式音箱等。根据扬声器单元数量的多少,有2.0音箱、2.1音箱、5.1音箱等;根据箱体材质的不同,有木质音箱、塑料音箱、金属材质音箱等,图7-5所示是常见音箱的外观。

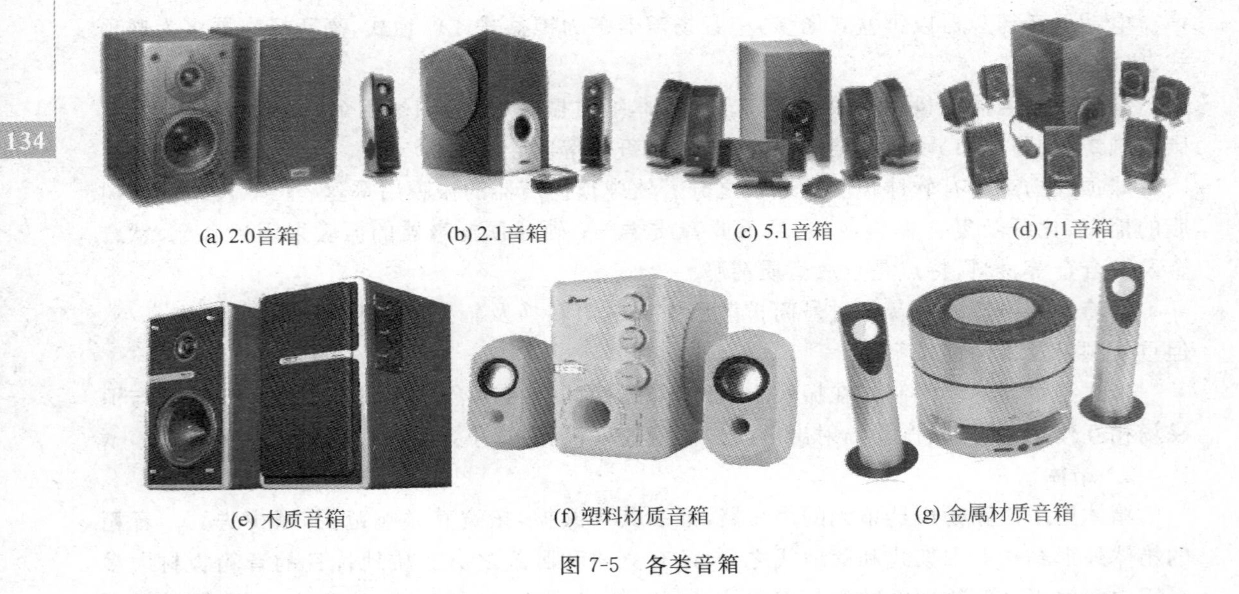
(a) 2.0音箱　(b) 2.1音箱　(c) 5.1音箱　(d) 7.1音箱

(e) 木质音箱　(f) 塑料材质音箱　(g) 金属材质音箱

图 7-5　各类音箱

7.2.3　音箱的主要性能指标

功率、频率范围、频率响应、灵敏度、失真度、信噪比及阻抗是音箱的主要技术指标。

1. 功率

决定音箱发出的最大声音强度。分为额定功率与峰值功率。额定功率是在额定失真范围内,音箱能够持续输出的最大功率。峰值功率是允许音箱在瞬间达到的最大功率值。

2. 频率范围

是音箱的最高有效回放频率与最低有效回放频率间的差值,单位为 Hz。人耳的听觉范围为 20Hz～20kHz,由于制作工艺的原因,多媒体音箱的频率范围一般在 60Hz～20kHz。

3. 频率响应

将一个恒压音频信号输入音箱系统时,音箱产生的声音信号强度随频率的变化而发生增大或衰减、相位随频率而发生变化,声音信号强度和相位与频率的相关联的变化关系称为频率响应。一般只给声音信号强度的频率响应,单位是 dB。分贝值越小说明音箱的失真越小、性能越高。

4. 灵敏度

指在音箱输入端输入功率为 1W、频率为 1kHz 的信号时,在距音箱扬声器平面垂直中轴前方 1m 处测得的声压级,单位为 dB,值越大,音箱灵敏度越高。

5. 失真度

指音频信号被功放放大前后的差异,用百分数表示,失真度越小越好。一般音箱的失真度为 10%,高档音箱低于 5%。

6. 信噪比

指音箱回放声音信号与噪声信号的比值。信噪比越小,噪音影响越严重,特别是输入音频信号较小时,声音信号会被噪声信号淹没。相反,信噪比越大,表明混在声音信号里的噪声越小,音质越好,音箱的性能也就越好。音箱的信噪比应大于 80dB。

7. 阻抗

阻抗是指扬声器输入信号的电压与电流的比值。阻抗越高，音质越好。一般音箱输入阻抗在 4～16Ω 之间，

7.2.4 音箱的选购

选购音箱时，除了上述基本的技术指标应当了解之外，还有一些经验值得参考。

1. 看

看整个外形表面是否平滑顺畅；看音箱外壳的品质是否色泽圆润、平顺细腻、用料上乘；看箱体夹缝是否严密均匀，选钮、插座与箱体是否配合适中，制模、注塑工艺是否精湛；看箱体每一个面、第一条线，每一个角位是否都显得精致舒展；看箱体正反表面雕刻或丝印的标记是否清晰、端正、平滑均匀；看前板上的功能键是否足够满足需求。

进一步，可打开音箱，细致观察箱体内侧是否平和光洁，柱位、骨位是否精细，内部走线是否合理简洁，拆装方式是否方便等。

2. 摸

手摸箱体表面可知箱体的制作水平及表面处理技术的高低；旋动各旋钮、开关，好的电位器手感顺畅、均匀，阻力适当；将各连接线的插头与音箱的输入、输出等插口试插，感觉是否自然顺畅；敲击箱体，听发声，声音铿锵有力，说明箱体结实耐用，声音失真小，若敲击声有松破感，说明失真大。

箱体重量也是衡量音质的重要标志，好音箱一般使用密度板作箱体材料，应有足够的重量。塑料音箱声音一般不会太好。有源音箱包含功放，功放的变压器功率越大，也越重，音箱也越重。对于 2.x 音箱来说，由于功放通常放在其中一个箱体内，感受一下两个音箱的重量差就能衡量出功放的好坏。

3. 听

打开音箱的电源，在不接入任何音源的情况下，将音量、高低音调节旋钮全部旋至最大，贴近音箱听，是否有明显的“咝咝”声或低频交流声，噪音越小，说明音箱的质量越好。正常情况下，人耳离音箱 10cm 左右，应没有明显的察觉；否则说明噪音过高。

7.3 麦克风

麦克风(microphone)，也称传声器、拾音器、MIC 等，俗称话筒。是将声音信号转换为电信号的能量转换器件。按工作原理分晶体式麦克风和电容式麦克风两种。

电容式麦克风阻抗极高，当麦克风输出线较长时，易捡拾外界噪音。此类麦克风的连接线越短越好。

电容式麦克风具有音质效果好、频率响应宽广、频率响应好、灵敏度高、触摸杂音较低、噪声低、耐摔与耐冲击、适合装配无线麦克风等优点，应用广泛。

7.4 数码相机

数码相机(digital camera，DC)，是一种利用电子感光元件把光学影像转换成电子数据的照相机。感光元件能对光照做出反应，并把反应的强度转换成相应的数值。当光从红、

绿、蓝滤镜中穿过时,可以得到每种颜色光的反应值。然后,再用软件对得到的数据进行处理,就可确定每一个像素点的颜色。图 7-6 所示是 DC 工作原理示意图。

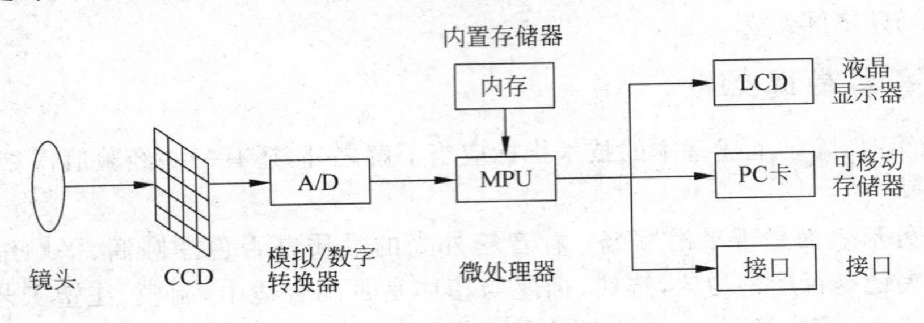

图 7-6 数码相机工作原理图

1969 年美国宇航局首次使用数字照片,1975 年,在美国组约的柯达实验室诞生了第一台数码相机的原型。目前,手机、PDA、平板计算机等也具备了数码相机功能。

传统相机使用“胶片”作为记录信息的载体,数码相机依靠感光元件记录图像信息。数码相机的感光元件主要有两种:一种是 CCD;另一种是 CMOS。

1. CCD

电荷耦合器件图像传感器(charge coupled device,CCD)是由一个类似马赛克的网格、聚光镜片以及垫于最底下的电子线路矩阵所组成,结构如图 7-7 所示。用高感光度的半导体材料制成,能把光线转变成电荷,通过模数转换器转换成数字信号,数字信号经过压缩后由相机内部的闪存保存。CCD 由许多感光单位组成,通常以百万像素为单位。当 CCD 表面受到光线照射时,每个感光单位会将电荷反映在组件上,所有感光单位产生的信号合在一起,就构成了一幅画面。

2. CMOS

互补性氧化金属半导体(complementary metal-oxide semiconductor,CMOS),利用硅和锗元素做成的半导体能够记录光线变化,产生的电流可被芯片纪录并转换成影像。与计算机主板上的 CMOS 所用材料相同,但功能不同。

随着 CMOS 工艺技术的发展,高质量、低功耗、低成本的 CMOS 成像器件迅速普及。目前,CCD 暂时还是“主流”,但未来 CMOS 将取代 CCD 成为图像传感器的主流。图 7-8 所示是目前常见的 CMOS 外观。

图 7-7 CCD

图 7-8 CMOS

CCD 与 CMOS 的主要差异:CCD 器件存储的电荷信息,需要在时钟驱动脉冲的控制下,一位一位地转移后逐行顺序读取;CMOS 在每一个像素中使用几个晶体管,信息从晶体管开关阵列中直接读取，不需要再进行模数转换，耗电量小于CCD。

7.4.1 数码相机的分类

根据数码相机的用途可以简单分为：家用、卡片、单反、长焦4类。

1. 家用DC

家用DC是最低端的消费级数码相机类型，外观简洁，配置不高，没有过多的功能，一切以简单实用为主。

有些新款家用DC甚至比卡片DC还薄。家用DC手感和做工都一般，价格比卡片DC便宜，与卡片DC有明确的型号区分。例如，佳能的A系列是家用DC，而IXUS系列是卡片DC。

2. 卡片DC

卡片DC没有严格的定义，通常是指机身小巧纤薄，配置较高，外观和做工精制，便于随身携带的DC。价格比家用DC稍贵，手动功能相对薄弱。

3. 单反DC

单反DC(digital single lens reflex，DSLR)是单镜头反光DC，光学特性优于普通DC，靠光学取景器(optical view finder，OVF)取景，景象通过镜头到反光板反射再通过五棱镜折射到取景器里，取景范围和实际拍摄范围基本上一致，有利于直观地取景构图。按下快门，反光板上抬，快门打开，光线落到感光元件(CCD或CMOS)上成像。

DSLR可以交换不同规格的镜头。图7-9所示是未安装镜头的DSLR机身。与DC相比，DSLR在结构、镜头、快门、感光材料的面积方面均有较大差异。

4. 长焦DC

长焦DC通过镜头内部镜片的移动改变焦距，焦距越长则景深越浅，和光圈越大景深越浅的效果一样，浅景深的好处在于突出主体而虚化背景，使照片拍出来更加专业。主要用于拍摄远处的景物。光学变焦大多在3～50倍之间。

图7-10所示是一款长焦DC。镜头越长的DC，内部的镜片和感光器移动空间更大，变焦倍数也更大。如果光学变焦倍数不够，还可以在镜头前加增距镜，一个2倍的增距镜，套在一个有4倍光学变焦的DC上，光学变焦倍数由原来的1倍、2倍、3倍、4倍变为2倍、4倍、6倍和8倍，即以增距镜的倍数和光学变焦倍数相乘。

图7-9 单反相机机身

图7-10 长焦数码相机

7.4.2 数码相机的主要技术指标

选购DC时应当了解它的主要技术指标,以及它的数字特性和光学特性。

1. 像素与分辨率,决定图片面积

像素是构成数码图像的最基本元素。分辨率决定图像的细节水平和清晰度,像素越多,图像的分辨率越高。图像的分辨率和像素有直接关系,如一张分辨率为1600×1200的图片,像素是200万(1600×1200)。像素越高,数码照片可放大的最大尺寸越大。

分辨率越高的图像,包含的数据越多,占用的存储空间越大,如果图像分辨率较低,把图像放大为一个较大尺寸观看时,图片会显得粗糙。

像素是DC极为重要的技术指标之一,也是DC感光器件上的感光最小单位。

DC的像素有最大像素和有效像素之分。有效像素是决定图片质量的关键。

最大像素(maximum pixels)是经过插值运算后的值。插值运算获得的图像质量不如真正感光成像图像。是产品上标明"经硬件插值可达×××像素"的值。

有效像素(effective pixels)是真正参与感光成像的像素值,如相机CCD像素为524万,由于CCD有一部分不参与成像,有效像素可能只有490万。

像素只能决定图片面积,并不能完全影响成像效果,如色彩、清晰度、细节表现力等。高像素并不一定等于高画质,还要看镜头和感光材料(如CCD)面积大小。在拍摄像素相同或相近的情况下,CCD面积越大,成像品质越高。如果两款相机的CCD面积相同而拍摄像素不同,那么拍摄像素较低的相机反而有着更大的成像优势。因为在同样大小的CCD上,拍摄像素越高,每个像素点的单位感光面积就越小,感光性能就越差,而且各个像素点之间的空隙也越狭窄,带来更严重的电荷干扰,进而导致图片噪点增加,所以成像品质自然会下降。

2. 镜头

镜头是成像品质的保证。镜头负责前期的光线采集,而感光材料负责后期的感光处理。以下三点决定镜头品质。

(1) 镜头中使用了多少特殊镜片,主要是非球面镜片和ED特殊低色散镜片。非球面镜片主要用来抑制可能出现的图像畸变,保证图像的真实比例;ED特殊低色散镜片用来降低色散,保证图像色彩的准确还原。从光学原理来说,支持光学变焦相机的图像畸变不可避免,只能做到尽量抑制。要达到最佳的抑制效果,要借助大量的非球面镜片。

(2)"光学变焦"和"总变焦能力"。光学变焦,即通过镜头中镜片组的移动,把远处的景物拉近拍摄,是通过真正的光学方式来实现的变焦。而"总变焦能力",是"光学变焦倍数×数码变焦倍数"。例如,一款相机拥有3倍光学变焦和4倍数码变焦能力,它的总变焦能力是3×4=12倍,但并不是说它的光学变焦能力达到了12倍。

(3) 客观看待镜头的品牌价值。世界名牌镜头在研发技术、生产工艺和质量控制上确实更可靠一些。但是在消费类DC身上一般不会装配真正的原厂镜头。因为一枚原厂名牌镜头动辄就要数千元,比相机本身还要昂贵。

设计优良的高档相机镜头由多组镜片构成,含有非球面镜片,可以显著的减少色偏和最大限度抑制图形畸变、失真,镜片选用价格昂贵的萤石或玻璃,而家用和半专业相机的镜头为减轻重量和降低成本,采用合成树脂镜片。

由于数码相机的镜头规格比较特殊，无法由这个数据预测可以拍摄的景物范围，厂商大多会在镜头焦距参数后增加相当于35mm传统相机焦距数值。焦距也称焦长，是指透镜轴心线上的中心点至影像可清晰成像时的距离长度，在相机中则指整个镜头组的焦距，单位是mm。焦距越长，镜头可视范围的角度越窄，但具有放大、接近的效果，就像望远镜的镜头一样；焦距越短，拍摄范围就变大，相对物体会较小，适合在近距离拍摄较大的场景，也就是常说的广角镜头。

3. LCD，高分辨率效果好

LCD即液晶显示屏。只有LCD的分辨率足够高，显示效果才足够好，图片的细节、色彩和层次感才能得到充分体现。

另外，可视角度也比较重要。高品质LCD的显示角度宽广一些。

当前绝大部分相机采用普通的TFT型LCD，少量相机采用LTPS(低温多晶硅)型LCD，在同样使用环境下，LTPS型LCD的显示效果更好、耗电量更低、使用寿命也更长。

4. 手动曝光，专业性更强

手动曝光功能可以快速积累拍摄经验、提高拍摄技术、实现特殊的拍摄效果。

手动曝光功能并非人人都需要，如今数码相机的自动化程度非常高，缺少手动曝光功能也能够顺利完成拍摄。再者，手动曝光功能对拍摄者有一定的技术要求，如果是摄影新手，手动曝光的效果可能还不如全自动曝光。其次，不同手动曝光功能的价值不一样。有的相机支持光圈优先、快门优先和全手动曝光，有的相机只支持其中的一种。另外，不同相机的快门速度和光圈的选择范围也是有差别的。有些相机的快门和光圈在手动曝光模式下只有两档可供选择，而有些相机的快门和光圈选择范围则更丰富一些。可选择的范围越丰富，在实际拍摄中的可操作空间也就越大，因此在选购时要仔细对比分辨。

5. 光学防抖

数码相机几乎都宣称支持防抖拍摄，但防抖的功能原理和成像效果是有差别的。这是由光学防抖和电子防抖的区别所导致。

光学防抖功能，无论是镜头光学防抖，还是CCD光学防抖，都是通过改变光线来实现，对成像品质都没有伤害。目前的电子防抖基本都是高感光度防抖，即通过增加ISO感光度来提升快门速度，进而在一定程度上抵消图像模糊。ISO感光度一旦升高，不可避免地带来图片噪点增加的问题，成像品质会下降。

6. 光学变焦与数字变焦

光学变焦(optical zoom)是指数码相机依靠光学镜头结构来实现变焦。光学变焦倍数越大，能拍摄的景物越远。

数字变焦也称数码变焦是通过数码相机内的处理器，把图片内的每个像素面积增大，从而达到放大目的。通过数码变焦，拍摄的景物放大了，但清晰度会有一定程度的下降，所以数码变焦没有太大的实际意义。

改变视角有两种办法，一种是改变镜头的焦距，即光学变焦；另一种是改变成像面的大小，即数字变焦。

7. 光圈和快门

光圈是影响曝光的重要机制之一，指镜头内约5到9片的金属薄片所组合的控制装置，可以形成大小不同的圆圈以控制进入镜头内的光线多少。光圈越大，单位时间进入的光线越多。光圈的大小以数字表示,数字越大表示光圈越小,进入的光线量越少。镜头标示的都是该镜头的最大光圈,也就是全开状态下的值,如在变焦镜头上 9.2～28mm 1：2.8～3.9 的标示,表示在焦距为 9.2mm 时的最大光圈是 F2.8,焦距为 28mm 时的最大光圈则为 F3.9。

快门用来调整相机的曝光时间,单位是秒,以倒数表示。例如,30、250 的含义是 1/30 秒、1/250 秒,数字越小快门速度越慢。快门速度越快,越容易捕捉高速移动的影像,拍摄时不容易因晃动而导致影像模糊;但速度过快可能导致进光量不足,通常高速快门必须在光线较强时使用,或将光圈配合放大。光线不足时,速度慢的快门比较适合。数码相机快门能支持 2～1/1000 秒可以符合一般需求,如果有更宽广的快门范围,则更能符合各种严格的拍摄条件,如拍摄高速移动的物体或静夜星空等。

8. 电池及耗电量

数码相机由于带有显示屏和闪光灯,因而耗电量比传统相机大。因此,最好选择配备可充电的锂电池机型。

9. 白平衡

白平衡是对白色的还原。物体的颜色在不同光线的场合下拍摄出的照片有不同的色温,白平衡的作用就是在得到的照片中正确地以“白”为基色来还原其他颜色。

白平衡有多种模式,适应不同的场景拍摄,如:自动白平衡、钨光白平衡、荧光白平衡、室内白平衡、手动调节等。

自动白平衡通常为数码相机的默认设置。

10. 曝光补偿

由于相机的自动曝光功能以中灰色所反射光线的进光量为比较标准,在拍摄画面中,如果白色太多(反射光多)时,进光量会高于测光标准值,相机便被误导,以为光线很强而缩小光圈,造成照片曝光不足现象,白色部分变得不够白。而曝光补偿则针对这种情况,将曝光度往上加 1 或 2 格,才能有明亮、正确的影像。反过来,大部分是黑色状况下,需把曝光量下降 1 或 2 格。

11. 附加功能

功能越多,数码相机的用途越广。有的 DC 有视频输出功能,可以接到电视上浏览照片;有的有短时的录像功能。有的附带软件功能十分完善,可以分类管理图片,打印设置多种多样,还可以简单修改图片等。

7.4.3 数码相机的使用

拍摄高品质的数码照片,需要遵循数码相机的使用规则,并掌握一定的拍摄技巧。

1. 保养

保持相机干净。镜头上的污迹会严重降低图像质量。尽量避免手指碰镜头,尽量防止灰尘和沙砾落到光学装置上。

当镜头上出现灰尘或其他污物时,应及时清洗。清洗工具为镜头纸或是带有纤维布的精细工具、镜头刷和清洗套装等。不能用硬纸、纸巾或餐巾纸擦拭镜头,因为含有刮擦性的木质纸浆,会严重损害相机镜头上的易碎涂层。

冷热天气也会影响图像质量。将相机从较寒冷的室外环境,带到较湿热的室内环境中,镜头和取景器上就会有雾点出现，这时就要用合适的镜头纸或纤维布来擦拭镜头上的雾气。遇到类似情况，最好在使用前先把相机放在相机包里，过一段时间再使用。

2. 拍摄技巧

常见DC的光学取景器是旁轴式，看到的景物与镜头实际拍摄的照片不在同一个光轴，被摄物越近，视差越明显。光学取景器中有一些近摄补偿标志告诉拍摄者大致的误差。

拍好照片的重要前提是拿稳相机、对准焦点，另外，还要防止手指挡住闪光灯。

为保证卡片DC照片的效果，建议使用全自动模式，还要注意拍摄距离，超出闪光灯距离范围后，拍摄的照片容易产生背景明亮而主体曝光不足的问题。

1）微距摄影

进行微距摄影，要注意曝光量的掌握、拍摄角度等问题，如有可能应稍微使用光学变焦来减小广角端的畸变现象，并尽量找地方固定相机，如三脚架、桌面等，同时将相机设置在强制不闪光状态，避免主体曝光过度。

2）风光摄影

选定风光模式，用相机的广角端进行拍摄，如果运用变焦，则失去了风光摄影的意义。拍摄中要注意光线的入射方向，尽量避免大背光角度拍摄；为了不产生光晕现象，不要让阳光折射到镜头。在某些特殊时段需要手动调整白平衡效果，比如阴天、日出、夕阳等环境，需要灵活调整。

3）人像摄影

选择人像模式后，相机会根据拍摄距离调用该焦距段下的最大光圈，若是最大限度的背景虚化，则必须使用广角端拍摄。拍摄人像，测光点最好位于脸部，拍摄脸部特写，则以眼部对焦为最佳。如果在室内拍摄人像，要注意相机曝光不足的问题以及防抖，并视环境光线的强弱决定是否启动防红眼功能。

4）夜景红眼

在光线较暗的环境中，人眼瞳孔会放大让更多的光线通过，如果拍摄时打开了闪光灯，眼底视网膜上毛细血管就会被拍摄下来，在照片上的反映就是人眼发红。

许多数码相机都有消除红眼的装置，可根据说明书设定这个拍摄模式，在拍照之前先预闪一次，使被拍者的瞳孔缩小，然后正式闪灯拍照。如果相机没有此功能，可以连续拍两张，第二张一般不会有红眼。

3. 光线处理

尽量避免逆光拍照，可降低拍照的失败率；另外，在阳光直射时，人的脸部容易生硬，表情不佳，可以改变一下角度或在稍有阴影处拍照；逆光时往往因为背后光线太强，容易使主体过暗，当主题很暗而背景很亮时，可启用“强制闪光”装置。

7.5 扫 描 仪

扫描仪(scanner)是将各种图像信息输入计算机的工具，可以将光学图像转换为数字信号，以文件方式存储。是一种作用仅次于键盘、鼠标的计算机输入设备。图7-11所示是常见的扫描仪外观。照片、图纸、纺织品、标牌面板、印制板样品等皆可作为扫描对象。

图 7-11　扫描仪

7.5.1　扫描仪的类型

扫描仪主要分为三大类型：滚筒式扫描仪、平面扫描仪以及笔式扫描仪。

密度范围是扫描仪非常重要的性能参数。密度范围又称像素深度，代表扫描仪所能分辨的亮光和暗调的范围，通常滚筒扫描仪的密度范围大于3.5，平面扫描仪的密度范围一般在2.4～3.5范围之间。

滚筒式扫描仪一般使用光电倍增管(photo multiplier tube，PMT)，扫描密度范围较大，能够分辨出图像更细微的层次变化；平面扫描仪使用光电耦合器件(charged-coupled device，CCD)，扫描的密度范围较小。

笔式扫描仪出现较晚，体积小、携带方便，外观如图7-12所示。使用时，贴在扫描对象上一行行的扫描，主要用于文字识别，可以实现无须连接计算机的脱机扫描，可以扫描彩色照片、名片等。

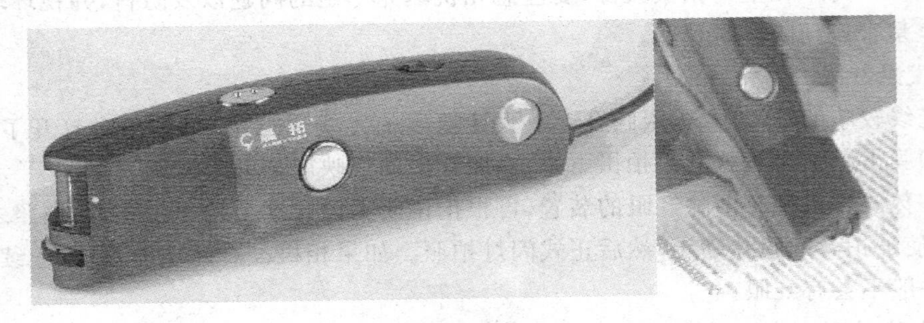

图 7-12　笔式扫描仪

7.5.2　扫描仪的主要技术指标

了解扫描仪的主要技术指标，对于选购扫描仪来说是必须的。这些指标主要有分辨率、扫描方式、灰度级、色彩数、接口类型、扫描速度、扫描幅面等。

1. 分辨率

分辨率是扫描仪最主要的技术指标，表示扫描仪对图像细节上的表现能力，决定了扫描仪所记录图像的细致度，用每英寸长度上扫描图像所含有像素点的个数表示，单位为DPI(dots per inch)。

扫描分辨率一般有两种：真实分辨率(又称光学分辨率)和插值分辨率。

光学分辨率是扫描仪的实际分辨率，是决定图像的清晰度和锐利度的关键性能指标。

插值分辨率通过软件方式来提高分辨率，即用插值方法将采样点周围遗失的信息填充进去，也称软件增强的分辨率。例如，扫描仪的光学分辨率为300DPI，则可以通过软件插值算法将图像提高到600DPI，尽管插值分辨率效果不如真实分辨率，但它能大大降低扫描仪的价格，且对一些特定的工作，如扫描黑白图像或放大原稿时十分有用。

图像的清晰度除了分辨率外，还取决于镜头用的光学器件质量及光源的亮度。明亮的疝气灯和高质量透镜产生的图像，比标准荧光灯和普通透镜产生的图像要清晰。

2. 扫描方式

扫描方式主要是针对感光元件而言，感光元件也叫扫描元件，是扫描仪中完成光电转换的部件。扫描仪使用的感光器件主要有4种：CCD、CMOS、接触式感光器件CIS、光电倍增管PMT。扫描仪的CCD、CMOS与数码相机的相同。CIS扫描仪体积比CCD扫描仪小，制造成本也更少，但扫描质量一般。目前CCD扫描仪最为常见。

3. 灰度级

灰度级表示图像的亮度层次范围。级数越多扫描仪图像亮度范围越大、层次越丰富，目前多数扫描仪的灰度为256级，可以真实呈现出比肉眼能辨识的层次还多的灰阶层次。

4. 色彩数

色彩数表示彩色扫描仪所能产生颜色的范围。通常用表示每个像素点颜色的二进制数据位数表示。

色彩位数是扫描仪所能捕获色彩层次信息的重要技术指标，高的色彩位对色彩的表现也更加艳丽逼真。色彩位数的变化经历了8位、16位、24位、36位、48位的演变。目前扫描仪多为36位，但48位的扫描仪正在逐渐成为主流。

5. 接口类型

接口是指扫描仪与计算机主机的连接方式，经历了从SCSI接口到EPP(enhanced parallel port)接口的变化，目前扫描仪接口基本采用USB接口。

6. 扫描速度

扫描速度有多种表示方法，因为扫描速度与分辨率，内存容量，图像大小有关，通常用指定的分辨率和图像尺寸下的扫描时间来表示。

7. 扫描幅面

表示扫描图稿尺寸的大小，常见的有A4、A3、A0幅面等。

8. 软件配置及其他

扫描仪的软件配置包括图像处理软件、OCR和矢量化软件等，OCR是扫描仪比较重要的软件技术，能够将扫描图片文字转化为文本文字。

新型扫描仪还有其他辅助的技术指标，来增强扫描仪的易用性和辅助功能，如Microtek系列扫描仪中配备自动预扫描功能、快捷键设计、节能设计等。

7.5.3 扫描仪的使用和维护

日常使用扫描仪时，以下方面需要注意。

(1) SCSI、EPP接口的扫描仪，通电后，不要插拔接口电缆。

(2) 扫描仪工作时不要中途切断电源，要等到扫描仪的镜组完全归位后，再切断电源。

(3) 注意不要划伤扫描仪玻璃。

(4) 不使用扫描仪时,应当切断扫描仪的电源。

(5) 扫描仪应摆放在远离窗户的位置,窗户附近灰尘较多,而且易受阳光直射,会减少扫描仪的使用寿命。

(6) 扫描仪在工作中会产生静电,从而吸附大量灰尘进入机体影响正常工作。不要用容易掉渣儿的织物来覆盖(绒制品,棉织品等),可以用丝绸或蜡染布等覆盖。另外,房间保持适当的湿度也可以避免灰尘对扫描仪的影响。

7.6 摄像头

摄像头(camera)是一种视频输入设备,种类繁多。

摄像头工作原理:景物通过镜头生成的光学图像投射到图像传感器表面,转为电信号,经过模/数转换变为数字图像信号,送到数字信号处理器中进行加工处理,再通过USB接口传输到计算机中处理,并通过显示器显示。

7.6.1 摄像头的分类

根据摄像头采集信号的不同,分为数字摄像头和模拟摄像头两大类。

模拟摄像头捕捉到的视频信号必须经过特定的视频卡将模拟信号转换成数字模式,并加以压缩后才可以转换到计算机上运用。

数字摄像头直接采集数字影像,然后通过串、并口或USB接口传到计算机里。目前常见的摄像头基本上是数字摄像头,大多采用USB接口。

根据摄像头形态的不同,摄像头分为桌面底座式、高杆式及液晶挂式三大类。

根据摄像头功能的不同,还可以分为防偷窥型摄像头、夜视型摄像头。

防偷窥摄像头是在摄像头上增加一个电源开关,不使用的时候把摄像头的电源切断,从而避免黑客远程启动摄像头,达到反偷窥的目的。夜视型摄像头具备LED灯或红外夜视功能,主要是用于弥补低照度下光线的不足,夜视型摄像头外观如图7-13所示。

图7-13 夜视型摄像头

根据摄像头是否需要安装驱动,可以分为有驱型与无驱型摄像头。

有驱型摄像头使用时,需要安装对应的驱动程序;无驱型摄像头在Windows XP以上的操作系统中工作，无须安装驱动程序，可直接使用，已成为主流。

7.6.2 摄像头的组成及主要性能指标

镜头、感光芯片与主控芯片是摄像头三个主要的关键元器件。

1. 镜头

镜头(lens)是透镜结构，由几片透镜组成，透镜越多，效果越好，成本越高。透镜一般有塑胶透镜或玻璃透镜，玻璃透镜比塑胶透镜贵，但成像效果比塑胶镜头好。

2. 感光芯片

感光芯片(sensor)是数码摄像头的重要组成部分，同数码相机、扫描仪一样分为CCD和CMOS两种。

CCD元件尺寸多为1/3英寸或者1/4英寸，相同分辨率下，元件尺寸大的性能好。

CCD的优点是灵敏度高，噪音小，信噪比大。但是生产工艺复杂、成本高、功耗高。CMOS的优点是集成度高、功耗低(不到CCD的1/3)、成本低。但噪音较大、灵敏度较低、对光源要求高。

相同像素下，CCD成像通透性、明锐度好，色彩还原、曝光可以保证基本准确。而CMOS的产品通透性一般，对实物的色彩还原能力偏弱，曝光也较差。

3. 主控芯片

主控芯片控制摄像头的视频传输速度，即图像的流畅性。

4. 图像解析度/分辨率

图像解析度/分辨率(resolution)即传感器像素，即俗称的摄像头的像素，是衡量摄像头性能的一个重要指标，摄像头的像素越高，拍摄的图像品质越好，数据量也越大。

与DC一样，有些产品标识的分辨率是利用软件所能达到的插值分辨率，不是真实分辨率。

5. 视频捕获速度

视频捕获能力也是摄像头的重要功能之一。摄像头的视频捕获都是通过软件实现的，对画面的要求不同，捕获能力也不相同。常见摄像头捕获画面的最大分辨率为640×480，这种分辨下数字摄像头很难达到30帧/秒的捕获效果，因而画面会产生跳动现象。有些摄像头是在320×240分辨率下依靠硬件与软件的结合到标准速率的捕获指标。

6. 内置麦克风

有的摄像头内置麦克风，在视频交谈时可以与音频同步。

7.7 视 频 卡

视频卡(video capture card)也叫视频采集卡、视频捕捉卡，作用是将摄像机、录像机、电视机输出的视频信号或者视频音频的混合数据输入计算机，转换成计算机可辨别的数字数据，存储在计算机中，成为可编辑处理的视频数据文件。外观如图7-14所示。

视频卡在捕捉视频信息的同时获得伴音，使音频部分和视频部分在数字化时同步保存、同步播放。模拟/数字转变通过视频卡上的采集芯片进行。在采集过程，对数字信息进行一定形式的压缩处理，高档采集卡用专用芯片进行硬件数据压缩，采集速度快，能够实现每秒

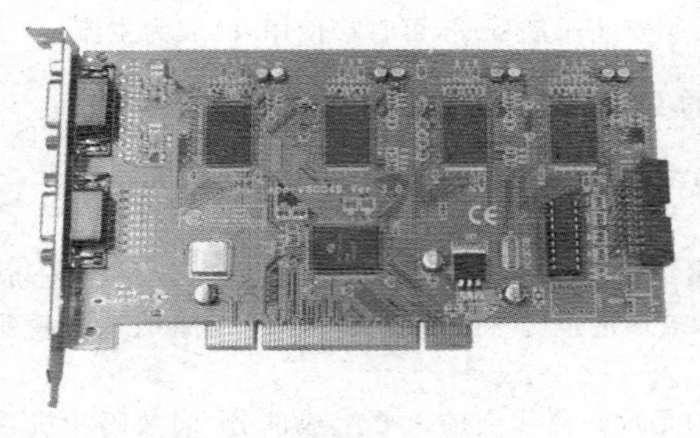

图 7-14 视频采集卡

30 帧、全屏幕、视频的数字化抓取。没有硬件压缩功能的卡,则通过软件进行压缩。

视频卡能提供许多特殊效果处理,如冻结、淡出、旋转、镜像以及透明色等。

7.7.1 视频卡的种类

视频卡按照用途分为广播级视频卡、专业级视频卡、民用级视频卡。它们的区别主要是采集的图像指标,以及采集图像的质量。

广播级视频卡采集的图像分辨率高,最高采集分辨率一般为 768×576PAL 制,或 720×576PAL 制,25 帧每秒;或 640×480/720×480 NTSC 制,30 帧每秒,最小压缩比在 4∶1 以内。视频信噪比高,缺点是视频文件大,每分钟数据量至少为 200MB。广播级信号采集卡都带分量输入输出接口,是视频采集卡中最高档的,多用于录制电视台所制作的节目。

专业级视频卡的分辨率基本能达到广播级,但压缩比稍微大一些,最小压缩比一般在 6∶1 以内。输入输出接口为 AV 复合端子与 S 端子。适用于专业人员视频、广告、多媒体等节目或软件的制作。

民用级视频卡的动态分辨率较小,最大为 384×288,PAL 制 25 帧每秒。输入端子为 AV 复合端子与 S 端子,绝大多数不具有视频输出功能。

另外,还有一类比较特殊的视频卡,如 VCD 制作卡,从用途上来说应该算在专业级,而从图像指标上来说只能算作民用级产品。采集的视频文件一般为 MPEG 文件,采用 MPEG-1 压缩算法,文件尺寸较小,但视频指标低于 AVI 文件。

7.7.2 视频卡的性能参数

视频卡规格很多,适用环境有很大区别,但主要功能和技术指标相似。

1. 接口

视频卡接口包括与计算机的接口、与模拟视频设备的接口。与计算机的连接采用 PCI 接口,插到主板的扩展槽中。视频卡至少有一个复合视频接口 Video In 与模拟视频设备相连。高性能的采集卡还有一个 S-Video 接口。

2. 功能

计算机通过视频卡可以接收来自视频输入端的模拟视频信号,对信号进行采集、量化成数字信号,然后压缩编码成数字视频序列。大多数视频卡都具备硬件压缩的功能,在采集视频信号时在卡上对视频信号进行压缩，再通过 PCI 接口把压缩的视频数据传送到计算机中。普通视频卡采用帧内压缩算法，把视频存储成 AVI 文件，高档视频卡能直接把采集到的数字视频数据压缩成 MPEG-1 格式的文件。

不同档次的视频卡的性能存在差异，但通常至少支持 PAL 和 NTSC 两种电视制式。

3. 分辨率

视频采集卡的分辨率直接决定采集视频的清晰程度，如果想通过视频采集卡获取高质量的视频画面，应该留意视频采集卡在播放动态视频时的分辨率大小，分辨率越高的越好，现在的 VGA 高清采集卡可逐行采集 1920×1440×60Hz 的 VGA 信号。

当然，为使视频卡能展现最完美的演示效果，应将计算机的分辨率调整到与视频采集卡的分辨率一致。

4. 驱动和应用程序

只有把视频卡插入计算机主板扩展槽并正确安装了驱动程序以后才能正常工作。

视频卡都配有硬件驱动程序，从而实现计算机对采集卡的控制。不同采集卡的驱动程序也不同。只有视频卡硬件和驱动正常安装以后才能使用。

7.8 电 视 卡

电视卡是使计算机具有接收电视节目功能的一种配件，可以将电视片段保存到硬盘中进行视频编辑；还可以把保存的节目制作成 VCD、DVD 影碟。

电视卡主要有 4 种：电视盒、PCI 电视卡、USB 电视盒以及视频转换盒。

电视盒外观为盒状，有 VGA 接口、电视信号接口，可与显示器直接连接，无须接计算机主机，面板的按钮有电视调台的相关功能。

PCI 电视卡插在计算机主机板的 PCI 插槽中，具有采集电视信号的功能，用计算机看电视时，需要计算机主机开机。

USB 电视盒插入计算机的 USB 插槽中，就能接收电视信号，通过显示器看电视，外观如图 7-15 所示。

视频转换盒将计算机中的数字信号转换成电视接收的视频信号，通过它可直接从电视屏幕中看到计算机屏幕上的信息，也可以把电视机当显示器用。

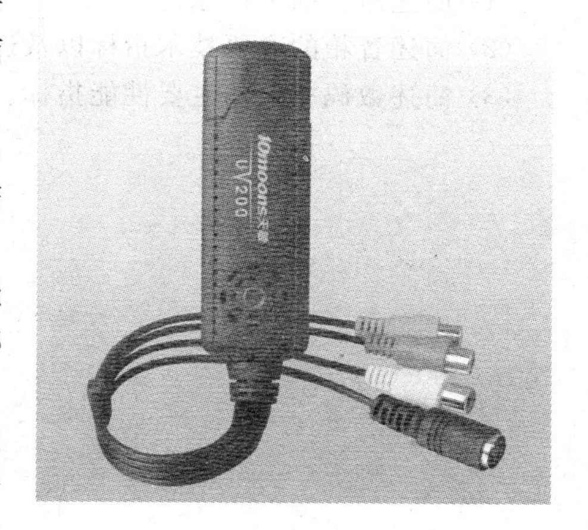

图 7-15　USB 电视盒

7.9 本 章 小 结

多媒体技术是利用文字、声音、图形、图像、视频、动画等多种媒体展示信息的技术。声卡、音箱、麦克风、数码相机、扫描仪、摄像头等都是目前计算机常用的多媒体设备。

了解多媒体设备的技术指标是合理选购相关设备的前提。目前主板上均集成了符合

HD Audio标准的声卡，而独立声卡则是为了满足音乐发烧友或者特殊场合的需要；对于选择DC来说，感光元件的尺寸越大越好，变焦范围要稍大一些；电池最好用锂离子电池。

习　题　7

1. 填空题

(1) ________是多媒体技术中最基本的组成部分，是实现声波与数字信号相互转换的一种硬件。

(2) 普通声卡一般有5或6个插孔，分别是Speaker、Line Out、Line In、Mic In、MIDI及游戏摇杆接口，其中________用于外接音箱功放或带功放的音箱。

(3) 将一个恒压音频信号输入音箱系统时，音箱产生的声音信号强度随频率的变化而发生增大或衰减、相位随频率而发生变化，声音信号强度和相位与频率的相关联的变化关系称为________。

(4) ________是一种利用电子感光元件把光学影像转换成电子数据的设备。

(5) ________是一种计算机外部仪器设备，其通过捕获图像并将之转换成计算机可以显示、编辑、储厚和输出的数字化输入设备。

(6) 根据摄像头的形态，可以分为桌面底座式、________及液晶挂式三大类型。

(7) ________的主要功能是将视频源的模拟信号通过处理转变成数字信号，并将这些数字信息存储在计算机硬盘等存储设备上。

2. 简答题

(1) 简述声卡的工作原理。

(2) 简述音箱的主要技术指标以及选购时的注意事项。

(3) 简述数码相机的主要性能指标。

第8章 计算机其他基本设备

本章学习目标

- 了解键盘、鼠标的结构组成及工作原理；
- 了解计算机电源及机箱的关键指标；
- 掌握电源及机箱的挑选方法；
- 了解打印机的结构组成及技术指标；
- 掌握激光打印机的使用方法；
- 了解手写板的工作原理。

本章介绍计算机键盘、鼠标、机箱、电源、打印机、手写板等基本设备的种类、工作原理、关键技术指标，以及选购时的注意事项。

8.1 键　　盘

键盘是计算机最常用的输入设备，通过键盘，可以向计算机发出指令、输入数据。

8.1.1 键盘的分类

键盘种类繁多，可以根据按键数、按键工作原理、接口类型、键盘外形等进行分类。

根据按键数目不相同，先后出现的有83键、101键、104键、107键以及网络键盘等。早期PC使用83键键盘，后来随着Windows操作系统的流行出现了101键、102键、104键等。目前的标准键盘为107键，比104键增加了睡眠键、唤醒键、开机键，107键外观如图8-1所示。基本的按键排列一直保持不变，分为主键盘区，数字辅助键盘区、F键功能键盘区、控制键区，

网络键盘比107键盘增加了上网快捷键、电子邮件快捷键等，如图8-2所示。

图8-1　标准107键盘

图8-2　网络键盘

键盘的CapsLock(字母大小写锁定)、NumLock(数字小键盘锁定)、ScrollLock三个指示灯，标志键盘的当前状态，位于键盘的右上角。多功能键盘是为了迎合用户的特色需求，

增添了快捷键区。在键盘上加入了手写输入、多媒体控制等功能,如图 8-3 所示。

(a) 带手写笔的键盘　　(b) 带鼠标功能的键盘

图 8-3　多功能键盘

根据按键工作原理,键盘可以分为薄膜键盘、静电电容键盘和机械键盘三类。

薄膜键盘最常见,采用三层薄膜结构设计。上下两层使用导电涂料印刷出电路,在按键的下方设有相应的触点,中间一层为隔离层,在按键位置设有圆形触点(或挖空),按下键帽时,实现上下两层电路的联通,产生出相应的信号。产品价格从十几元到上千元。

机械键盘的每个按键都是一个单独的开关,也被叫做轴,为了确保信号良好传导,轴的内部使用黄金触点,使用 POM,PBT 等高档材料制作按键,结构精密,工艺难度大,机械键盘比较厚重,手感好,能满足不同玩家的需求,价格远高于薄膜键盘。

静电电容式键盘采用无接点式按键,无需物理接触,通过电容容量的变化实现按键的开关,具有反应灵敏、操作稳定、无冲突等优点。

根据键盘的外形不同,键盘分为标准键盘和人体工程学键盘。人体工程学键盘在标准键盘上将指法规定的左手键区和右手键区两大板块左右分开,可以减少左右手键区的误击率,按照人体的生理功能量身定做,可以有效地减少腕部疲劳,这种键盘被微软公司命名为自然键盘(natural keyboard),有的人体工程学键盘下部增加护手托板,给悬空手腕以支持点,减少由于手腕长期悬空导致的疲劳。

根据键盘接口类型的不同,有 AT 接口键盘、PS/2 接口键盘、USB 接口键盘和无线键盘等。AT 接口键盘已被淘汰; PS/2 接口键盘使用较为普遍,接口颜色为紫色; USB 接口键盘支持热插拔,使用越来越多; 无线键盘与计算机间没有直接的物理连线,通过红外线或无线电波将输入信息传送给计算机,图 8-4 所示是一款人体工程学无线键盘。

图 8-4　人体工程学无线键盘

8.1.2 键盘的选购

常用的普通键盘基本上是薄膜键盘,机械键盘是玩家的首选。

优质键盘的底部采用较厚的钢板,廉价键盘用塑料底座。选购键盘时,以下方面要注意。

1. 手感

手感好的键盘可降低手指疲劳,还可以提高学习和工作效率。好键盘弹性适中,按键无晃动,按键弹起速度快,灵敏度高。

2. 做工

做工好的键盘用料讲究,无毛刺、无异常凸起、无松动,键帽上的字母印刷清晰、耐磨。

3. 接口类型

目前键盘多为USB、无线两种接口类型,USB键盘支持即插即用,无线键盘省去了与计算机之间的连接线,但需要安装电池。

4. 键盘的噪音

好键盘即使在高速敲击时,产生的噪音也很小。

8.2 鼠　　标

鼠标诞生于1968年,目前是计算机最基本的输入设备之一。通过鼠标按键和滚轮装置对屏幕元素进行操作,使计算机的操作更加简便。

8.2.1 鼠标的分类

可以根据鼠标与计算机的接口类型、工作原理以及外形来对鼠标进行分类。

1. 按接口类型分类

根据接口类型的不同有串口鼠标、大口鼠标、PS/2鼠标、USB鼠标和无线鼠标等,如图8-5所示。串口鼠标通过串行口与计算机相连,有9针接口和25针接口两种;大口鼠标比PS/2口鼠标略大,串口鼠标和大口鼠标已被淘汰;PS/2鼠标比大口鼠标接口略小,也称小口鼠标,接口颜色为绿色;USB鼠标支持热插拔,可以插在计算机任意一个USB接口上,正在取代PS/2鼠标。无线式鼠标与主机间无须连线,分为红外型和无线电型两种。红外型鼠标的方向性要求比较严格,一定要将鼠标红外线发射器与连接主板的红外线接收器对准后才能操作;而无线电型鼠标的方向性要求不太严格,可以偏离一定角度。

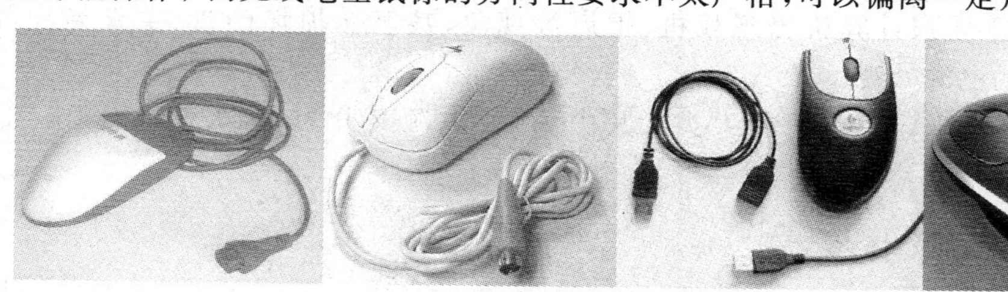

(a) 串口鼠标　(b) PS/2接口鼠标　(c) USB接口鼠标　(d) 无线鼠标

图8-5　各种接口类型的鼠标

2. 按工作原理分类

根据工作原理的不同,鼠标分为机械鼠标、光机鼠标和光电鼠标。早期鼠标多为机械鼠标。光机鼠标又称为半光电鼠标,主要由滚球、辊柱和光栅信号传感器组成。当拖动鼠标时,带动滚球转动,滚球又带动辊柱转动,装在辊柱端部的光栅信号传感器产生的光电脉冲信号反映出鼠标器在垂直和水平方向的位移变化,再通过计算机程序的处理和转换来控制屏幕上光标箭头的移动。光电鼠标用光电传感器代替滚球,通过检测鼠标器的位移,将位移信号转换为电脉冲信号,再通过程序的处理和转换来控制屏幕上的光标箭头的移动。

3. 按外形分类

按外形的不同,鼠标分为两键鼠标、三键鼠标、滚轴鼠标、感应鼠标以及3D鼠标和轨迹球鼠标。两键鼠标和三键鼠标的左右按键功能一致,三键鼠标的中间按键在使用某些特殊软件时(如AutoCAD等),会起一些作用;滚轴鼠标和感应鼠标在笔记本计算机上用得很普遍,往不同方向转动鼠标中间的小圆球,或在感应板上移动手指,光标就会向相应方向移动,当光标到达预定位置时,按一下鼠标或感应板,可执行相应功能。3D鼠标,具有全方位立体控制能力,能够前、后、左、右、上、下六个方向移动,而且可以组合出前右,左下等等的移动方向。轨迹球鼠标主要应用于鼠标活动范围有限的环境,把鼠标下面的滚球设计到了鼠标上面,操作时用手来拨动滚球实现移动。

8.2.2 选购鼠标

选购鼠标主要有以下方面需要注意。

1. 质量

名牌产品质量较好,但假冒产品也多。识别假冒产品的方法很多,可以从外包装、鼠标的做工、序列号、螺钉的外观、按键的声音来分辨。

2. 接口

最常见的鼠标有二种接口形式:USB接口、无线接口。USB接口鼠标价格便宜,无线鼠标没有连接线,但需要单独的电池供电。

3. 手感

手感好的鼠标符合人体工程学标准,长时间使用不易疲劳。

8.3 计算机电源

计算机电源也称电源供应器,作用是将220V的交流电转换为计算机运行使用的低压直流电。劣质电源会导致计算机出现死机、重启等现象,甚至会损坏硬盘、主板等配件。图8-6是几款常见的电源外观。

计算机电源主要有AT、ATX两大类。其中ATX电源又分为ATX 2.0、ATX 12V标准。

8.3.1 计算机电源标准

电源规范主要经历了AT、ATX、ATX 2.0、ATX 12V等规范,此外还有BTX、80Plus等,主要区别在于接口、功率、电压以及节能等方面。目前流行的是ATX 12V 2.31版本。

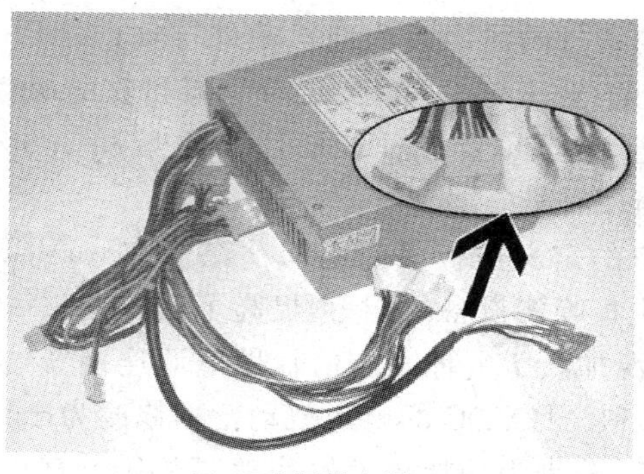

(a) AT电源供应器

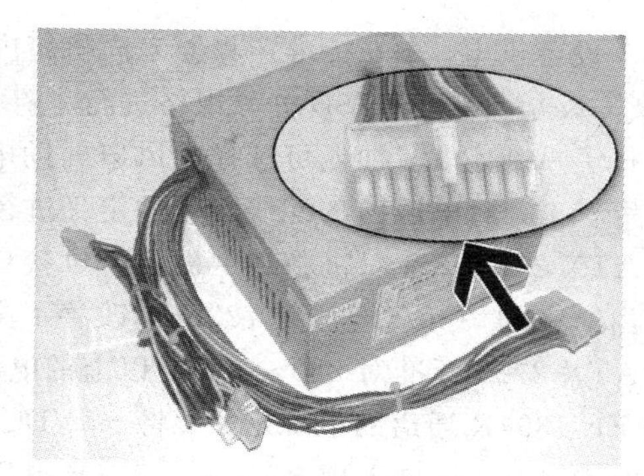

(b) ATX 2.0电源供应器

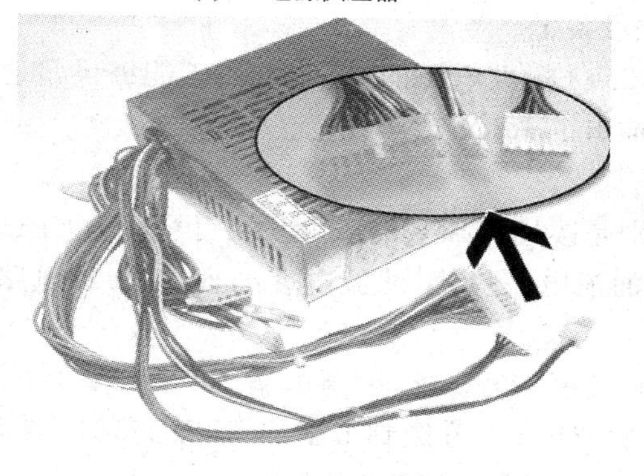

(c) ATX 12V电源供应器

(d) ATX电源实物图

图 8-6 计算机电源

早期计算机使用 AT 电源，功率一般为 150～220W，有 4 路输出（±5V、±12V），另向主板提供一个 P. G.（power good）信号。输出线为两个 6 芯插头和几个 4 芯插头，两个 6 芯插头（标记为 P8、P9，有反正区别，管脚分别是 P8，5V、5V、5V、－5V、GND、GND；P9，GND、GND、－12V、12V、5V、PG）给主板供电。AT 电源采用切断交流电的方式关机。奔腾以前的计算机使用 AT 电源，目前已被 ATX 电源取代。

ATX（AT Extend）规范是 1995 年 Intel 公司制定的新主板结构标准，ATX 电源是根据这一标准设计的电源，有 6 路输出：＋5V、－5V、＋12V、－12V、＋3.3V 及＋5VSB。

与 AT 电源相比，ATX 电源增加了＋3.3V（给 CPU 供电）、＋5VSB 输出和一个 PS_ON 信号，为主板供电的电源输出线为 20 芯。依靠＋5VSB、PS_ON 信号的组合实现电源的开启和关闭，可以直接通过软件关机、键盘关机，这也是与 AT 电源最显著的区别。

ATX 电源规范经历了 ATX 1.0、ATX 2.0、ATX 2.01、ATX 2.02、ATX 2.03 和 ATX 12V 等阶段，目前电源大多采用 ATX 12V 2.31 标准。

1. ATX 2.0 系列

ATX 2.0 与前期的 ATX 1.X 标准最大的差异是增加了 SATA 供电线，如图 8-7 所示，直接为各种

图 8-7 为 SATA 硬盘供电的电源接口

SATA设备供电。2.0标准还将原来向机箱内送气的风扇改为向机箱外排气；对PS_ON、PWR_OK信号和+5VSB电源规格进行了补充，对+3.3V电压变动范围和软电源控制信号进行了重新定义；加入可选择的风扇辅助电源、风扇监控、IEEE 1394电压和3.3V遥控电压等标准；对电源内部配线颜色的定义进行了补充。

ATX 2.01标准对机箱和主板的I/O接口的定义进行了修正和补充。将+5VSB输出电流由原来的10mA增加到720mA，改善了主板唤醒设备的能力，提高了兼容性。

ATX 2.02标准对250～300W以上的电源加入了一种6芯的辅助电源连接器，并明确了IEEE 1394R通道的电源定义；将－5VDC和－12VDC的电压波动范围修改为±10%。

ATX 2.03标准采用+5V和+3.3V电压，分别为功耗较大的处理器及显卡直接供电；而单独的+12V输出则主要用在硬盘和光驱设备上。

P4处理器推出后，由于功耗较高，ATX 2.03标准电源的+5V电压不能提供足够的电流。基于此，Intel对ATX标准进行了修订推出了ATX 12V规范。

2. ATX 12V系列

ATX 12V标准与ATX 2.03的主要差别是改用+12V电压为CPU供电，为CPU增加了单独的4针电源接口。ATX 12V 1.0对涌浪电流峰值、滤波电容的容量、保护电路等做出了相应规定，确保电源的稳定性。

多核CPU的出现，对12V的输出电流有了更高的要求，电源也从ATX 12V 1.0、ATX 12V 1.1、ATX 12V 1.2、ATX 12V 1.3、ATX 12V 2.0升级到最新的ATX 12V 2.31版本。其中变化较大的是ATX 12V 1.3、ATX 12V 2.0、ATX 12V 2.3版本。

1) ATX 12V 1.3

ATX 12V 1.3版本主要是增强了12V供电，增加了对SATA硬盘的供电接口，满载电源效率(电源的实际输出功率和输入功率的比值)提高到70%。专门限制单路+12V输出不得大于240VA。取消了－5V电压的供给(－5V电压是给ISA插槽使用的)。

2) ATX 12V 2.0

随着PCI-E设备的出现，系统功耗攀升，对+12VDC的需求增大。

ATX 12V 2.0版本增加了一路单独的+12V输出，即采用双路输出，一路+12V(称为+12V1)专门为CPU供电，另一路+12V2为其他设备供电。2.0版推荐的电源转换效率为80%。

小知识：美国联邦通信委员会(FCC)规定，计算机电源的任何一路直流电压输出不允许超过240VA，在这种技术背景下，Intel公司将ATX 12V 2.0的+12VDC分成了+12V1和+12V2。

主板电源接口也从原来的20pin改为24pin，增加的4芯电源插头便于插拔，专门为CPU供电。图8-8所示是24针主板电源接口的针脚定义。

ATX 12V 2.0版本推荐了4种电源规格：250W、300W、350W和400W。

2005年，Intel为双核CPU制定了ATX 12V 2.2电源规范。

3) ATX 12V 2.2

ATX 12V 2.2主要是加入450W的输出规范。以适应双核CPU大功率的需求。

4) ATX 12V 2.3

ATX 12V 2.3规定180W、220W、270W三个功率级为单路+12V输出，300W、350W、

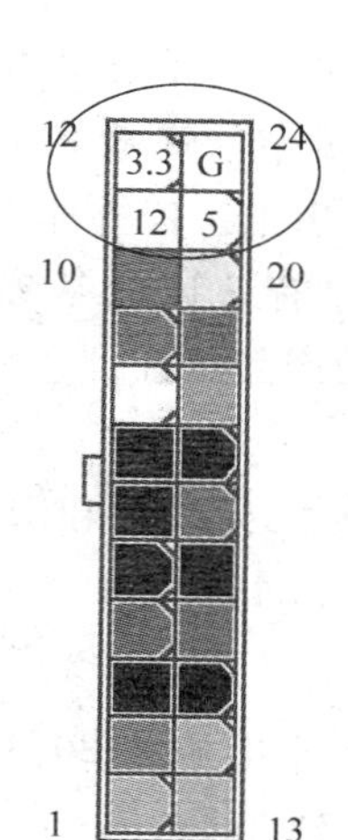

针脚定义

pin	SIGNAL	pin	SIGNAL
1	+3.3V	13	+3.3V
2	+3.3V	14	-12V
3	GND	15	GND
4	+5V	16	PS-ON#
5	GND	17	GND
6	-5V	18	GND
7	GND	19	GND
8	PWR OK	20	Res -5V
9	5VSB	21	+5V
10	+12V	22	+5V
11	+12V	23	+5V
12	+3.3V	24	GND

图 8-8　ATX 12V 2.0 版本主板电源接口的 24 针脚定义

400W、450W 四个功率级为双路+12V 输出。降低了各路输出电流的最小值，其中+12V1、+12V2、+5V 和+3.3V 从 ATX 12V 2.2 的 1A、1A、0.3A 和 0.5A 分别降到 0.1A、0.5A、0.2A 和 0.1A。

执行更严格的节能标准，对电源的转换效率有了更高的标准，转换效率>80%。

2008 年 2 月 ATX 12V 2.31 规范公布，是对 ATX 12V 2.3 规范的补充和完善，ATX 2.31 增加了效能、节能和环保指标。增加了带有两组+12V 输出的 PCI-E 显卡 6 芯辅助供电接口，同时加强+12V1 的供电能力。

3. 准系统电源

准系统电源主要用在特制的外形小巧的主机中，功率低，一般在 200～250W 左右。从原理上来说属于 ATX 电源，只不过因为受机箱空间的制约，采用缩小尺寸、降低空间来对电源进行瘦身。各类准系统电源外形不同，内部空间的布局也不一样。

4. BTX 电源

BTX 电源专门支持 BTX(balanced technology extended)主板。

BTX 电源兼容 ATX 技术，输出标准与 ATX 12V 2.0 规范一样，也采用 24pin 接头。

BTX 电源在 ATX 规范的基础上衍生出 ATX 12V、CFX 12V、LFX 12V 几种电源规格。其中 ATX 12V 可以直接用于标准 BTX 机箱。

CFX 12V 电源于 2003 年发布，适用于总容量 10～15 升的机箱，与 ATX 电源的差别主要在外形方面，采用不规则的外形。定义了 220W、240W、275W 三种规格。其中，275W 的电源采用相互独立的双路+12V 输出。

LFX 12V 标准 2004 年发布，适用于容量 6～9 升的机箱，有 180W 和 200W 两种规格。2006 年以后 BTX 电源基本被放弃。

5. 80Plus 认证

80Plus 最初是由美国能源署出台的一项美国节能现金奖励方案。目的是降低能源消耗，鼓励在生产台式机或服务器时选配 20%轻载、50%典型负载以及满载转换效率均在 80%以上，且功率因数大于 0.9，待机功耗小于 1W 的电源。美国政府对于符合以上要求的台式机每台奖励5美元,服务器每台奖励10美元。该方案2003年开始实施,2007年被纳入到能源之星4.0标准中。80Plus已成为公认的最严格的电源节能规范之一。

80Plus最终目标是确保所有电源的转换效率都达到90%以上。但并非一次达成,而是逐年渐进式的提高认证要求。2008年,80Plus官方组织在原有认证的基础上,新增了金(gold)、银(silver)、铜(bronze)三项认证,分别对应不同级别的产品认证。

1) 80Plus铜牌认证

2008年7月—2009年6月实施。所有通过认证的电源在20%轻载和满载下的转换效率必须达到82%以上,50%典型负载下的转换效率则必须达到85%。

2) 80Plus银牌认证

2009年7月—2010年6月施行。银牌认证更加苛刻。要求电源在20%轻载和满载的情况下,转换效率必须达到85%以上,50%典型负载下必须达到88%。

3) 80Plus金牌认证

2010年7月施行。要求电源在20%轻载和满载的情况下,转换效率必须达到87%以上,50%典型负载下则必须达到90%。

目前电源除了要按照Intel的标准设计外,再追求的就是80Plus认证。

8.3.2 电源性能指标

衡量电源性能优劣的指标主要有以下7个方面。

1. 输出电压

计算机电源有多个输出端,ATX 12V 2.31标准规定输出电压分别为+3.3V(橙)、+5V(红)、+12V1(黄)、+12V2(黄/黑)、+5VSB(紫)和-12V(蓝),另外还有PS_ON线(绿)、P.G.信号线(灰)和地线(黑)。

2. 最大输出电流

各个输出端的最大输出电流分两种情况。一是各端单独工作时的最大输出电流;二是各端同时工作时的最大输出电流。后者一般用合并输出的最大功率表示。

3. 输出功率

电源的输出功率分为两种:额定功率和最大功率(峰值功率)。

额定功率是指环境温度在-5~50℃之间、电压在180~264V之间,电源能长时间稳定输出的功率。最大功率是指电源在极短的时间(3秒至30秒)内所能输出的峰值功率。

最能反映一个电源实际输出能力的是额定功率,是选择电源的最重要指标。

4. 输入技术指标

输入技术指标有输入电源相数、额定输入电压,电压的变化范围、频率、输入电流等。输入电源的额定电压因各国或地区不同而异,中国为220V。开关电源的电压范围比较宽,一般为180~260V,一般的计算机电源都带有115/230V转换开关,以适应不同国家/地区的交流电压。交流输入频率为50Hz或60Hz,开关电源的频率变化范围多为47~63Hz。

电源最大输入电流是指输入电压为下限值和输出电压及电流为上限值的输入电流。

额定输入电流是指输入电压、输出电压和输出电流为额定值时的输入电流。

5. 电磁干扰规格

开关电源是把交流整流为直流后，再通过开关变为高频交流，其后再整流为稳定直流的一种电源，这样就有电源的整流波形畸变产生的噪声与开关波形产生的噪声，泄漏出去会产生较强的电磁辐射，如果不加屏蔽会对其他设备造成影响。计算机中一般通过电源外面的铁盒和机箱来屏蔽电磁干扰。电源的质量不同，防电磁干扰的规格也不同。国际上有FCC A和FCC B标准，国内有国标A级（工业级）和国标B级（家用电器级）标准。尽量选符合国标B级标准的电源。

电磁干扰的大小是衡量计算机电源品质的重要标准，有两方面含义：一是防止电网上电磁干扰通过电源本身产生的电磁干扰进入电网，影响主机系统正常工作；二是防止主机本身产生的电磁干扰进入电网，影响其他电器。

6. 安全保护

由于市电供电不稳定，经常出现尖峰电压或者有时出现电压、电流不稳定的情况，不稳定的电信号直接通过电源输入计算机中的各个配件，会造成相关配件工作不正常或者整台计算机工作不稳定，严重的可能损坏计算机硬件。而电源与地之间的短路，同样会对计算机的硬件造成严重的损害，因此必须选择具有过压、过流及短路保护功能的电源产品，以便有效保护计算机中的各个配件。

7. PFC电路

中国的安全认证机构CCC（China Compulsory Certification），要求计算机电源产品带有功率因数校正器PFC（power fac-to correction）。功率因数表示电子产品对电能的利用效率，值越接近于100%，电能利用率越高，电源内部损耗的电能越少。增加PFC，可以提高电源的功率因数，减少电源对电网的谐波污染和干扰。

PFC分为无源PFC和有源PFC两种。无源PFC又称被动PFC，一般是在交流电源进线处直接串联电感。电源功率越大，电感量越大，电感体积越大。无源PFC成本较低，效果明显不如有源PFC，功率因数在70%～80%之间。

有源PFC又称主动PFC，电路结构复杂，电路本身就相当于一个开关电源。但体积比被动式PFC小、重量轻，同时在直流滤波部分也可以采用较小容量的电容。因此打破了电源重就一定比较好的传统观念。有源PFC支持90～270V的宽范围输入电压（标准是220V），功率因数在90%以上。

8.3.3 电源的选购

目前主流电源为ATX 12V 2.30以上版本。

好电源必须符合以下标准：外观要有详尽的表示，有厂名、厂址、型号性能、合格证、各种安全认证，相同功率的电源越重越好。负载稳定度，电压稳定度，效率功率因数，短路和过载保护，漏电流，耐压强度，纹波，噪声等，要符合国家标准。

选购电源时还要注意以下事项。

1. 看做工

好的电源一般比较重；质量好的电源通电后外壳略有麻手感。好的电源空载运行时风扇声均匀并较小,接上负载在温度略有上升的时候声音会略有增大。

2. 看电源铭牌

通过电源铭牌可以了解电源的型号、功率、认证等基本的性能指标信息,如图 8-9 所示。质量合格的电源应该通过安全和电磁方面的认证,如满足 CCC/TUV/CE/UL 等标准,这些认证标识应在电源的铭牌上标示出来。

图 8-9 各类电源铭牌

3. 外观

观察电源输出线的外观。电源输出电流较大,很小的电阻就会产生较大的压降损耗。质量好的电源使用的电源线比较粗,当然看线材不能只看外表的粗和细,有的厂商把使用的导线很细,但包裹的塑料很粗,因此还要看线号,线上以 AVG 开头后面写着两个阿拉伯数字就是线号,线号越小表示线芯越大,16 号线比 22 号线要好。

4. 线材和散热

从电源外壳散热窗往里看,质量好的电源采用铝或铜散热片,而且较大、较厚。如果可能,就打开电源盒,可以看到质量好的电源用料考究,如多处用方形 CBB 电容,输入滤波电容值大于 470 微法,输出滤波电容值也较大,内部电感、电容滤波网络电路多,并有完善的过压、限流保护元器件。电源内部结构如图 8-10 所示。

图 8-10 电源内部线材和散热片

另外，有的厂商提供旧版本电源加上 24pin 的主板转接头，冒充 ATX 12V 2.0 的电源，虽然使用问题不大，但不是正版的 ATX 12V 2.0 电源，这种电源存在的问题是：不能满足新系统对+12V 的需求，尤其是 ATX 12V 1.3 低功率的电源规格，若转接线材设计不良，将出现严重的压降问题，影响供电质量。

在了解上述原则的前提下，还应当选择 80Plus 或者转换效率较高的电源。可供选择的名牌电源有长城、航嘉、金河田等。

另外，买电源时还要预留出足够的功率。可根据实际需要进行简单的功率测算，在测算数据基础上增加 50W 左右的空余输出，对于机器的稳定运行、日后添加硬件有用。如果测算出机器所需要的电源功率为 300W，则应该选择额定功率 350W 左右的电源。

8.4 机　　箱

机箱的作用是放置和固定各种配件，起承托和保护作用，还有屏蔽电磁辐射的作用。机箱内部放置的部件有主板、CPU、内存、显卡、网卡、光驱、硬盘、电源以及各种需要插在主板上的部件等。

8.4.1 机箱结构与分类

机箱有很多种类型。外形上机箱有立式和卧式之分，现在通常使用的是立式机箱。立式机箱的优点是，没有高度限制，可以提供更多的驱动器槽，便于散热。

从结构上分，机箱分为 AT、ATX、Micro ATX 以及 BTX 结构，目前常见的是 ATX 机箱。不同结构机箱只能安装相应类型的主板，不能混用，使用的电源也有差别。

AT 机箱全称是 BaBy AT，早期安装 AT 主板的机器使用的都是 AT 机箱。

ATX 机箱支持 ATX 主板。图 8-11 所示是一款立式 ATX 机箱外观及内部结构。机箱主要由外壳、面板和内部支架组成。外壳通常用钢板、镁铝合金和塑料结合制成，硬度高，起保护机箱内部元件的作用；机箱正面是前面板，有电源开关、复位开关等按钮，还有电源指示灯、硬盘工作指示灯、USB 接口等。机箱两侧的两块挡板可以拆卸，打开侧面的挡板，可以看到机箱内部结构，内部的支架主要用于固定主板、电源和各种部件。

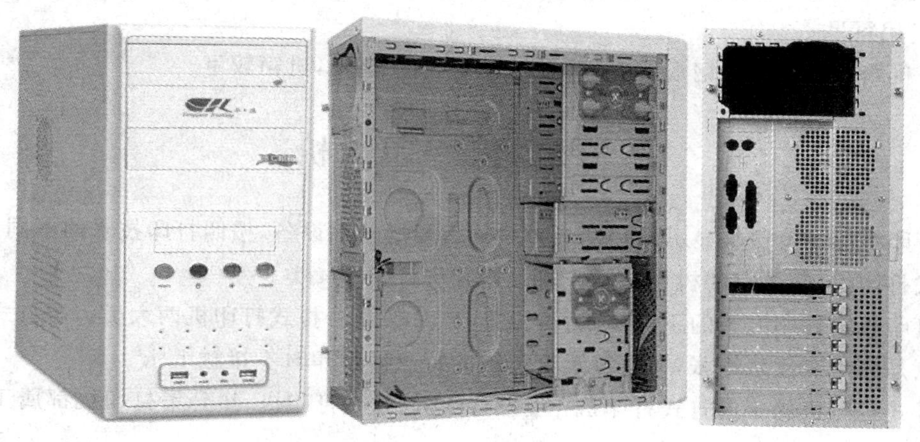

图 8-11　立式 ATX 机箱及内部结构

Micro ATX 机箱比 ATX 机箱体积小一些。

BTX 结构机箱内部结构更加紧凑；针对散热和气流的运动，对主板的线路布局进行了优化设计；主板的安装更加简便，机械性能也将经过最优化设计。BTX 结构机箱分为三种，分别是标准 BTX、Micro BTX 和 Pico BTX。

8.4.2 选购机箱

质量好的机箱必须符合以下标准：外形得体；结实可靠，不会和光驱、风扇等部件产生共振，可以屏蔽掉静电、磁力；结构合理，内部空间便于散热，适合安装、拆卸，有足够的驱动托架；尺寸严格，不会出现板卡安装不上的现象；配件齐全。

1. 散热性

机箱内有 CPU、主板、驱动器等部件，运行时机箱内部发热量很大，良好的散热性是好机箱的必备条件。散热性主要表现在三个方面，一是风扇的数量和位置，二是散热通道的合理性，三是机箱材料的选材。一般来说，品牌机箱都可以做到这一点，采用的风扇直接针对 CPU、内存及硬盘进行散热，形成从前方吸风到后方排风的良好散热通道，及时带走机箱内的大量热量，保证计算机的稳定运行。采用导热能力较强的优质铝合金或者钢材料制作的机箱外壳，也可以有效的改善散热环境。

现在机箱基本上都采用 38℃设计标准，俗称 38 度机箱，这种机箱有三大特点：

(1) 机箱前端需配置一个空气进孔。

(2) 机箱背板装有一个 92mm 散热风扇。

(3) 机箱侧板 CPU 位置必须配有导风管。

2. 设计精良，易维护

设计精良的机箱会提供醒目的 LED 显示灯或易于维护的细节设计，便于及时了解机器的工作情况，并且方便硬件的拆卸、安装。

另外，观察机箱主板的定位孔也可以作为一个选择标准。因为定位孔的位置和多少决定着机箱所能使用主板的类型。ATX 机箱标准规格，共有 17 个主板定位孔，而 ATX 主板真正使用的只有其中的 9 个，其他孔是为了兼容其他类型的主板而设计的。

3. 用料足

好机箱是镀锌双层钢板做成，钢板厚为 1～1.5 毫米，机箱较重。

8.5 打 印 机

打印机(printer)是显示器之外的另一种重要的输出设备，按照打印技术的不同，可以分为针式打印机、喷墨打印机、激光打印机、热升华打印机 4 类。

打印机按打印方式的不同，分为击打式打印机、非击打式打印机两大类。击打式打印机的特点是打印时接触纸张，非击打式打印机的特点是打印时不接触纸张。

针式打印机属于击打式打印机；喷墨打印机、激光打印机、热升华打印机都属于非击打式打印机。

8.5.1 针式打印机

针式打印机通过打印头中的打印针按照一定的规则击打色带,形成图形或者文字。使用的耗材是色带,价格低廉,后期使用成本很低。但打印效果一般,打印速度慢、噪音较大。针式打印机可打印多种类型纸张,也可以打印多层纸,常用于报表打印。

针式打印机主要有通用针式打印机、存折针式打印机、高速针式打印机等类型。

EPSON LQ-1600K、STAR CR-3240 是常见的通用宽行针式打印机,因其可以打印的纸张幅面较宽(A3 幅面)而得名。EPSON LQ-100、NEC-P2000 是常见的通用窄行针式打印机,窄行打印机只能打印 A4 幅面以下的纸张。图 8-12 所示为最常见的针式打印机。

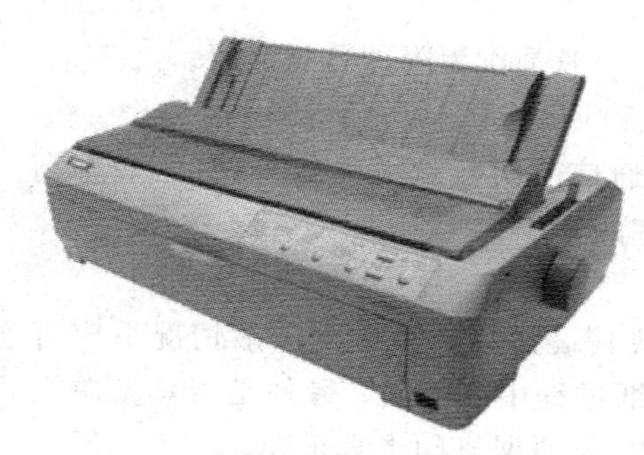

(a) 通用宽行打印机

(b) 票据打印机

图 8-12　针式打印机

选购和使用打印机时,应该对打印机的性能有所了解,在产品说明书上有打印机的技术参数和性能指标,下面对主要的技术参数和性能指标进行介绍。

1) 打印方式

说明打印过程采用的模式。如"双向逻辑选距"打印方式,根据每行打印内容的具体位置控制打印头的启停位置,从而节省时间,提高打印速度和效率;"可选择单双向"打印方式,可以根据打印要求,选择每次打印时打印头的起始位置。单向打印是打印每一行时,打印头都要回到初始位置,再打印,打印效率较低,但字符或图像上下衔接精度高;双向打印是打印头横向来回移动时进行打印,打印效率高,但由于机械部件精度的影响,可能会造成字符或图像上下衔接部分有一定的错位,对打印质量有影响。

2) 打印头

打印头主要有 9 针和 24 针两种,目前绝大多数打印机采用 24 针打印头,比 9 针打印头打印速度快,打印质量好。打印针的寿命是其主要性能参数,一般在 3 亿次/针以上。

3) 打印机分辨率

打印机分辨率又称为输出分辨率,是指在打印输出时横向和纵向两个方向上每英寸最多能够打印的点数,通常以"点/英寸"(dot per inch,DPI)表示。最高分辨率是指打印机所能打印的最大分辨率,也是打印输出的极限分辨率。打印机分辨率一般指最高分辨率,

打印质量较高的针式打印机可以达到 360×360DPI。

4) 字符集

字符集是打印机中字库种类。中文打印机的字符集种类较为齐全,一般包括有 ASCII

码点阵字符集、汉字点阵字符集以及国际字符组点阵字符集等，字符集按国家标准制定。如GB-5007标准(宋体24×24点阵字符集)和GB-2312-80(宋体32×32点阵字符集)。

5）打印速度

打印速度是打印机重要的性能指标，一般是打印一行西文字符或中文汉字时的打印速度。标准说明按照每英寸打印10个西文字符的方式，每秒能打印字符的数目。速度较快的打印机打印速度一般在200字/秒以上。

6）行距

行距是说明输纸操作精度和性能的重要指标，最小输纸距离更能反映其输纸组件的控制能力和精密程度。

7）接口

大多数打印机均配置并行接口，其他的接口一般是作为附件另外购置。

8）最大缓冲容量

缓冲容量大，一次输入数据就多，与计算机通信的次数就可以减少，打印效率高。该指标也间接表明在打印时，对计算机主机工作效率的影响。

9）输纸方式

好的打印机应具备多种输纸方式，能够反映其设计是否合理。一般情况下应有连续纸输送的链轮装置，以保证输纸的精度和避免输纸过程中的偏斜；另外是否具备单页纸和卡片纸的输送能力，以及是否具备平推进纸的能力，对票据打印十分重要。

10）纸宽及纸厚度

纸宽反映打印机的最大打印宽度，通用打印机一般为9英寸(窄行)和13.6英寸(宽行)；纸厚度反映打印头的击打能力，这项指标对于需要复写拷贝的应用很重要，一般用“正本＋复写份数”表示。

8.5.2 喷墨打印机

喷墨打印机通过控制指令操控打印头及其喷嘴孔喷出定量墨水形成图像。具有体积小、操作简单方便、打印噪音低、图像精美等优点。图8-13所示是一款常见的喷墨打印机。

1. 结构组成

喷墨打印机主要包括机械和电路两大部分，机械部分包括墨盒和喷头、清洗部分、字车机构、输纸机构和传感器等几个部分。墨盒和喷头有两种类型，一种是二合一的一体化结构；另一类是分离式结构。两种方式各有优点。清洗系统是喷头的维护装置。字车机构用于实现打印位置定位。输纸机构提供纸张输送功能，运动时它必须和字车机构配合才能完成全页的打印。传感器的功能是检查打印机各部件工作状况。

图8-13 喷墨打印机

2. 喷墨打印机的原理

喷墨打印机按工作原理可分为固体喷墨和液体喷墨两种。固态喷墨打印机是泰克

(TEKTRONIX)公司的专利技术。使用的变相墨在室温下是固态的，工作时将腊质的颜料块先加温溶化成液体。这类打印机的优点是颜料的耐水性能好，不存在打印头因墨水干涸而造成的堵塞问题。但采用固态油墨的打印机因生产成本比较高，产品比较少。

目前广泛使用的喷墨打印机多以液体喷墨方式为主，打印头是最为关键的部件。不同的液体喷墨打印机，其喷墨的方式不同。

根据喷墨方式的不同，可以分为热泡式(thermal bubble)及压电式(piezo electric)喷墨打印机两种。惠普(HP)、佳能(Canon)和利盟(Lexmark)等公司采用热泡式技术，爱普生(Epson)公司使用的是压电喷墨式技术。

1) 热泡式

热泡式也称气泡喷墨。通过极小的电阻产生热量，使墨水蒸发，产生气泡。当气泡膨胀时，墨水被挤出喷嘴，滴在纸张上。气泡的破裂(塌缩)产生一部分真空，使更多的墨水从墨盒吸入打印头。气泡喷墨打印头有300或600个小喷嘴，可以同时喷射墨滴。

这种技术制作的喷头工艺成熟，成本低廉，但由于喷头中的电极始终受电解和腐蚀的影响，对使用寿命有影响。所以这种打印喷头通常与墨盒做在一起，更换墨盒的同时更新打印喷头。为降低使用成本，可以给墨盒"打针"，即加注墨水：在打印头刚刚用完墨水后，立即加注专用的墨水，可以节约耗材费用。

由于使用过程中要加热墨水，高温下，墨水容易发生化学变化，性质不稳定，打出的色彩真实性受一定影响；另外，由于墨水通过气泡喷出，墨水微粒的方向性与体积大小不好掌握，打印线条边缘容易参差不齐，影响打印质量，打印效果不如压电技术产品。

2) 压电式

压电式打印机将压电晶体放置在打印头喷嘴附近，利用压电晶体在电压作用下会发生形变的原理，适时地把电压加到压电晶体上面，压电晶体随之产生伸缩使喷嘴中的墨汁喷出，从而在输出介质表面形成图案。该技术的专利权属于爱普生公司。

用压电喷墨技术制作的喷墨打印头成本比较高，为了降低使用成本，一般都将打印喷头和墨盒做成分离的结构，更换墨水时不必更换打印头。通过控制电压可以有效调节墨滴的大小和使用方式，从而获得较高的打印精度和打印效果。高分辨率1440DPI。但如果在使用过程中喷头堵塞，无论是疏通或更换费用都比较高。

生产喷墨打印机的厂家主要有爱普生、佳能、惠普等公司。爱普生公司的产品最全，质量也最好。

8.5.3 激光打印机

1948年施乐公司推出的第一台静电复印机可以说是激光打印机的鼻祖。

1976年IBM推出第一台将激光技术和电子照相技术相结合的激光打印机IBM 3800。1998年，HP推出第一款支持自动双面打印的彩色激光打印机HP Color LaserJet 4500。激光打印机打印质量好、速度快、噪音低，分辨率在600×600DPI以上。

惠普公司的分辨率增强技术(Resolution Enhancement Technology)及PCL打印机语言，已成为世界标准。

激光打印机按打印速度可分为三类：即低速激光打印机(每分钟输出10～30页)；中速激光打印机(每分钟输出40～120页)；高速激光打印机(每分钟输出130～300页)。

激光打印机由激光扫描系统，电子照相系统和控制系统三大部分组成。激光扫描系统包括激光器、偏转调制器、扫描器和光路系统，利用激光束的扫描形成静电潜像。电子照相系统由光导鼓、高压发生器、显影定影装置和输纸机构组成，将静电潜像变成可见的输出。

彩色激光打印机工作方式与单色打印机相同，但需要进行四次打印才能完成整个打印过程——青色(蓝色)、洋红色(红色)、黄色和黑色各打印一次。按照不同比例混合这四种颜色，就可以产生光谱中所包含的所有颜色。

激光打印机主要有惠普、佳能、爱普生、利盟、施乐、松下、理光等公司的系列产品，联想和方正也生产激光打印机。HP激光打印机性价比最好，日常办公用以HP P1007性价比最高。

8.5.4 打印机的安装

要使用打印机，首先必须安装打印机。打印机的安装包括硬件的连接及驱动程序的安装，只有正确连接打印机硬件，并安装了相应的打印机驱动程序之后，打印机才能正常工作。

1. 硬件连接

打印机硬件连接的方法：先通过数据线将打印机与计算机相连，计算机端常见的连接端口有USB、LPT或COM端口；然后连接电源线，将电源线的D型头插入打印机的电源插口中，另一端插入电源插座插口。

2. 打印机驱动程序安装

通常，连接好打印机后，打开打印机电源开关，启动计算机，操作系统会自动检测到新硬件，然后打开一个安装向导对话框，根据其中的提示，便可进行驱动程序的安装；也可使用打印机包装中的安装光盘安装。

8.6 手写板

手写板也叫手写仪，是一种使用较为方便的输入设备，能够完成编辑相片、图片、制作电子签名、绘制图表或流程图等任务，手写板的出现省却了适应键盘输入与中文字之间的矛盾，只要能写字，就能轻松完成文字录入。除此之外手写板大多提供绘画、网上交流、即时翻译等功能。普通手写板外观如图8-14所示。有的键盘上集成了手写板的功能。

图8-14 手写板

手写板通过USB接口或无线方式与计算机相连。根据功能和用途的差异，手写板价格从几十元到数千元不等。

手写板生产商主要有WACOM、汉王科技等公司。WACOM公司的产品主要用于绘图。

8.7 本章小结

鼠标、键盘、机箱、电源是计算机必备的部件，打印机、手写板是计算机常用的输出和输入设备。本章主要介绍了这些部件的分类、工作原理以及主要的性能指标。罗技的键盘、鼠标套装性价比很高。目前主流电源规范为ATX 12V 2.31，符合80Plus标准的电源节能效果更好。针式打印机在商业领域应用普遍，HP的激光打印机适合日常办公使用。

习 题 8

1. 填空题

(1) 根据按键工作原理的不同，键盘有________、________和________按键三种，其中，最常见的是________。

(2) 鼠标按工作原理的不同可以分为机械鼠标、________和________。

(3) 按照打印技术的不同，常见的打印机有三种：____________。

(4) 要直接在计算机上进行绘制图或输入，________是一种使用方便的输入设备。

2. 简答题

(1) 简述计算机电源的主要技术参数。

(2) 简述激光打印机的主要性能指标。

第9章　计算机网络设备

本章学习目标

- 了解双绞线的分类；
- 了解网卡的分类与工作原理；
- 掌握网卡选购时应注意的问题；
- 了解交换机的分类与工作原理；
- 了解无线路由和无线网卡的使用方法。

随着计算机网络的发展和宽带接入的普及，计算机网络已渗透到日常工作和生活中，计算机网络设备是计算机网络的重要组成部分，本章主要介绍常用的网络设备：双绞线、网卡、交换机、路由器和无线网络设备。

9.1　双　绞　线

双绞线(twisted pairwire，TP)是由两条相互绝缘的导线按照一定的规格互相缠绕在一起的一种通信传输介质。导线扭绞的目的是减小电磁辐射和外部电磁干扰。最早的双绞线是电话线，用于语音通信，用于连接计算机设备的双绞线为4对8芯。

9.1.1　双绞线的分类

双绞线分为非屏蔽双绞线(unshilded twisted pair，UTP)和屏蔽双绞线(shielded twisted pair，STP)两大类，比较常见的是UTP。

1. 屏蔽双绞线

屏蔽双绞线是在电缆中增加屏蔽层的双绞线。屏蔽层由金属箔、金属丝或金属网几种材料构成，通过屏蔽层上噪声电流与双绞线上的噪声电流相位相反的原理，将两种电流相互抵消，从而提高电缆的物理性能和电器特性，减少电缆信号传输中的电磁干扰。

根据屏蔽双绞线屏蔽方式的不同，屏蔽双绞线又分为两类，即STP和FTP(foil twisted-pair)。STP是指每条线都有屏蔽层，FTP是采用整体屏蔽的双绞线。

2. 非屏蔽双绞线

非屏蔽双绞线无金属屏蔽材料，只有一层绝缘胶皮包裹，价格相对便宜，非屏蔽双绞线电缆具有以下优点：

- 无屏蔽外套，直径小，节省空间；
- 重量轻，易弯曲，易安装；

• 将串扰减至最小或加以消除；

• 具有阻燃性；

• 适用于结构化综合布线。

除某些特殊场合(如受电磁辐射严重、对传输质量要求较高等)在布线中使用 STP 外，一般情况下都采用非屏蔽双绞线。

9.1.2 双绞线的规格型号

随着网络技术的发展，双绞线的标准也在不断提高。从最初的 1、2 类线，发展到如今的 7 类线。

1. 1 类双绞线(Cat 1)

线缆最高频率带宽 750kHz，用于语音传输。

2. 2 类双绞线(Cat 2)

线缆最高频率带宽 1MHz，用于语音传输、EIA-232 系统。

3. 3 类双绞线(Cat 3)

频率带宽最高 16MHz，最高传输速率 10Mb/s，主要应用于语音系统、10Mb/s 以太网和 4Mb/s 令牌环，最大网段长 100m。是 ANSI 和 EIA/TIA568 标准中指定的线缆规范。

4. 4 类双绞线(Cat 4)

线缆最高频率带宽 20MHz，最高数据传输速率 20Mb/s，主要应用于语音系统、10Mb/s 以太网和 16Mb/s 令牌环，最大网段长 100m，未被广泛采用。

5. 5 类双绞线(Cat 5)

线缆最高频率带宽为 100MHz，最高传输速率 100Mb/s，主要应用于语音系统、100Mb/s 快速以太网，最大网段长度 100m，采用 RJ 形式的连接器，图 9-1 所示为线缆与 RJ-45 水晶头的连接方式。线缆增加了绕线密度，外套为高质量的绝缘材料。

(a) RJ-45水晶头

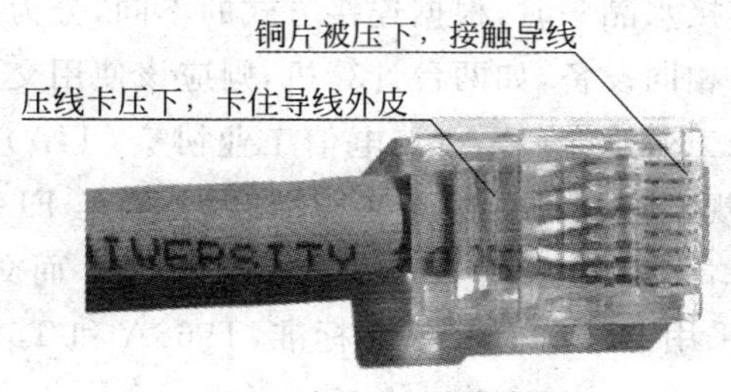

(b) RJ-45水晶头与线缆的连接

图 9-1 水晶头与线缆的连接

在双绞线缆内，不同线对具有不同的绞距长度。一般地，4 对双绞线距周期在 38.1mm 长度内，按逆时针方向扭绞，一对线对的扭绞长度在 12.7mm 以内。

6. 超 5 类双绞线(Enhanced Cat 5e)

线缆最高频率带宽 100MHz，最高能达到 1000Mb/s(4 对全用)的传输速率。用于千兆以太网。又叫增强型 5 类双绞线。

超 5 类线在近端串扰、串扰总和、衰减和信噪比 4 个主要指标上比 5 类线有较大改进。

近端串扰(near end cross-talk,NEXT)是评估线缆性能的最重要的标准。高速网络传送和接收数据是同步的。NEXT是当传送与接收同时进行时所产生的干扰信号。NEXT的单位是dB,表示传送信号与串扰信号之间的比值。

串扰总和(power sum NEXT)是从多个传输端产生NEXT的和。超5类线的串扰总和只有5类线的1/8。

信噪比(structural return loss,SRL)是衡量线缆阻抗一致性的标准,阻抗的变化引起反射。一部分信号的能量被反射到发送端,形成噪声。SRL是测量能量变化的标准,由于线缆结构变化而导致阻抗变化,使得信号的能量发生变化。反射的能量越少,意味着传输信号越完整,在线缆上的噪声越小。

7. 6类双绞线(Cat 6)

线缆频率带宽在250MHz以上,能够提供2倍于超五类的带宽,可用于千兆以太网。由4对线(8根)组成,有非屏蔽、单屏蔽、双屏蔽三种。其中双屏蔽除了有一层箔绝缘体屏蔽所有电线对外,另外还有一层箔绝缘体屏蔽每一对绞线(2根)。

六类非屏蔽双绞线价格较高,与超五类线有良好的兼容性。

8. 7类屏蔽双绞线(Cat 7)

线缆频率带宽为600MHz、1000MHz,是一种8芯屏蔽线,每对都有屏蔽层,8根芯外还有一个屏蔽层,接口与RJ-45不兼容。是一种全新的线缆规范,主要用在155Mb/s、622Mb/s的ATM网络、1000Base-T和10GBase-T以太网中。性能优异,但价格昂贵。

9.1.3 双绞线与设备之间的连接

在局域网中网卡,集线器,交换机,路由器等网络设备互连要通过双绞线,双绞线与这些设备的接口为RJ-45接头(俗称水晶头)。

双绞线连接水晶头时,根据连接方式的不同,分为直通双绞线和交叉双绞线两种。如果直接连接两台相同设备,如两台计算机,则应该使用交叉双绞线;反之使用直通双绞线。

美国电子工业协会(EIA)和电信工业协会(TIA)共同制定了EIA/TIA-568网络布线标准,该标准规定了两种RJ-45连接标准,分别是EIA/TIA-568A和EIA/ TIA-568B。直通双绞线的两端连接头采用EIA/TIA-568B标准;而交叉双绞线的一端采用EIA/TIA-568B标准,另一端采用EIA/TIA-568A标准,T568A和T568B的接线标准如图9-2所示。

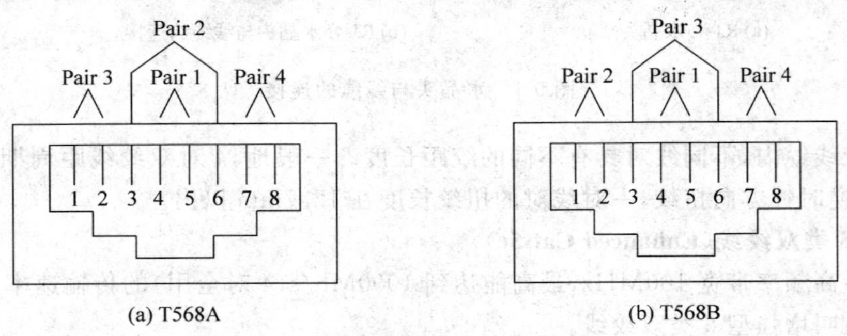

图9-2 T568A、T568B标准

直通双绞线(直连线)电缆的线序如图 9-3 所示,交叉双绞线(交叉线)电缆的线序如图 9-4 所示,这两种连接方式的使用场合如表 9-1 所示。

直通电缆(Straight Through Cable)

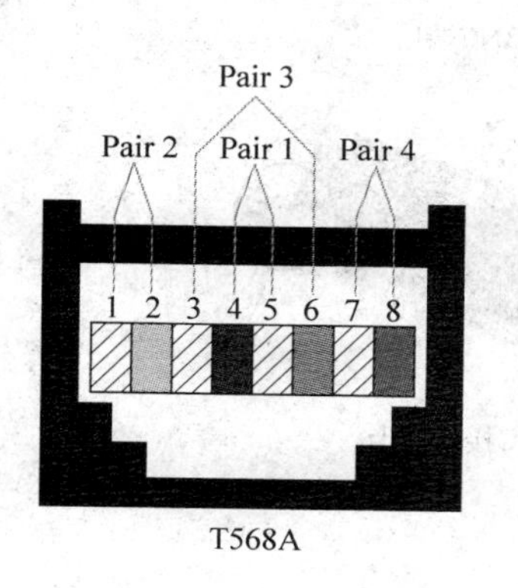

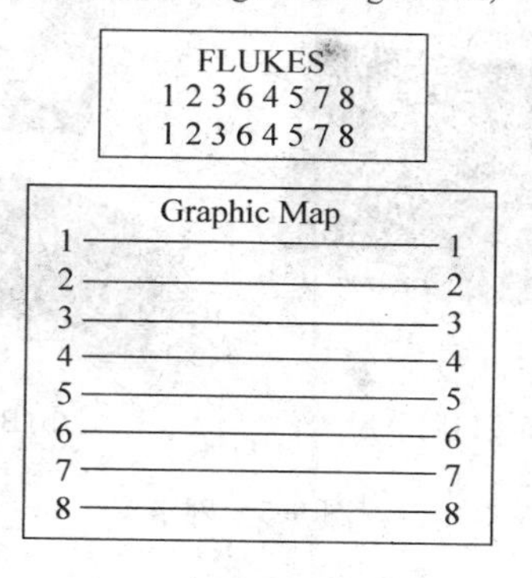

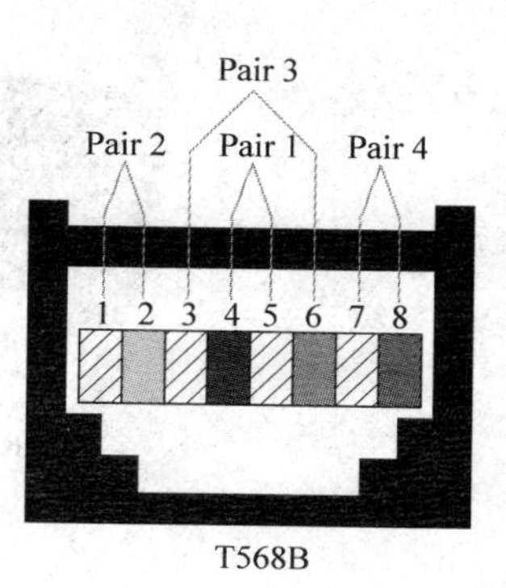

图 9-3　直连线的线序

交叉电缆(Cross Connect or Cross-Over Cable)

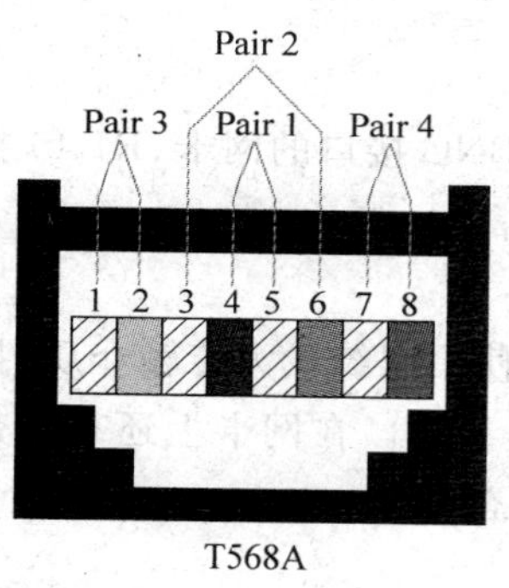

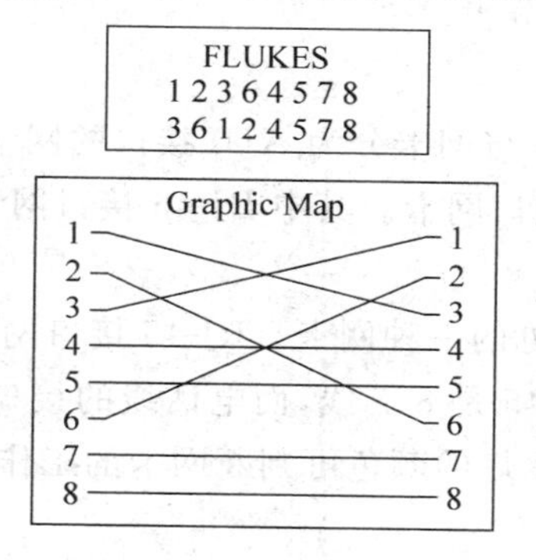

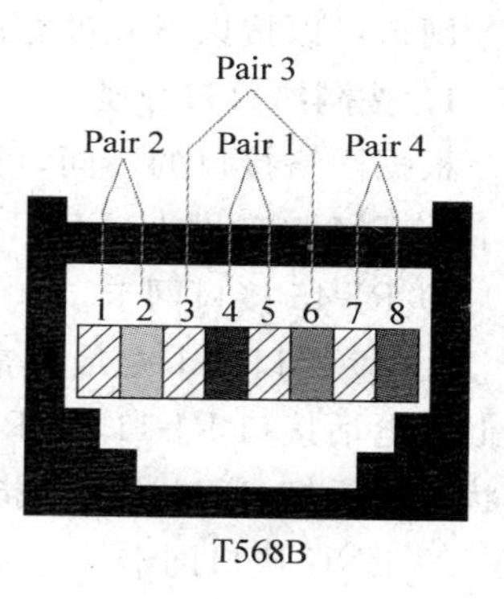

图 9-4　交叉线的线序

表 9-1　直连线、交叉线的线序排列和使用场合

线　　序	连 接 方 式	使 用 场 合
直连线	T568B—T568B T568A—T568A	在异种设备之间,如计算机-集线器 计算机-交换机 路由器-集线器 路由器-交换机 交换机-交换机(UPLink 口)
交叉线	T568B—T568A	在同种设备之间,如计算机-计算机 交换机-交换机

9.2 网　　卡

网卡(network interface card,NIC)也叫网络适配器、网络接口卡,是连接计算机与网络的硬件设备,计算机只有安装了网卡,才能同网络上其他的计算机通信。最早的网卡插在主板扩展槽中,外观如图9-5所示。目前主板上都集成了网卡的功能。

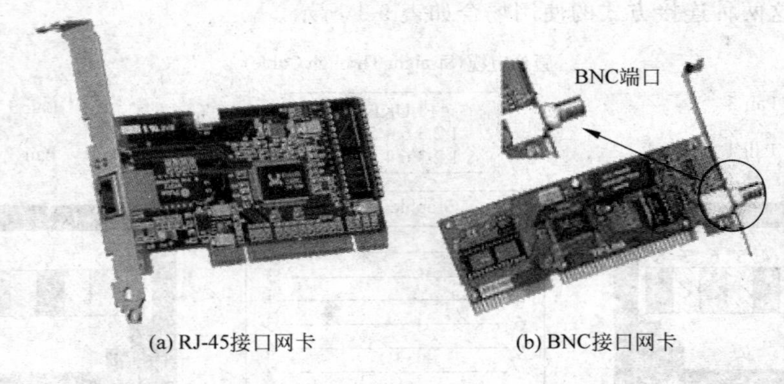

(a) RJ-45接口网卡　　(b) BNC接口网卡

图9-5　网卡

9.2.1　网卡分类

网卡可以按以下几种方法分类。

1. 按网络接口分类

根据网络接口的不同,可以将网卡分为AUI接口的网卡、BNC接口的网卡、RJ-45接口网卡、ATM接口网卡、FDDI接口网卡。其中RJ-45接口网卡常见。

1) RJ-45接口网卡

RJ-45接口网卡是最为常见的一种网卡。RJ-45接口网卡使用双绞线为传输介质,接口类似于电话接口RJ-11,但RJ-45是8芯线,而电话线的接口是4芯。在网卡上还有自带两个状态指示灯,通过这两个指示灯的颜色可判断网卡的工作状态。

2) BNC接口网卡

用于以细同轴电缆为传输介质的以太网或令牌网中,这种接口类型的网卡已经少见。

3) AUI接口网卡

AUI接口是一种D型15针接口,用于以粗同轴电缆为传输介质的以太网或令牌网中,这种接口类型的网卡目前也少见。

4) ATM接口网卡

这种接口类型的网卡用于ATM光纤(或双绞线)网络中,传输速率为155Mb/s。

5) FDDI接口网卡

这种接口的网卡用于FDDI网络中,这种网络具有100Mb/s的带宽,使用的传输介质是光纤,FDDI接口网卡的连接的是光纤。

2. 按总线接口分类

按总线接口来分,网卡可以分为ISA总线网卡、EISA总线网卡、PCI总线网卡、PCI-X总线网卡、PCI-E接口网卡、USB接口网卡、PCMCIA接口网卡、Mini-PCI接口网卡。总线接口的不同,直接影响网卡的数据传输率。图9-6所示是各种总线接口网卡的外观。

1) ISA总线网卡

ISA总线网卡是早期的网卡接口,由于ISA接口速度慢,ISA总线网卡早已被淘汰。

2）PCI 总线网卡

PCI 总线网卡速度比 ISA 总线网卡快（ISA 最高为 33MB/s，而 PCI 2.2 标准 32 位的 PCI 接口数据传输速率最高可达 133MB/s）。

主流的 PCI 规范有 PCI 2.0、PCI 2.1 和 PCI 2.2 三种。服务器用的 64 位 PCI 网卡，外观与 32 位 PCI 网卡差别较大。

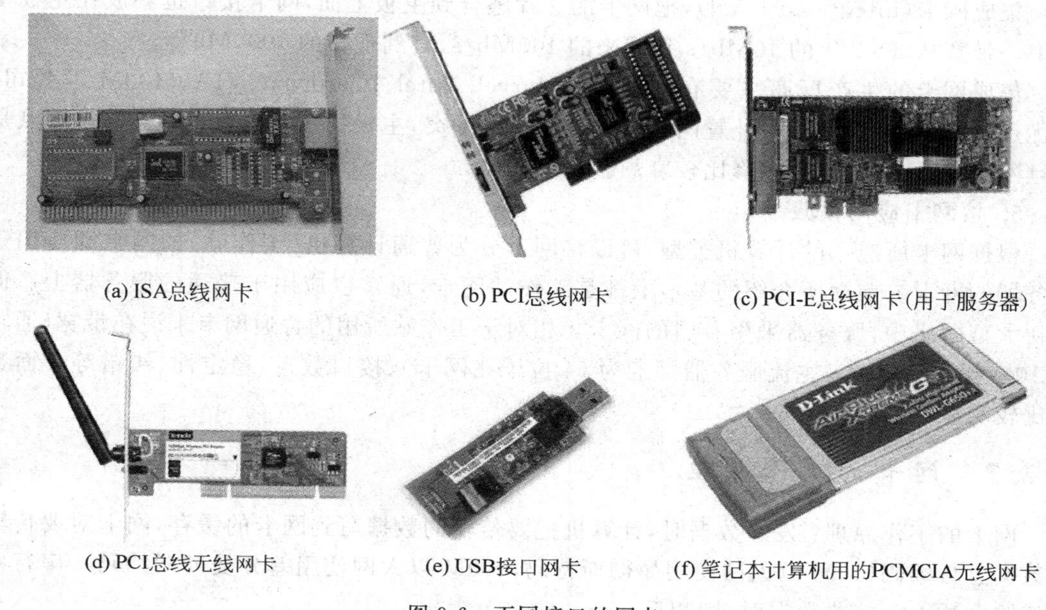

(a) ISA总线网卡　(b) PCI总线网卡　(c) PCI-E总线网卡（用于服务器）

(d) PCI总线无线网卡　(e) USB接口网卡　(f) 笔记本计算机用的PCMCIA无线网卡

图 9-6　不同接口的网卡

3）PCI-X 总线网卡

PCI-X 是 PCI 总线的一种扩展规范，在相同频率下，PCI-X 能提供比 PCI 高 14%～35%的性能。早期服务器网卡常采用此类型接口。

4）PCI-E 接口网卡

PCI-E 接口采用点对点的串行连接方式，PCI-E 接口根据总线接口对位宽的不同而有所差异，分为 PCI-E 1X（标准 250MB/s，双 500MB/s）、2X（标准 500MB/s）、4X（标准 1GB/s）、8X（标准 2GB/s）、16X（标准 4GB/s）、32X（标准 8GB/s）。采用 PCI-E 接口的网卡多为千兆网卡。

5）USB 接口网卡

USB 接口网卡是一种无线网卡，主要功能是通过无线方式连接网络。这类网卡主要是用于没有内置网卡的笔记本计算机。

6）PCMCIA 接口网卡

PCMCIA 接口是笔记本计算机专用接口，PCMCIA 总线分为两类，一类为 16 位的 PCMCIA；另一类为 32 位的 CardBus，CardBus 网卡的最大速率接近 90Mb/s，是目前笔记本网卡的主流配置。

7）Mini-PCI 接口网卡

Mini-PCI 接口是台式机 PCI 接口基础上扩展出的用于笔记本的接口标准，速度和 PCI

标准相当,很多此类产品都是无线网卡。传输速度为150Mb/s的较为常见。

3. 按带宽划分

不同带宽的网卡所应用的环境不同,目前网卡主要有10Mb/s网卡、100Mb/s以太网卡、10/100Mb/s自适应网卡、1000Mb/s千兆以太网卡4种。

4. 按与主板是否集成分类

集成网卡(integrated LAN),把网卡的芯片整合到主板上面,网卡接口也集成在主板接口中。带宽从2002年的10Mb/s到后来的100Mb/s,直到现在的1000Mb/s。

集成网卡的生产厂商主要有Realtek、Marvell、Intel、Boardcom、VIA、3COM等公司。其优点是降低成本,避免了外置网卡与其他设备的冲突,主板稳定性与兼容性提高。缺点是一旦网卡芯片一旦损坏,维修比较麻烦。

5. 按网卡应用领域

根据网卡所应用的计算机类型,可以将网卡分为普通计算机(工作站)的网卡和应用于服务器的网卡。前面所介绍的基本上都是工作站网卡,通常也应用于普通的服务器上。但是在大型网络中,服务器采用专门的网卡。相对于工作站所用的普通网卡来说在带宽(通常在10 000Mb/s以上,主流服务器网卡为64位千兆网卡)、接口数量、稳定性、纠错等方面都有比较明显的提高。

9.2.2 网卡的工作原理

网卡的工作原理:发送数据时,计算机把要传输的数据写到网卡的缓存,网卡对要传输的数据进行编码(10M以太网使用曼彻斯特码,100M以太网使用差分曼彻斯特码),串行发到传输介质上。接收数据时,则相反。

每块网卡都有一个唯一的网络节点地址,是网卡生产厂家在生产时烧入网卡的ROM中的,这个地址叫MAC地址(网卡物理地址),不会重复。MAC为48位,前24位由IEEE(美国电气和电子工程师协会)分配;后24位由网卡生产厂家自行分配。

9.2.3 网卡的选购

网卡是连接局域网和Internet不可缺少的配件,是最基础的网络设备。生产网卡的著名厂家有COM、Accton、Addtron等公司。

常见的网卡可以满足个人以及小型网络的通信需求,但对于大型网络,服务器网卡对整个网络的性能的发挥却非常重要。经常出现的网络掉线、访问速度慢、数据掉包多等现象多数是由服务器网卡性能不良造成。

网卡性能主要由网卡芯片,以及生产工艺、制造水平决定。现在主板一般都集成了一块10/100/1000Mb/s自适应的千兆位网卡。虽然支持的技术标准一样,但实际的性能水平有差异。下面是网卡选购的一些主要注意事项。

1. 技术方面

网卡技术主要由网卡芯片技术和所采用网络标准决定。根据网卡的具体应用环境和应用需求选择。

1) 选择广泛认可的网卡芯片

生产网卡芯片的厂家比较多,如Realtek(台湾瑞昱)、VIA(威盛)、3COM、Intel、

Broadcom、Davicom 等公司。国内应用最广的是 Realtek 公司的 RTL 系列芯片。磐正、华擎、技嘉等主板上集成的网卡芯片都是 RTL 系列芯片，如 RTL8139(A/B/C/D)/8139C—Plus/8169/8169S 等。采用 RTL 系列芯片的独立网卡品牌有 TP-LINK、腾达等。

VIA 生产的主流网卡芯片有 VIA VT6102/VT6103/VT6105 等，主要集成在 VIA 主板芯片组中，如微星、升技、映泰、华擎、华硕、精英等主板。在独立网卡中采用 VIA 芯片的有 D-LINK 网卡，TP-LINK 网卡等。

2）选择适当的网卡类型

一般应用只需选择 10/100/1000Mb/s 自适应的网卡即可，如果需要频繁的高速网络传输，最好选择支持光纤的 64 位 PCI-E 接口网卡。

3）根据应用选择相应的网卡

网卡技术包括远程唤醒、出错冗余、负载均衡和快速通道等，这些技术主要是针对一些特殊的应用。远程唤醒技术主要用于需要远程启动的计算机，管理员无须亲临现场，就可以实现远程计算机的启动，以提高管理效率。在这类网卡上都带有 BOOTROM 芯片(启动芯片)，并具有防病毒功能。

出错冗余(adapter fault tolerance，AFT)技术是一种在服务器和交换机之间建立冗余连接的技术。在服务器上安装两块网卡，一块为主网卡；另一块为备用网卡，用两根网线将两块网卡都连到交换机上。这种技术主要应用于服务器所用的高档网卡上。

AFT 技术的基本工作原理是，当主网卡工作时，智能软件通过备用网卡对主网卡及连接状态进行监测，发送特殊设计的“试探包”。若连接失效，“试探包”将无法送达主网卡，智能软件立即将工作移交给备用网卡。

负载均衡(adapter load balancing，ALB)技术是一种通过聚合多条链路，以实现通道带宽增加，让服务器更多、更快传输数据的技术。该技术通过在多块网卡之间平衡数据流量来增加吞吐量，因为每增加一块网卡，就能增加相应的网络带宽。

另外，ALB 还具有 AFT 同样的容错功能，当服务器网卡成为网络瓶颈时，ALB 技术无须划分网段，网络管理员只需在服务器上安装两块具有 ALB 功能的网卡，并把它们配置成 ALB 状态，便可迅速、简便地解决通道瓶颈问题。

快速通道(fast ether channel，FEC)技术是针对 Web 浏览及 Intranet 等对吞吐量要求较大的应用而开发的一种增大带宽的技术。可为应用系统提供高可靠性和高带宽，主要用于应用型服务器和需要高性能数据交换的计算机。

FEC 具有 AFT 和 ALB 的全部功能。与具备 FEC 特性的交换机连接，服务器可实现多块网卡双向平衡通信。

2. 制造方面

下面从网卡制造方面介绍选购独立网卡的注意事项。

1）看材料

优质的网卡采用喷锡板，劣质的网卡一般采用非喷锡板材，又叫画金板，颜色为黄色。画金板会影响焊接的质量，造成虚焊、脱焊等，影响网卡的使用。可以通过肉眼来识别：喷锡板的裸露部分为白色，而画金板的裸露部分为黄色。

2）看工艺

优质网卡的电路板焊点大小均匀，焊接口干净。劣质网卡的焊点不均匀，有时可以看到细小的气眼，出现堆焊或者虚焊的现象。良好的焊接质量可以保证数据的稳定传输。

3）看布线

优质网卡遵循信号线和地之间回路面积最小这一原则，以减少信号之间串扰的可能性。信号线转弯处应走45°角，节点处应为圆弧形设计。劣质网卡走线凌乱，设计不标准，容易造成信号传输波动较大，影响系统的稳定，严重的会损坏计算机。

4）看元件的选择

优质的网卡除了电解电容和高压瓷片电容以外，其他的阻容器件一般都选择SMT贴片元件，因为贴片元件比插件的可靠性高出许多，并且可以减小电路体积，增强散热的效果。贴片元件采用贴片机波峰焊接，焊点的质量可靠。

5）看金手指的工艺

金手指是指网卡和主板的接触部分，优质网卡采用镀钛金工艺；劣质的网卡则采用镀铜工艺，容易掉色或生锈，容易造成网卡插入主板时接触不良。

3. 兼容性

网络设备的兼容性一般都较差。在选购时，最简单的方法是先试用一下。

9.3 交 换 机

交换机是一种连接各类计算机并负责数据接收和转发的设备，是一种基于MAC地址识别，完成数据封装，转发数据包的网络设备。常见的交换机外观如图9-7所示。

图9-7 交换机外观

主流的交换机厂商以国外的Cisco、安奈特等公司为代表，国内主要有华为、D-LINK等公司。

9.3.1 交换机与集线器

交换机起源于集线器(hub)。hub的作用可以简单地理解为将一些计算机连接起来组成一个局域网。而交换机(又名交换式集线器)的作用与集线器大体相同。但是，两者在性能上有区别，集线器采用的是共享带宽的工作方式，而交换机是独享带宽。

交换机与传统集线器的主要区别如下。

1. 工作层次不同

交换机和集线器在OSI/RM开放体系模型中对应的层次不一样，集线器工作在第1层(物理层)和第2层(数据链路层)，而交换机至少工作在第2层，更高级的交换机可以工作在第 3 层(网络层)和第 4 层(传输层)。

2. 数据传输方式不同

集线器的数据传输方式是广播(broadcast),而交换机的数据传输方式是有目的的,数据只对目的节点发送。这样可以提高数据传输效率,不会出现广播风暴,在安全性方面也不会出现被其他节点侦听的现象。

3. 带宽占用不同

集线器所有端口共享集线器的总带宽,而交换机的每个端口都有自己独立的带宽。

4. 传输模式不同

集线器采用半双工方式进行传输,在同一时刻只能接收或发送数据。交换机采用全双工方式传输数据,在同一时刻可以同时进行数据的接收和发送工作。

9.3.2 交换机的分类

交换机可以按照传输介质和传输速率、应用层次以及端口结构进行分类。

1. 根据传输介质和传输速率分类

根据交换机使用的网络传输介质及传输速率的不同,可以将局域网交换机分为以太网交换机、快速以太网交换机、千兆以太网交换机、10 千兆以太网交换机、FDDI 交换机、ATM 交换机和令牌环交换机等。

1) 以太网交换机

指带宽在 100Mb/s 以下的以太网所用的交换机,属于比较老的型号。

以太网交换机是使用最普遍和最便宜的交换机。以太网有三种网络接口:RJ-45、BNC 和 AUI,传输介质分别为双绞线、细同轴电缆和粗同轴电缆。

2) 快速以太网交换机

用于 100Mb/s 快速以太网。快速以太网是一种在普通双绞线或者光纤上实现 100Mb/s 传输带宽的网络技术。

3) 千兆以太网交换机

用于千兆以太网,带宽可以达到 1000Mb/s。一般用于大型网络的骨干网段,采用的传输介质有光纤、双绞线两种,对应的接口为 SC 和 RJ-45。

4) 10 千兆以太网交换机

用于 10 千兆以太网,一般用于骨干网段上,传输介质为光纤,接口方式为光纤接口。这种交换机也称 10GB 以太网交换机,价格较昂贵。

5) FDDI 交换机

FDDI 技术主要是解决当时 10Mb/s 以太网和 16Mb/s 令牌网速度的局限,传输速率可达到 100Mb/s,比当时的以太网和令牌网的速率高。FDDI 交换机采用光纤作为传输介质,比以双绞线为传输介质的以太网成本高许多,随着快速以太网技术的成功应用,FDDI 技术优势逐渐消失。FDDI 交换机用于老式中、小型企业的数据交换网络中,传输介质为光纤。

2. 根据应用规模分类

根据交换机应用的网络规模,可以将网络交换机划分为企业级交换机、校园网交换机、部门级交换机和工作组交换机、桌机型交换机5种。

1）企业级交换机

企业级交换机属于高端交换机,一般采用模块化的结构,作为企业网络骨干构建高速局域网,通常用于企业网络的最顶层。

2）校园网交换机

校园网交换机要求具有快速数据交换能力和全双工能力,提供容错等智能特性,具有扩充能力及第3层交换机中的虚拟局域网(VLAN)等多种功能。

这种交换机因常用于校园网而得名,其主要应用于物理距离分散的较大型网络中。传输距离比较长,在骨干网段上,这类交换机通常采用光纤或者同轴电缆作为传输介质。

3）部门级交换机

部门级交换机是面向部门级网络用户的交换机,这类交换机可以是固定配置,也可以是模块配置,除了常用的RJ-45双绞线接口外,还带有光纤接口。部门级交换机一般具有较为突出的智能特点,支持基于端口的VLAN,可实现端口管理,可任意采用全双工或半双工传输模式,可对流量进行控制,有网络管理的功能,可通过计算机的串口或经过网络对交换机进行配置、监控和测试。

一般认为支持300个信息点以下中型企业的交换机就是部门级交换机。

4）工作组交换机

工作组交换机是传统集线器的理想替代产品,配有一定数目的10Bast-T或100Base-TX以太网接口。交换机按每个数据包中的MAC地址判定信息的转发。与集线器不同的是工作组交换机转发延迟很小。

工作组交换机一般都没有网络管理的功能,一般都认为支持100个信息点以内的交换机为工作组级交换机。

5）桌面型交换机

桌面型交换机是最常见的一种最低档的交换机,它区别于其他交换机的一个特点是支持的每个端口MAC地址很少,通常端口数也较少(12口以内),只具备最基本的交换机特性,价格也最便宜。

这类交换机主要应用于小型企业或中型企业办公。目前桌面型交换机提供多个具有10/100Mb/s自适应能力的端口。

3. 根据端口结构分类

根据交换机的端口结构,交换机分为:固定端口交换机和模块化交换机两种。还有一种是两者兼顾,就是在提供基本固定端口的基础上再配备一定的扩展插槽或模块。

1）固定端口交换机

固定端口交换机所带的端口是固定的,即8端口交换机,只有8个端口,不能再扩展。常见的端口标准是8端口、16端口和24端口。非标准端口主要有4端口、5端口、10端口、12端口、20端口、22端口和32端口等。

固定端口交换机价格相对便宜,但由于只能提供有限的端口和固定类型的接口,在可连接的用户数量，以及可使用的传输介质上都有一定的局限性。这种交换机在工作组中应用较多，一般适用于小型网络、桌面交换机环境。根据安装方式不同，又分为桌面式交换机和机架式交换机。

2）模块化交换机

模块化交换机比固定端口交换机有更大的灵活性和可扩充性，可任意选择不同数量、不同速率和不同接口类型模块，以适应不断变化的网络需求。模块化交换机大都有很强的容错能力，支持交换模块的冗余备份，拥有可热插拔的双电源，以保证交换机的电力供应。

4. 根据工作的协议层分类

网络设备对应工作在OSI/RM的一定层次上，工作的层次越高，设备的技术性能也越好，档次也越高。随着交换技术的发展，交换机由原来工作在OSI/RM的第二层，发展到现在工作在第四层的交换机，根据工作协议层次的不同，交换机可分第二层交换机、第三层交换机和第四层交换机。

5. 根据是否支持网络管理功能分类

按交换机是否支持网络管理功能，可以将交换机分为“网管型”和“非网管型”两类。

1）网管型交换机

网管型交换机提供基于终端控制口(console)、基于Web页面以及支持TELNET远程登录网络等多种网络管理方式。网络管理人员可以对交换机的工作状态、网络运行状况进行本地或远程的实时监控，管理所有交换端口的工作状态和工作模式。网管型交换机支持SNMP协议。SNMP协议由一整套简单的网络通信规范组成，可以完成所有基本的网络管理任务，对网络资源的需求量少，具备一些安全机制。SNMP协议的工作机制主要是通过各种不同类型的消息，即协议数据单位(PDU)，实现网络信息的交换。

网管型交换机采用嵌入式远程监视(RMON)标准跟踪网络流量和会话，对判定网络中的瓶颈和阻塞点很有效。

有的网管型交换机还提供基于策略的QoS(quality of service)。策略是控制交换机行为的规则，可以利用策略为应用流分配带宽、优先级以及控制网络访问，

2）非网管型交换机

非网管型交换机属于中低端交换机产品。常用的交换机大多属于非网管型交换机。

9.3.3 交换机的接口类型

交换机的接口主要有RJ-45接口、光纤接口、AUI接口与BNC以及Console端口。

1. 双绞线RJ-45接口

是应用最广的一种接口，属于双绞线以太网接口类型。在10Base-T以太网、100Base-TX快速以太网和1000Base-TX千兆以太网中使用。使用的传输介质都是双绞线，但是采用双绞线的规格不同，10Base-T使用的是3类线，100Base-TX使用5类、超5类线或者6类线，1000Base-TX使用超5类线或者6类线。

2. 光纤接口

光纤这种传输介质在100Base时代开始采用，为了与百兆双绞线以太网100Base-TX区别，称之为100Base-FX，其中F是光纤Fiber的第一个字母。光纤在100Mb/s时代没有得到广泛应用，从1000Base技术实施以来得到广泛应用，这种速率下，双绞线性能远不如光

纤,光纤在连接距离等方面有明显优势,适合城域网和广域网使用。

3. AUI接口与BNC

AUI接口专门用来连接粗同轴电缆,在局域网中不多见,但在一些大型企业网络中,仍可能有一些遗留下来的粗同轴电缆令牌网络设备,所以有些交换机也保留了少数AUI接口,AUI接口是一个15针D形接口,类似于显示器接口。

BNC是专门用来与细同轴电缆连接的接口,目前提供这种接口的交换机比较少见。

4. Console端口

Console端口是专门用来对交换机进行配置和管理的端口。通过Console端口连接并配置交换机,是配置和管理交换机必须经过的步骤。

不同类型交换机的Console端口的位置不同,模块化交换机的Console端口多位于前面板,而固定配置交换机则位于后面板。该端口的上方或侧方会有Console标识。

9.4 无线网络设备

无线网络是利用无线电波作为信息传输媒介的无线局域网,与有线网络的用途类似,最大的不同在于传输媒介,利用无线电技术取代网线,只是速度较慢。

无线网络设备主要包括无线网卡、无线AP、无线路由器等。

9.4.1 无线网卡

无线网卡是无线网络的终端设备,是使计算机利用无线方式上网的一个装置,有了无线网卡还需要一个可以连接的无线网络,如果周围被无线路由器或无线AP覆盖,就可以通过无线网卡以无线的方式连接到网络上。图9-5中给出了三种无线网卡的外观。

9.4.2 无线AP

无线AP(Access Point)即无线接入点,是无线网络中的无线交换机,是移动计算机进入有线网络的接入点,主要用于宽带家庭、大楼内部以及园区内部,采用主要技术为802.11系列。

小知识:IEEE 802.11是由IEEE定义的无线局域网通用的标准。IEEE 802.11n是2009年通过的最新规范,支持多输入多输出技术(multi-input multi-output,MIMO),标准最高传输速度300Mb/s。标准工作频率为2.4GHz或5GHz,信号传输距离为室内70米、室外250米。

无线AP实际上是一个包含很广的名称,不仅包含单纯性无线接入点(无线AP),也同样是无线路由器(含无线网关、无线网桥)等类设备的统称。随着无线路由器的普及,一般还是只将无线AP理解为单纯性无线接入点,简称无线AP,以示和无线路由器加以区分。主要是提供无线计算机对有线局域网和从有线局域网对无线计算机的访问,在接入点覆盖范围内的计算机可以通过它相互通信。

单纯性无线AP就是一个无线的交换机,提供无线信号发射接收的功能。

单纯性无线AP的工作原理是:将网络信号通过双绞线传送过来,经过AP产品的编译,将电信号转换成为无线电信号发送出来,形成无线网的覆盖。根据不同的功率,可以实现不同程度、不同范围的网络覆盖，单纯性无线 AP 不具备路由功能，DNS、DHCP、Firewall 等服务功能都必须有独立的路由器或计算机完成。目前大多数的无线 AP 都支持多用户(30～100 台计算机)接入，数据加密，多速率发送等功能。在家庭、办公室内，一个无线 AP 便可实现所有计算机的无线接入。单纯性无线 AP 可对装有无线网卡的计算机进行控制和管理。单纯性无线 AP 可以通过 10Base-T(WAN)端口与内置路由功能的 ADSL MODEM 或 CABLE MODEM(CM)直接相连，也可以通过交换机/集线器、宽带路由器接入有线网络。

9.4.3 无线路由器

无线路由是带有无线覆盖功能的路由器，主要应用于多用户通过无线方式共享上网和提供无线覆盖功能。图 9-8 所示为几款常用的无线路由器。

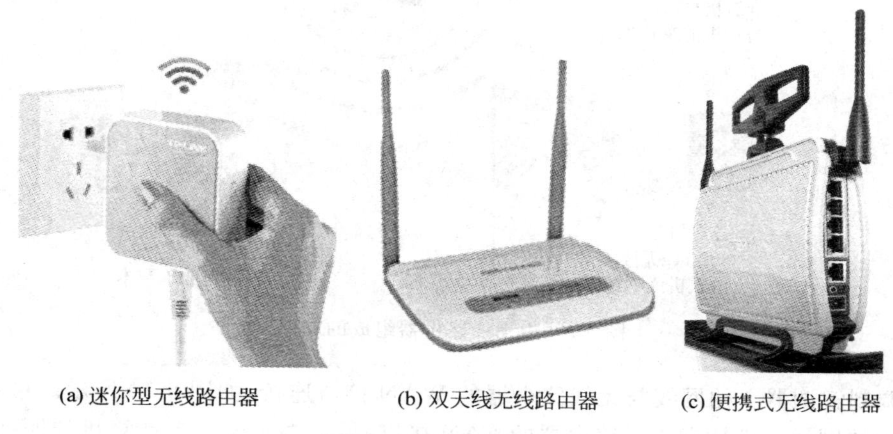

(a) 迷你型无线路由器　(b) 双天线无线路由器　(c) 便携式无线路由器

图 9-8　几款无线路由器

无线路由器与无线 AP 在功能上的区别在于，无线 AP 是无线网和有线网之间连接的桥梁。无线 AP 的覆盖范围是一个向外扩散的圆形区域，一般无线 AP 放置在无线网络的中心位置，各无线网络连入无线网络的计算机与无线 AP 的直线距离一般不超过 30 米。

无线路由器是单纯型 AP 与宽带路由器的结合体，借助路由器功能，可实现无线网络的 Internet 连接共享、ADSL 和小区宽带的无线共享接入。另外，无线路由器可以将无线和有线连接的计算机都分配到一个子网，便于子网内计算机之间交换数据。

无线路由器还具备相对完善的安全防护功能。

前几年的家用无线路由器采用 IEEE 802.11g 规范，最高传输速度 54MB/s。新型无线路由器符合 IEEE 802.11n 规范，最高传输速度 300MB/s。

常见的无线路由器品牌有 TP-Link、D-Link 等。

无线路由器最大的用途是组建具备无线上网功能的无线局域网，如图 9-9 所示。

连接无线路由器的具体方法可以参照产品附带的说明书。这里简单介绍常规的线路连接方式。

为了避免路由器设置过程中的干扰，建议先采用有线的方式对路由器进行设置。将

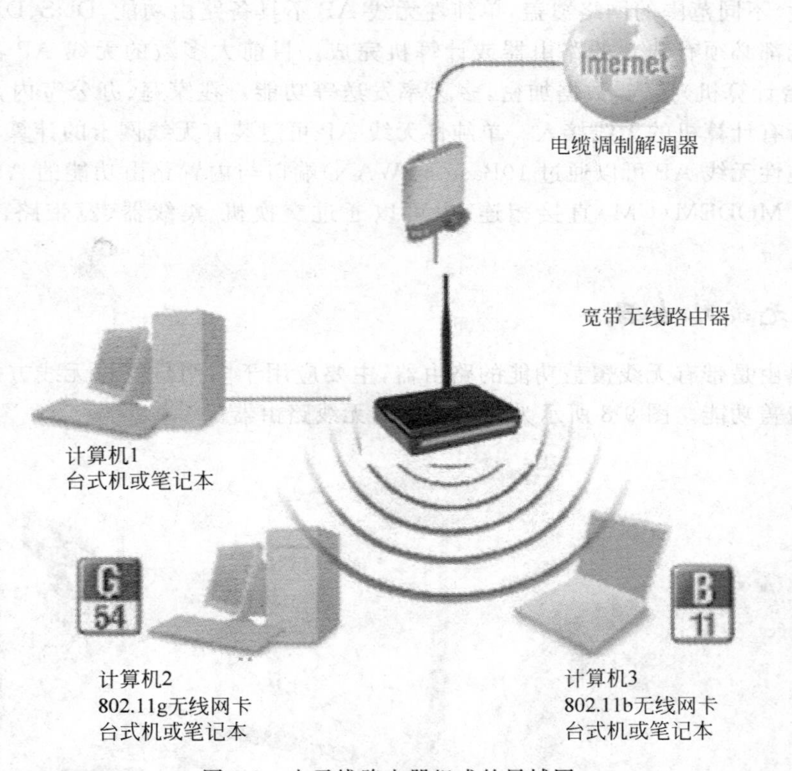

图 9-9　由无线路由器组成的局域网

ADSL 调制解调器上的网线与无线路由器的 WAN 接口连接，如图 9-10 所示。再将无线路由器内附的网线一端插在无线路由器的 LAN 接口，另一端则连接到计算机的网络端口，如图 9-11 所示。

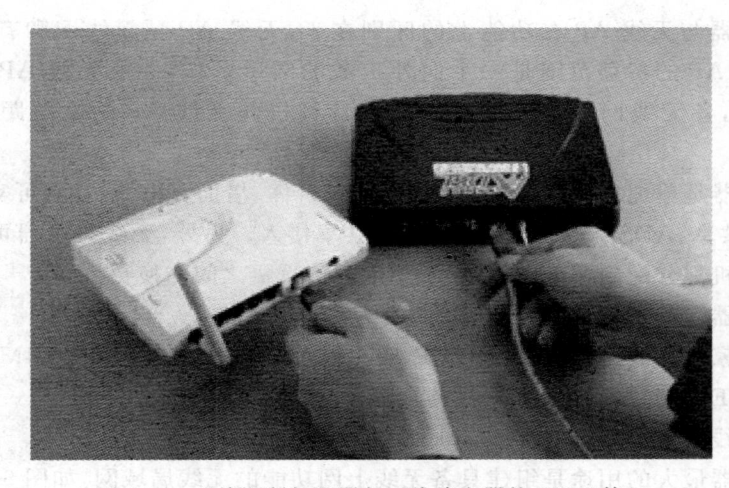

图 9-10　连接调制解调器与无线路由器的 WAN 接口

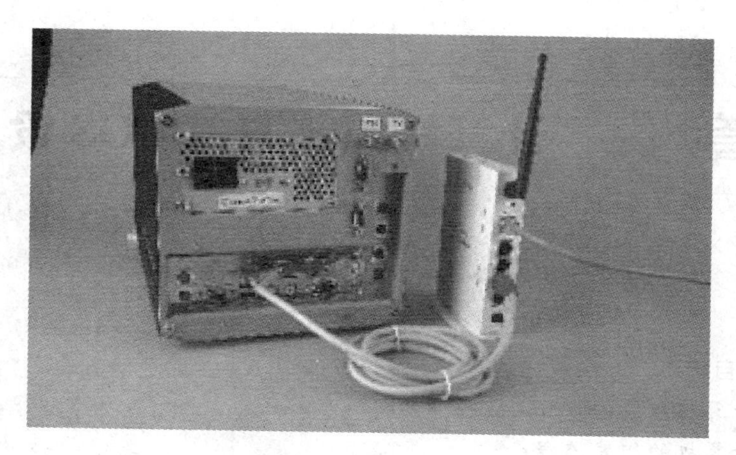

图 9-11　连接计算机与无线路由器的 LAN 接口

9.5　本 章 小 结

本章介绍与计算机相关的网络设备，主要包括网卡、交换机、无线路由器等。双绞线是计算机网络的连接介质，具有不同的种类，目前常用的是超5类线；网卡是计算机上网必备的设备，提供计算机与网络系统之间的接口；交换机的主要功能包括物理编址、实现网络拓扑结构、错误校验、帧序列以及流量控制；路由器是一种连接多个网络或网段的网络设备，从而构成一个更大的网络，主要应用于不同网段或不同网络之间。无线网络设备主要包括无线 AP、无线路由器和无线网卡等，无线网卡通常安装在笔记本中，通过无线路由器可以实现多台计算机共享上网。

习　题　9

1. 填空题

(1) 双绞线分为________和________两大类，比较常见的是________。

(2) 根据总线接口的不断进步，台式机常见的独立网卡可以分为________网卡、________网卡和________网卡三大类。

(3) 无线路由是________的路由器，主要应用于________。

2. 简答题

(1) 非屏蔽双绞线有几类？各有什么特点？

(2) 写出 EIA/TIA568B 和 EIA/TIA568A 标准的线序排列。

(3) 网卡的基本功能是什么？网卡有哪些种类？

(4) 解释集线器与交换机的区别与联系。

(5) 什么是无线 AP？

(6) 无线路由器的作用是什么？如何配置和使用它？

第 10 章　计算机组装与 CMOS 设置

本章学习目标

- 了解计算机组装的步骤与注意事项；
- 掌握计算机的组装流程；
- 掌握 CMOS 设置。

掌握组装计算机的具体方法对于日常维护计算机来说十分必要。通过 BIOS 对 CMOS 进行的合理设置，可以使计算机充分发挥应有的性能。本章主要介绍计算机的组装全过程以及设置 CMOS 的具体方法，最后介绍 BIOS 的升级方法。

10.1 组装前的准备工作

1. 计算机组装常用工具

在组装和维修计算机的过程中，经常要使用的工具有螺丝刀、尖嘴钳、万用表等。

螺丝刀用来拧紧螺丝，如固定主板、驱动器等的螺丝。螺丝刀有平口(一字型)和十字口两种，这两种螺丝刀的外观如图 10-1 所示。

尖嘴钳用来拔一些小元件，如跳线帽或主板的支撑架等。尖嘴钳的外观如图 10-2 所示。

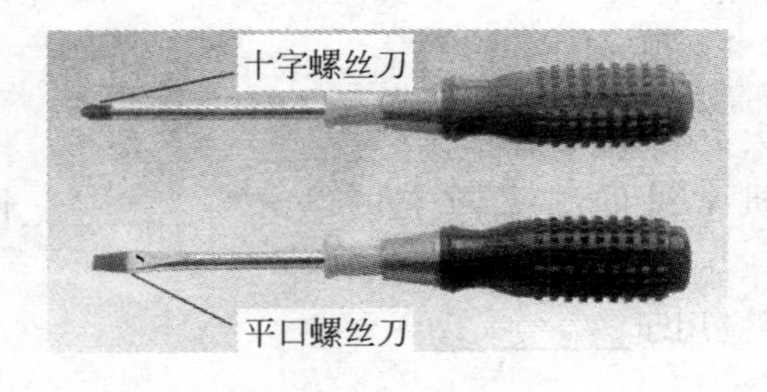

图 10-1　螺丝刀

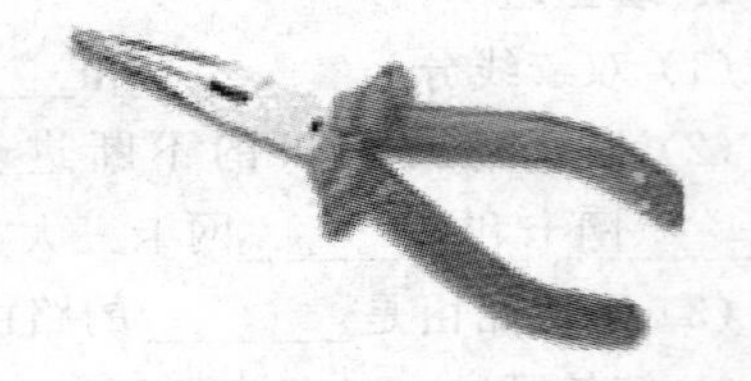

图 10-2　尖嘴钳

万用表用来检测计算机的配件是否工作正常，如测量配件的电阻和电流以判断配件是否出现故障等。万用表的外观如图 10-3 所示。

还有一些工具在组装和维修计算机时也常使用。

镊子：设置跳线时，镊子可用来夹跳线帽，镊子的外观如图 10-4 所示。

吹气球、软毛刷和硬毛刷：当计算机中灰尘过多时，使用这些工具可方便地进行除尘。其外形分别如图 10-5～图 10-7 所示。

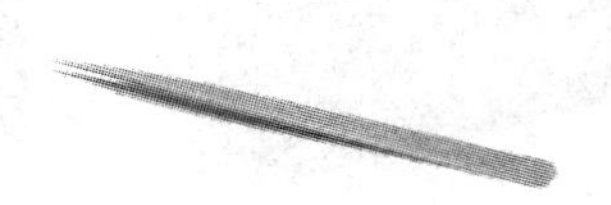

(a) 指针式万用表　　(b) 数字式万用表

图 10-3　万用表

图 10-4　镊子

图 10-5　吹气球

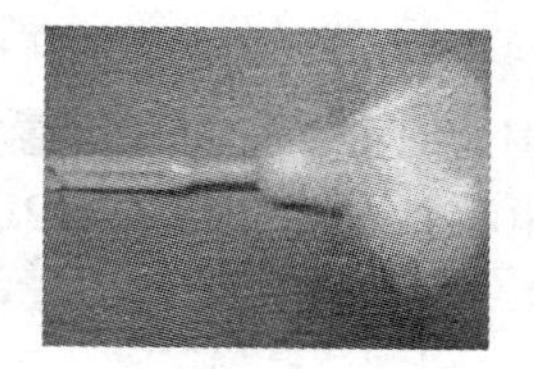

图 10-6　软毛刷

图 10-7　硬毛刷

2. 计算机的主要部件

计算机的主要硬件包括主机箱、显示器、键盘、鼠标等。其中主机箱内的主要部件包括主板、CPU、内存、硬盘、光驱、显卡、声卡、网卡和机箱电源等。

3. 装机注意事项

组装计算机过程中，除了要注意人身安全、避免损坏硬件之外，还要注意以下几点：

(1) 认真阅读说明书。

(2) 防静电。

(3) 各电源插头不要插反。

(4) 安装板卡时不要用力过度，以免损坏板卡和主板。

(5) 通电之前全面检查，数据线、电源、各种指示灯的连接要正确。

10.2　计算机组装

计算机组装的基本流程见 1.5 节。下面介绍各个部件的具体安装方法。

10.2.1　CPU 的安装

以桌子为工作台，还要准备一块绝缘的泡沫或海绵垫用来放主板。

在 CPU 的一个角上有个小点，小点对应着 CPU 下层缺针的地方，如图 10-8 所示。主板 Socket 插座一个角的针孔比其他角少，与 CPU 缺少的针脚相对应，如图 10-9 所示。

安装 CPU 时先拉起插座的手柄，如图 10-10 所示。然后将 CPU 放入插座中，注意要放到底，但不必用力给 CPU 施压，然后把手柄按下，CPU 就被固定在主板上了。

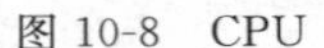

图 10-8　CPU

图 10-9　Socket 插座

图 10-10　安装 CPU 前拉起插座的手柄

安装好 CPU 后,还要安装 CPU 风扇,不同的 CPU 风扇的安装方法不同。安装风扇之前,需要在 CPU 表面均匀涂抹一层散热硅脂,以增强 CPU 的散热效果。注意,涂抹时不要覆盖 CPU 表面的散热孔。安装风扇时,将风扇的中心位置对准 CPU,将风扇固定好,然后将风扇扣具扣到主板上,将风扇上的电源接头插到标有 CPU FAN 字样的插槽上。

10.2.2　内存条的安装

目前主板上安装内存条的插槽主要有三种：168 线、184 线、240 线,分别对应的是 SDRAM、DDR、DDR2(DDR3)内存,较早的主板同时提供 168 线、184 线两种插槽。新型主板的 DIMM 插槽一般为 240 线。

内存条上有一个凹槽,对应主板内存插槽上的凸起,方向容易确定,如图 10-11 所示。

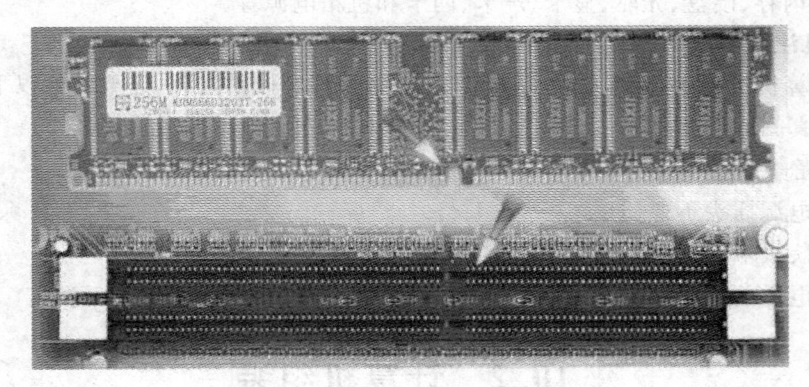

图 10-11　内存的安装

把内存条对准插槽,均匀用力插到底,插槽两端的卡子会自动卡住内存条。

取下时,只要用力按下插槽两端的卡子,内存就会被推出插槽。

安装内存时要注意,规格不同的内存不能同时安装在一起,因为它们的工作速度是不相同的,如果把它们安装在一起,系统会不稳定,甚至无法启动。

10.2.3　安装主板

完成 CPU 和内存条的安装后,可以把主板装入机箱。机箱内部如图 10-12 所示。

1. 主板的安装

安装步骤如下：

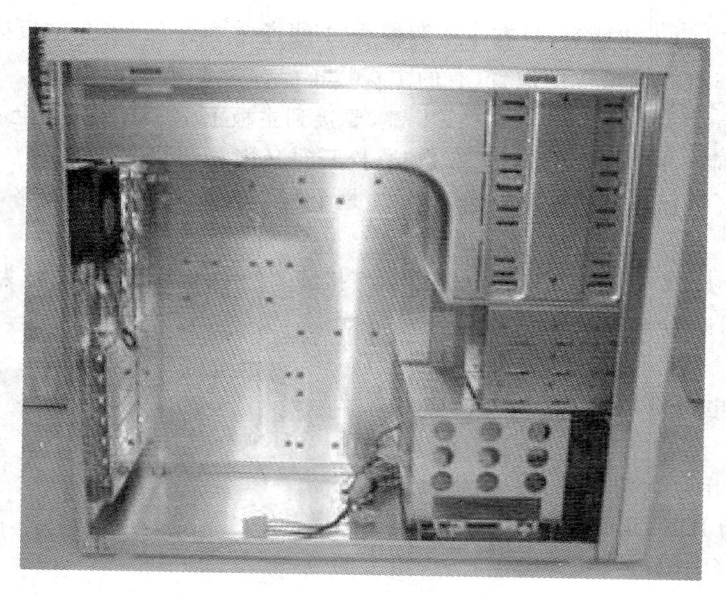

图 10-12　机箱

(1) 查看机箱底板上螺丝定位孔的位置，以便安装螺丝。

(2) 依照主板的螺丝孔位置，安装 4～6 个螺丝底座。

(3) 将主板放在螺丝底座上，注意主板的外设接口要与机箱后对应的挡板孔位对齐。

(4) 用螺丝固定好主板。

2. 主板安装注意事项

注意事项如下：

(1) 有些主板上的定位圆孔周围未镀金属接地层或绝缘层，此类定位孔最好使用塑料定位卡；如果使用金属螺柱，需要注意的是不要使主板上的印刷电路与金属螺柱、螺丝接触而产生短路，否则会对主板造成损坏。因此，必须用纸质绝缘垫圈加以绝缘后，再用螺丝固定主板。

(2) 尽量使用与机箱配套的金属螺柱和塑料定位卡，若使用不同高度的金属螺柱和塑料定位卡，可能会造成主板变形，导致内存条、显卡等接触不良。此外金属螺柱和塑料定位卡的高度如果与机箱不匹配，还会造成安装困难。

(3) 如果主板和机箱底板之间的固定点只有几个金属螺柱和塑料定位卡。主板下面的支撑点太少，在主板上插拔板卡和内存条时，会造成主板变形。最好在主板和底板之间垫一些小块的硬泡沫，以减少压强。厚度与主板和底板之间的空间高度相等。不要垫在 CPU 和北桥等发热量大的器件下面，以免影响散热。

(4) 安装前，触摸一下接地的金属，释放身上的静电，从而避免损坏计算机器件。

10.2.4　机箱面板与主板的线路连接

安装主板时，难点不是将主板放入机箱中，而是机箱内部的连接线与主板该如何连接。需将机箱上的电源、硬盘、喇叭、复位等控制连接线插入主板的相应插针上。

(1) 机箱喇叭的4芯插头,只有1、4两根线,1线通常为红色,接在主板标记为Speaker的插针上。注意,红线对应1的位置(有的主板将正极标为1,有的标为+)。

(2) RESET接头连着机箱的RESET键,要接到主板上RESET插针上。RESET键是一个开关,按下时产生短路,计算机重新启动,松开时又恢复开路。

(3) ATX机箱有一个总电源的开关接线,是个两芯的插头,按下时短路,计算机的总电源被接通。

(4) 三芯插头POWER LED是电源指示灯接线,使用1、3线,1线通常为绿色。主板上对应插针通常标记为POWER,连接时注意绿线对应于第一针(+),如图10-13所示。连接好后,计算机一打开,电源灯就一直亮着,说明电源已经接通。

图10-13　电源指示灯接线

(5) 硬盘指示灯为两芯接头。主板上对应的插针通常标记为IDE LED或HDD LED,连接时红线对1。这条线接好后,读写硬盘时,机箱上的硬盘指示灯会亮。这个指示灯只能指示IDE硬盘,对SCSI硬盘无效。

主板的电源开关、RESET(复位开关)是不分方向的,只要弄清插针就可以插好。而HDD LED(硬盘灯)、电源指示灯,使用的是发光二极管,插反是不能闪亮的,一定要仔细核对主板说明书上该插针正负极的定义。图10-14所示为连好后的前面板线。

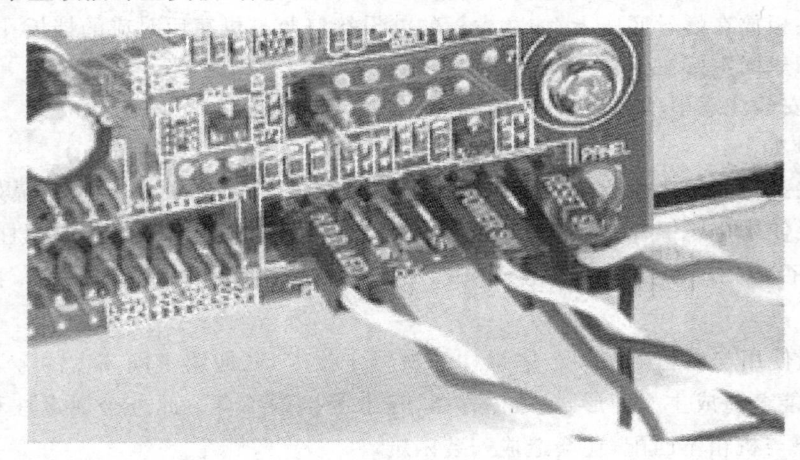

图10-14　前面板连线

(6) USB接口线的连接。

机箱前置USB的连接要小心,一旦接线出错,轻则无法使用USB设备,重则烧毁USB设备或主板。要正确地连接前置USB接口线,首先要了解机箱上前置USB各个接线的定义。

红线:电源正极(接线上的标识为+5V或VCC)。

白线:负电压数据线(标识为Data－或USB Port－)。

绿线:正电压数据线(标识为Data＋或USB Port＋)。

黑线:接地(标识为Ground)。

各品牌主板的USB针脚定义不相同,主要有以下几大类型。

① 9 针型。

该类型 USB 针脚为支持 USB 2.0 的主板。USB 针脚接线较为统一,如图 10-15 所示。

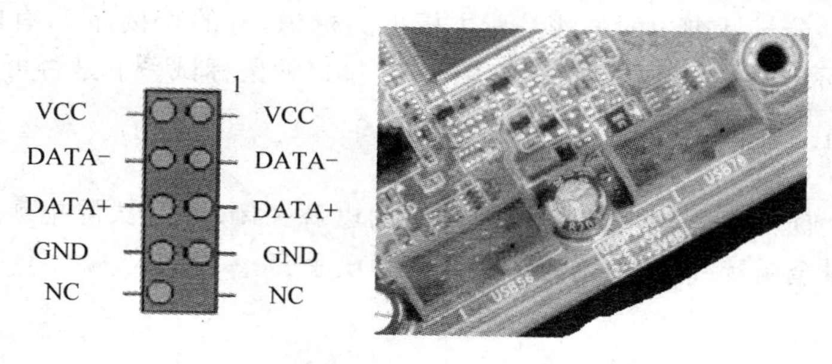

图 10-15　9 针型 USB 针脚

② 8 针型。

该类型的针脚多为 1999 年以前生产的主板所用,也有少数 P4 级(低档)主板采用这种类型的针脚。通常接线方法:将红线插入 USB 针脚 1 与针脚 2,余下接线按 Data－、Port＋、Ground 顺序分别插入余下 USB 针脚,如图 10-16(a)所示。第二种接线方式是第二组 USB 接线与第一组接线正好相反,如图 10-16(b)所示。

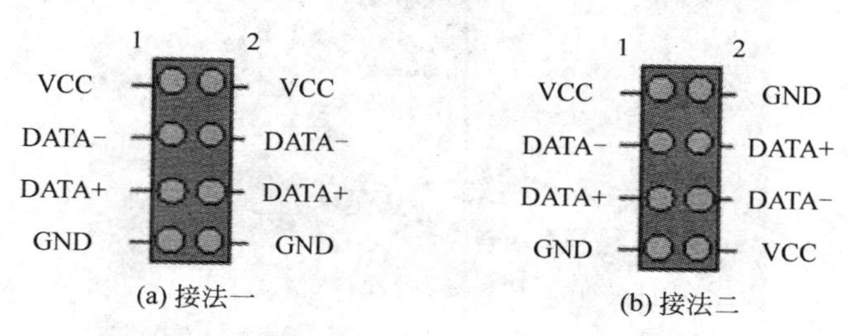

图 10-16　8 针型 USB 针脚

③ 10 针型。

采用该针脚类型的产品多为采用 i815、i815E、i815EP、KT133 等芯片组的主板,接法较为复杂,大致有 5 种接法,如图 10-17 所示。

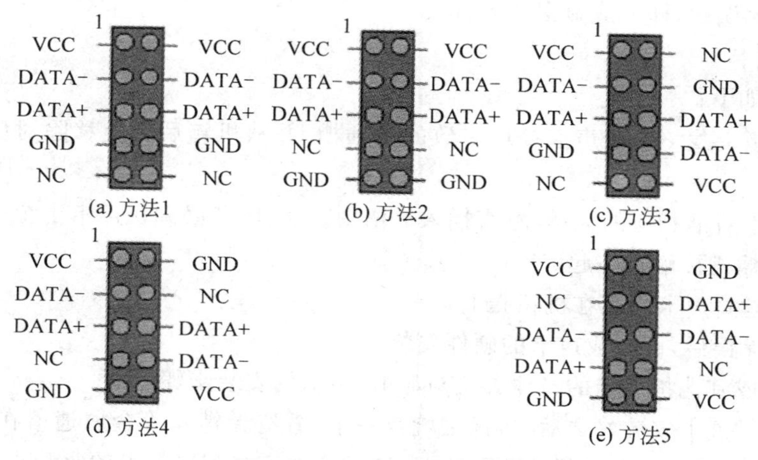

图 10-17　10 针型 USB 针脚

以上三种类型中只有第一类针脚可直接安装。第二、三类情况较麻烦,主板型号较老,可用万用表测量一下,搞清针脚+5V电源与接地后再接线。一般来说针脚1就是第一组USB的电源正极,分辨针脚1的方法是看主板上的标识,有的直接标1、有的则是黑色三角或用白粗线条表示。接线接好之后,最好用USB接口的鼠标试一下是否可正常使用。

10.2.5 显卡及其他扩展卡的安装

在安装显卡前应做好以下准备:将计算机的电源关闭,并且拔除电源插头;拿取显卡时,尽量避免触碰金属接线部分,最好能戴上防静电手套。

1. 安装显卡

具体步骤如下:

(1) 首先检查显卡的总线接口类型,并在主板上找到与显卡对应的扩展槽,从机箱后壳上移除对应显卡插槽的扩充挡板及螺丝。

(2) 将显卡对准插槽并确保完全插入插槽中。注意,务必确认显卡上金手指的金属触点确实与插槽接触。

(3) 用螺丝刀将螺丝拧上,使显卡固定在机箱壳上,如图10-18所示。

图10-18 安装显卡

(4) 将显示器的视频线插头插在显卡对应的输出插座上。

(5) 确认无误后,即完成显卡的硬件安装。

2. 安装声卡

安装步骤如下:

(1) 在主板上找一个与声卡接口一致的空插槽,并从机箱后壳上移除对应插槽上的挡板及螺丝。

(2) 将声卡对准相应的插槽,垂直插入插槽中。注意,务必确认声卡上金手指的金属触点确实与主板插槽接触在一起。

(3) 用螺丝将声卡固定在机箱壳上。

(4) 确认无误后,即完成声卡的硬件安装。

安装网卡或其他扩展卡的具体方法与显卡、声卡的安装步骤近似。

通常这些扩展卡安装好之后,再仔细检查一下,看有无螺丝等金属遗落在机箱里,确认安全后,再接通电源。安装好操作系统之后,通常还要安装需要板卡的驱动程序。

10.2.6 外部存储设备的安装

外部存储设备包含硬盘、光驱(CD-ROM、DVD-ROM、CDRW)、软驱等,下面分别介绍它们的安装方法。

SATA 硬盘的连线比较简单,这里不做介绍。下面以老式 IDE 硬盘为例介绍硬盘的安装方法。硬盘安装注意事项如下:

- 装机前最好准备两条 IDE 设备数据线(俗称"排线"),每条线带三个接口(一个连接主板 IDE 端口;另外两个用来连接硬盘或光驱)。
- 每个 IDE 口都有一个主盘(用于引导系统)。
- 当两个 IDE 口上都连接有主盘时,主板通常尝试从第一个 IDE 接口上的主盘启动。也可以通过 CMOS 设置,指定哪一个 IDE 口上的硬盘是启动盘。
- ATX 电源在关机状态时仍保持 5V 电压,在进行零配件安装、拆卸及外部电缆线插、拔时,必须先拔下机箱电源线。
- 有些机箱的驱动器托架过于紧凑,与机箱电源的位置非常靠近,安装多个驱动器时比较费劲。可以先在机箱中安装好驱动器,再进行线路连接工作。
- 为了避免因驱动器的震动造成的驱动器损坏,应固定驱动器所有的螺丝。
- 为了方便安装及避免机箱内的连接线过于杂乱,在机箱上安装硬盘、光驱时,连接同一 IDE 接口的设备应该相邻。
- 在同一个排线 IDE 接口上连接两个设备时,一般的原则是传输速度相近的安装在一起,硬盘和光驱应尽量避免安装在同一个 IDE 接口上,如图 10-19 所示。
- 电源线的安装是有方向的,插错了安装不上。

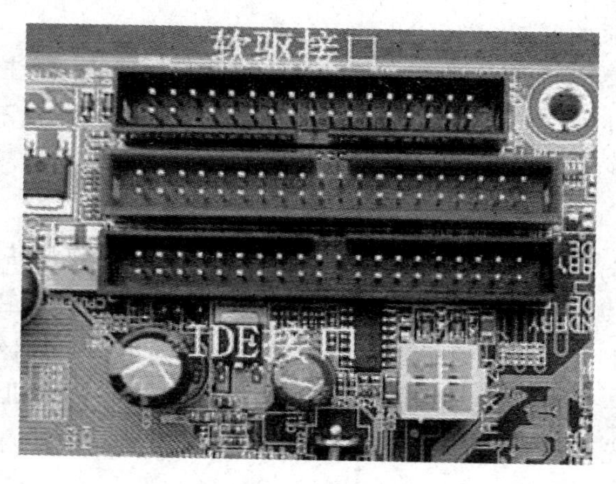

图 10-19 IDE 接口插座

1. 单硬盘的安装

安装步骤如下:

(1) 单手捏住硬盘,对准安装插槽后,轻轻地将硬盘往里推,直到硬盘的 4 个螺丝孔与机箱上的螺丝孔对齐为止。操作过程中,注意手指不要接触硬盘底部的电路板,以防止身上的静电损坏硬盘。

(2) 硬盘到位后,上螺丝固定。注意,硬盘在工作时其内部的磁头会高速旋转,因此必须保证硬盘安装到位,确保固定。硬盘的两边各有两个螺丝孔,最好上4个螺丝,在上螺丝时,4个螺丝的松紧度要均衡。如果某个螺丝或某一边的螺丝拧得过紧的话,硬盘可能受力就会不对称,影响数据的安全。

(3) 先将IDE数据线与硬盘上的IDE口接好,然后将IDE线的另一端插在主板IDE接口插座中,再将扁平电源线插头连接到硬盘的电源接口。

IDE接口插座上,有一个缺口和IDE硬盘线上的防插反凸块对应,以防止插反。

2. 双外部存储设备的安装

大部分情况下,需要在一根IDE数据线上连接两个存储设备,如两个硬盘、两个光驱或一个硬盘一个光驱,这时安装方法如下:

(1) 确定机箱电源能满足新增外部存储设备电源需求。

(2) 确定尚有空闲的IDE接口插座和数据线。

一般主板都提供2个IDE接口,可接两根数据线,挂4块IDE兼容设备。

(3) 具备上述基本条件后,就可进行主、从状态设置和安装。

首先,进行主从盘设置。所有的IDE设备都使用一组跳线来确定安装后的主、从状态。硬盘跳线在电源插座和数据线连接插座之间,由3组(6或7)针或4组(8或9)针再加一个或两个跳线帽组成。在硬盘或光驱正面或反面印有主盘(master)、从盘(slave)的跳线方法。

主从盘设置好后,按单硬盘安装方法完成第二个外部存储设备的安装。

注意:双外部存储设备安装前,必须进行主从盘设置,这样安装后才能正常使用。

(4) 安装时需注意的问题。

如果新增加的硬盘与光驱等设备一起接在第二数据线上时,要注意光驱等设备的主、从盘设置不与新加硬盘相冲突;否则,会出现检测不到新增硬盘,或找不到原光驱的问题。如果有两条数据线,硬盘和光驱应当分别使用一条数据线。

3. 光驱的安装

(1) 光驱的跳线:光驱的跳线非常重要,特别是当光驱与硬盘共用一条数据线的时候,如果设置不正确就会无法识别光驱。安装一个光驱时,将它设置为主盘即可。

(2) 将光驱装入机箱:先拆掉机箱前方的一个5寸固定架面板,然后把光驱从机箱前方插入机箱,插入时要注意光驱的方向,大多数只需要将光驱平推入机箱就行。但是,有些机箱内有轨道,在安装光驱的时候就需要安装滑轨。安装滑轨时应注意开孔的位置,并且螺钉要拧紧。

(3) 固定光驱:在固定光驱时,要用细纹螺钉固定,每个螺钉不要一次拧紧,把4颗螺钉都旋入固定位置后,调整一下,最后再拧紧螺钉,如图10-20所示。

(4) 安装连接线:依次安装好数据线和电源线。

10.2.7 电源安装

在购买机箱时,可以选择已装好电源的机箱。不过,有时机箱自带的电源品质太差,或

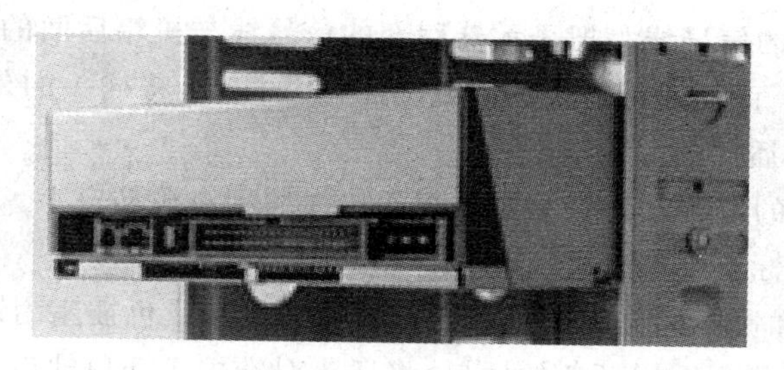

图 10-20　固定光驱

不能满足特定要求，需要更换电源。由于计算机中的各个配件基本上都已模块化，因此更换起来很容易，电源也不例外。

安装步骤如下：

(1) 将电源放进机箱的电源位置，并将电源上的螺丝固定孔与机箱上的固定孔对正，如图 10-21 所示。

(2) 先拧上一颗螺钉固定住电源(不要拧紧)，然后将其余 3 颗螺钉孔对正位置，分别拧上螺钉。

(3) 将电源插头插到主板上相应的接口插座，如图 10-22 所示。

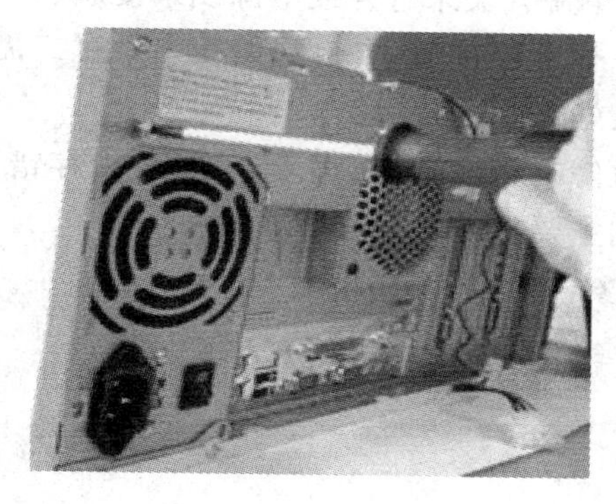

图 10-21　电源安装

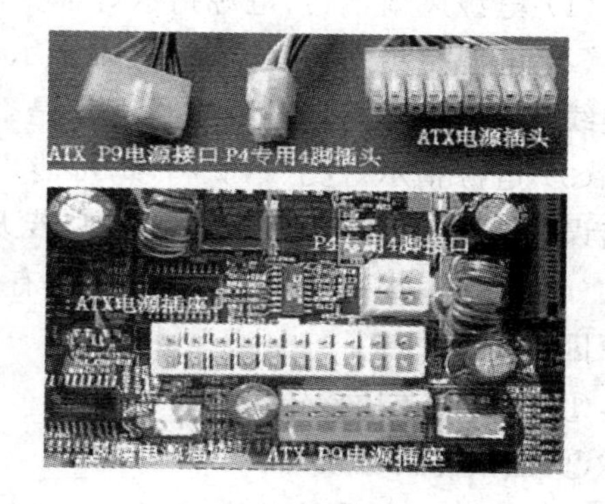

图 10-22　电源插座安装

有些电源有两个风扇，或者有一个排风口，其中一个风扇或排风口应对着主板。

10.2.8　外设安装

1. 安装 CRT 显示器

安装步骤如下：

(1) 把显示器侧放。在搬动显示器时，应先观察显示器，一般在显示器的两侧会有一个方便手拿的扣槽，扣这个扣槽就可以方便地搬动显示器。

(2) 观察显示器底部卡口。在显示器的底部有许多小孔，其中有安装底座的安装孔。显示器的底座上有几个突起的塑料弯钩，塑料弯钩就是用来固定显示器底座的。

(3) 安装底座。首先，将底座上突出的塑料弯钩与显示器底部的小孔对准，要注意插入的方向。其次，将显示器底座按正确的方向插入显示器底部的插孔内。然后，用力推动底座。最后，听见"咔"的一声响，显示器底座就已固定在显示器上。

(4) 连接显示器的信号线。把显示器后部的信号线与机箱后面的显卡输出端连接。插的时候要注意方向,厂商在设计插头的时候为了防止插反,将插头的外框设计为梯形,因此一般情况下是不容易插反的。

(5) 连接显示器的电源。将显示器电源连接线插到电源插座上。

2. 连接键盘、鼠标

PS/2接口键盘和鼠标的插头是一样的,但颜色不同,紫色插座为键盘插座,绿色插座为鼠标插座。在主板上找到同样颜色的插口,将插头对准主板插口缺口,插入即可。

USB接口的键盘鼠标可以随意插在主板上任意USB接口中。

10.2.9 加电测试与整理

1. 加电测试

完成上述步骤之后,计算机硬件系统基本安装完成。进一步检查连线无误之后,可以通电进行测试。连接主机电源,若一切正常,系统将进行自检并报告显示卡型号、CPU型号、内存数量和系统初始情况等。如果开机之后不能正常显示、死机。说明基本系统不能正常工作,不能进行下一步安装。应根据故障现象查找故障原因。

(1) 电源风扇不转,电源指示灯不亮,可能是电源开关未打开或电源线未接通。

(2) 电源指示灯亮,但是无声无显示,说明主板电源接通,自检初始化未通过。需检查各连线是否连接正确,显示卡、内存条是否接触良好。

(3) 电源指示灯亮、喇叭鸣声,可能出现的故障有键盘错误、显示卡错误、内存错误、主板错误等,若有显示可根据提示处理,若无显示则主要检查内存和显示卡。

(4) 电源风扇一转即停,说明机内有短路现象,应立即关闭电源,拔去电源插头。可能的原因如下:

① 主板电源插接错误。

② 主板与机箱短路。

③ 主板、内存质量不佳。

④ 显示卡安装不当等。

此类故障属严重故障,一定要小心、仔细的检查,查到故障原因并排除后方能继续通电,否则会损坏设备。

2. 整理工作

装机结束后,需要进行一些整理工作。

(1) 机箱内部的整理

用线卡将电源线、面板开关、指示灯和驱动器信号排线等分别捆扎好,做到机箱内部线路整洁、美观、牢靠,这样有利于主机箱内的散热。

(2) 装上机箱外壳和面板盖

用螺丝固定机箱的外壳,再盖上面板。

到此,计算机的硬件组装全部完成,初步调试成功后,就可以进行软件方面的操作。

10.3 BIOS设置

10.3.1 CMOS和BIOS的基本概念

基本输入输出系统(basic input output system,BIOS)是一组固化到主板上一个ROM芯片上的程序,保存计算机最重要的基本输入输出程序、系统设置信息、开机上电自检程序和系统启动自举程序。其主要功能是为计算机提供最底层的、最直接的硬件设置和控制。BIOS设置程序储存在BIOS芯片中,只有在开机时才可以进行设置。

CMOS(complementary metal oxide semiconductor)是计算机主板上的一块可读写的RAM芯片,用来保存当前系统的硬件配置和用户对某些参数的设定。CMOS可由主板的电池供电,即使系统掉电,信息也不会丢失。CMOS本身只是一块存储器,只有数据保存功能,对CMOS中各项参数的设定要通过BIOS完成。

CMOS RAM是系统参数存放的地方,而BIOS系统设置程序是完成参数设置的手段。平常所说的CMOS设置和BIOS设置是简化说法,准确的说法是通过BIOS设置程序对CMOS参数进行设置。

10.3.2 BIOS的功能

BIOS的主要作用包括以下几个方面。

1. BIOS中断调用

BIOS中断调用即BIOS中断服务程序,是计算机系统软、硬件之间的一个可编程接口,用于程序软件功能与计算机硬件之间的衔接。DOS/Windows操作系统对软、硬盘、光驱、键盘、显示器等外围设备的管理均建立在系统BIOS的基础上。程序员可以通过对INT5、INT13等中断的访问直接调用BIOS中断例程。

2. BIOS系统设置程序

BIOS系统设置程序主要保存着系统的基本情况、CPU特性、软硬盘驱动器等部件的信息。在BIOS ROM芯片中装有"系统设置程序",主要用来设置CMOS RAM中的各项参数。在系统引导后,根据屏幕提示,一般按Del键,即可启动设置程序,可进入设置状态。

3. POST上电自检

接通电源,系统将执行一个自我检查的例行程序。称为上电自检(power on self test,POST)。完整的POST包括对CPU、系统主板、内存、系统BIOS的测试;CMOS中系统配置的校验;初始化视频控制器,测试视频内存、检验视频信号和同步信号,对显示接口进行测试;对键盘、软盘、硬盘及CD-ROM子系统作检查:对并行口(打印机)和串行口(RS232)进行检查。自检中如发现有错误,将按两种情况处理:对于严重故障(致命性故障)则停机,此时由于各种初始化操作还没有完成,不能给出任何提示或信号;对于一般硬件故障则给出提示或声音报警信号。

4. BIOS系统启动自主程序

完成POST后,ROM BIOS就按照系统CMOS设置中保存的启动顺序搜索软、硬盘驱动器及CD-ROM、网络服务器等有效的启动驱动器，将操作系统引导记录读入内存，然后将系统控制权交给引导记录，由引导记录完成系统的启动。

10.3.3 常见的CMOS设置方法

新计算机在使用前一般要进行一些设置，就是通常所说的CMOS设置。这里以AWARD BIOS为例进行介绍。

开机后，按照屏幕提示按Del键，就进到如图10-23所示的CMOS设置主菜单(有些计算机是按Ctrl＋Alt＋Esc键、或F2、F10键，具体看开机时屏幕上的提示)。

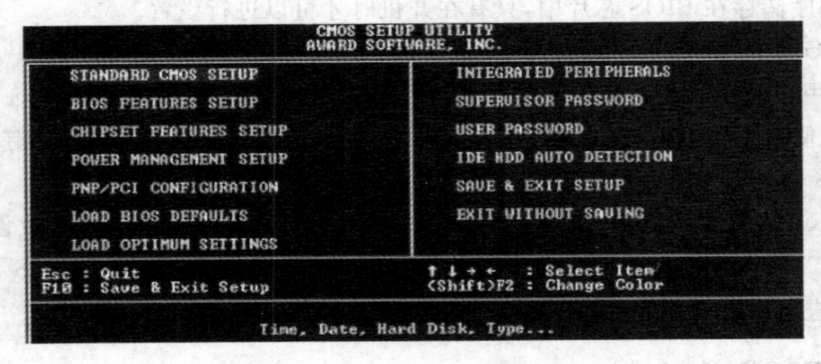

图10-23 CMOS设置主菜单界面

界面各项的含义如下。

- STANDARD CMOS SETUP(标准CMOS设定)：用来设定日期、时间、软硬盘规格、工作类型以及显示器类型。
- BIOS FEATURES SETUP(BIOS功能设定)：用来设定BIOS的特殊功能，例如病毒警告、开机启动顺序等。
- CHIPSET FEATURES SETUP(芯片组特性设定)：用来设定CPU工作相关参数。
- POWER MANAGEMENT SETUP(省电功能设定)：用来设定CPU、硬盘、显示器等设备的省电功能。
- PNP/PCI CONFIGURATION(即插即用设备与PCI组态设定)：用来设置即插即用设备的中断以及其他参数。
- LOAD BIOS DEFAULTS(载入BIOS预设值)：此选项用来载入BIOS初始设置值。
- LOAD OPRIMUM SETTINGS(载入BIOS出厂设置)：这是BIOS的最基本设置，用来确定故障范围。
- INTEGRATED PERIPHERALS(内建整合设备设定)：对主板集成的设备进行设置。
- SUPERVISOR PASSWORD(管理者密码)：计算机管理员设置进入BIOS的密码。
- USER PASSWORD(用户密码)：设置开机密码。
- IDE HDD AUTO DETECTION(自动检测IDE硬盘类型)：自动检测硬盘容量、类型。

• SAVE&EXIT SETUP(储存并退出设置)：保存已经更改的设置并退出 BIOS 设置。

• EXIT WITHOUT SAVE(沿用原有设置并退出 BIOS 设置)：不保存已经修改的设置，并退出设置。

一般只需要进行几个必要的设置。

1. 标准 CMOS 设置

把光标移到 STANDARD CMOS SETUP 项，按 Enter 键，出现如图 10-24 所示的画面。

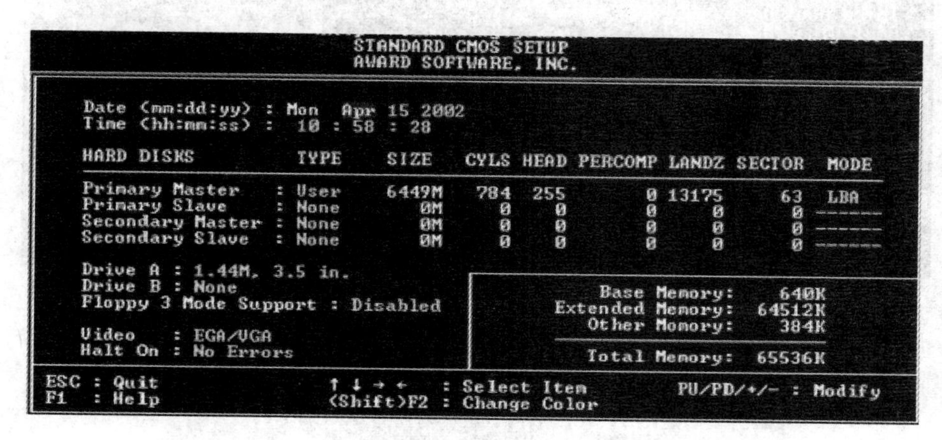

图 10-24 “STANDARD CMOS SETUP”菜单项界面

主要设置项目如下：

• Date(mm:dd:yy)：设置日期，格式为“月：日：年”，把光标移到需要修改的位置，用 Page Up 或 Page Down 键在各个选项之间选择。

• Time(hh:mm:ss)：设置时间，格式为“小时：分：秒”，方法和日期的设置一样。

• HARD DISKS：一般主板提供两个 IDE 接口，最多可接 4 个 IDE 设备，即 Primary Master(第一个 IDE 接口主设备，一般接主硬盘)、Primary Slave(第一个 IDE 接口从设备)、Secondary Master(第二个 IDE 接口主设备)、Secondary Slave(第二个 IDE 接口从设备)。

• Drive A 或 Drive B：设置物理 A 驱和 B 驱，这里将 A 驱设置为“1.44M，3.5in”。

• Video：设置显示卡类型，默认的是 EGA/VGA 方式。

设置完成后，按 Esc 键，回到 CMOS 设置主菜单。

2. 启动顺序设置

设置系统的启动顺序是一个很重要的内容，尤其是对新计算机。

通过 BIOS FEATURES SETUP(有的 BIOS 为 Advanced BIOS Features)可设置计算机开机的启动顺序，可以从 U 盘、硬盘或光驱启动。选择主菜单的 BIOS FEATURES SETUP 项，进入 BIOS FEATURES SETUP 界面，由于 BIOS 版本的不同看到的画面会有差异。如图 10-25(a)所示，可以选择开机第一启动设备。

在图 10-25(a)中，通过键盘↑↓方向键，选择 First Boot Device(第一个启动设备)，之后按 Enter 键确认。在 First Boot Device 对话框中,选择希望作为启动盘的设备。

图 10-25(b)所示是设置好的如下 4 个项目。

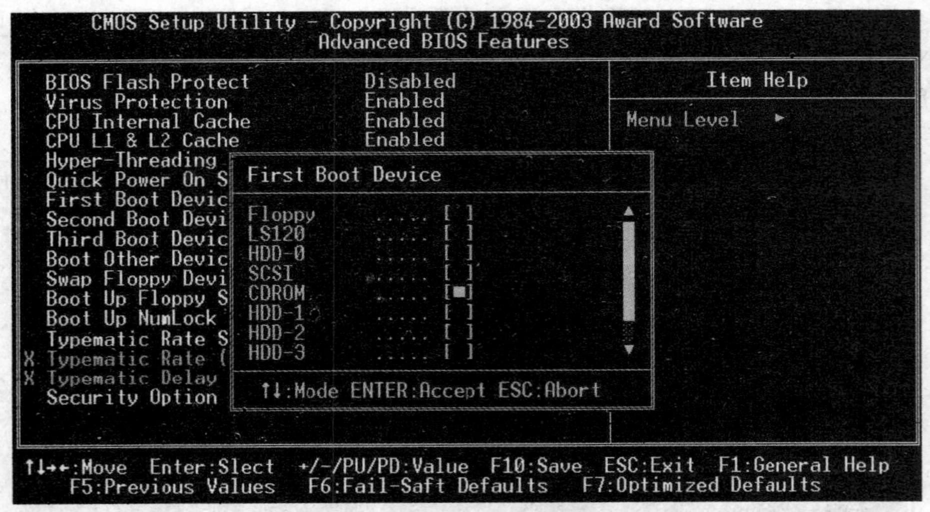

(a) 在CMOS设置界面中选择第一启动设备

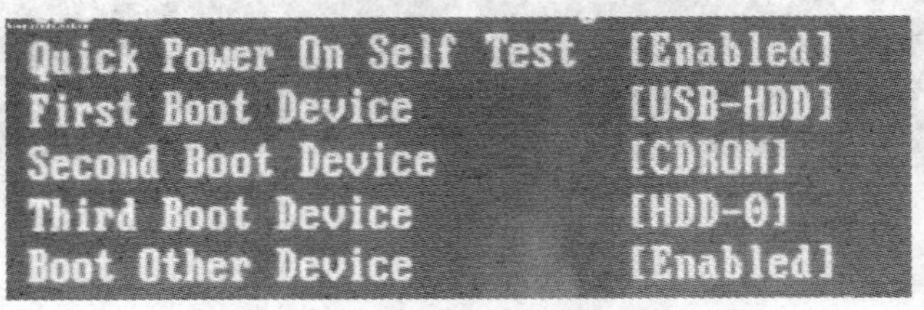

(b) 启动设备顺序

图 10-25 设置开机启动设备顺序

First Boot Device(第一启动设备),图中设置为 USB,即首先从 U 盘启动。

Second Boot Device(第二启动设备),图中设置为 CDROM,即当 U 盘无法启动时,从光驱启动。

Third Boot Device(第三启动设备),图中设置为 HDD,即当 U 盘、光驱都无法启动时,从硬盘启动。

Boot Other Device:图中设置为 Enable,意思是允许通过其他设备启动计算机。

设置完成后按 Esc 回到主菜单。新的设置需存储后才能生效,选择 SAVE & EXIT SETUP 项或直接按 F10 键,会出现提示框"SAVE TO CMOS and EXIT(Y/N)? N",提示是否保存刚才的设置。按 Y 键,再按 Enter 键,就完成了 CMOS 的设置。

如果觉得刚才设置有误,可以不保存,按 N 键,再按 Enter 键。

3. 节能设置

在 CMOS 设置主菜单界面中,选择 POWER MANAGEMENT SETUP 项,可以对 CPU、硬盘、显示器等设备进行节能设置,如图 10-26 所示。

操作方法与设置启动顺序类似,不再介绍。

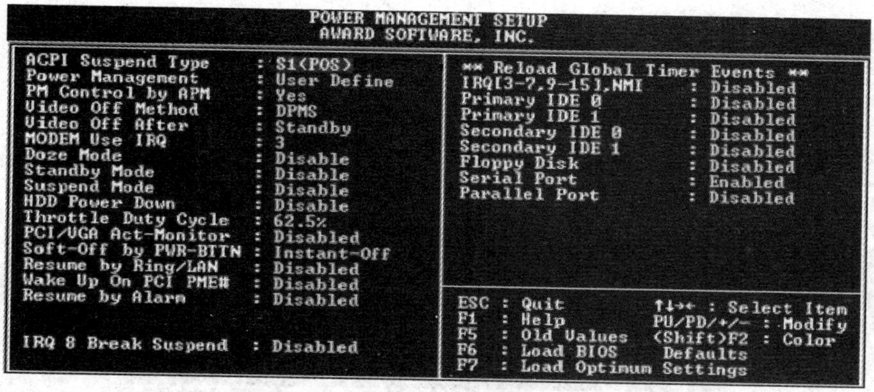

```
POWER MANAGEMENT SETUP
AWARD SOFTWARE, INC.

ACPI Suspend Type        : S1(POS)         ** Reload Global Timer Events **
Power Management         : User Define     IRQ[3-7,9-15],NMI     : Disabled
PM Control by APM        : Yes             Primary IDE 0         : Disabled
Video Off Method         : DPMS            Primary IDE 1         : Disabled
Video Off After          : Standby         Secondary IDE 0       : Disabled
MODEM Use IRQ            : 3               Secondary IDE 1       : Disabled
Doze Mode                : Disable         Floppy Disk           : Disabled
Standby Mode             : Disable         Serial Port           : Enabled
Suspend Mode             : Disable         Parallel Port         : Disabled
HDD Power Down           : Disable
Throttle Duty Cycle      : 62.5%
PCI/VGA Act-Monitor      : Disabled
Soft-Off by PWR-BTTN     : Instant-Off
Resume by Ring/LAN       : Disabled
Wake Up On PCI PME#      : Disabled        ESC : Quit         ↑↓→← : Select Item
Resume by Alarm          : Disabled        F1  : Help         PU/PD/+/- : Modify
                                           F5  : Old Values   (Shift)F2 : Color
IRQ 8 Break Suspend      : Disabled        F6  : Load BIOS    Defaults
                                           F7  : Load Optimum Settings
```

图 10-26　电源管理设置界面

10.3.4　BIOS 的升级

BIOS 程序决定了系统对硬件的支持、协调能力。当给计算机添加最新的硬件产品时，计算机本身可能不支持新硬件所提供的功能，通过更新 BIOS 程序可以使计算机获得新功能；还可以解决某些特殊的计算机故障，或者修正以前 BIOS 版本中的缺陷。

计算机主板的 BIOS 采用 Flash BIOS 芯片，使用相应的升级软件可以升级 BIOS。

升级 BISO 有两种方法：一是通过硬件检测工具，如使用 AIDA64 通过网络进行升级(具体使用方法参见 13.1.1 节)；二是使用专门的 BIOS 刷新程序(升级工具)，对 BIOS 程序升级。下面是常见的 BIOS 刷新程序。

(1) AWDFLASH：Award BIOS 专用的 BIOS 刷新程序。

(2) AMIFLASH：AMI BIOS 专用的 BIOS 刷新程序。

(3) AFLASH：华硕主板专用的 BIOS 刷新程序。

(4) PHLASH：Phoenix BIOS 刷新程序。

(5) Winflash：Award 推出的 Windows 环境下刷新程序。

当然，还需要最新版本 BIOS 程序文件(可以从主板厂商的网站上下载)。

常规的 BIOS 刷新程序必须在 DOS 模式下运行，运行时不能加载其他的内存驻留程序，以免升级时内存不足，这种传统的升级方式极为不便。

技嘉的@BIOS Flasher 程序能在 Windows 下对技嘉主板的 BIOS 升级，也可以对其他主板 BIOS 升级。

升级前应当将主板上防 BIOS 写入的跳线打开，在 BIOS 设置程序中将防 BIOS 写入的选项设为 Disable。如果升级非技嘉主板的 BIOS，还要预先下载主板最新的 BIOS 文件。

@BIOS Flasher 程序运行界面如图 10-27 所示，它能自动侦测主板的 BIOS 芯片类型、电压、容量和版本号。在 BIOS 信息的左下方是默认的执行操作，共有 4 项，除第一项 Internet Update(网络在线升级)外，其余均不可更改。选项右边有个按钮，从上到下依次为 Update New BIOS(升级新的 BIOS)、Save Current BIOS(保存现有的 BIOS)、About this program(关于这个程序)、Exit(退出)。

单击图中的 Update New BIOS 按钮，并在弹出的窗口中选择要刷新的 BIOS 文件，然后按照屏幕提示信息操作，即可完成升级 BIOS 的操作。

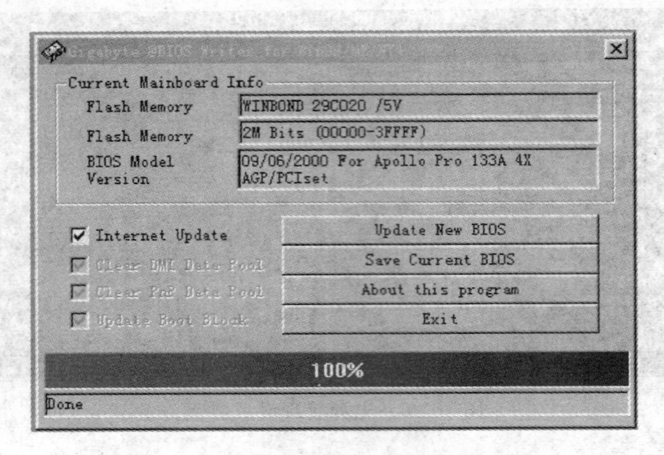

图 10-27 @BIOS Flasher 程序运行界面

升级结束后会弹出升级成功的消息框,并要求重启计算机。计算机重启自检时,可以看到 BIOS 已更新为新版本。

注意:BIOS 升级操作只有在十分必要的情况下才进行,操作失误或突然断电有可能造成主板的彻底损坏。

10.4 本章小结

本章主要介绍计算机各个部件的组装过程,以及 BIOS 的设置方法。计算机组装是维修计算机的必备技能,为了熟练掌握具体的计算机组装方法,建议找一台报废或临时不用的计算机,进行拆装练习。为了使计算机发挥实际性能,掌握 BIOS 的基本设置是必须的。升级 BIOS 的场合是,当前使用的主板 BIOS 自身有缺陷,或新添加的硬件,当前 BIOS 不支持。在升级 BIOS 的过程中电源不能中断;否则将导致主板报废。

习 题 10

1. 填空题

(1) 台式机机箱连接喇叭的四芯插头,应当连接到主板标记为________的插针上,这样才能够在开机时听到机箱扬声器发出的声音。

(2) 台式机机箱中的 RESET 接头,应当连接到主板上标记为________的插针上。这样计算机工作时机箱上的复位键(RESET 键)才能够起作用。

(3) BIOS 的主要作用有 BIOS 中断调用、________以及________。

2. 简答题

(1) 组装计算机需要什么工具?应注意哪些事项?

(2) 计算机主机箱内部有哪些部件?常用的计算机外部设备有哪些?

(3) 简述计算机主机内部配件的安装顺序。

(4) 简述 CMOS 和 BIOS 的区别。

第11章 硬盘分区与格式化

本章学习目标

- 了解硬盘初始化的相关概念；
- 了解文件分配表的种类和作用；
- 掌握硬盘的分区和格式化方法。

计算机经常使用的各种软件通常安装在硬盘中，硬盘在使用之前必须先进行初始化操作，硬盘的初始化包括分区和格式化。

一块新硬盘要经过三个步骤才可以使用：低级格式化→分区→高级格式化。

通常硬盘出厂时已经进行了低级格式化。通过硬盘分区可以实现对硬盘空间的有效划分，从而提高硬盘的利用率和实现资源有效的管理。

11.1 分区的基础知识

分区的目的是便于各种数据的管理。分区包括主分区和扩展分区两大类。

硬盘主分区最多有4个，一个主分区可以安装一种操作系统，如Windows、Linux等。

主分区之外的硬盘空间是扩展分区，当有一个扩展分区时，主分区最多只能创建三个(如果只安装了一种操作系统，只需创建一个主分区)，在扩展分区中，可划分出多个逻辑分区，平时所说的D盘、E盘、F盘等(除去光驱以及移动存储设备所占用的盘符)通常就是逻辑分区。

硬盘空间分为三部分，依次是硬盘的主引导记录(master boot record，MBR)也称引导区，BOOT区、文件分配表区(file allocation table，FAT)、数据区(data)。

硬盘分区的实质是设置硬盘的各项物理参数，指定MBR和引导记录备份的存放位置。MBR存放在主分区中，当MBR丢失时，硬盘将无法启动。

11.1.1 常见的文件系统

不同操作系统使用的文件系统不同，保存文件的方法和占用磁盘空间不同。

文件系统对存储空间的分配以“簇”(cluster)为单位，一个簇分配给一个文件使用。

常见的操作系统有DOS、Windows、Linux。

1. DOS

DOS(disk operation system)是Windows流行以前最常用的操作系统，采用命令行的形式控制计算机工作，需要记住大量的命令。它的文件系统是FAT16、FAT32。

2. Windows 操作系统

Windows 操作系统常用的文件系统格式有 FAT16、FAT32 和 NTFS,另外,还有一种适合闪存的文件格式 exFAT。

(1) FAT16: 文件分配表使用16位二进制数,按照文件的实际长度分配存储单元——"硬盘簇",16位分配表最多能管理65 536(即 2^{16})个簇,即一个硬盘分区。

每簇最大为32KB,因此每个分区最大容量为2GB(65 536×32KB),如果某个文件只有一个字节,它也要占用32KB的磁盘空间,比较浪费。

(2) FAT32: 每个分区最大容量为32GB,每簇大小在4～32KB之间,随着分区的大小而变动。如果分区小于8GB,每簇为4KB,比FAT16节约磁盘空间,完全兼容FAT16的应用程序。大容量硬盘一般使用FAT32格式,不但可以增大单个分区的容量,还可以提高空间利用率,节约磁盘空间。

(3) NTFS: 支持2TB的分区,支持的单个文件最大为64GB,远大于FAT32的4GB,还支持长文件名。对磁盘的利用率更高,当分区在2GB以下时,比FAT32的簇还小;当分区在2GB以上时,簇为4KB,比FAT32能更有效地管理磁盘空间。采用独特的文件系统结构保护文件,是一个较为安全的文件系统,并且更加节约存储资源,适用于 Windows NT 以后版本的操作系统,如 Windows NT/2000/XP/2003/7 等。

(4) 扩展 FAT(extended file allocation table file system,exFAT)即扩展文件分配表,是一种适合于闪存的文件系统。采用剩余空间分配表,剩余空间分配性能改进;同一目录下最大文件数65 536个。

3. Linux

Linux 是一种开放源码的操作系统,只要遵循它的开发规范,任何人都可以对它进行修改和补充,Linux 有多种版本,都使用相同的 Linux 核心。Linux 可安装在各种由处理器控制的设备中,从手机、游戏机、路由器、影音游戏控制台,到各种计算机。目前越来越多的专业人员使用 Linux。Linux 文件系统有 Ext2、Ext3、Linux swap 和 VFAT 四种格式。

Ext2 是 Linux 使用最多的一种文件系统,有极快的速度和极小的 CPU 占用率。

Ext3 在保持 Ext2 的格式基础上,增加了日志功能。将整个磁盘的写入动作完整的记录在磁盘的特定区域上,当系统出现软件故障时,可以根据这些记录直接回溯到原本正常的工作状态。

Linux swap 是 Linux 中一种专门用于交换分区的 swap 文件系统。Linux 使用这个分区作为交换空间。一般这个 swap 格式的交换分区是主存的2倍。内存不够时,Linux 会将部分数据写到交换分区上。

VFAT 也叫长文件名系统,是一个与 Windows 系统兼容的 Linux 文件系统,支持长文件名,可以作为 Windows 与 Linux 交换文件的分区。

11.1.2 硬盘分区的原则

给新硬盘建立分区,要遵循以下的顺序:建立主分区→建立扩展分区→建立逻辑分区→激活主分区→格式化所有分区。硬盘分区过程如图11-1所示。

另外,在进行硬盘分区时,以下原则可以借鉴。

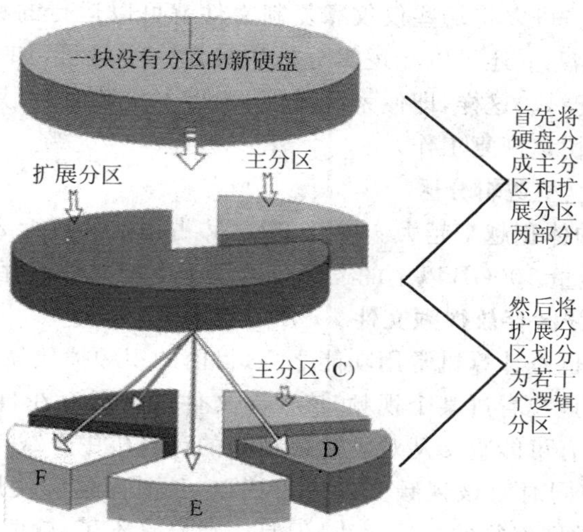

一块没有分区的新硬盘
扩展分区
主分区
首先将硬盘分成主分区和扩展分区两部分
主分区(C)
然后将扩展分区划分为若干个逻辑分区
D
F
E

图 11-1　硬盘分区过程

1. 关于主分区

为了在紧急情况下确保计算机能够正常工作，可以设置两个主分区：一个安装常用的 Windows 操作系统；另一个主分区安装 Linux 操作系统。

Windows 一般工作半年左右会出现启动慢、频繁死机等问题。对于这一问题，可以采用一键还原的方式加以解决(前提是已经将 C 盘程序数据采用一键还原工具备份到扩展分区中)，但系统还原还是需要一定时间，遇到紧急情况，可能会耽误工作。

安装 Linux 可以在 Windows 操作系统出现故障时，保证计算机的正常工作。另外，Linux 的安全性也好于 Windows 操作系统。

2. 关于 C 盘

建议使用 FAT32 格式对 C 盘进行分区，容量在 20GB 左右比较合适，安装的软件仅限于操作系统、各种驱动程序和最常用的应用软件，并做好一键还原的备份工作。

C 盘是系统盘，对于 Windows 来说，很多启动工具盘是从 Windows 98 启动盘演变而来，不能辨识 NTFS 分区，当系统出现故障，无法启动时，可能无法操作 C 盘。

每次开机，操作系统都要对 C 盘内容进行扫描，如果安装软件过多，系统启动时间会较长，也会加重对 C 盘的读写负担，产生错误和磁盘碎片的几率也较大，因此可以把不常用的软件、数据、资料等存储在扩展分区中，以分担 C 盘的负荷。

3. 关于扩展分区

扩展分区的文件格式尽量使用 NTFS。

NTFS 文件系统除兼容性之外，其余性能优于 FAT32，支持对分区、文件夹和文件的压缩，可以更有效地管理磁盘空间。对局域网用户来说，在 NTFS 分区上可以为共享资源、文件夹以及文件设置访问许可权限，安全性要比 FAT32 高。

4. 系统、程序、资料分离

Windows 默认把各种程序、“我的文档”等数据资料都放到 C 盘中。一旦 C 盘出问题，而又没有备份的话，数据资料将丢失，各种应用程序要重新安装。

为了避免这种情况,可以将那些仅仅靠复制文件就可以运行的程序放置到扩展分区的一个逻辑分区中(如D盘);还可以在逻辑分区中确定一个盘符(如E或F盘)专门存放各种文本、表格、文档等资料。这样,即使系统瘫痪,不得不重装时,可用的程序和资料基本上不需要重新安装,可以快速恢复工作。

5. 保留至少一个巨型逻辑分区

因为文件和程序的体积越来越大。一部HDTV占用空间接近20GB;一个游戏动辄数GB,有必要预备一个容量100GB以上的逻辑分区用于巨型文件的存储。

6. 最后一个逻辑分区存放视频文件

通过网络看视频,也是计算机常用功能之一,目前的视频播放软件(如迅雷看看等)采用点对点的传输技术,一旦观看过某个视频,该视频文件就会保存在自己的硬盘中,其他用户需要观看该视频时,很有可能直接从观看过该视频的计算机中下载,会造成对磁盘的读写比较频繁,如果多个用户同时对该视频文件进行读取,长时间这样使用可能会对硬盘造成损伤,对于磁盘坏道,通常用修复的办法解决,但是一旦修复不了,就要用硬盘分区工具进行屏蔽。对硬盘最后一个分区调整大小和屏蔽坏道的操作比较方便。

建议在观看视频后,及时删除存放视频的文件夹,这样可以防止外部对硬盘的读操作。

11.2 分区工具的使用

硬盘分区工具有很多,常用的有Fdisk、DiskGenius、Partition Magic、DiskManager、Paragon Partition Manager等。

- Fdisk是Windows自带的分区软件,分区效果最为稳定,操作也最为复杂。
- DiskGenius(早期名为Diskman):是中国人开发的一个磁盘分区工具,具有强大的分区、硬盘管理功能,支持多种分区格式。
- 分区魔术师Partition Magic(最早叫PowerQuest Partition Magic,后来PowerQuest公司被赛门铁克收购改名为Norton Partition Magic):简称PQ,是一款能进行无损分区和动态调整分区的分区软件,该软件在对分区进行调整时,可不损坏硬盘中现有的数据。
- Paragon Partition Manager:简称PM,与PQ功能近似,操作方法也基本相同。
- DiskManager:简称DM,是一款通用分区软件,支持各种硬盘分区,并且可快速地对分区进行格式化。对于新硬盘,建议使用DM进行分区和格式化。

下面重点介绍Fdisk以及Partition Magic的使用方法。

11.2.1 使用Fdisk进行分区

Fdisk是计算机专业人员必须掌握的硬盘分区技术。

Fdisk对硬盘分区遵循主分区→扩展分区→逻辑分区→激活主分区的次序。

Fdisk删除分区的顺序为“删除逻辑分区→删除扩展分区→删除主分区”。

用Fdisk对硬盘分区的具体步骤如下。

1. 启动Fdisk

(1) 通过光盘(或U盘)启动盘启动计算机,进入命令行(DOS)状态,输入fdisk,如

图 11-2 所示。

```
Microsoft Windows XP [版本 5.1.2600]
<C> 版权所有 1985-2001 Microsoft Corp.

A:\>fdisk
```

图 11-2　输入 Fdisk 命令

（2）按 Enter 键，出现如图 11-3 所示的画面。

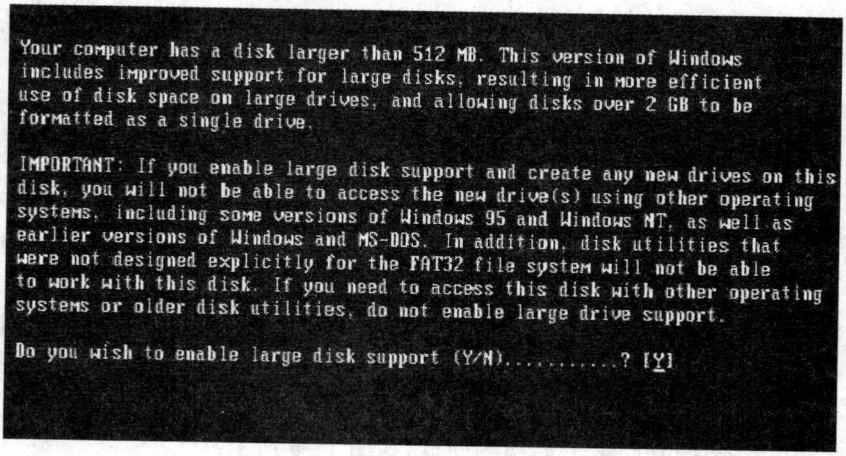

```
Your computer has a disk larger than 512 MB. This version of Windows
includes improved support for large disks, resulting in more efficient
use of disk space on large drives, and allowing disks over 2 GB to be
formatted as a single drive.

IMPORTANT: If you enable large disk support and create any new drives on this
disk, you will not be able to access the new drive(s) using other operating
systems, including some versions of Windows 95 and Windows NT, as well as
earlier versions of Windows and MS-DOS. In addition, disk utilities that
were not designed explicitly for the FAT32 file system will not be able
to work with this disk. If you need to access this disk with other operating
systems or older disk utilities, do not enable large drive support.

Do you wish to enable large disk support (Y/N)...........? [Y]
```

图 11-3　询问是否使用 FAT32 文件系统界面

（3）图 11-3 中内容是磁盘容量超过 512MB，为了充分发挥磁盘的性能，建议选用 FAT32 文件系统，按 Y 键后，按 Enter 键，出现如图 11-4 所示的画面。

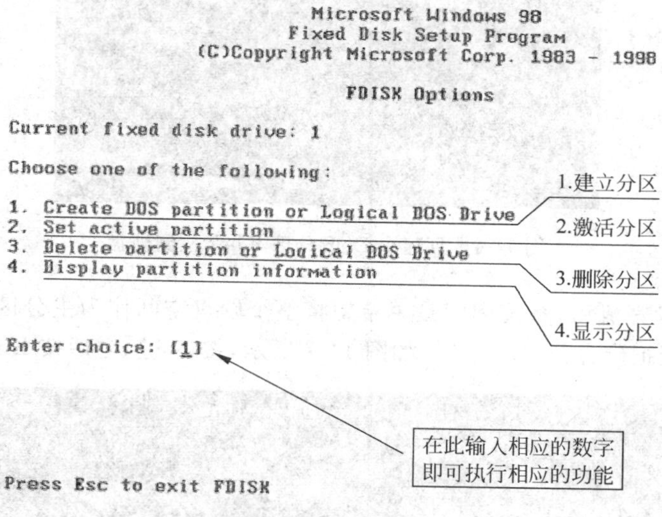

```
                    Microsoft Windows 98
                  Fixed Disk Setup Program
           (C)Copyright Microsoft Corp. 1983 - 1998

                        FDISK Options

Current fixed disk drive: 1

Choose one of the following:

1. Create DOS partition or Logical DOS Drive
2. Set active partition
3. Delete partition or Logical DOS Drive
4. Display partition information

Enter choice: [1]

Press Esc to exit FDISK
```

1.建立分区
2.激活分区
3.删除分区
4.显示分区
在此输入相应的数字即可执行相应的功能

图 11-4　Fdisk 主界面

如图 11-4 所示，用中文标注了各个选项的含义。

2. 创建主分区

(1) 选择“1”,按 Enter 键,出现如图 11-5 所示的画面。

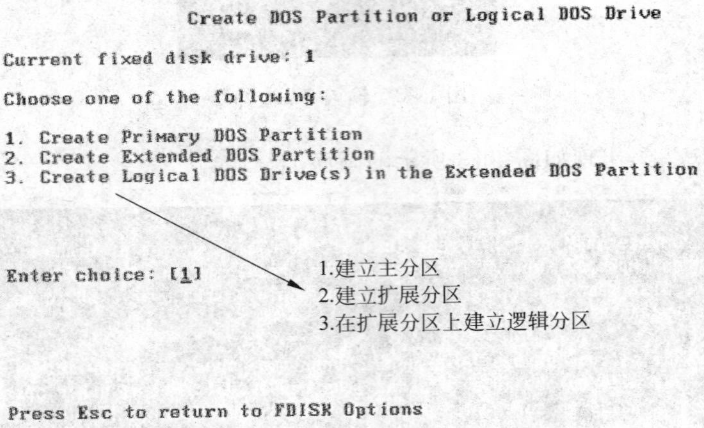

Create DOS Partition or Logical DOS Drive
Current fixed disk drive: 1
Choose one of the following:
1. Create Primary DOS Partition
2. Create Extended DOS Partition
3. Create Logical DOS Drive(s) in the Extended DOS Partition
Enter choice: [1]
1.建立主分区
2.建立扩展分区
3.在扩展分区上建立逻辑分区
Press Esc to return to FDISK Options

图 11-5　选择创建主 DOS 分区

一个硬盘可以划分多个主分区(最多 4 个),如果要安装两种不同类型的操作系统,则需要建立两个主分区。主分区之外的硬盘空间就是扩展分区,逻辑分区是对扩展分区再划分得到的。

(2) 选择“1”,按 Enter 键,开始检测硬盘,如图 11-6 所示。

Create Primary DOS Partition
Current fixed disk drive: 1
Verifying drive integrity, 11% complete._

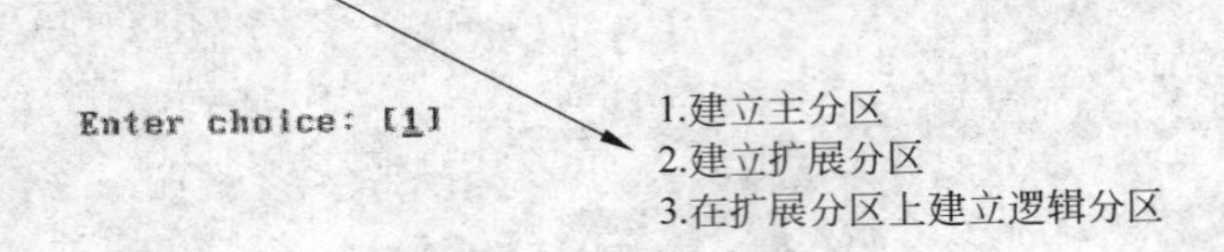

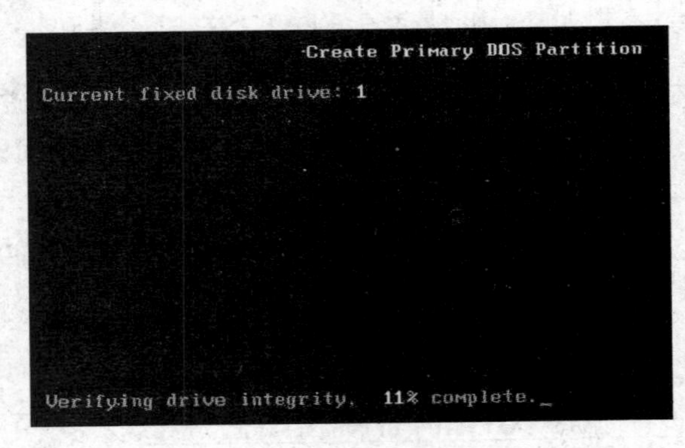

图 11-6　创建主 DOS 分区 Fdisk 检测硬盘

(3) 检测硬盘完成后,系统询问是否希望将整个硬盘空间作为主分区并激活,主分区就是 C 盘,显然不能把硬盘只分一个区,如图 11-7 所示,按 N 键,之后按 Enter 键。

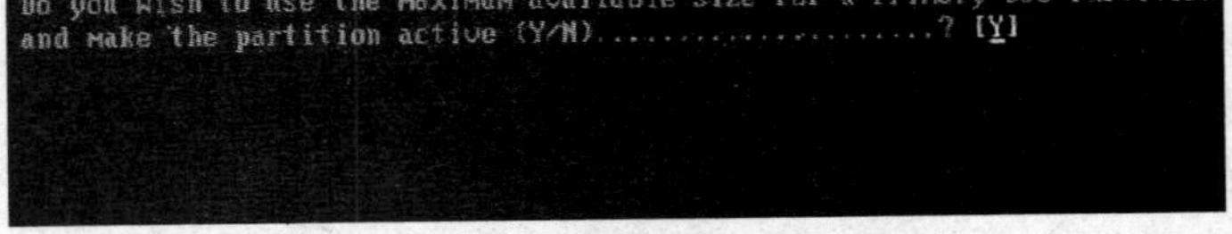

Create Primary DOS Partition
Current fixed disk drive: 1
Do you wish to use the maximum available size for a Primary DOS Partition
and make the partition active (Y/N).....................? [Y]

图 11-7　询问是否把整个硬盘作为主 DOS 分区

(4) 屏幕出现如图 11-8 所示的画面，设置主 DOS 分区的容量，可直接输入分区大小（以 MB 为单位，如想建立一个 6GB 左右的分区，就输入 6000，实际上应当是数值乘以 1024）或分区所占硬盘容量的百分比（%），之后按 Enter 键确认。

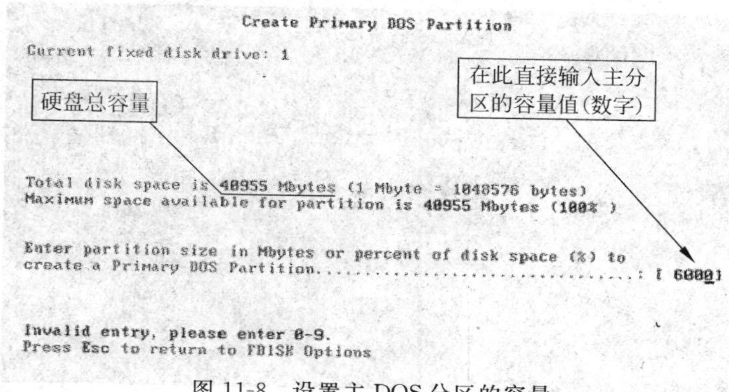

图 11-8　设置主 DOS 分区的容量

(5) 屏幕出现如图 11-9 所示的画面，表示主 DOS 分区 C 盘已经创建。

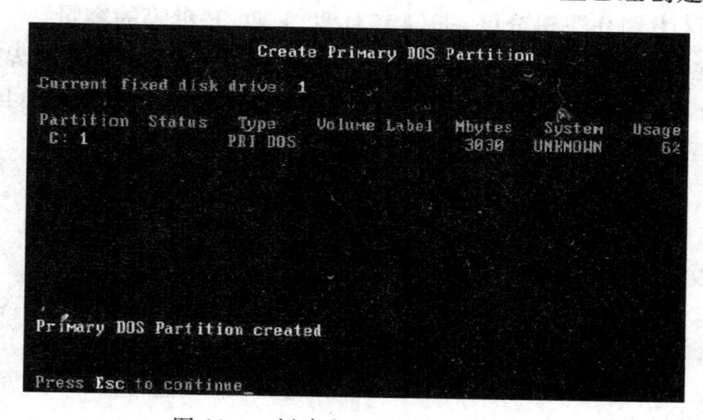

图 11-9　创建主 DOS 分区的完成

3. 创建扩展分区

(1) 如图 11-9 所示，按 Esc 键，这时可以创建扩展分区：选择“2”，按 Enter 键，进入如图 11-10 所示的创建扩展 DOS 分区界面。

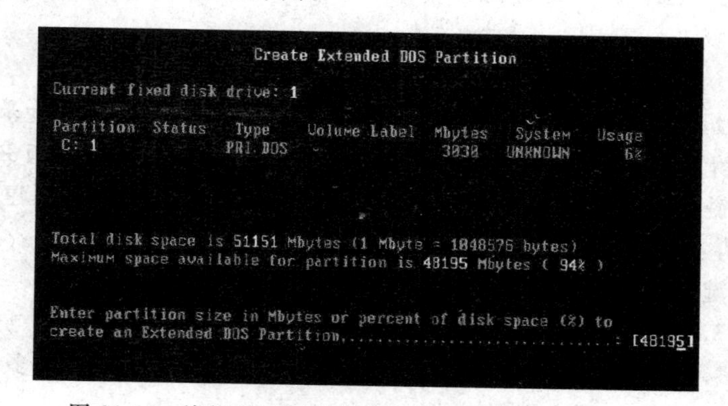

图 11-10　询问是否把剩余的空间全部划分为扩展分区

注意：如果要将除主DOS分区之外的所有空间划为扩展分区，直接按Enter。当然，如果想安装Windows之外的操作系统，可根据需要输入扩展分区的空间大小或百分比。

(2) 按Enter键，可以看见创建的扩展DOS分区，如图11-11所示。

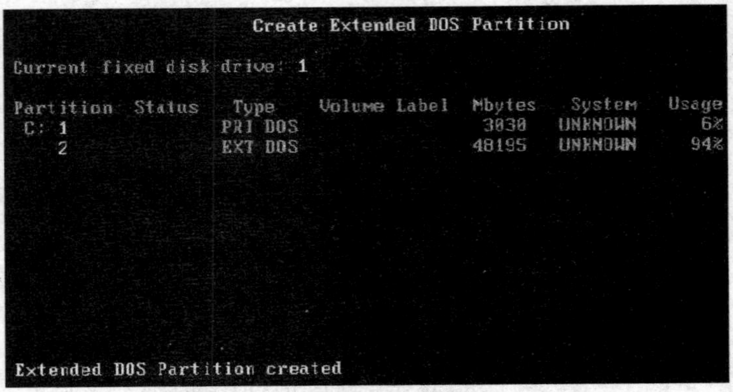

```
Create Extended DOS Partition

Current fixed disk drive: 1

Partition  Status   Type    Volume Label  Mbytes   System   Usage
 C: 1               PRI DOS                3030    UNKNOWN     6%
    2               EXT DOS               48195    UNKNOWN    94%

Extended DOS Partition created
```

图11-11　创建扩展DOS分区完成

4. 在扩展分区中划分逻辑分区，即确定D盘、E盘、F盘等的容量

(1) 按Esc键，返回到Create DOS Partition or Logical DOS Drive界面(见图11-5)，输入"3"，并按Enter键，出现如图11-12所示的提示画面：没有任何逻辑分区。输入第一个逻辑分区的大小或百分比，最高不超过扩展分区的容量。

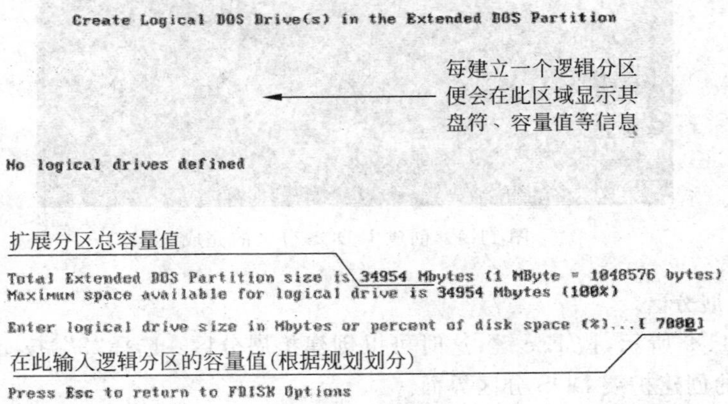

```
Create Logical DOS Drive(s) in the Extended DOS Partition

No logical drives defined

Total Extended DOS Partition size is 34954 Mbytes (1 MByte = 1048576 bytes)
Maximum space available for logical drive is 34954 Mbytes (100%)

Enter logical drive size in Mbytes or percent of disk space (%)...[ 7000]

Press Esc to return to FDISK Options
```

每建立一个逻辑分区便会在此区域显示其盘符、容量值等信息

扩展分区总容量值

在此输入逻辑分区的容量值(根据规划划分)

图11-12　输入第一个逻辑驱动器大小的界面

注意：在图11-12的"[ ]"中输入的第一个数值，就是D盘的大小，如果想把剩下的空间全部划分给D盘的话，可以直接按Enter键，否则输入具体的大小或者百分比。

(2) 按Esc键，并按照屏幕提示操作，最后得到如图11-13所示的创建好的逻辑分区。

5. 设置活动分区

(1) 按Esc键，返回到Fdisk Options界面(见图11-4)。

(2) 输入"2"，按Enter键，进入活动分区设置。

(3) 输入"1"，按Enter键，出现如图11-14所示画面，在Status下面多了一个A，意思是C盘为活动(Active)分区，即主引导分区。

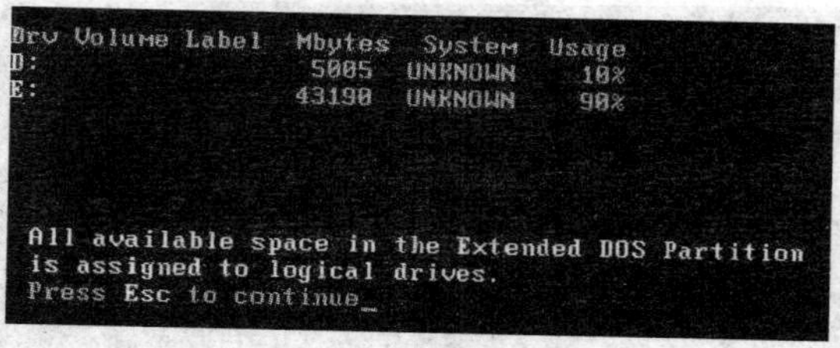

```
Drv Volume Label  Mbytes  System  Usage
D:                  5005  UNKNOWN   10%
E:                 43190  UNKNOWN   90%



All available space in the Extended DOS Partition
is assigned to logical drives.
Press Esc to continue_
```

图 11-13　设置完成逻辑分区

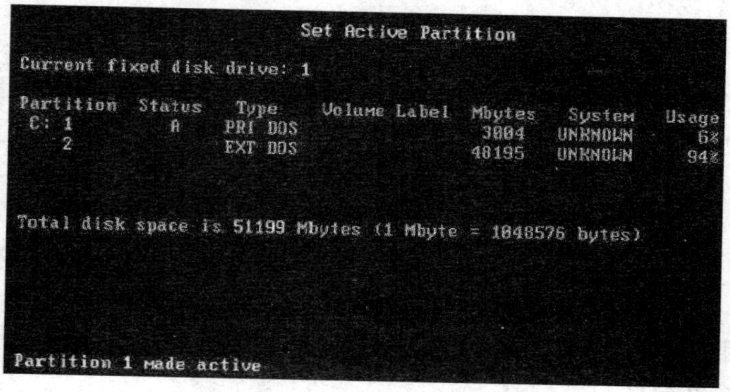

```
                    Set Active Partition

Current fixed disk drive: 1

Partition  Status   Type    Volume Label  Mbytes   System   Usage
 C: 1        A     PRI DOS                  3004   UNKNOWN     6%
    2              EXT DOS                 48195   UNKNOWN    94%


Total disk space is 51199 Mbytes (1 Mbyte = 1048576 bytes)




Partition 1 made active
```

图 11-14　设置活动分区

6. 使硬盘分区设置生效

(1) 按 Esc 键回到 Fdisk 主菜单。至此完成硬盘分区的全部工作。

(2) 按两次 Esc 键，出现图 11-15 所示画面，重新启动计算机，使硬盘分区设置生效。

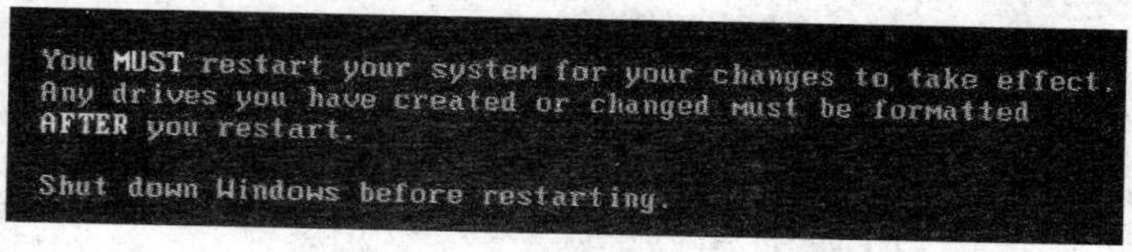

```
You MUST restart your system for your changes to take effect.
Any drives you have created or changed must be formatted
AFTER you restart.

Shut down Windows before restarting.
```

图 11-15　提示用户重启计算机

注意：必须重新启动计算机，这样前面做的分区设置才能生效；重启后必须格式化每个分区，分区才能够使用。

7. 删除分区和逻辑驱动器

完成硬盘分区后，如果对分区状况不满意，还可以重新分区，但在重新分区之前必须删除原有的分区。删除分区的顺序是：删除非 DOS 分区→删除逻辑 DOS 分区→删除扩展 DOS 分区→删除主 DOS 分区。

在 Fdisk 主界面(见图 11-4)中输入“3”，按 Enter 键后出现如图 11-16 所示的删除分区界面，按照删除硬盘分区的顺序，根据具体的需要选择需要的操作。删除完成后，再按照前面所讲的方法重新建立分区。

注意：在图 11-16 的“[ ]”中输入不同的数字(具体为 1、2、3、4)来达到重新分区的目的，具体操作步骤是按照从下到上(4、3、2、1)的顺序依次删除旧分区。其中，“4”代表非

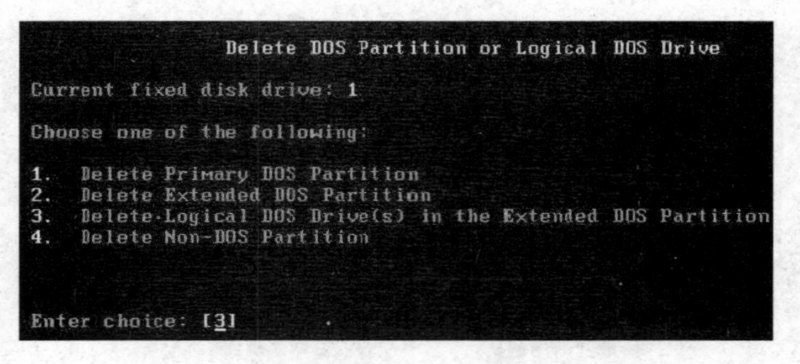
Delete DOS Partition or Logical DOS Drive

Current fixed disk drive: 1

Choose one of the following:

1. Delete Primary DOS Partition
2. Delete Extended DOS Partition
3. Delete Logical DOS Drive(s) in the Extended DOS Partition
4. Delete Non-DOS Partition

Enter choice: [3]

图 11-16　删除分区和逻辑驱动器

DOS 分区;"3"代表逻辑 DOS 分区;"2"代表扩展分区;"1"代表主 DOS 分区。

11.2.2　使用 PartitionMagic 进行分区

PartitionMagic(PQ)可以在不破坏硬盘数据的情况下重新改变分区大小;支持 FAT16、FAT32 和 NTFS 等文件格式,并且可以实现不同文件格式的相互转换;还可以隐藏现有分区。

与 Fdisk 相比,PQ 简单易用,且功能强大。下面介绍 PQ 的一些基本用法。

1. 创建一个新分区

(1) 启动 PQ,单击主界面"选择一个任务"栏中的"创建一个新分区"链接,如图 11-17 所示。

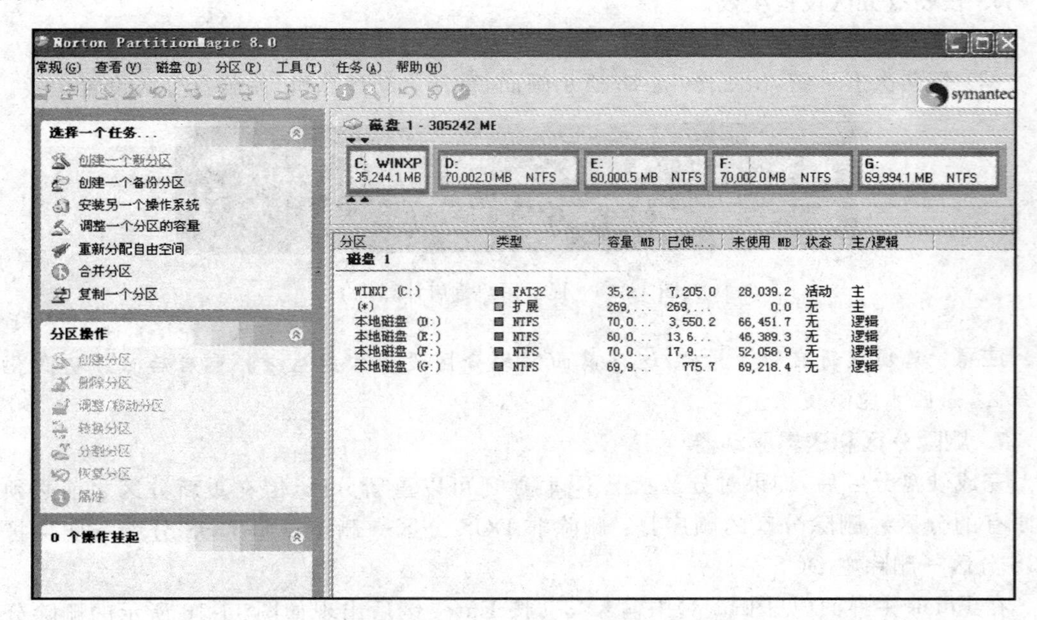

图 11-17　单击"创建一个新分区"链接

(2) 打开"创建新的分区"对话框,然后单击"下一步"按钮,如图 11-18 所示。

(3) 在"新分区对话框"列表框中,选择新分区的位置,如图 11-19 所示,然后单击"下一步"按钮。

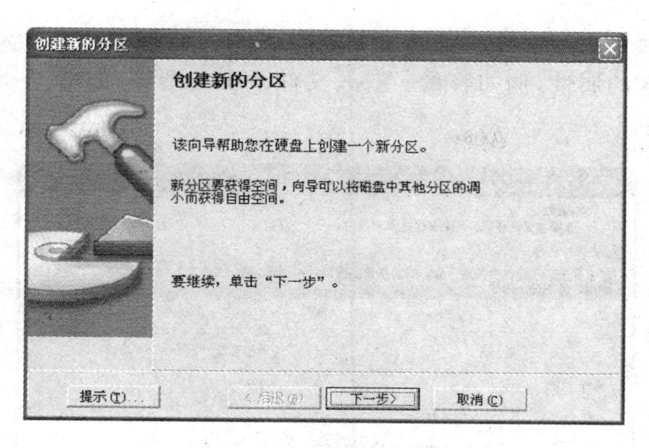

图 11-18 "创建新的分区"对话框

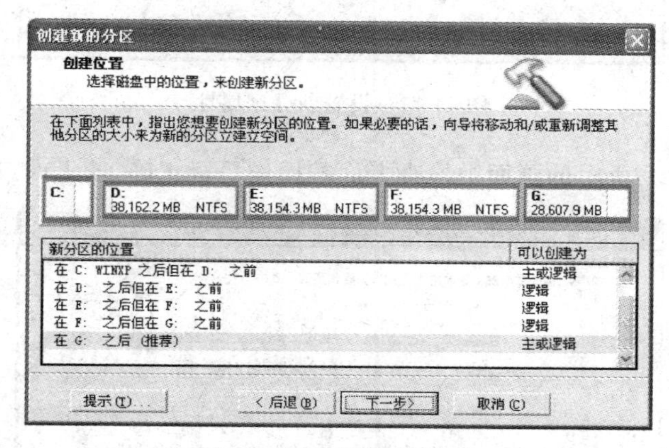

图 11-19 创建新的分区的位置

注意：图中标志着"在 D 之后但在 E 之前"的含义是表示新分区的位置，一般选择"在 G 盘之后(推荐)"，就可以分出一个新的分区。

(4) 在下面的列表框中，选中所需减少空间到新分区的原有分区的复选框，如图 11-20 所示，然后单击"下一步"按钮。

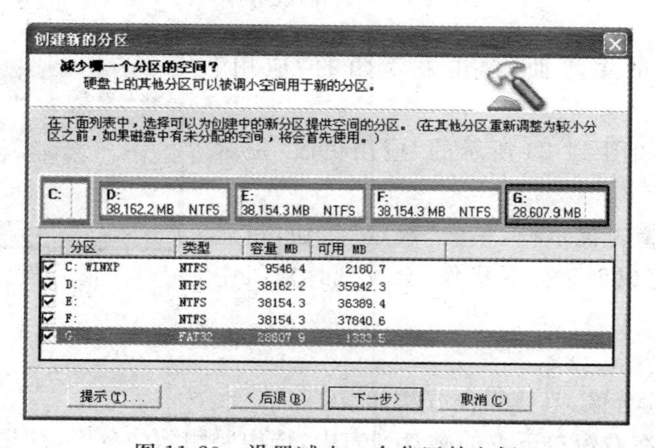

图 11-20 设置减少一个分区的空间

注意：新分区的大小可以按照实际需求选择，卷标可以随意命名。

(5) 设置新分区的属性，例如容量、卷标、文件系统类型等，如图 11-21 所示。设置完毕后，单击“下一步”按钮。

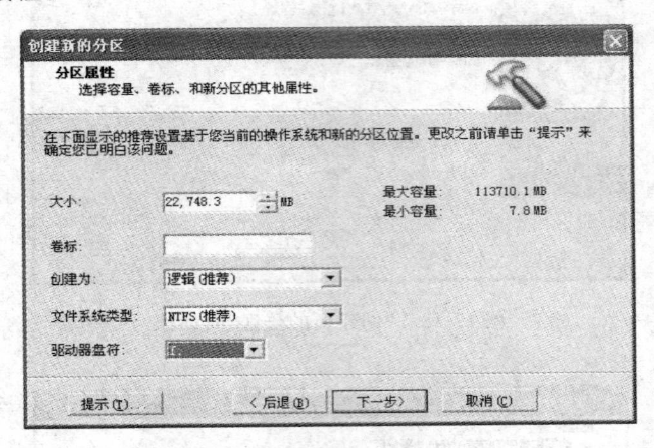

图 11-21　设置新分区属性

(6) 在如图 11-22 所示的画面中检查上面的操作是否正确，若无误，单击“完成”按钮。

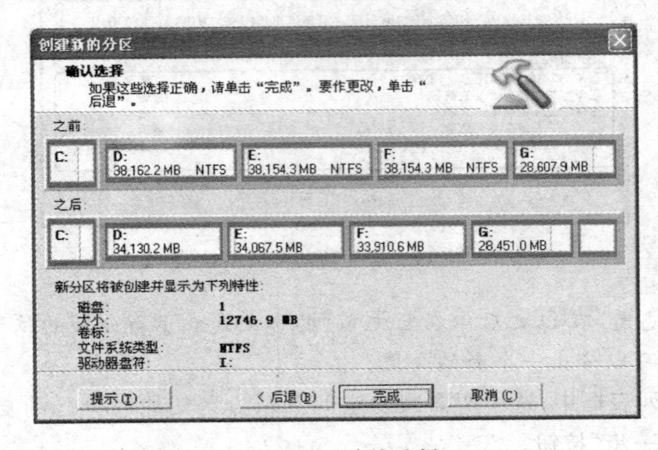

图 11-22　确认选择

(7) 返回 PQ 的主界面，单击左下角的“应用”按钮。

(8) 屏幕出现如图 11-23 所示的“应用更改”提示框，单击“是”按钮。

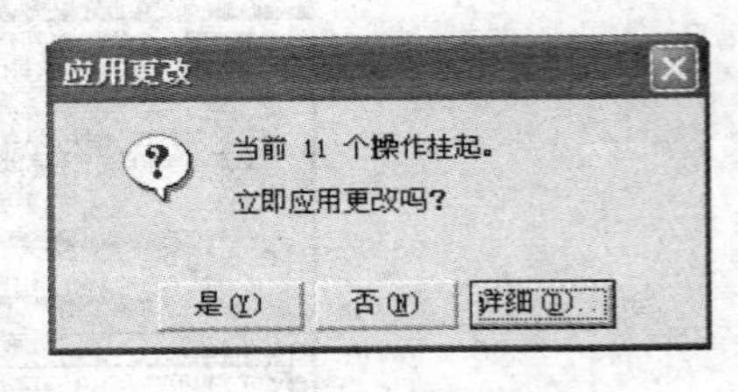

图 11-23　应用更改

(9) 屏幕出现警告提示框，单击“确定”按钮，重启计算机，系统自动完成创建分区操作，会发现计算机中出现创建的新分区。

2. 删除分区

PQ 也可以删除分区，具体操作方法如下：

(1) 打开 PQ，在右窗口下方的磁盘列表中，选中要删除的分区(这里单击 I 盘)，单击主界面左边“分区操作”栏中的“删除分区”链接，如图 11-24 所示。

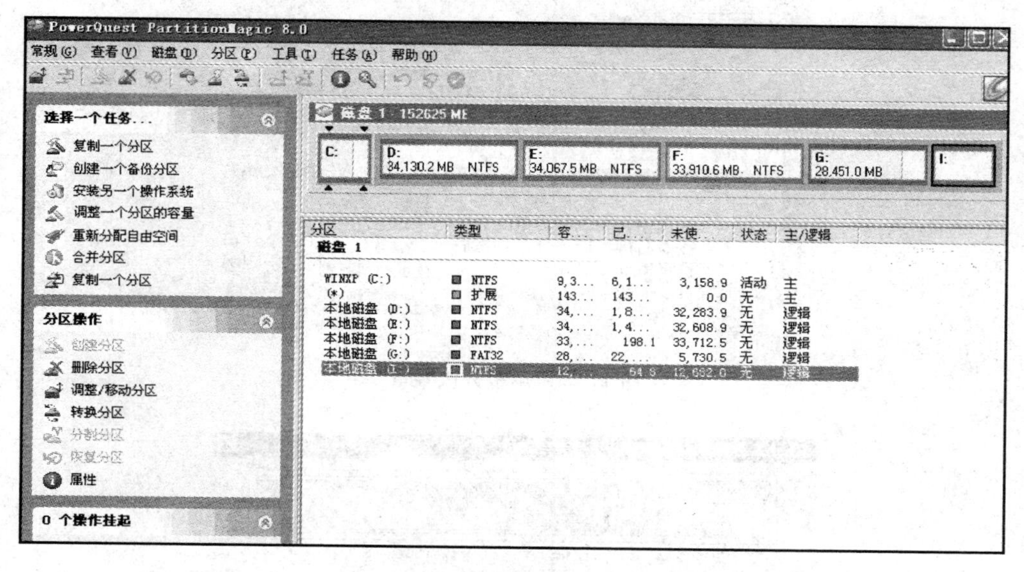

图 11-24　单击“删除分区”链接

(2) 打开“删除分区”对话框，如图 11-25 所示，单击“删除”单选按钮，再单击“确定”按钮。

(3) 出现 PQ 的主界面，单击左下角的“应用”按钮。

(4) 屏幕出现“应用更改”提示框，单击“是”按钮，屏幕上出现正在删除分区的画面。

(5) 删除结束后，单击“确定”按钮。

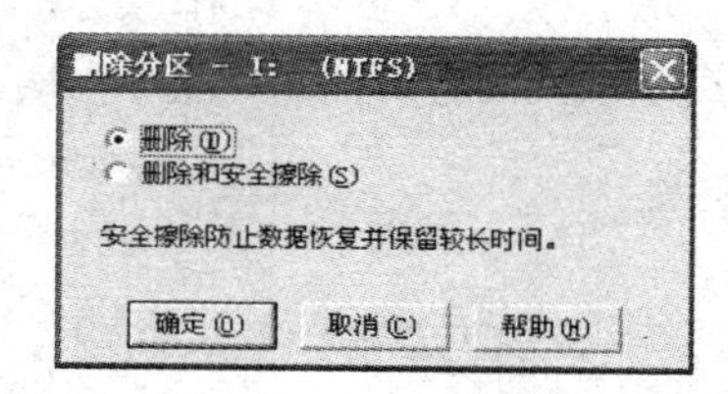

图 11-25　“删除分区”对话框

3. 调整分区

如果分区不合适，想重新改变分区的大小(俗称“无损动态分区”)，也可以进行调整，下面以增大 C 盘容量为例进行说明。

要增大 C 盘的容量，就得缩小其他分区的容量。假设现在 D 盘有 1GB 的剩余空间，E 盘有 3GB 的剩余空间，现在欲将这两个分区中的 4GB 空间给 C 盘，那么用 PQ 操作时，首先得将 E 盘的剩余空间给 D 盘，然后再由 D 盘分给 C 盘。具体操作如下。

(1) 首先对硬盘进行磁盘扫描及磁盘碎片整理工作。

(2) 进入 PQ 主界面，右键单击 E 盘，选择右键菜单中的 Resize/Move(改变/移动)项，如图 11-26 所示(这里采用 PQ 英文版)。

(3) 进入 Resize/Move Partition(改变/移动分区)窗口后，在 Free Space Before(调整前剩余空间)栏中输入需要让 E 盘腾出来的空间，该值小于或等于 E 盘的最大剩余空间值，如图 11-27 所示。

输入需要腾出的空间值后，单击 OK 按钮，返回主界面，此时会发现 D、E 之间多了一个“空白区”，这就是 E 盘给 D 盘的空间。

(4) 右击“D 盘”，选择 Resize/Move 项。进入 D 盘的 Resize/Move Partition 窗口，将 Free Space After 右侧的数字由原来的 XXX(也就是 E 盘的 Free Space Before 值)修改为 0，这

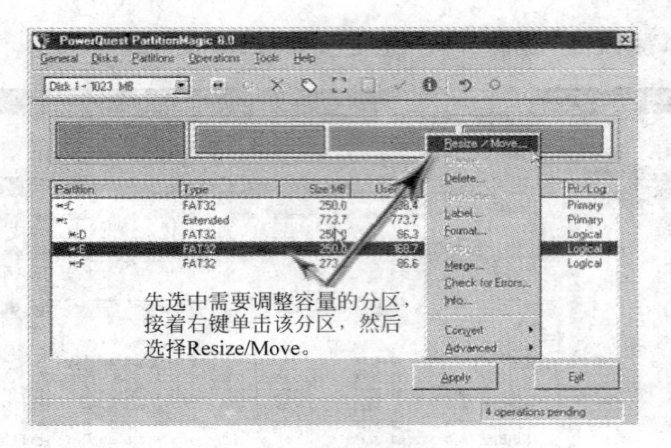

图 11-26 调整分区容量

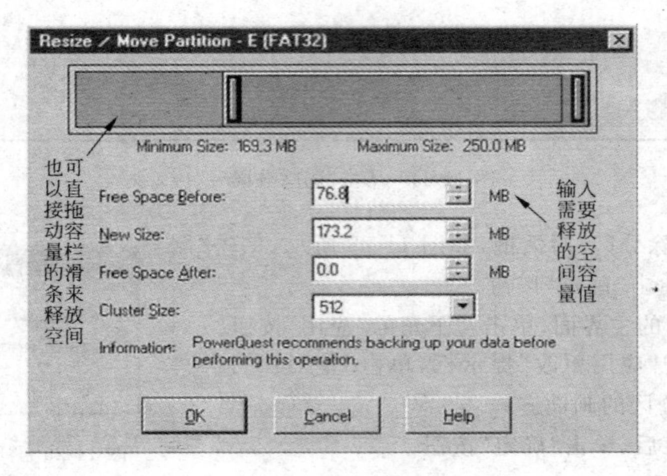

图 11-27 选择释放空间的大小

样就算将 E 盘的空间收下来了。然后，在 Free Space Before 栏中输入让 D 盘腾出来的空间值，最后单击 OK 按钮，如图 11-28 所示。

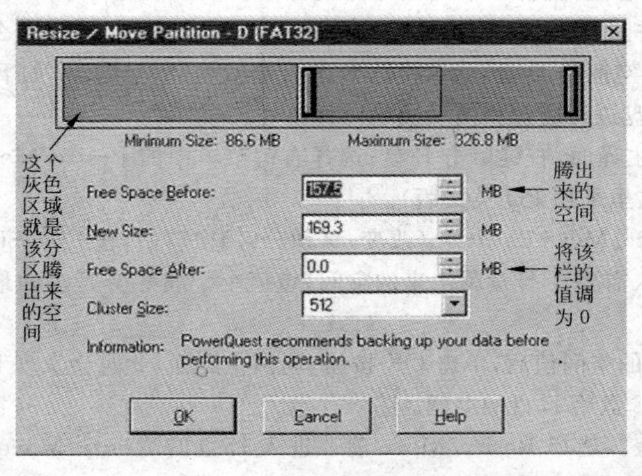

图 11-28 D 盘合并 E 盘的空间

(5) 现在C、D之间有一个比较大的“空白区”，就是给C盘的空间。右击C盘，选择Resize/Move项，然后在C盘的Resize/Move Partition窗口中将Free Space After处的数字设置为0，保存设置。

(6) 点击主界面右下角的Apply按钮，并确认，PQ便开始了正式调整。

注意：虽然PQ能够无损调整分区容量、格式，但为了数据的安全，最好能够在操作前进行重要数据的备份，以免造成数据丢失；在使用PQ时，不要非正常退出系统或突然关机，否则很容易造成分区中的数据丢失，严重时甚至会造成硬盘损坏。

11.3 硬盘格式化

硬盘格式化有两种：低级格式化和高级格式化。通常所说格式化硬盘是指高级格式化。

1. 硬盘低级格式化

硬盘的低级格式化的目的是对一个新硬盘划分磁道和扇区，并在每个扇区的地址域上记录地址信息。低级格式化一般由硬盘生产厂家在硬盘出厂前完成，平时应当尽量避免低格硬盘，只有当硬盘出现故障，或更改操作系统时，才需要进行硬盘低级格式化。该工作由专门的程序来完成，如DM、Lformat等。低级格式化会彻底清除整个硬盘中原有的全部信息。

2. 硬盘高级格式化

硬盘分区后，使用前必须对每一个分区进行高级格式化，格式化后的硬盘才能使用。高级格式化实际上是将指定盘符中的文件分配表进行刷新操作，数据区中的内容并没有删除，可以通过专用的数据恢复工具进行恢复。

高级格式化有三种方式。

(1) 由格式化命令完成，如DOS下的FORMAT命令。

(2) 安装操作系统时，操作系统会自动对C盘进行格式化。

(3) 在操作系统安装之后，双击“我的电脑”图标，分别右击D、E、F等盘符，选择“格式化”命令，依次对逻辑盘进行格式化。

11.4 本章小结

本章主要介绍了硬盘分区的概念以及常用分区工具的使用方法。新硬盘在使用前，首先要进行分区和格式化，格式化分为低级格式化和高级格式化。大多数硬盘的低级格式化工作是在出厂时进行的，不需要再次进行，而且低级格式化次数过多对硬盘的使用寿命有影响；通过对硬盘分区可以有效地管理硬盘空间，硬盘最多可以划分为4个主分区，不同的主分区可以安装不同的操作系统，主分区的盘符为C，主分区之外的硬盘空间是扩展分区，在扩展分区中可以划分多个逻辑分区，逻辑分区就是平常所说的D、E、F盘。

习 题 11

1. 填空题

(1) 一块新硬盘要经过以下3个步骤才可以使用：低级格式化、________、________。

(2) 分区的目的是________。分区包括________和________两大类。

(3) 硬盘空间分为3部分，依次是硬盘的________区、________区和数据区。

2. 简答题

(1) Windows操作系统常用的文件系统格式有哪几种？各有什么特点？

(2) 简述为新硬盘进行分区的顺序以及删除硬盘分区的顺序。

(3) 常用的硬盘分区工具有哪些？

第12章 系统软件的安装与备份

本章学习目标

- 掌握 Windows XP 安装方法；
- 掌握常用软件的安装以及驱动程序的安装；
- 熟悉通过 Ghost 对操作系统进行备份和恢复的具体方法。

硬盘经过分区和格式化后，就可以安装各种软件了。新计算机首先应当安装操作系统。操作系统是一组程序，能够对计算机的硬、软件资源进行管理。安装好操作系统之后，接着应该安装驱动程序和应用软件。在操作系统以及应用软件安装完毕后，可以用 Ghost 等工具对安装的软件进行备份，以便系统出现软件故障时能够快速恢复到正常工作状态。本章内容按照上述操作的顺序进行介绍。

12.1 系统软件的安装

硬盘分区和格式化之后，可以安装操作系统。这里介绍 Windows XP 的安装方法。虽然 2012 年推出的 Windows 8 将取代 Windows XP，但 Windows XP 目前仍然在广泛使用。

1. 用光盘启动系统

通过 BIOS 设置把光驱设为第一启动设备。将 XP 安装光盘放入光驱，重新启动计算机。当屏幕出现如图 12-1 所示的界面时，快速按下 Enter 键。

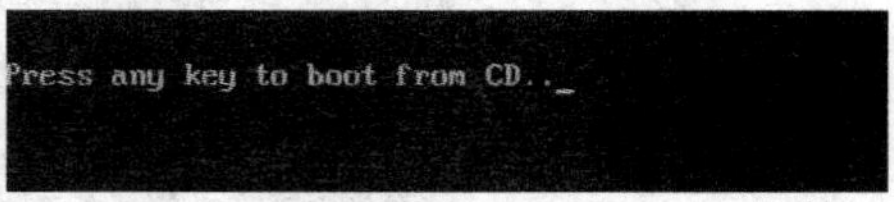

Press any key to boot from CD.._

图 12-1 选择从光盘启动

2. 安装 Windows XP Professional

光盘启动后，可见到如图 12-2 所示的安装界面。

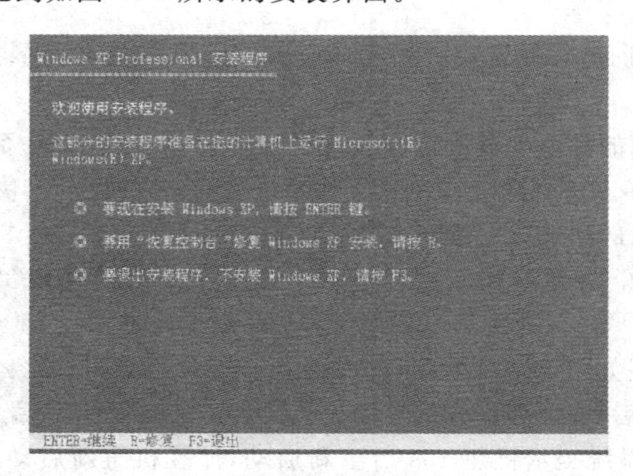

图 12-2 欢迎使用安装程序

选中"要现在安装 Windows XP,请按 ENTER",按 Enter 键,出现如图 12-3 所示的画面。按 F8 键,出现如图 12-4 所示的界面。

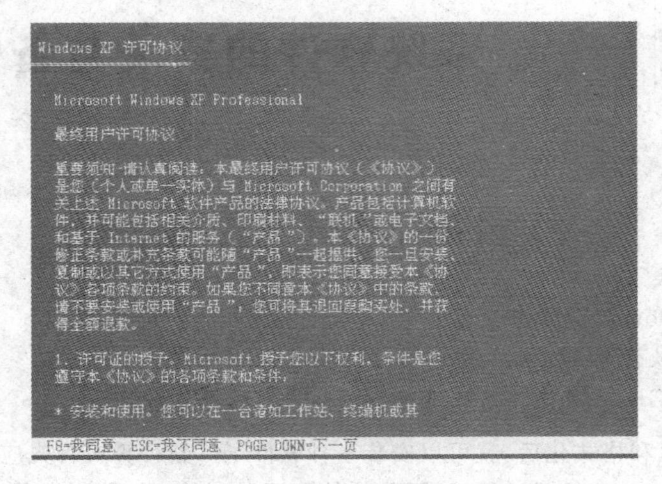

图 12-3 Windows XP 安装许可协议

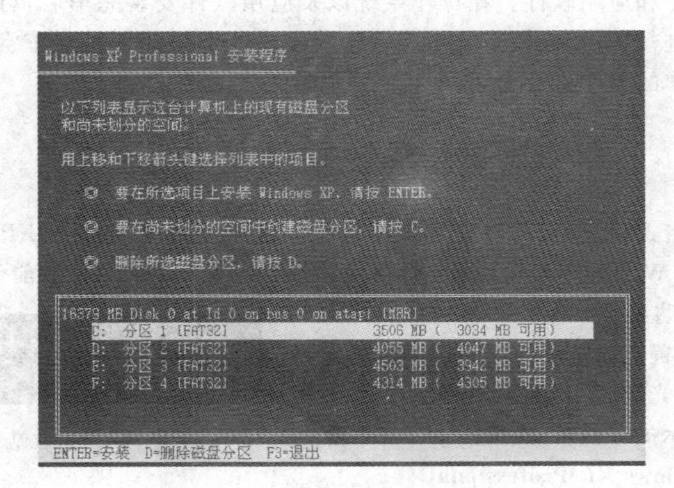

图 12-4 选择 XP 安装的分区

用向下或向上方向键选择安装系统所用的分区,一般选择 C 分区,之后按 Enter 键。

3. 安装过程

在如图 12-5 所示的界面中对所选分区进行格式化,并转换文件系统格式,或保存现有文件系统,有多种选择。这里选"用 FAT 文件系统格式化磁盘分区(快)",按 Enter 键,出现如图 12-6 的界面所示的格式化 C 盘的警告。

按 F 键,出现如图 12-7(a)所示的界面。安装程序提示用 FAT32 格式对 C 盘进行格式化。

按 Enter 键,出现如图 12-7(b)所示的界面。开始对 C 盘格式化。

C 盘格式化完成后,安装程序开始复制安装文件。文件复制完后,安装程序开始初始化 Windows 配置,之后系统提示将在 15s 后重新启动,计算机重新启动后进入开始安装设备

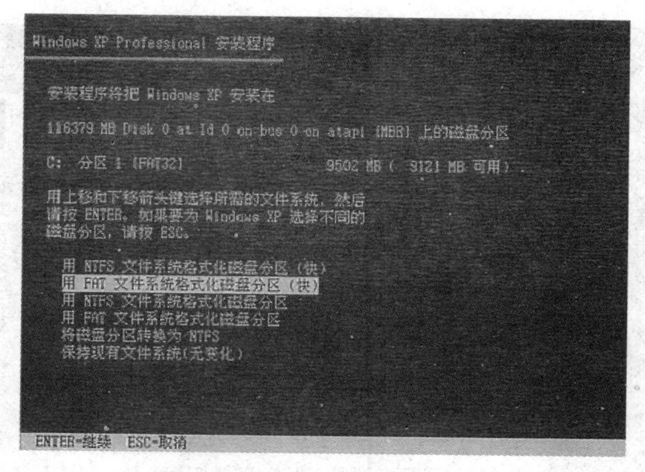

图 12-5　选择分区格式

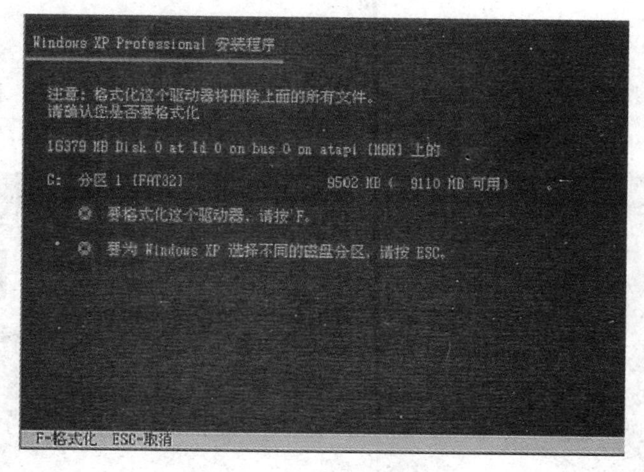

图 12-6　格式化 C 盘警告

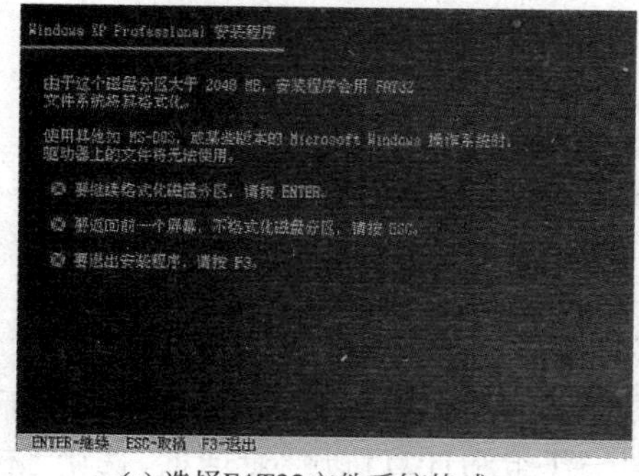

(a) 选择FAT32文件系统格式

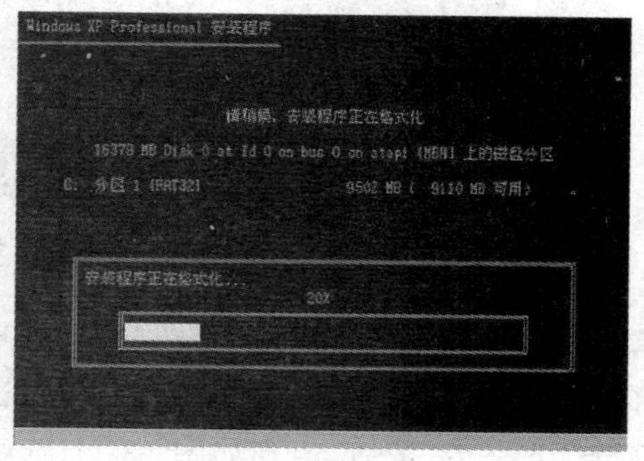

(b) 格式化C分区

图 12-7　格式化操作

的界面，之后出现“选择区域和语言”对话框，一般使用默认值，单击“下一步”按钮。出现“自定义软件”对话框，输入姓名和单位名称，再单击“下一步”按钮，出现如图 12-8 所示的对话框，在产品密匙内输入安装序列号。

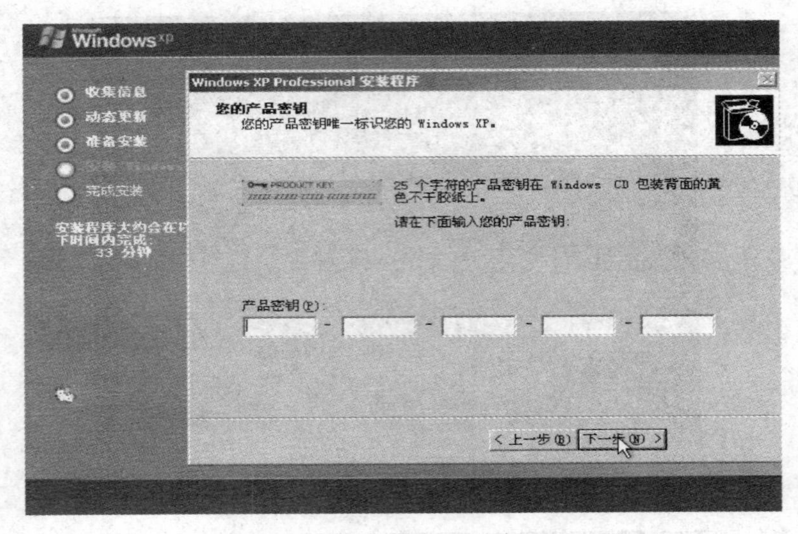

图 12-8 输入产品密钥

单击“下一步”按钮，出现如图 12-9 所示的对话框。输入计算机名和系统管理员密码(也可以不输入)。

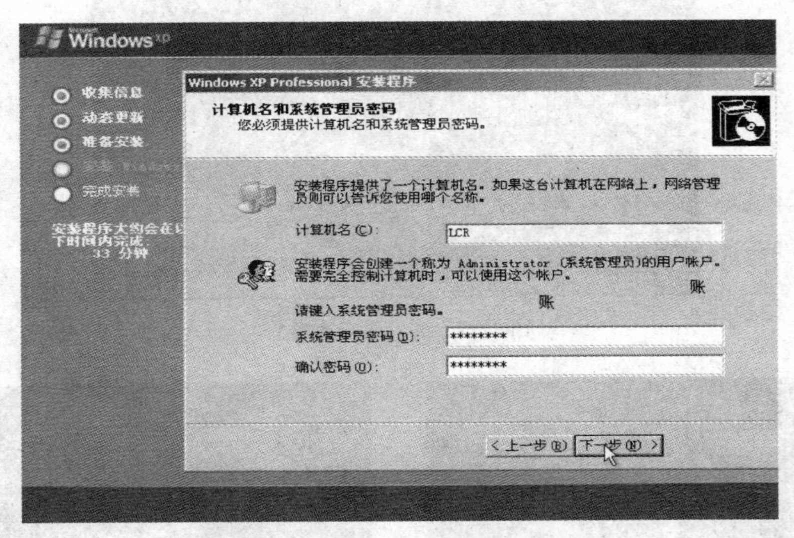

图 12-9 输入计算机名和系统管理员密码

单击“下一步”按钮，出现“日期和时间设置”对话框。

单击“下一步”按钮，出现“网络设置”对话框，选中“典型设置”按钮，如图 12-10 所示。

单击“下一步”按钮，出现如图 12-11 所示的“工作组和计算机域”对话框，选中“不，此计算机不在网络上…”按钮。

单击“下一步”按钮，接着是复制文件和安装各种功能模块，之后还要注册组件和保存设置，如图 12-12 所示。至此，就不需要用户参与了，安装程序会自动完成全过程。安装完成后自动重新启动。

第一次启动需要一段时间，按照屏幕提示操作，即可完成后续的安装工作。

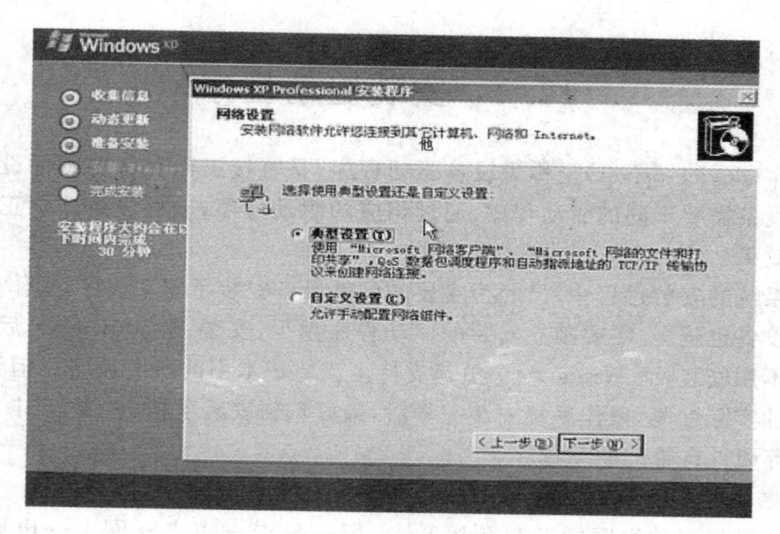

图 12-10　网络设置

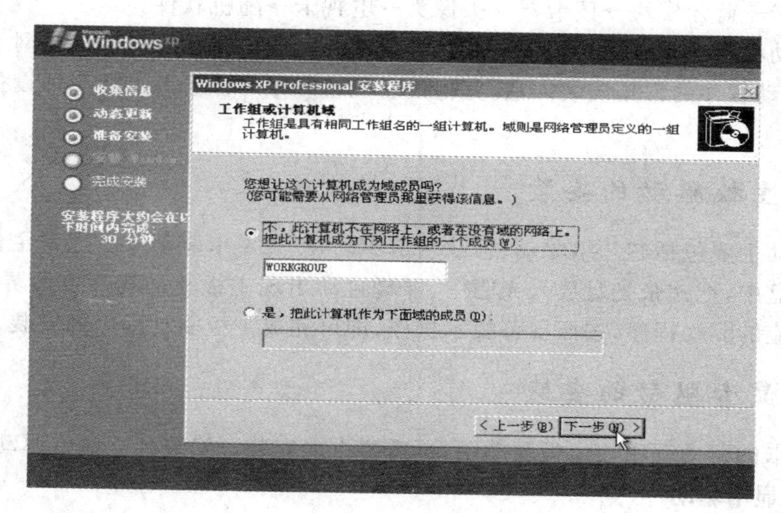

图 12-11　工作组名和计算机域名

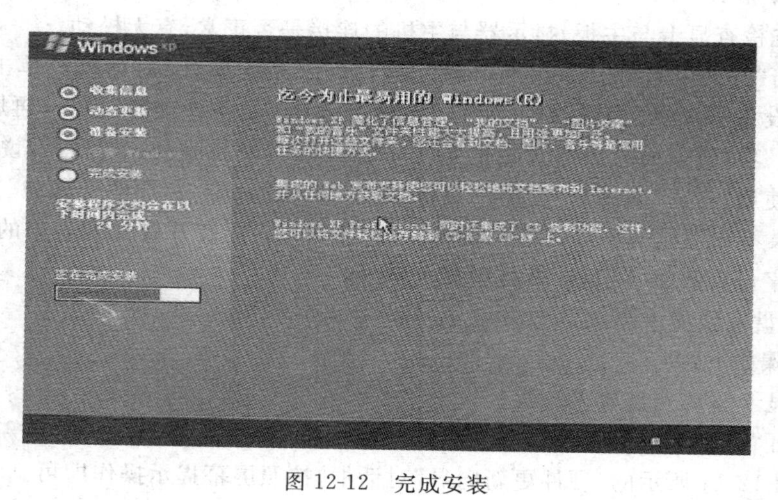

图 12-12　完成安装

12.2 安装驱动程序

驱动程序(device driver)全称为设备驱动程序,是直接工作在各种硬件设备上的软件。不同的硬件设备需要不同的驱动程序,通过相应的驱动程序,硬件设备才能正常运行,达到既定的工作效果。

在操作系统的安装过程中,已经为主要的硬件设备安装了驱动程序,操作系统版本越高支持的硬件设备也越多,需要独立安装的驱动程序越少,安装 Windows XP 后,有可能一个驱动程序也不用安装,而 Windows 7 更是支持主流笔记本中的所有设备。但为了发挥计算机硬件设备的实际性能,操作系统安装完毕后,最好重新安装主板、显卡、声卡、扫描仪、摄像头、Modem 等硬件自带的驱动程序。

台式机驱动程序安装顺序是,主板→显卡→其他设备驱动。

笔记本计算机驱动程序的安装顺序是,主板→显卡→声卡→网卡→电源管理→触控板→无线网卡→蓝牙模块→读卡器→摄像头→电视卡→随机软件。

安装驱动程序有多种方法,下面分别以主板驱动、显卡驱动、声卡驱动、网卡驱动的安装为例,介绍驱动程序的常用安装方法,其他设备驱动程序可以参考上述 4 种设备之一的安装方法。

12.2.1 主板驱动的安装

主板驱动主要包括芯片组驱动、板载网卡驱动、板载声卡驱动等。通常主板驱动程序存放在一张光盘中,把这张光盘放入光驱中,屏幕自动出现主板驱动程序安装界面,根据主板型号选择相应的驱动程序,按照屏幕提示操作,即可完成主板驱动程序的安装。

12.2.2 显卡驱动的安装

集成显卡的驱动程序在主板驱动中,不需要再次安装。安装独立显卡驱动的方法如下。

1. 检查显卡驱动

检查步骤如下:

(1) 首先检查显卡与主板、显示器与主机的连接是否正常,有无松动。

(2) 右击“我的电脑”图标,选择“属性”项,打开“系统属性”对话框。单击“硬件”选项卡,再单击“设备管理器”按钮,打开如图 12-13 所示的“设备管理器”窗口,再展开硬件列表中的“显示卡”项,看前面有没有黄色的“?”。如有,说明没装驱动;如没有,说明已装驱动,但不能正常使用,右击“显示卡”项下的显卡,选择“卸载”命令,将原驱动卸载。

(3) 如果不知道显卡型号,打开“设备管理器”窗口;再展开硬件列表中的“显示卡”项,其下的一串字母和数字,就是计算机中显卡型号。

2. 从光盘安装显卡驱动

安装步骤如下:

(1) 将显卡驱动光盘放入光驱。

(2) 打开“设备管理器”窗口,右击“显示卡”栏带“?”号的选项,选择“更新驱动程序”命令,出现如图 12-14 所示的“硬件更新向导”对话框,按照屏幕提示操作即可。

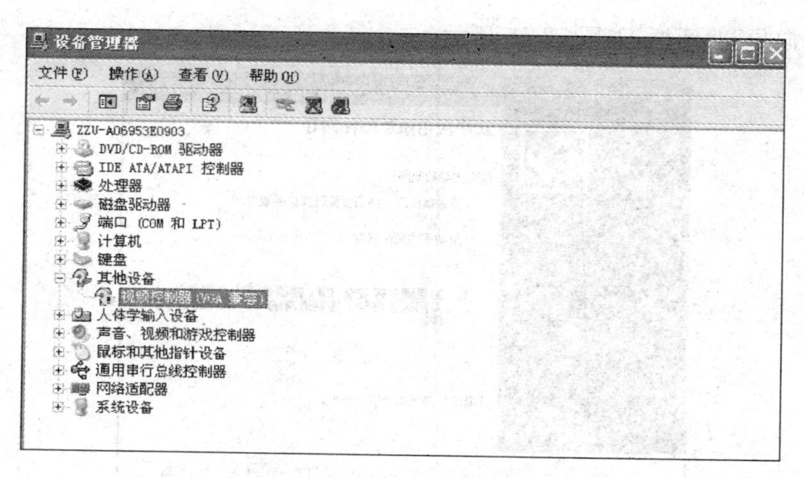

图 12-13 “设备管理器”窗口

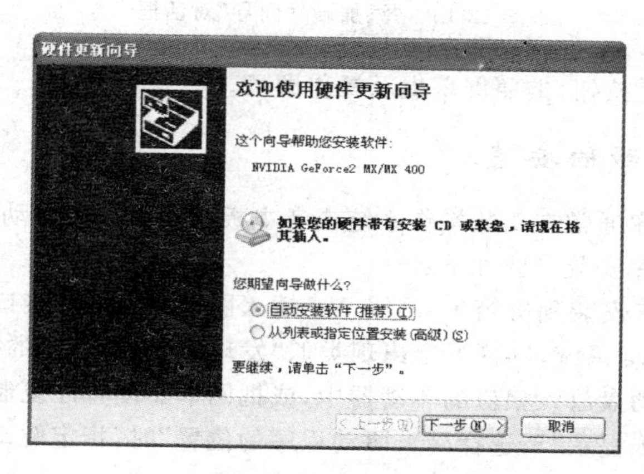

图 12-14 “硬件更新向导”对话框

12.2.3 声卡驱动的安装

计算机只有装了声卡驱动程序后，才能发出声音，集成声卡驱动程序一般是操作系统自动安装的。单独安装声卡驱动的方法有两种。首先确保声卡、连接线，以及音箱等设备连接正常。

1. 通过设备管理器安装

安装步骤如下：

(1) 打开“设备管理器”窗口，展开“声音、视频和游戏控制器”项，查看前面有没有出现黄色的“?”。

(2) 如果有，先将其卸载，再重新安装这个设备的驱动程序；如果没有，就查找声卡(包括集成声卡)，型号一定要准确，找到声卡后，安装相应型号的声卡驱动程序。

2. 通过添加新硬件安装

安装步骤如下：

(1) 选择“开始”→“控制面板”命令，打开控制面板对话框，双击“添加新硬件”图标，打开“添加硬件向导”对话框,如图 12-15 所示。

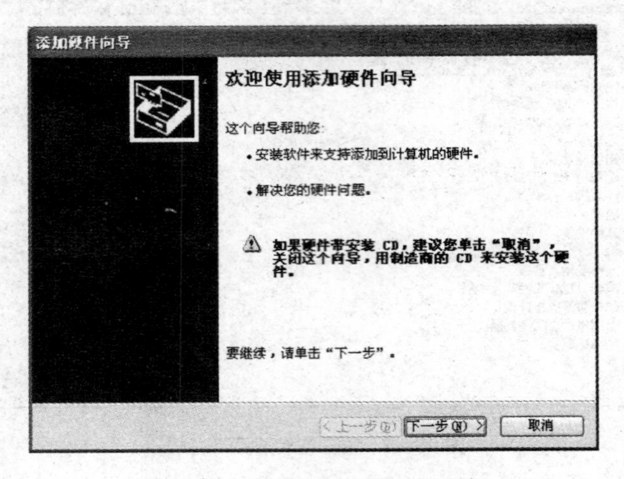

图 12-15 “添加硬件向导”对话框

(2) 单击“下一步”按钮,按照屏幕提示操作即可。

12.2.4 网卡驱动的安装

集成网卡驱动程序通常在安装操作系统或者主板驱动时已经自动安装。

独立网卡驱动程序安装步骤如下:

(1) 首先确认网卡安装到机箱中,网线已经插入网卡的 RJ-45 接口中。

(2) 启动 Windows 系统,屏幕上会出现类似“发现了新的硬件”的提示。

(3) 把网卡的驱动盘放入相应的驱动器中,或把网卡驱动程序复制到 D 盘。

(4) 当屏幕上出现提示“请选择网卡驱动程序的位置”时,指定驱动程序的存放位置,然后单击“确定”按钮。

(5) 系统会自动到指定的位置中寻找驱动程序,并把文件安装到硬盘中特定的目录下。

(6) 安装结束后,会提示重新启动机器,单击“确定”按钮,网卡就可以使用了。

12.3 操作系统的备份与恢复

系统备份对于系统和数据的安全十分重要。当 C 盘出现软件故障时,通过备份可以迅速将系统恢复到正常工作状态,省去重新安装软件的麻烦。系统备份可以利用 Windows 本身所带的备份工具,也可以使用 Ghost 软件备份和恢复。

12.3.1 备份操作系统

Windows 系统本身带有系统备份工具。具体操作方法如下:

(1) 选择“开始”→“程序”→“附件”→“系统工具”→“备份”命令,如图 12-16 所示。

(2) 进入“备份工具”窗口,如图 12-17 所示。在“欢迎”选项卡中,单击“备份向导”按钮,根据向导的提示,完成备份。

图 12-16 “备份”命令

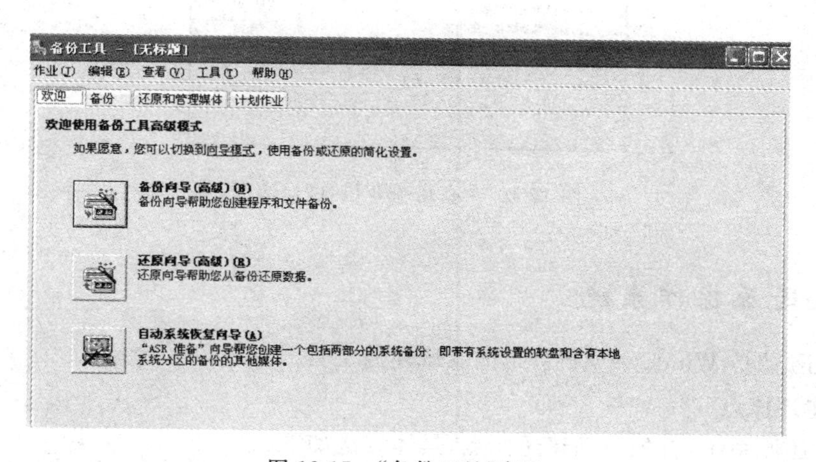

图 12-17 “备份工具”窗口

(3) 或单击“备份”选项卡，如图 12-18 所示。选择要备份的驱动器、文件夹和文件。设备备份文件的地址及文件名，然后单击“开始备份”按钮。

(4) 屏幕出现“备份作业信息”对话框，如图 12-19 所示。单击“开始备份”按钮即可。若单击“高级”按钮，可以对备份类型进行设置。若单击“计划”按钮可以把此备份作业设置为计划作业。

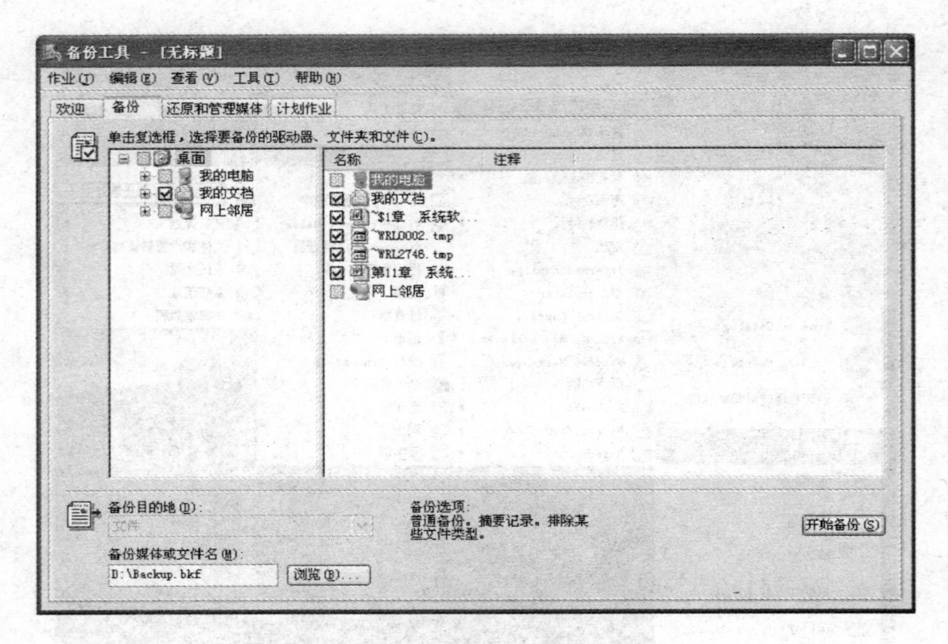

图 12-18 “备份”选项卡

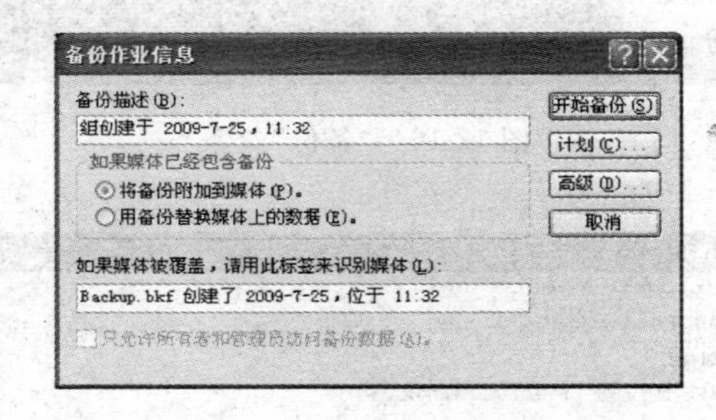

图 12-19 “备份作业信息”对话框

12.3.2 还原操作系统

“系统还原”是 Windows XP 自带的系统还原工具。

1. 创建还原点

如果要还原系统，首先要创建还原点，具体方法如下：

(1) 选择“开始”→“程序”→“附件”→“系统工具”→“系统还原”命令。在“系统还原”欢迎界面中，选择“创建一个还原点”单选按钮，单击“下一步”按钮，如图 12-20 所示。

(2) 在“创建一个还原点”画面的文本框中，输入对这个还原点的描述，单击“创建”按钮，如图 12-21 所示。

(3) 此时出现“还原点已创建”的画面。单击“关闭”按钮，即可完成原点创建。

2. 还原系统

还原的步骤如下：

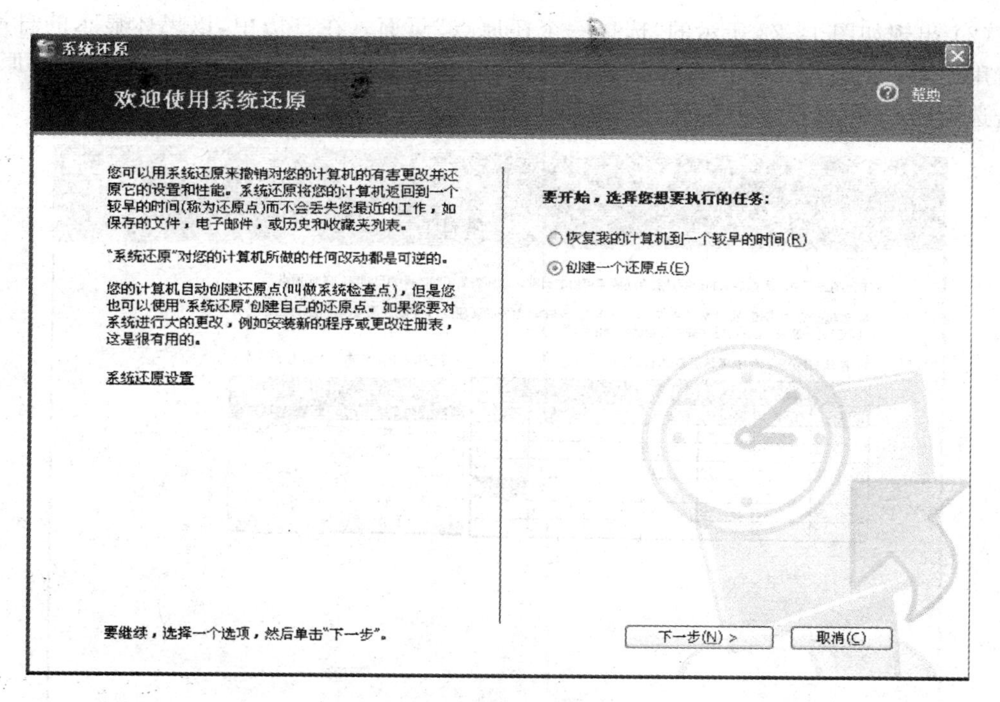

图 12-20 “系统还原”欢迎界面

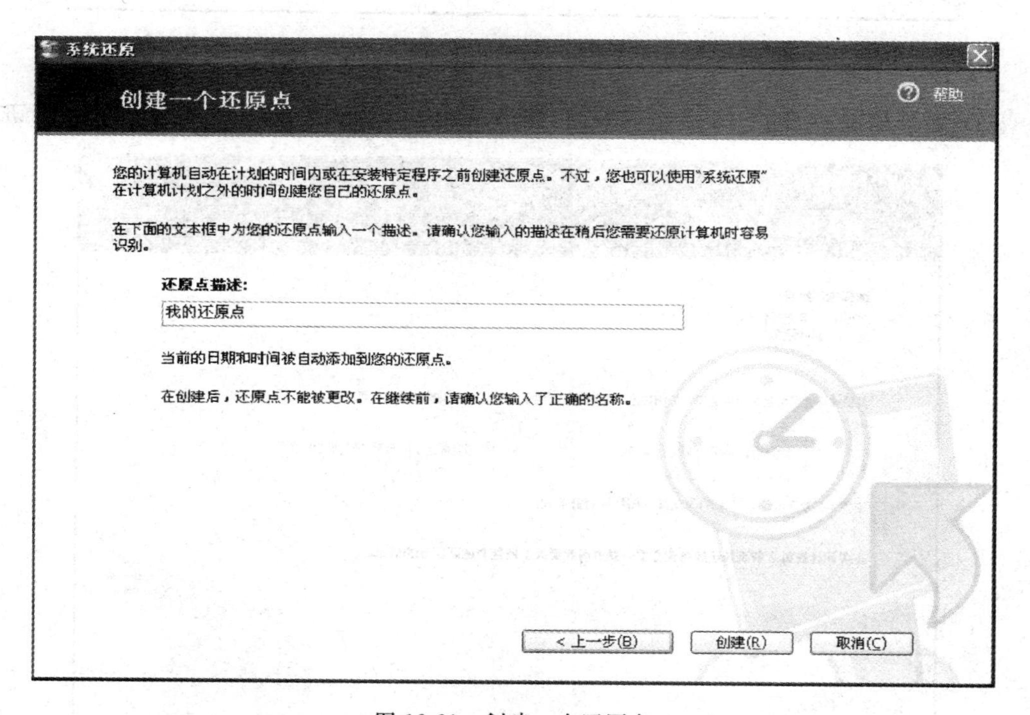

图 12-21 创建一个还原点

(1) 在“系统还原”欢迎界面中，选择“恢复我的电脑到一个较早的时间”单选按钮，单击“下一步”按钮。

(2) 出现如图12-22所示的“选择一个还原点”页面。在日历中,以黑体显示的日期是有可用还原点的日期。单击选择日期,在后面列表中显示的是所选择日期可用的还原点。单击选择还原点,然后单击“下一步”按钮。

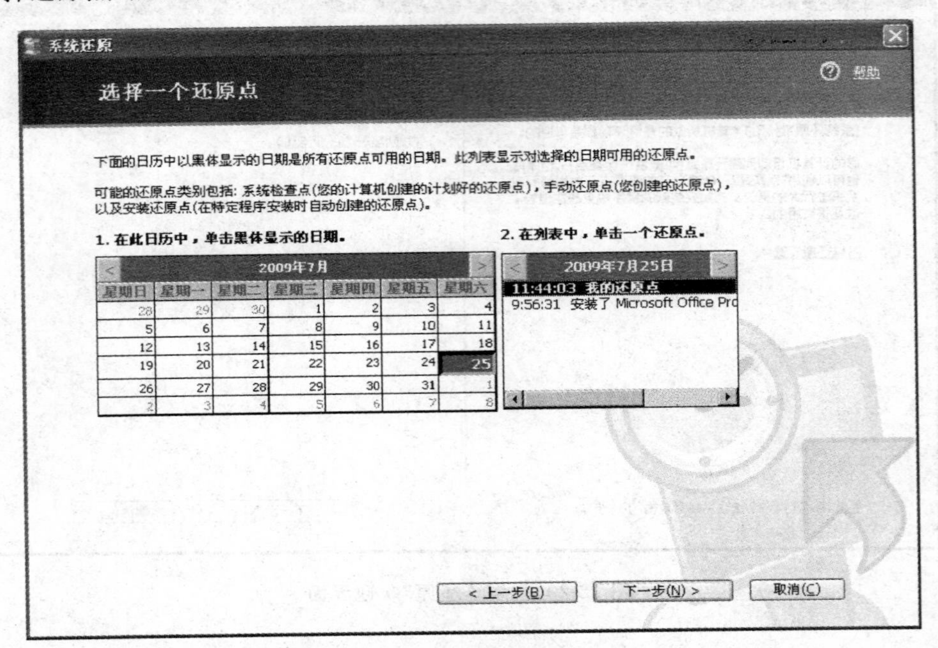

图12-22 选择一个还原点

(3) 屏幕出现如图12-23所示的页面,显示系统还原的注意事项,单击“下一步”按钮。

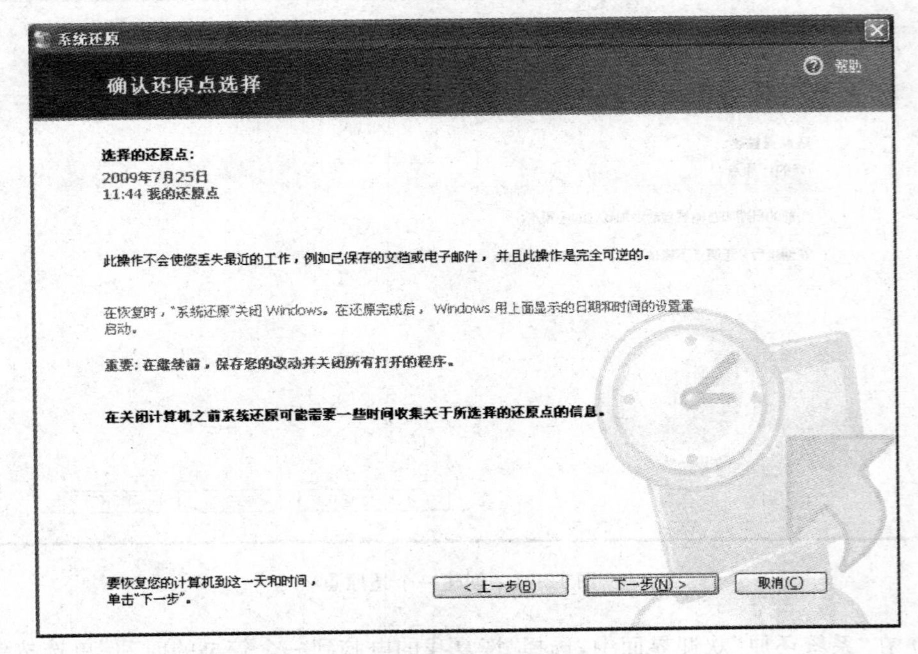

图12-23 确认还原点选择

12.3.3 克隆软件的使用

1. Ghost 简介

Ghost(General Hardware Oriented System Transfer)是赛门铁克公司推出的一个用于系统数据备份与恢复的工具,可以实现 FAT16、FAT32、NTFS、OS2 等多种分区格式的数据备份与还原,还可以将分区或硬盘整个数据直接备份到一个扩展名为 gho 的镜像文件中。当系统软件出现问题时,可以免去重装系统的麻烦,通过 Ghost 对备份的镜像文件进行还原,非常方便快捷。

较新的版本是 Ghost 15.0。它的增量备份功能,可以将磁盘上新近变更的信息添加到原有的备份镜像文件中去,不必再反复执行整盘备份的操作。

Ghost 分为两个系列：Ghost(在 DOS 下面运行)和 Ghost32(在 Windows 下面运行),两者有统一的界面,功能相同。

下面以 Ghost32 11.5 版本为例,介绍它的使用方法。

2. Ghost 的启动

启动 Ghost,出现如图 12-24 所示的页面。

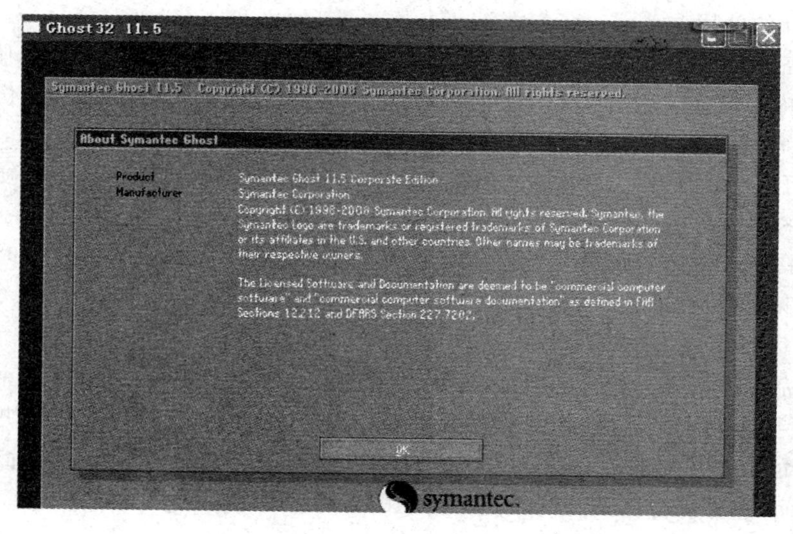

图 12-24 Ghost 主界面

单击 OK 按钮,出现如图 12-25 所示的 Ghost 主菜单。主菜单中,有以下几项：

- Local：本地操作,对本地计算机上的硬盘进行操作。
- Peer to peer：通过点对点模式对网络计算机上的硬盘进行操作。
- GhostCast：通过单播/多播或广播方式对网络计算机上的硬盘进行操作。
- Option：使用 Ghost 时的一些选项,一般使用默认设置即可。
- Help：帮助。
- Quit：退出 Ghost。

注意：当计算机上没有安装网络协议的驱动时,Peer to peer 和 GhostCast 选项将不可用(在 DOS 下一般都没有安装)。

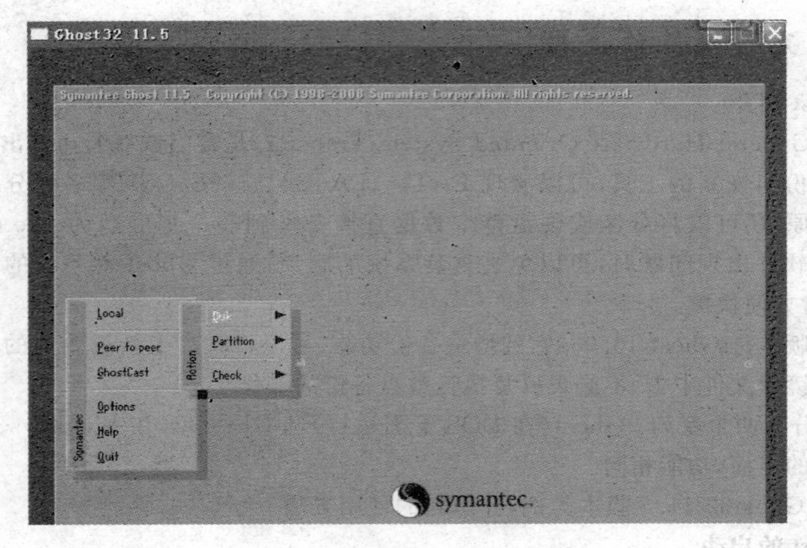

图 12-25　Ghost 主菜单

3. Ghost 的使用

在系统备份前，先将源盘上无用的文件删除，无用的文件有 Windows 临时文件夹、Windows 的内存交换文件、IE 临时文件夹等，以减少镜像文件的大小，加快备份速度。之后对目标盘(存放镜像文件的盘)和源盘进行磁盘碎片整理。

Ghost 可以将一块硬盘的数据完全备份到另一块硬盘中；也可以将整个硬盘数据备份到一个指定的逻辑盘中；还可以将系统盘(C 盘)的内容备份到一个镜像文件中，在需要时随时恢复。其中最常用的是将 C 盘镜像成一个文件，以便系统出现软件故障时直接通过镜像文件迅速恢复系统。

1) 将分区备份成一个镜像文件

在安装完操作系统和相关的各种驱动、常用软件后，使用 Ghost 把 C 盘克隆成一个映像文件，以后要重新安装系统时，把映像文件还原到 C 盘上，可以实现系统的快速恢复。

(1) 启动 Ghost，在 Ghost 主菜单中，选择 Local→Partition→To Image 命令，屏幕出现硬盘选择页面，选择源分区所在的硬盘 1，如图 12-26 所示。

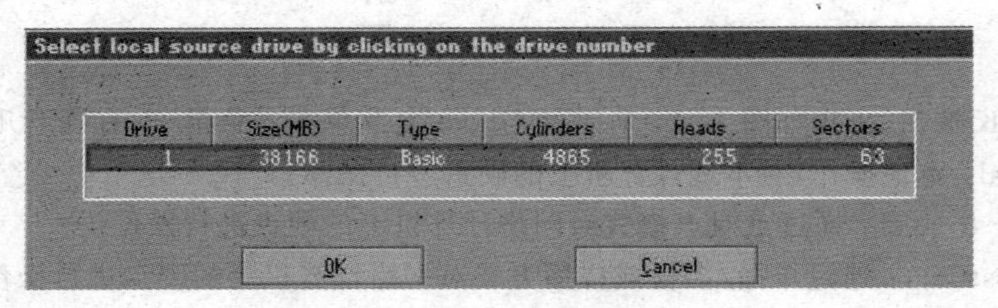

图 12-26　选择源硬盘

(2) 单击 OK 按钮，出现如图 12-27 所示的界面，选择要制作镜像文件的分区(即源分区)，这里选择分区 1(即 C 分区)。

(3) 单击 OK 按钮。出现如图 12-28 所示的界面，选择镜像文件保存的位置(要特别注

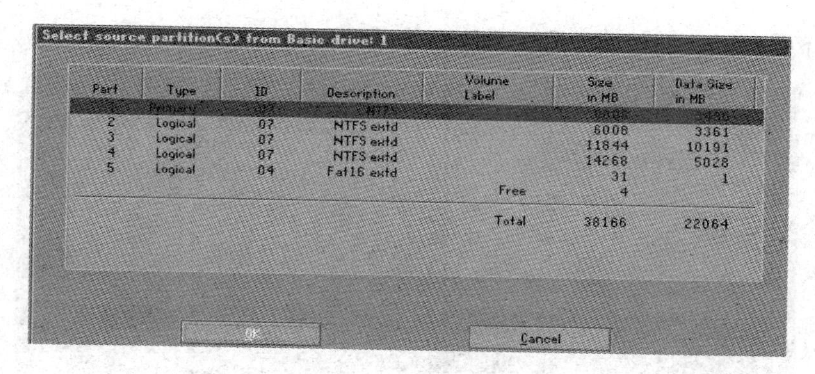

图 12-27 选择源分区

意不能选择需要备份的分区 C)，这里选择 D 盘，再在 File name 框中输入镜像文件名称，如 C_DISK，然后按 Enter 键。

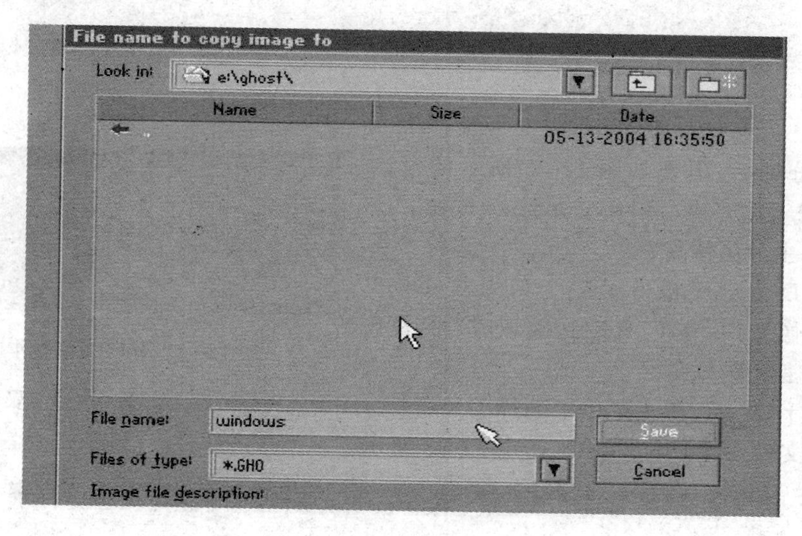

图 12-28 为镜像文件命名

(4) 接下来 Ghost 询问是否要压缩镜像文件，如图 12-29 所示。NO 表示不做任何压缩；Fast 是进行小比例压缩，备份的速度较快；High 是采用较高的压缩比，备份速度相对较慢。根据情况，单击 Fast 或 High 按钮(建议单击 Fast)，Ghost 会在 D 盘生成一个名为 C_DISK 的镜像文件。为了避免误删文件，最好把该镜像文件属性设定为只读。

(5) 如果 D 盘上有镜像文件，Ghost 会询问是否继续创建分区镜像，单击 Yes 按钮，如图 12-30 所示。

图 12-29 询问是否需要压缩镜像文件

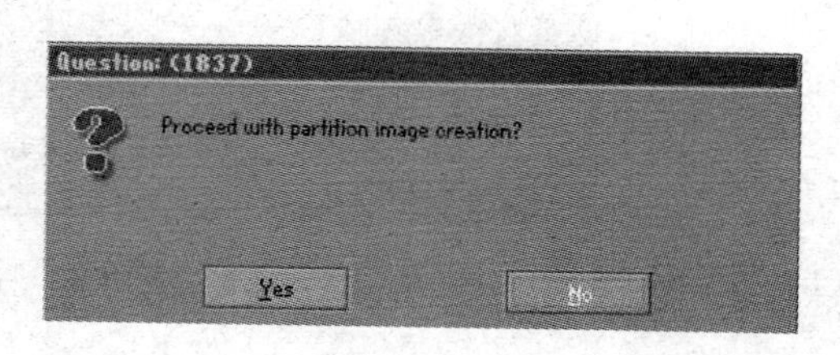

图 12-30 询问是否继续创建分区镜像

(6) 接下来 Ghost 开始制作分区镜像文件,如图 12-31 所示。

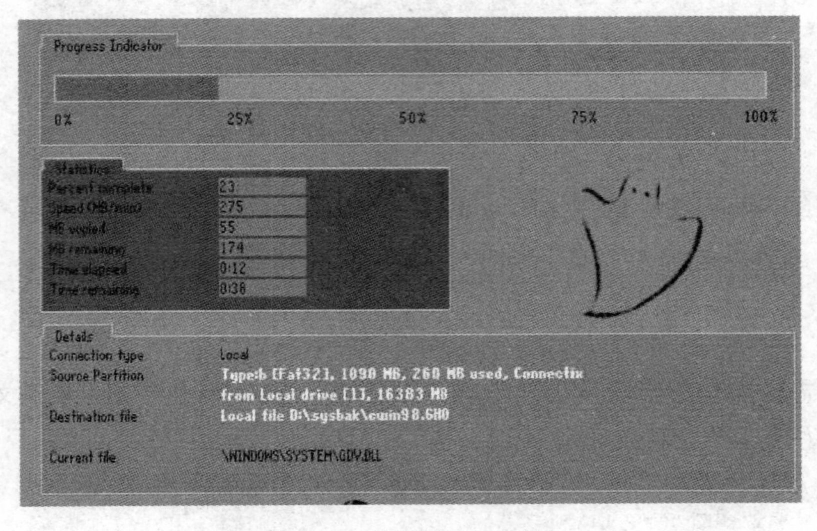

图 12-31 开始制作分区镜像

(7) 几分钟后,出现如图 12-32 所示的对话框,表示镜像工作完成。单击 Continue 按钮。

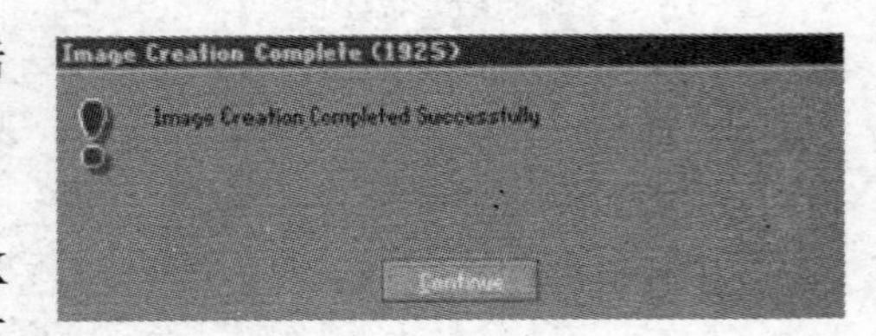

图 12-32 分区镜像制作成功

2) 恢复主分区镜像

如果在 D 盘已经备份了一个名为 C_DISK 的 C 盘的镜像文件,在 C 盘遭到破坏时,可用下面的步骤快速恢复 C 盘。

(1) 运行 Ghost,在主菜单中选择 Local→Partition→From Image 命令,双击 D 盘中的主分区镜像文件 C_DISK. GHO,如图 12-33 所示。

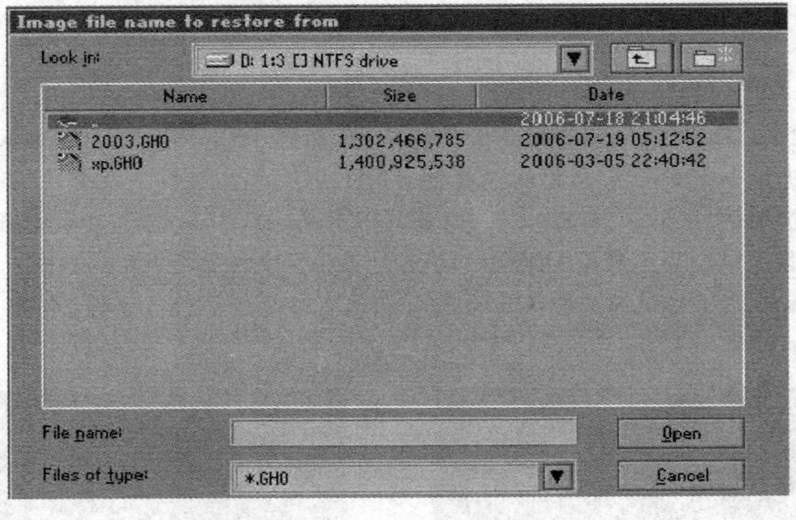

图 12-33 选择源镜像文件

(2) 出现如图 12-34 所示的界面，单击 OK 按钮。

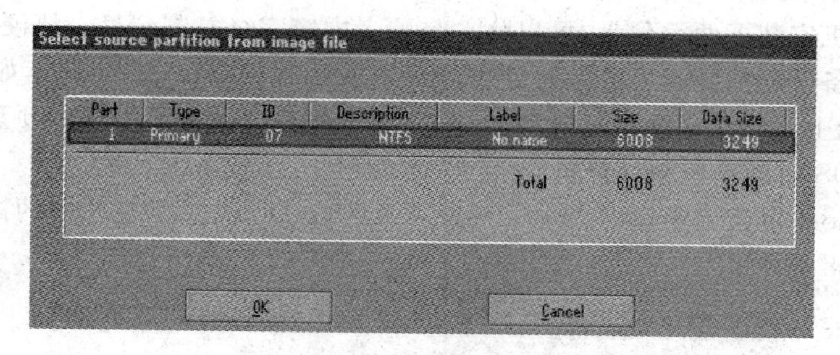

图 12-34　选择源分区

(3) 出现如图 12-35 所示的界面，单击 OK 按钮。

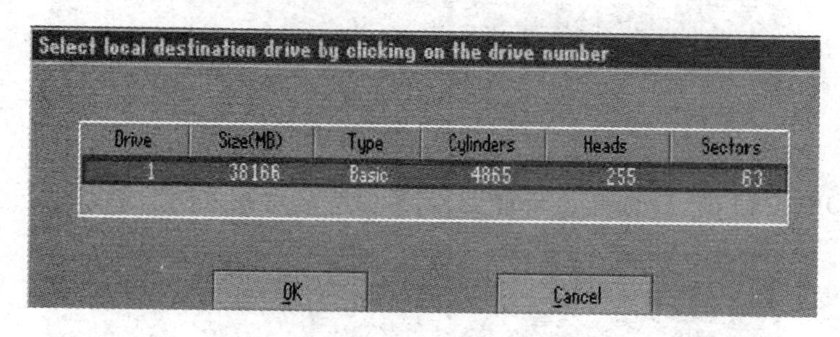

图 12-35　选择目标硬盘

(4) 出现如图 12-36 所示的界面，单击要恢复镜像的分区 C，之后单击 OK 按钮。

Select destination partition from Basic drive: 1

Part	Type	ID	Description	Label	Size	Data Size
1	Primary	07	NTFS	No name	6008	3480
2	Logical	07	NTFS extd	No name	6008	3361
3	Logical	07	NTFS extd	No name	11844	10191
4	Logical	07	NTFS extd	No name	14268	5028
5	Logical	[illegible]	[illegible]	[illegible]	[illegible]	[illegible]
				Free	4	
				Total	38166	22064

OK　Cancel

图 12-36　选择目标分区

(5) 最后，Ghost 会再一次询问是否进行恢复操作，如图 12-37 所示。单击 Yes 按钮，开始恢复操作。

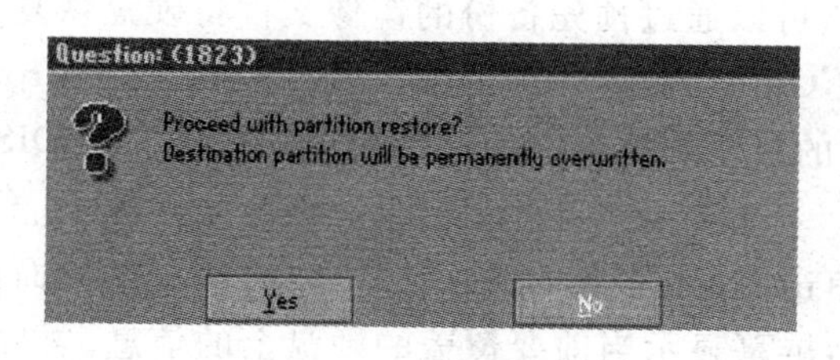

图 12-37　“恢复操作”的警告

3) 用源硬盘复制(备份)目标硬盘

如果计算机安装了两个硬盘,可以将一个硬盘内容完全复制到另一块硬盘中。

两块硬盘备份的前提是:目标硬盘容量必须能将源硬盘的内容装下,如果两块硬盘的容量不同,理论上只能从小硬盘复制到大硬盘,而不能将大硬盘复制到小硬盘。

(1) 用DOS启动盘启动计算机到DOS模式下,执行Ghost.exe。

(2) 在Ghost主菜单中,选择Local→Disk 1→To Disk命令,在弹出的窗口中选择源硬盘1,如图12-38所示。

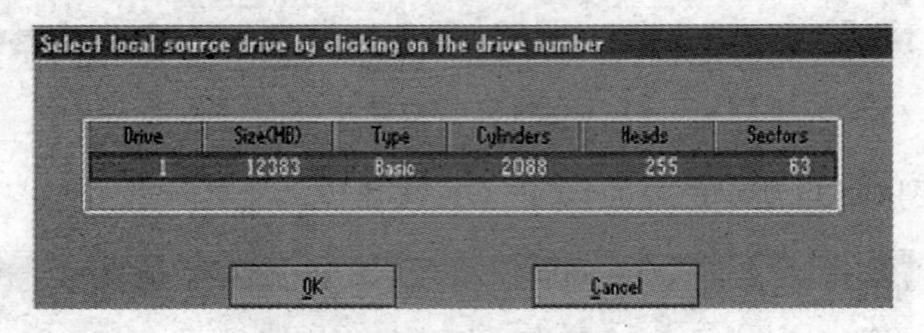

图12-38　选择源盘

(3) 单击OK按钮,然后选择目标硬盘2,如图12-39所示。

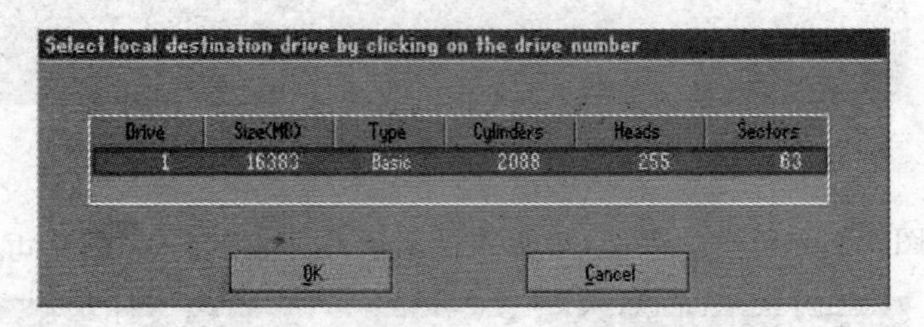

图12-39　选择目标盘

(4) 单击OK按钮,即开始两块硬盘的相互备份。Ghost能将目标硬盘内容复制得与源硬盘完全一样,并实现分区、格式化、复制系统和文件一步完成。

4) 将整个硬盘数据备份成一个镜像文件

(1) 启动Ghost,在Ghost主菜单中,选择Local→Disk 1→To Image命令,在弹出的窗口中使用键盘上下(↓、↑)键选择要备份的源盘,之后单击OK按钮。

(2) 出现如图12-40所示的界面,在File name框中输入镜像文件名称,如DISK_BAK,然后单击Save按钮。

5) 通过镜像文件恢复整个硬盘内容

当硬盘出现问题时,可以通过预先备份的镜像文件将硬盘恢复到正常工作状态。

(1) 启动Ghost,在Ghost主菜单中,选择Local→Disk 1→From Image命令,在弹出的窗口中把文件选择框中的目录切换到以前已备份好的镜像文件DISK_BAK所在的目录,如图12-41所示。

(2) 选择该文件,单击Open按钮,出现如图12-42所示的界面,单击要恢复的硬盘1。

(3) 单击OK按钮,屏幕显示当前要覆盖的硬盘上的信息。再单击OK按钮,屏幕再次提醒是否要恢复所选硬盘,单击Yes按钮,即可由镜像文件恢复所选硬盘。

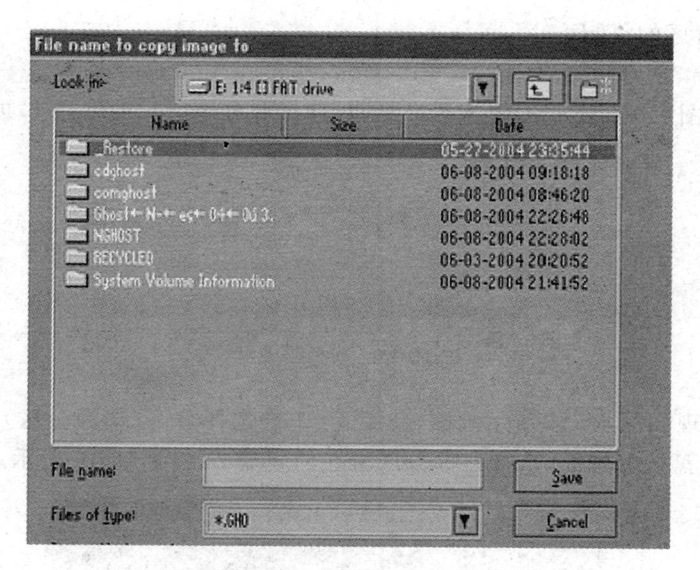

图 12-40　选择镜像文件保存的位置

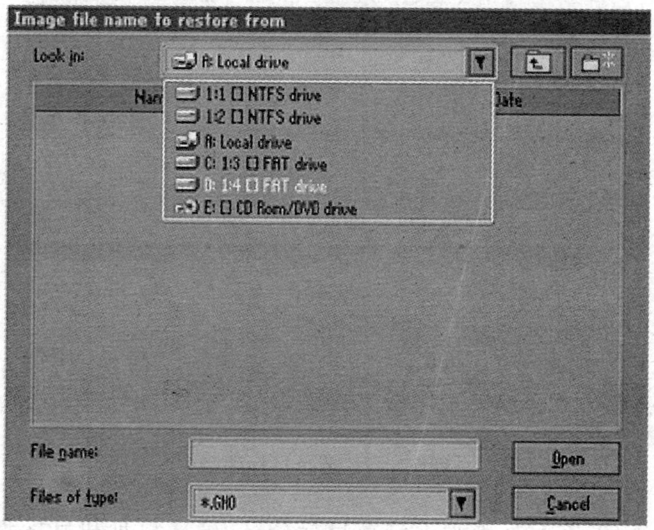

图 12-41　选择镜像文件

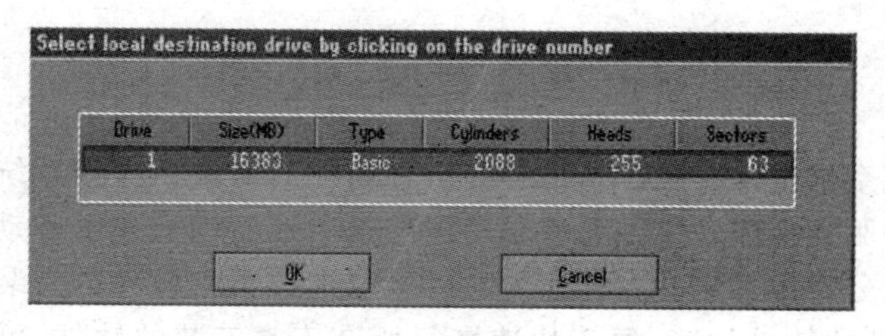

图 12-42　选择要恢复的硬盘

6）分区对分区的复制

(1) 在 Ghost 主界面，选择 Local→Partion→To Partion 命令。

(2) 出现如图 12-43 所示的硬盘选择画面，选择源分区所在的硬盘 1，再单击 OK 按钮。

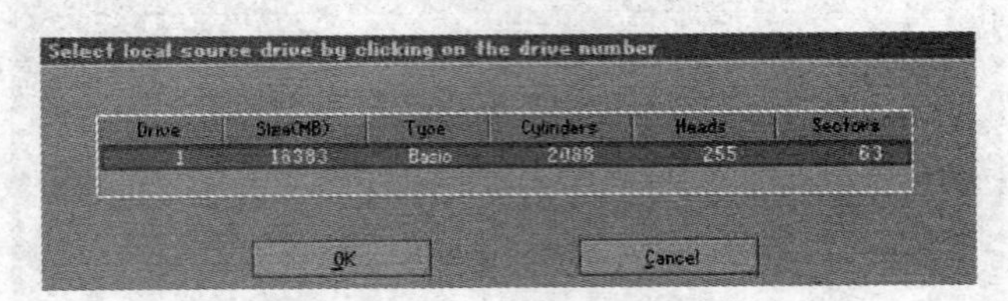

图 12-43　选择源硬盘

(3) 屏幕出现如图 12-44 所示画面，使用↓、↑键选择分区(即源分区)，单击 OK 按钮。屏幕显示目标硬盘选择画面，选择目标分区所在的硬盘 2，如图 12-45 所示。

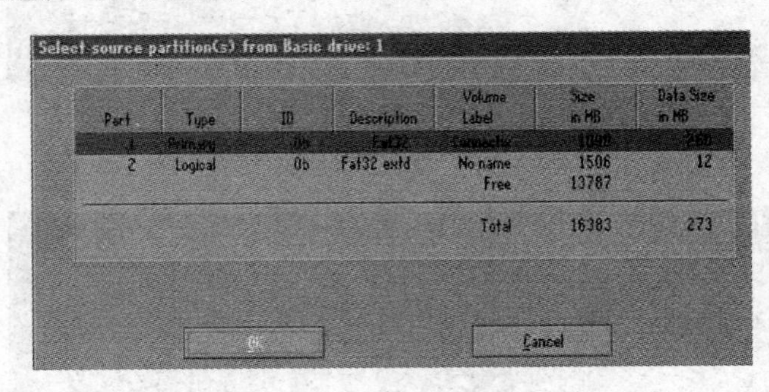

图 12-44　选择源分区

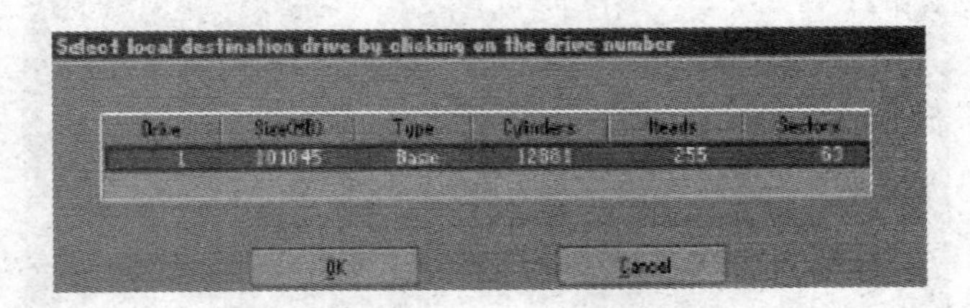

图 12-45　选择目标硬盘

(4) 单击 OK 按钮，在目标硬盘上选择目标分区，确认源盘和目标盘无误后，单击 Yes 按钮，则开始硬盘分区对分区的复制。

12.4　本章小结

本章主要介绍系统软件安装以及系统备份和恢复的方法。操作系统安装完毕后，还应当安装各种硬件的驱动程序。最主要的驱动程序是主板驱动和显卡驱动，驱动程序的作用是使相应的硬件充分发挥其应有的性能。之后可以进行常用软件的安装，所有软件安装完毕后，为了防范意外的软件故障，便于快速恢复所有正常安装的软件，可以进行系统备份。备份可以使用操作系统自带的工具，也可以使用专用的备份工具软件如 Ghost。

习　题　12

1. 填空题

(1) 一块新硬盘必须经过________和________之后,才可以安装操作系统。

(2) 新计算机中软件的安装顺序是先安装________,再安装________,最后安装________。

(3) 计算机安装的驱动程序的一般顺序是________→________→________驱动。

2. 简答题

(1) 简述网卡驱动程序的安装方法。

(2) 简述 Ghost 工具的用途。

第 13 章　计算机系统性能测试与优化

本章学习目标

- 了解常用的计算机测试及系统优化软件；
- 掌握一般的系统优化方法；
- 掌握 Windows 优化大师使用方法。

一台计算机的硬件性能究竟如何，单凭主观判断是不够的，可以使用专业的测试工具对计算机整体性能及各个部件的性能进行测试；在使用计算机的过程中由于频繁安装和删除各种程序，会使计算机工作速度越来越慢，通过系统优化工具以及一些简单的系统维护操作可以改善计算机的运行速度。本章首先介绍几款常用的计算机系统测试和系统优化工具，之后介绍常用的系统优化技巧。

13.1　常见的系统测试工具

通过系统测试可以辨别硬件的真伪和硬件的实际性能，还可以监控各种设备的运行状态，检测工作异常的部件并报警。比较著名的计算机系统测试软件有 AIDA64、PC Wizard、HWiNFO32、Belarc Advisor、鲁大师以及 360 硬件大师等。这些系统测试工具功能大体相同，可以根据情况，使用其中任意一款。另外，还有专门对显卡、硬盘、电源性能进行测试的工具软件，如 CrystalDiskInfo、OCCT 等。

- AIDA64 Extreme Edition（原版本为 EVEREST Ultimate Edition，最早版本为 AIDA32），简称 AIDA64，是一款测试系统软、硬件信息的工具，还可以对 CPU、内存、硬盘、显卡的性能进行全面评估，还提供协助超频，硬件侦错，压力测试和传感器监测等功能。
- PC Wizard 是一款免费系统检测和性能测试工具，可以准确检测计算机的硬件配置。
- HWiNFO32 是一个专业的硬件检测软件，支持最新的技术和标准，可以检查计算机的硬件信息，还能够对处理器、内存、硬盘以及光驱的性能进行测试。
- Belarc Advisor 是一款免费的软硬件性能检测软件，可以对计算机已经安装的软件、硬件，以及系统当前的防毒状态等建立一个详细的档案文件，并提供关于计算机当前性能及安全状态的详细评估分数。
- 鲁大师拥有专业而易用的硬件检测功能，而且提供厂商的中文信息，适用于各种计算机的关键部件的监控预警，能够有效预防硬件故障。
- 360 硬件大师（http://www.360.cn/yingjian/）也是一款免费系统工具软件。能辨别硬件真伪，保护计算机稳定运行，优化清理系统，提升运行速度。

- OCCT(OverClock Checking Tool)是电源检测工具软件,可以检查系统电源稳定性以及在满负荷下 CPU 和主板芯片的温度,测试计算机是否能够超频。

电源是计算机中所有部件的动力,其性能的好坏直接关系系统的稳定,劣质的电源是导致系统多发问题的原因,硬盘出现坏道与其有很大关系,虽然能够通过外观和分量来判断电源的优劣,但 OCCT 对电源的测试更加科学、直观和简单。

- CrystalDiskInfo 通过读取 S. M. A. R. T 了解硬盘健康状况,可以迅速读到本机硬盘的详细信息,包括接口、转速、温度、使用时间等。该软件还会根据 S. M. A. R. T 的评分做出评估,当硬盘快要损坏时还会发出警报。

目前,系统检测软件 AIDA64 是较为常用的计算机硬件测试工具; Windows 优化大师和鲁大师除了具备基本的硬件检测功能外,还能够对计算机系统进行简单维护和优化,可以在相关网站下载安装。下面介绍这几款软件的基本使用方法。

13.1.1 AIDA64

AIDA64 可以进行硬件检测、性能测试、系统安全分析、系统维护等,还可以进行驱动程序、BIOS 的升级。利用 AIDA64 的"报告"功能,还可以将测试结果保存起来。

1. 安装 AIDA64

首先从专业网站下载 AIDA64。

安装:单击 AIDA64 压缩包,将其解压到自己指定的文件夹中,之后打开该文件夹,双击其中的 图标,启动 AIDA64,按照屏幕提示输入激活码,之后单击"确定"按钮。即可进入如图 13-1 所示的工作界面。

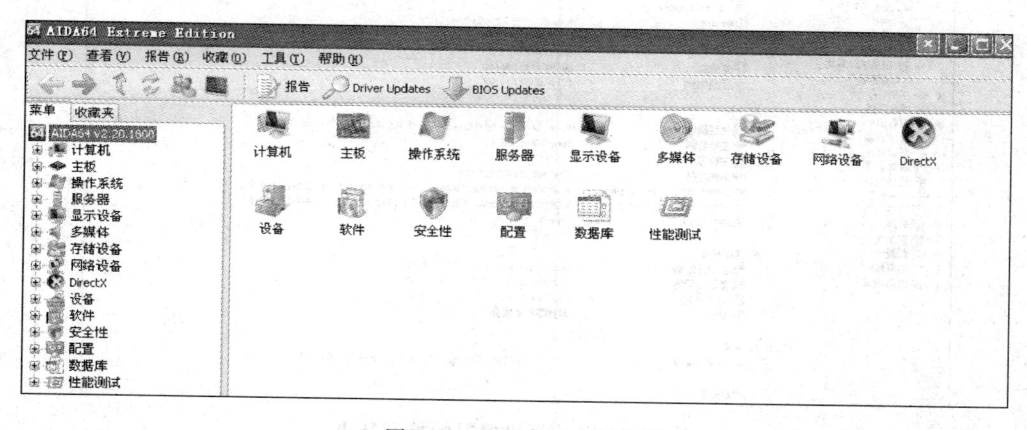

图 13-1 AIDA64 主界面

2. 硬件整体情况检测

在图 13-1 中,单击左上角的"计算机"按钮,出现如图 13-2 所示的界面,可以对系统摘要、计算机名称、DMI、IPMI、超频、电源管理、传感器等项目逐一进行检测。

桌面管理界面(desktop management interface,DMI)通过 BIOS 将整个系统资源(如内存、板卡等)传递给应用程序,并能随时将工作状态报告给用户。根据 DMI 提供的信息,能够发现系统故障,从而降低系统维护成本。

智能平台管理接口(intelligent platform management interface,IPMI)可以检测各种与计算机连接的智能设备的情况。

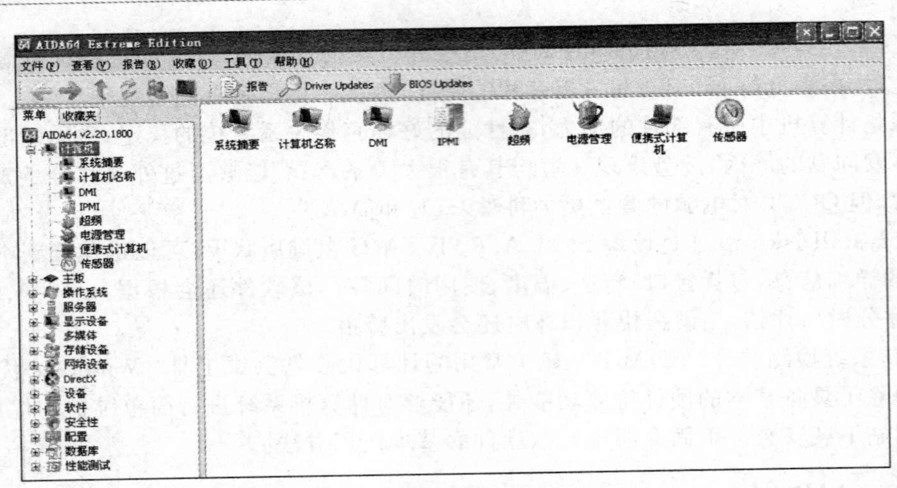

图 13-2　单击“计算机”后的系统界面

在图 13-2 中单击“系统概要”按钮，出现如图 13-3 所示的页面，是对计算机硬件整体情况的检测结果。

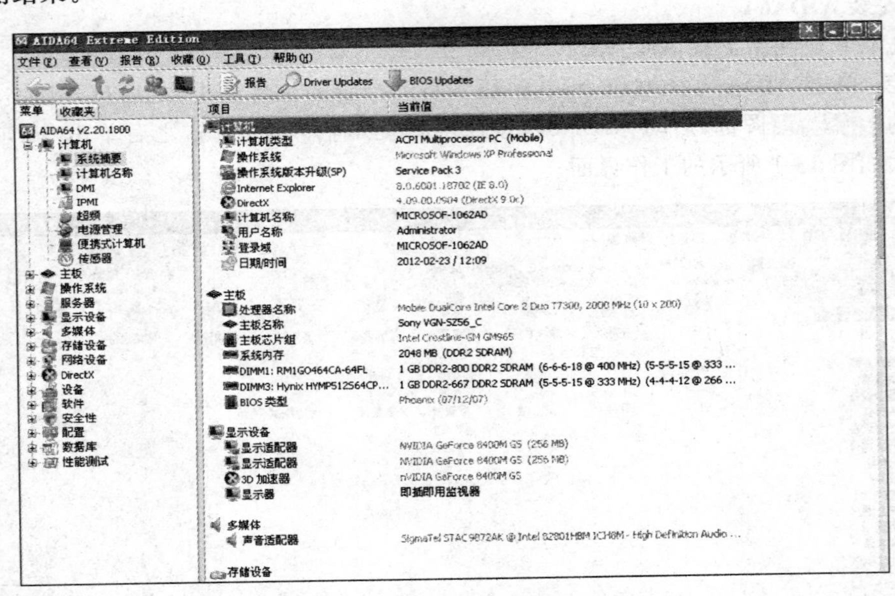

图 13-3　对计算机概况的检测结果

3. 软硬件单项检测

如果希望了解主板、CPU、存储设备、操作系统、系统安全状态以及安装的各种软件的情况，单击相应的设备名称左侧的“+”，会展开与该设备相关的所有项目，之后再单击相应的项目即可。

1) 查看主板 BIOS

单击“主板”左侧的“+”，展开与主板相关的所有项目，单击其中的 BIOS 项，系统会检测 BIOS 的相关信息，如图 13-4 所示，包括 BIOS 的版本、日期和生产商的信息，如果 BIOS 版本太低，会给出更新的建议。

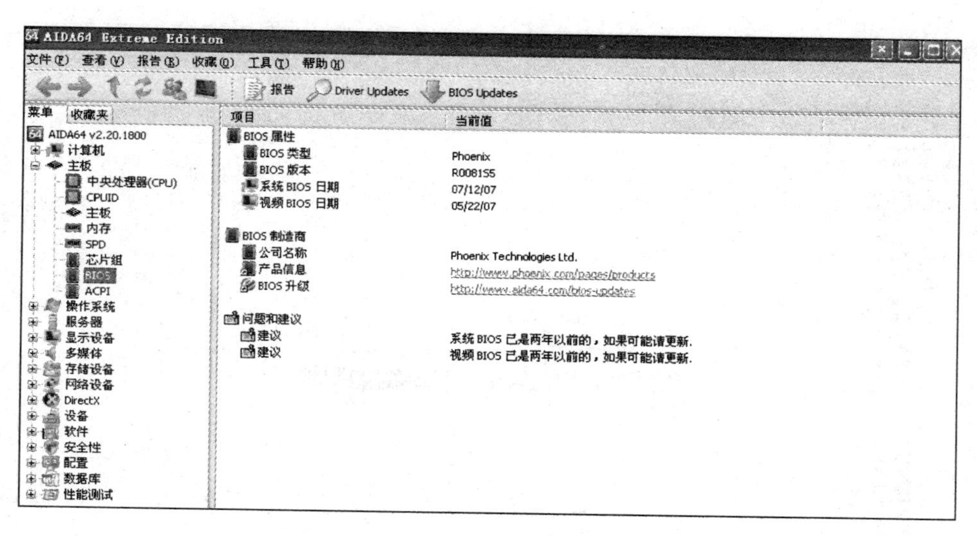

图 13-4　查看 BIOS 信息

2）查看"操作系统"信息

在图 13-4 中单击"操作系统"项，主窗口出现与操作系统相关的所有项目，单击其中的"操作系统"按钮，系统会检测操作系统的相关信息，如图 13-5 所示。

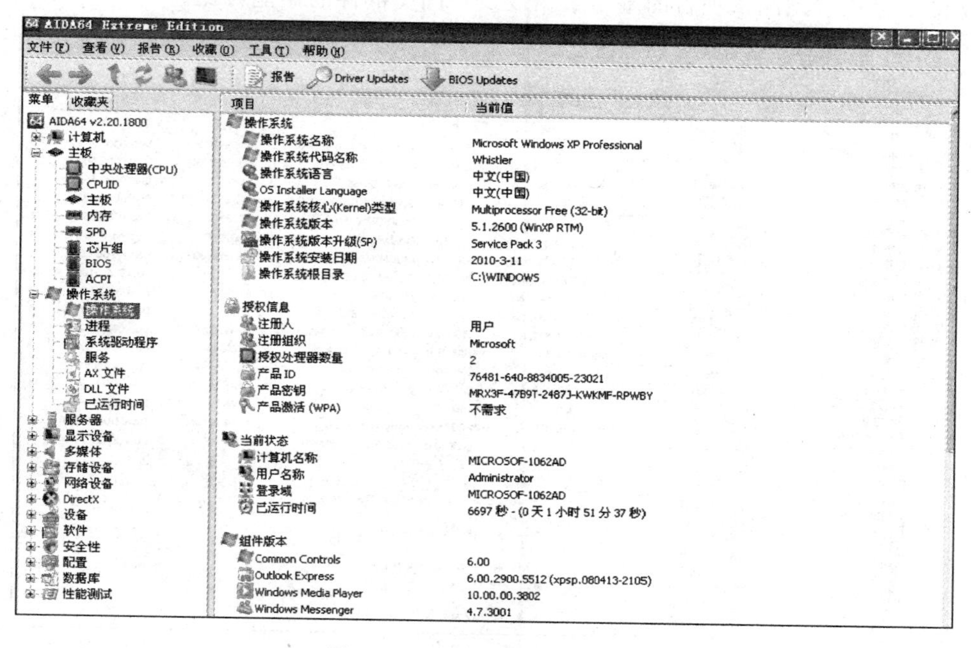

图 13-5　查看"操作系统"信息

4. 性能测试

通过性能测试可以了解机器各部件的性能和档次。

单击界面左下方的"性能测试"按钮前面的"＋"，展开性能测试的项目，如图 13-6 所示。单击需要测试的器件，再单击刷新按钮，开始对选择的器件进行性能测试。

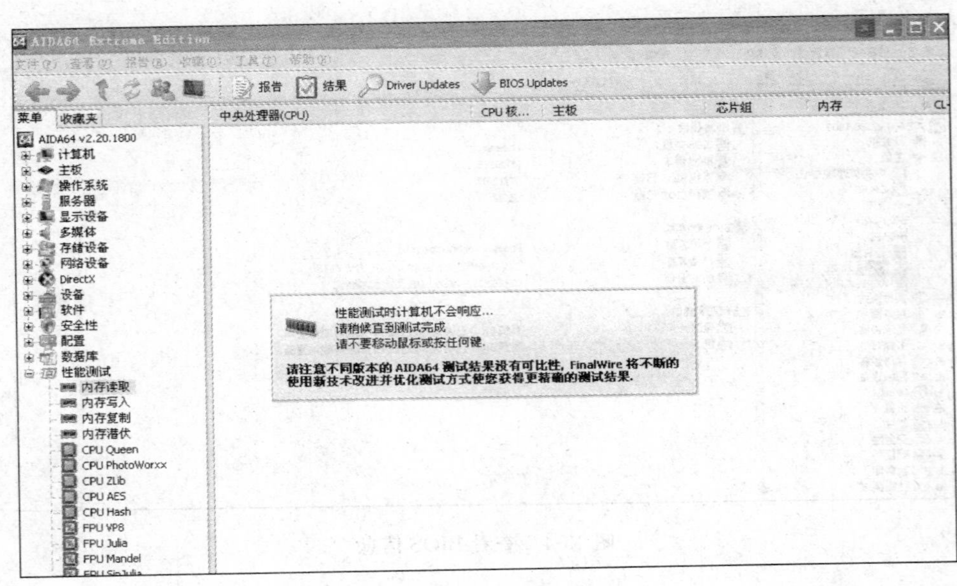

图 13-6 “性能测试”窗口

此时屏幕提示禁止各种操作,包括鼠标、键盘操作。稍后出现测试结果,如图 13-7 所示。从图中可以看到测试项目的基本数据以及与同类部件的性能对比。

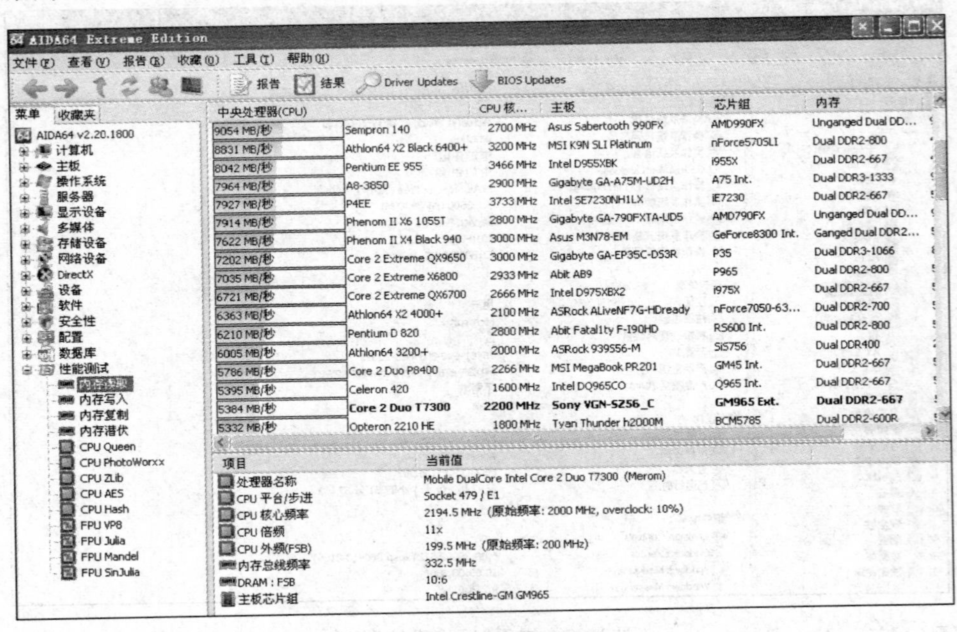

图 13-7 性能测试结果

5. 驱动程序升级

在联网状态下,单击 Drive Updates 按钮,浏览器中出现如图 13-8 所示的界面,可以对计算机相关部件的驱动程序进行升级。

类似地,单击 BIOS Updates 按钮,还可以对 BIOS 进行升级。

图 13-8　驱动程序升级操作界面

注意：Drive Updates 以及 BIOS Updates 功能只有在十分熟悉所使用的计算机硬件设备的前提下才能使用。

13.1.2　鲁大师

鲁大师(原名 Z 武器)是一款计算机系统测试与性能优化软件。能辨别各种硬件的真伪，对计算机中的驱动程序进行自动升级，还能够对系统软件的漏洞进行修复，对计算机的工作情况进行监测，还能够优化和清理系统，其主界面如图 13-9 所示。

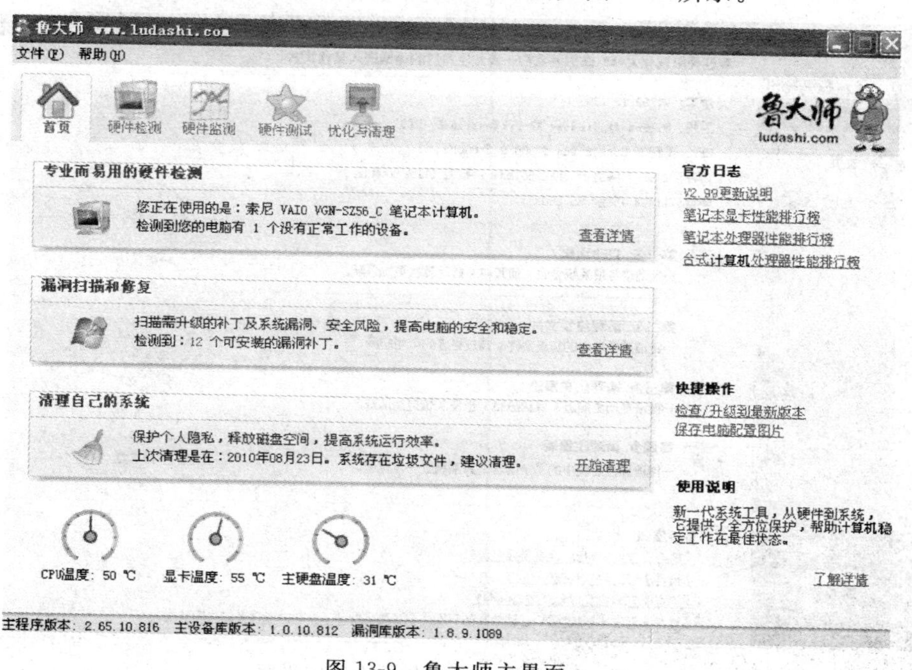

图 13-9　鲁大师主界面

实际上,Windows优化大师同鲁大师的开发者都是鲁锦,鲁大师研发在后,侧重检测硬件信息,是优化大师的简精版本,而优化大师提供的功能更多一些。

13.2 计算机系统的优化

系统优化的目的是使计算机系统始终保持最佳工作状态。通过系统优化可以清理各种无用的临时文件,释放硬盘空间;清理注册表里的无用信息,阻止一些非关键程序的开机自动执行,加快开机启动速度;还可以加快上网和关机速度。

计算机系统优化的主要对象有硬盘、内存、操作系统。

系统优化的方法有两大类:一是使用优化工具软件;二是通过手动操作有针对性地对某些项目进行优化设置。

优化工具软件的优点是操作简便,通用性好,能够解决绝大部分常见的系统优化问题,但遇到个别疑难现象,还是需要通过专门的手动设置进行优化。

13.2.1 优化工具

优化工具种类繁多,360安全卫士、Windows优化大师和超级兔子等都是常用的系统优化软件,另外,常见的系统测试工具也具备基本的系统优化功能。选择其中任意一款工具都可以完成常规的系统优化工作。

这里以Windows优化大师为例,介绍优化工具的使用方法。

Windows优化大师(Wopti)具有系统检测、系统优化、系统清理、系统维护4大功能模块及若干附加的工具软件。该软件可以通过http://www.youhua.com免费下载安装。

图13-10所示为Windows优化大师系统主界面。

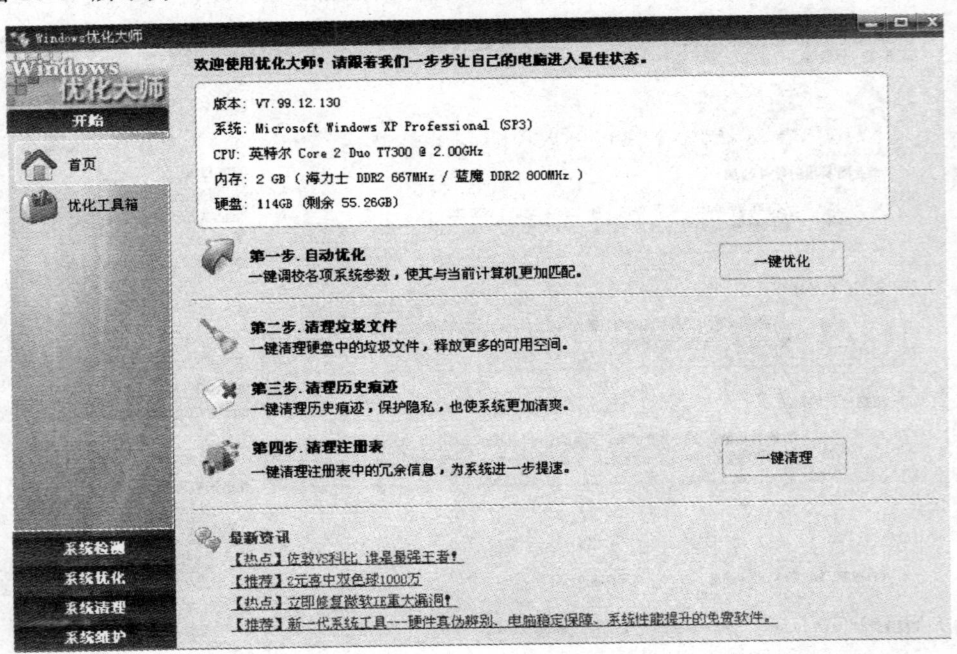

图13-10 Windows优化大师主界面

在图 13-10 中单击“一键优化”按钮，可以自动完成系统优化工作。

在图 13-10 中单击“一键清理”按钮，可以自动清理硬盘中的垃圾文件、上网记录，以及注册表中的冗余信息，从而提高系统的启动速度。

上述操作完毕后，需要重新启动计算机。

如果对优化后的效果不满意，还可以利用“系统优化”提供的功能，逐项进行优化。

1. 系统优化

系统优化模块提供了磁盘缓存优化、桌面菜单优化、文件系统优化、网络系统优化、开机速度优化、系统安全优化、系统个性设置、后台服务优化以及自定义设置等功能。

1）磁盘缓存优化

在优化大师主界面中单击“系统优化”，出现如图 13-11 所示的界面，即为“磁盘缓存优化”操作界面。

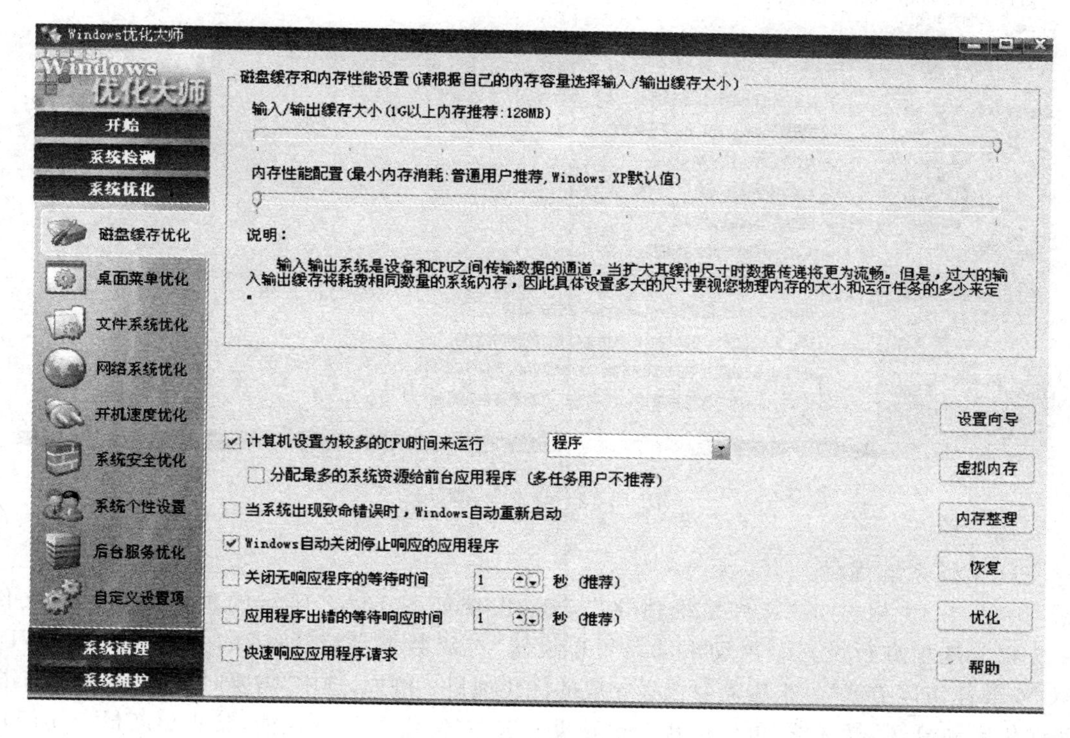

图 13-11　磁盘缓存优化

磁盘缓存对系统的运行速度起重要作用。一般情况下，Windows 系统会自动设置使用最大容量的内存作为磁盘缓存。为了避免系统将所有内存作为磁盘缓存，有必要对磁盘缓存空间进行设置，从而保证其他程序对内存的使用请求。

在“磁盘缓存和内存性能设置”栏中，滑动滚动条可以设置“输入输出缓存大小”和“内存性能配置”。还可以根据需要，单击对话框中对应的复选框，对 Windows 进行设置，操作完毕后，单击“优化”按钮。

另外，如果对相关的设置项目不了解，可以单击“设置向导”按钮，按照设置向导的提示，完成磁盘缓存优化工作。

2）桌面菜单优化

单击图13-11中的“桌面菜单优化”按钮，出现如图13-12所示的页面。滑动滚动条可以设置“开始菜单速度”、“菜单运行速度”和“桌面图标缓存”。画面下方有关于桌面菜单优化的选项，根据需要，单击对应复选框来选择。设置完毕后，单击“优化”按钮。

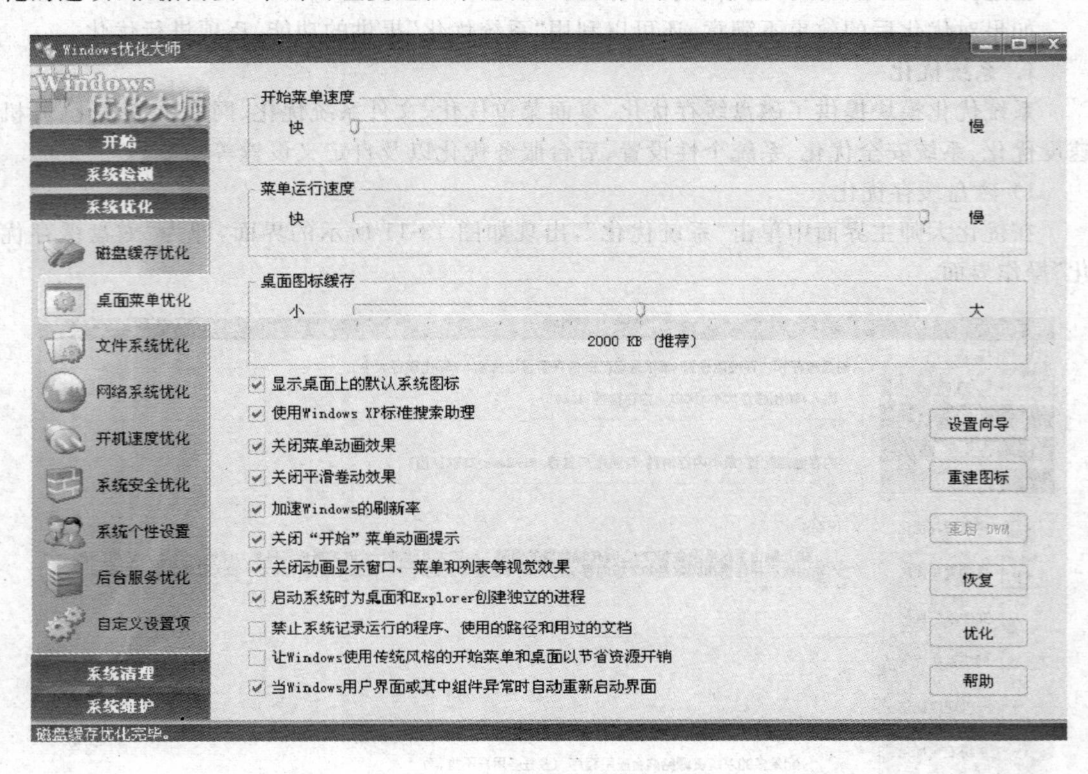

图13-12　桌面菜单优化

3）文件系统优化

单击图13-11中的“文件系统优化”按钮，出现如图13-13所示的页面。可以对文件系统相关选项进行设置。滑动滚动条可以设置“二级数据高级缓存”的大小和“CD/DVD-ROM最佳访问方式”。根据需要选择相应的优化项目。例如，选中“需要时允许Windows自动优化启动分区”复选框，可以加快开机速度；选中“优化NTFS性能，禁止更新最近访问日期的标志”复选框，可以减少后台工作。选中“优化NTFS性能，禁止创建与MS-DOS兼容的8.3文件名”复选框，可以提高磁盘的访问效率。设置完毕后，单击“优化”按钮。

另外，可以单击“设置向导”按钮，根据设置向导提示，完成文件系统优化工作。

4）网络系统优化

单击图13-11中的“网络系统优化”按钮，出现如图13-14所示的页面，可以进行与上网相关的设置。首先选择上网方式，单击相应的选项按钮，这时软件针对不同的上网方式提供相应最合适的优化方案，然后根据需要，选择下面关于网络系统优化的选项，可以对互联网和局域网等项目进行优化。单击“IE及其他”按钮，可以对IE浏览器及相关进行设置。操作完毕后，单击“优化”按钮。

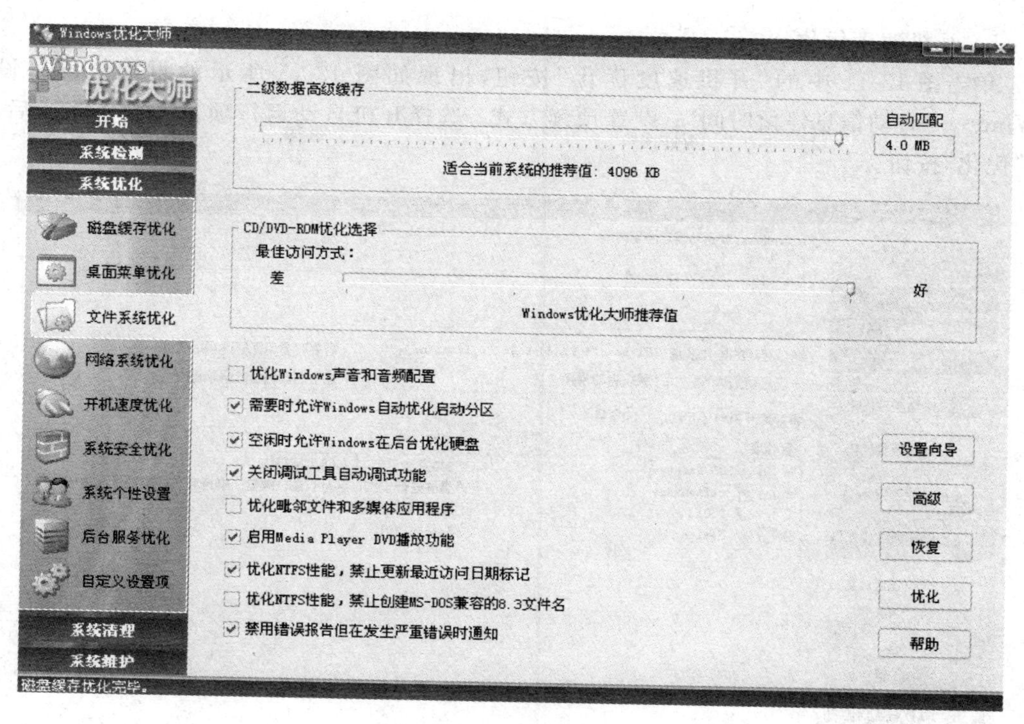

图 13-13　文件系统优化

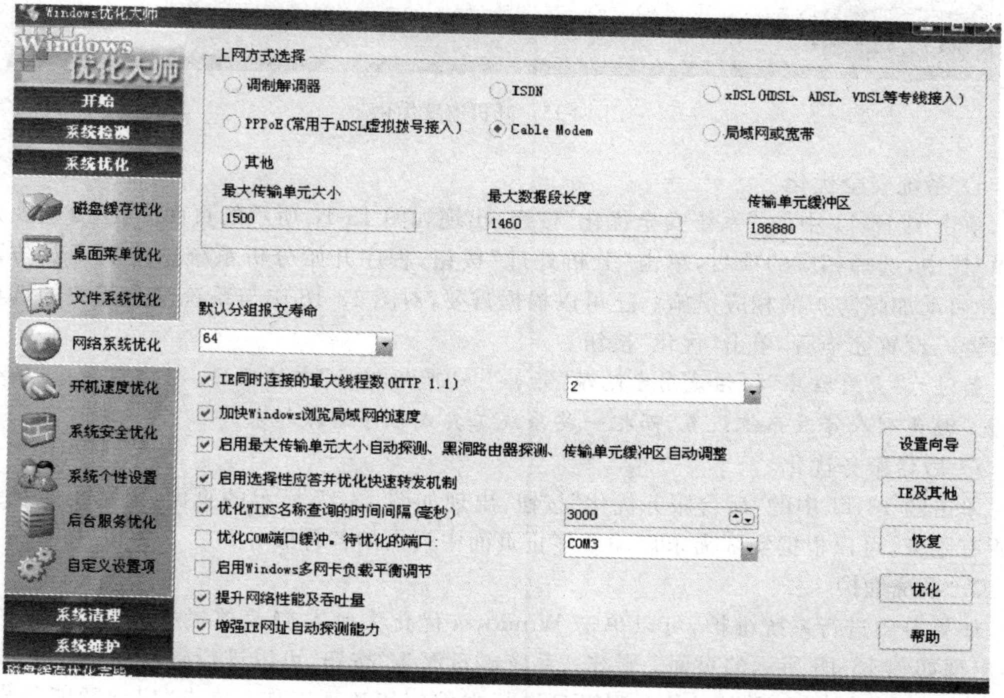

图 13-14　网络系统优化

5) 开机速度优化

单击图13-11中的“开机速度优化”按钮,出现如图13-15所示的页面。可以设置“Windows启动信息停留时间”;设置预读方式;选择开机自动运行项目。操作完毕后,单击“优化”按钮。

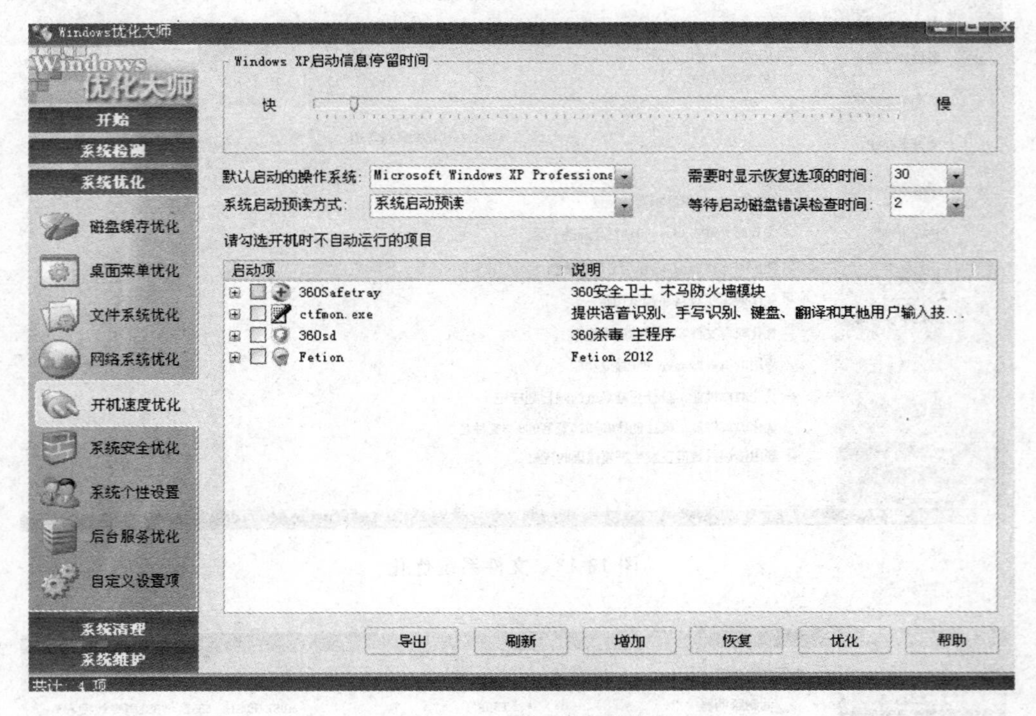

图13-15　开机速度优化

6) 系统安全优化

单击图13-11中的“系统安全优化”按钮,出现如图13-16所示的页面。在“分析及处理选项”栏中,选择相应的项目,单击“分析处理”按钮,程序开始分析系统感染病毒及防毒情况,并启动加强防护的相应措施。还可以根据需要,对图13-16中与系统安全相关的选项进行设置。设置完毕后,单击“优化”按钮。

备注:“应用程序”按钮是用于隐藏“开始”→“所用程序”中的项目。“控制面板”按钮则是为了避免别人修改系统设置,而把一些系统工具或程序隐藏起来。

7) 后台服务优化

单击图13-11中的“后台服务优化”按钮,出现如图13-17所示的页面,显示出系统提供的所有服务,可以根据实际需求启动或停止页面中列出的各种服务。

2. 系统维护

如果希望进行系统维护,可以单击Windows优化大师左侧菜单栏中的“系统维护”按钮,出现如图13-18所示的页面。单击“系统磁盘医生”按钮,可以进行磁盘性能检测;单击“磁盘碎片整理”按钮,可以对各个逻辑盘进行文件碎片整理工作;单击“启动智能备份”按钮,可以将计算机中的各种驱动程序进行备份。单击“360杀毒”按钮,可以自动安装360杀毒软件,并对计算机进行杀毒操作。

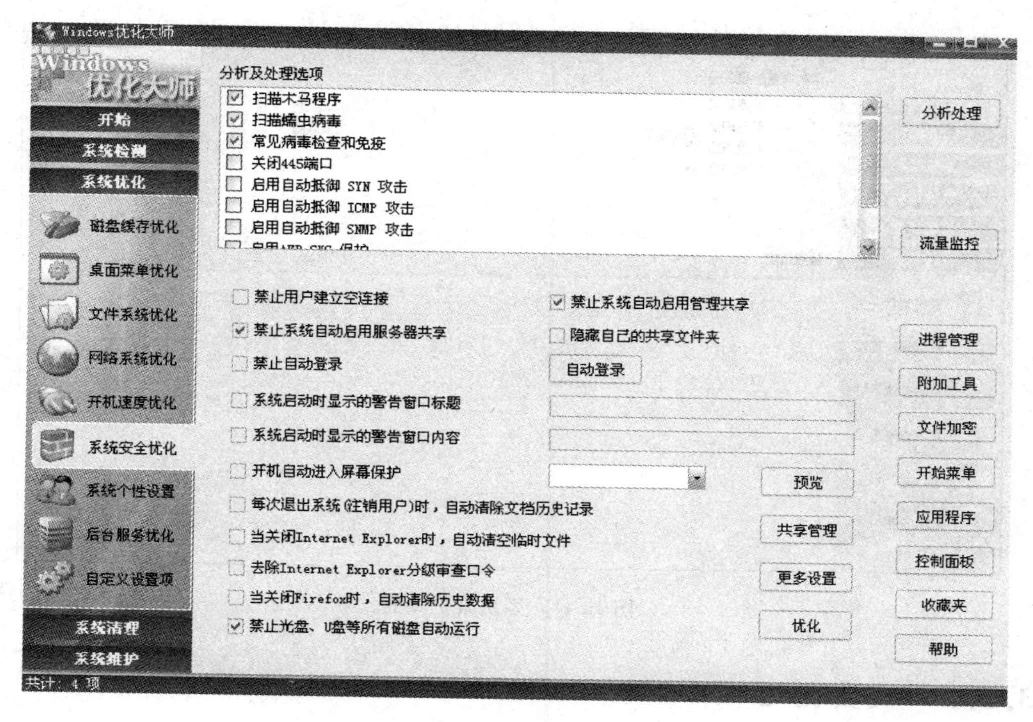

图 13-16 系统安全优化

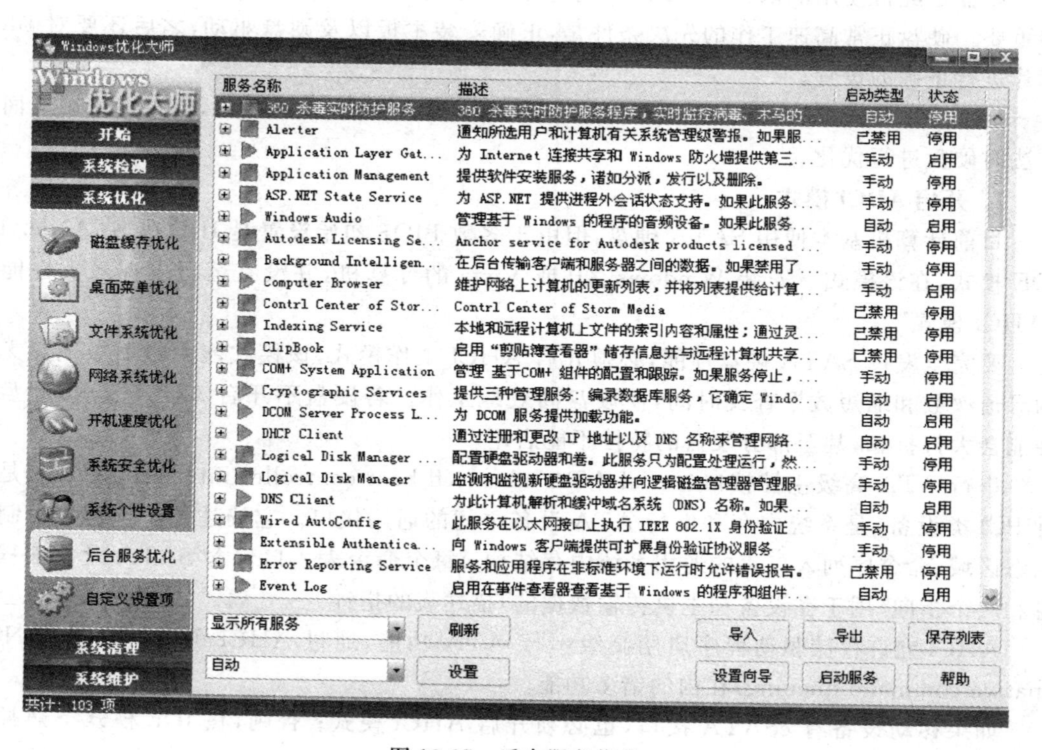

图 13-17 后台服务优化

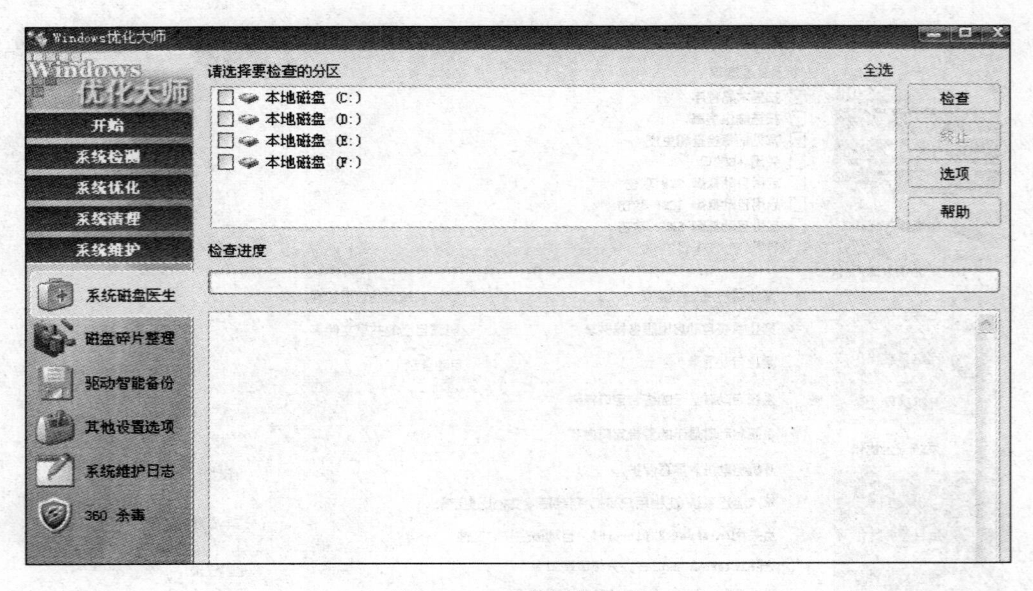

图 13-18　系统维护界面

13.2.2　硬盘优化

硬盘是经常使用的部件,只要计算机启动,就会对硬盘进行读写操作,因此硬盘的优化很重要。硬盘正常高速工作的先决条件是,正确安装主板以及硬盘驱动,之后还要对 BIOS 芯片进行正确的设置。

除了使用 Windows 优化大师之类的系统维护工具对硬盘优化之外,也可以采用下面的方法对硬盘进行优化。

1. 开启 AHCI 模式

目前计算机基本使用 SATA 硬盘,但由于多数 BIOS 初始设置是 IDE 或 STANDARD IDE 模式,在该模式下安装 Windows XP 或 Vista 的计算机,并没有运行发挥最大性能的"AHCI 模式"。

要完全发挥 SATA 硬盘性能,必须开启 AHCI 工作模式,该模式能大幅缩短硬盘无用的寻道次数和缩短数据查找时间,使硬盘高效地工作。若硬盘不开启 AHCI 模式,硬盘的性能会大打折扣,甚至部分硬盘的特性不能启用。

串行 ATA 高级主控接口(serial ATA advanced host controller interface,AHCI)是一种 PCI 类设备,是系统内存和串行 ATA 设备之间的通用接口。它描述了一个包含控制和状态区域、命令序列入口表的通用系统内存结构;每个命令表入口包含 SATA 设备编程信息和一个指向(用于在设备和主机传输数据的)描述表的指针。

AHCI 允许存储驱动程序启用高级串行 ATA 功能,通过 AHCI 可以实现包括 NCQ (native command queuing)在内的诸多功能。

如果移动设备有 eSATA 接口,也必须开启 AHCI 模式;否则,在 IDE 模式下热插拔 eSATA 硬盘,可能会造成数据丢失或者移动硬盘损坏。

通过下面方法可以确定机器是否已经运行在 AHCI 模式:一是主板 BIOS 设置是

“AHCI 模式”，而不是“IDE 模式”(即兼容模式)；二是在“设备管理器”的“IDE ATA/ATAPI 控制器”中，存在运行正常的 SATA 控制器驱动程序，而不是仅有 ATA 或 IDE。以上两个要点，缺一不可。

启用 AHCI 模式，需要硬盘和主板同时支持该功能。并且需要对主板进行设置：进入 BIOS 打开 AHCI，再装上正确的驱动，就可以打开 ACHI 功能。

目前的 GHOST 系统安装光盘，大部分是在 IDE 模式下使用，若直接将 BIOS 中的“IDE 模式”改为“AHCI 模式”，开机时可能会出现蓝屏现象。

操作之前，先确定主板是否支持 AHCI，以及硬盘是否支持 NCQ。如果主板的 BIOS 里关于 SATA 模式的设置选项里有 AHCI 可以选择，则主板支持 AHCI。可以用 AIDA64 等工具软件查看硬盘是否具备 NCQ 功能。另外，启用 NCQ 功能之前，最好确保硬盘分区格式为 NTFS，因为在 FAT32 格式下启用 NCQ 会导致系统缓慢。

1) 在 Windows 7 中开启 AHCI 的方法

Windows 7 支持 AHCI，不需要额外安装驱动，在安装 Windows 7 系统之前，在 BOIS 里开启 AHCI 即可。

2) 在 Windows XP 或 Vista 系统中开启 AHCI 的方法

在 Windows XP 或 Vista 系统中，开启“AHCI 模式”有多种方法。通常在打开 AHCI 之后，要重装系统。

这里介绍一种不需要重新安装操作系统的简单方法。假设主板为 Intel 芯片组，如果是 NV/AMD 芯片组方法类似。

(1) 先要确定已经正确安装主板驱动。并准备好 Intel 芯片组的 AHCI 驱动：Intel(R) Matrix Storage Manager(可以从 http://downloadcenter.intel.com/下载)。

如果是 Windows XP 系统，先下载 sata.rar，解压后，双击 ahciraid。

如果是 Windows Vista 系统，在“运行”对话框中输入 regedit 命令，打开注册表编辑器，找到注册表子项 HKEY_LOCAL_MACHINE\System\CurrentControlSet\Services\Msahci。在右窗格中，右击“名称”列中的 Start 项，再单击“修改”按钮，在“数值数据”框中，输入 0，单击“确定”按钮，之后退出注册表编辑器。

注意：若这一步操作失误，在进行步骤(2)时会出现蓝屏，不能进入系统。可以重新启动计算机，在启动时不停地按下 F8 键。在启动界面中，选择“最后一次正确的配置(起作用的最近位置)”可将计算机恢复成原来的状态。

(2) 重启计算机，进入 BIOS，找到有关设置选项，将“IDE 模式”改为“AHCI 模式”(由于主板 BIOS 版本各异，模式选项所在位置和具体表述不同，可以查阅主板制造商官方网站有关说明，或参考 BIOS 设置的相关内容)，按 F10 键保存设置并退出。

若这一步操作失误，在进行步骤(3)时会出现“此计算机未达到安装此软件的最低要求”和“退出安装”的提示。

(3) 进入 Windows，会发现操作系统桌面右下角出现“查找有关硬件提示”。此时，手动安装 Intel Matrix Storage Manager；重启计算机，即可运行“AHCI 模式”。

打开“设备管理器”，会发现新增了 SATA AHCI Controller 相关项，如图 13-19 所示。

另外，部分笔记本计算机默认采用 AHCI 模式，要在这样的计算机中安装系统，需要一张内含 AHCI 驱动的原版 Windows XP。

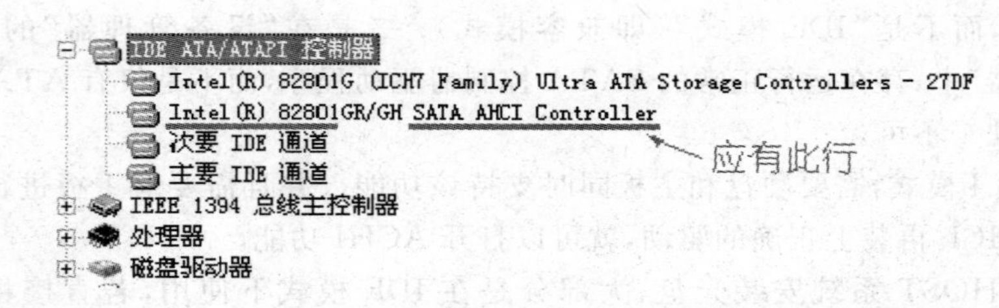

图 13-19　安装 AHCI 后,设备管理器中 IDE 控制器显示画面

2. 打开 DMA 传输模式

对于 IDE 硬盘来说,打开 DMA 模式,可以提高硬盘读写速度。

DMA 即直接存储器存储模式,指计算机周边设备(主要指硬盘)可直接与内存交换数据,可加快硬盘读写速度,提高速据传输速率。开启后能增加硬盘或光驱的读取速度。如果硬盘支持 DMA 模式,就应该打开该模式。

打开 DMA 的方法:右击"我的电脑"图标,选择"属性"命令,打开"系统属性"对话框,单击"硬件"选项卡,再单击"设备管理器"按钮,打开"设备管理器"窗口。在设备列表中选择"IDE ATA/ATAPI 控制器",双击"主要 IDE 通道"或"次要 IDE 通道",在其属性对话框的"高级设置"选项卡中检查 DMA 模式是否已启动。一般来说,如果设备支持,系统就会自动打开 DMA 功能;如果没有打开,可将"传输模式"设为"DMA(若可用)"。重新启动系统,进入 BIOS 设置,打开对 DMA 的支持。这样就打开了 DMA 传输模式。

老硬盘(4GB 以下的硬盘)不支持 DMA 方式,打开 DMA 模式后可能出现问题,因此上述方法对于过于陈旧的硬盘不适用。

对于 IDE 硬盘,还可以采用如下方法为硬盘提速。

(1) 安装与主板芯片对应的硬盘加速软件。

一些芯片组厂商提供了专门的硬盘加速软件,如 Intel 公司的 IA(Intel Application Accelerator)软件安装后,程序会自动根据硬盘的物理特性使用最佳传输模式。

(2) 安装相应的硬盘软件。

硬盘厂商也提供硬盘管理软件,通过这些软件正确设置硬盘参数也可以达到硬盘加速的效果,如 IBM 的 DFT(Drive Fitness Test)、WD 的 Data Lifeguard Tools、Maxtor 的 Power Diagnostic(Powermax)、Seagate 的 SeaTools 等。这些软件还能够提高硬盘的抗震和抗冲击能力,并通过软、硬件结合,使硬盘具有自我监测、自我诊断与一定的自我修复能力。例如 IBM 的 DFT 软件,可以直接访问硬盘中的 DFT 微代码,检测硬盘的完好性,找出硬盘的错误,最大限度地保护用户的数据。

3. 主分区采用 FAT32 分区格式

在 Windows 98 之前,Windows 系统一般采用 FAT16 分区格式,其簇大小为 32KB,无论写入磁盘的资料有多小,都至少占据 32KB,如果磁盘中的小文件很多,浪费的空间很大,FAT32 格式的簇大小为 4KB,这样可减少硬盘上浪费的空间。

如果硬盘是 FAT16 格式,可以使用硬盘分区魔术师之类的硬盘分区工具转换为 FAT32 格式。对于新硬盘,可在分区时直接格式化成 FAT32 格式。

4. 主分区大小要适中

Windows 启动时,要从主分区查找、调用系统文件,如果主分区过大,就会延长启动时间，可以将主分区尽量控制在25G以内，其他分区按硬盘剩余大小划分为3～5个。在主分区中只安装Windows操作系统和一些必须软件，在其他分区安装常用软件、游戏等，这样便于维护和管理。

5. 硬盘缓存的优化设置

可以用专门的软件，如Cacheman设置硬盘缓存，Cacheman是Outer推出的硬盘缓存优化软件，内置了几套优化方案，可以根据计算机的情况，选择最适宜的方案进行优化设置。

6. 优化虚拟内存

Windows执行的进程越多，物理内存的消耗就越多，由于物理内存有限，有可能会消耗殆尽。为了解决这类问题，Windows使用虚拟内存(即交换文件)，即用硬盘来充当内存使用，合理设置虚拟内存，可以为系统提速。

方法：在Windows桌面上右击“我的电脑”图标，选择“属性”命令，打开“系统属性”对话框。单击“高级”选项卡，在“性能”栏中单击“设置”按钮，出现“性能选项”对话框，如图13-20所示。单击其中的“高级”标签，再单击图中“虚拟内存”栏中的“更改”按钮，出现如图13-21所示的页面，可以确定虚拟内存的位置(即在哪一个硬盘分区上)，设定虚拟内存的容量，设置完毕后单击“确定”按钮。

注意：交换文件分区必须有足够的剩余空间，越多越好，否则易出现内存不足的错误；如果机器有两个以上的硬盘，交换文件要设置在速度较快的硬盘上(即转速高缓存大的硬盘)，这样可以提高虚拟内存的存取速度；另外，要经常整理虚拟内存所在的分区，如果该分区碎片太多，会影响虚拟内存的速度。

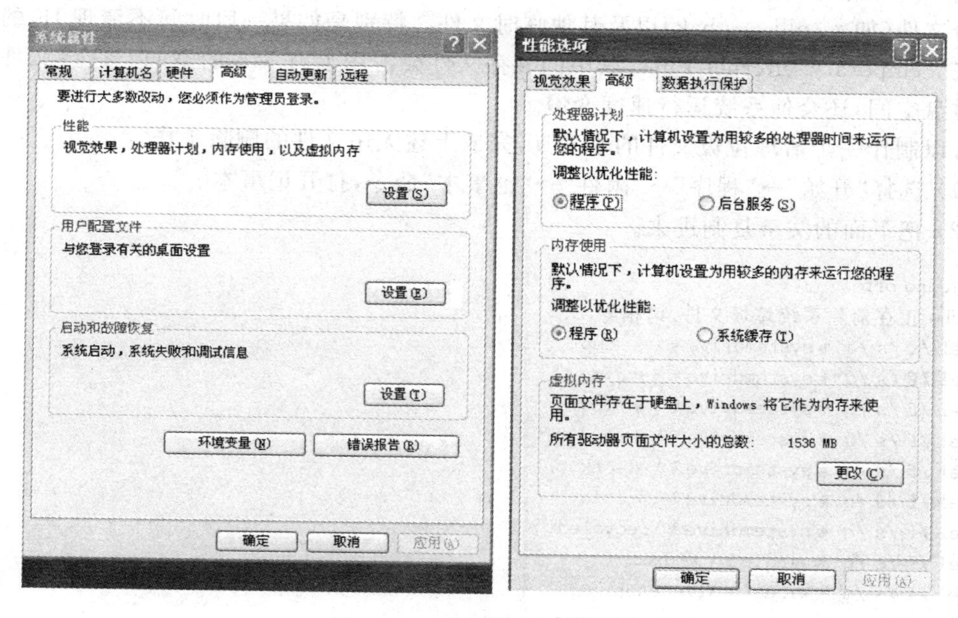

图13-20 虚拟内存设置步骤

7. 磁盘碎片整理

硬盘上的文件不是顺序存放的，同一个文件可能存在几个不连续的位置上，删除文件时，会在硬盘上留下许多大小不等的空白区域，久而久之则产生很多碎片，影响磁盘存取效

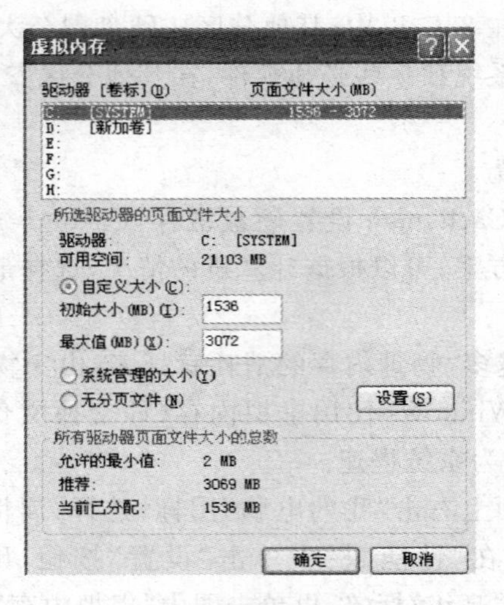

图 13-21 “虚拟内存”对话框

率。要消除碎片,可以使用专门的工具软件,如 Vopt99、Norton 等。另外,Windows 本身也内置了“磁盘碎片整理”工具。可以每隔一段时间(3 个月左右),用上述工具整理硬盘。

8. 删除硬盘垃圾文件

在 Windows 安装和使用过程中会产生很多无用的垃圾文件,包括临时文件(如 *.tmp、*._mp)、日志文件(*.log)、临时帮助文件(*.gid)、磁盘检查文件(*.chk)、临时备份文件(如 *.old、*.bak)以及其他临时文件。特别是如果一段时间不清理 IE 的临时文件夹 Temporary Internet Files,其中的缓存文件会占用上百 MB 的空间。这些文件不仅浪费磁盘空间,还会使系统运行速度变慢。

可以制作一个清理垃圾文件的小工具,完成上述无用文件的删除工作。

(1) 选择“开始”→“程序”→“附件”→“记事本”命令,打开记事本。

(2) 把下面的文字复制进去。

```
@echo off
echo 正在清除系统垃圾文件,请稍等......
del /f /s /q %systemdrive%\*.tmp
del /f /s /q %systemdrive%\*._mp
del /f /s /q %systemdrive%\*.log
del /f /s /q %systemdrive%\*.gid
del /f /s /q %systemdrive%\*.chk
del /f /s /q %systemdrive%\*.old
del /f /s /q %systemdrive%\recycled\*.*
del /f /s /q %windir%\*.bak
del /f /s /q %windir%\prefetch\*.*
rd /s /q %windir%\temp & md %windir%\temp
del /f /q %userprofile%\cookies\*.*
del /f /q %userprofile%\recent\*.*
del /f /s /q "%userprofile%\Local Settings\Temporary Internet Files\*.*"
del /f /s /q "%userprofile%\Local Settings\Temp\*.*"
del /f /s /q "%userprofile%\recent\*.*"
echo 完成清除系统垃圾清理!
```

echo. & pause

(3) 单击“另存为”按钮，路径选择“桌面”，保存类型为“所有文件”，文件名命名为“清除系统垃圾. bat”，单击“保存”按钮。就完成了清理垃圾文件的制作。

(4) 双击桌面上的“清除系统垃圾. bat”文件，就能快速完成清理垃圾文件的操作。

9. 注册表清理

注册表是 Windows 的重要文件，用于存储操作系统和应用程序的设置信息。

在安装和删除文件的操作过程中，会不断增加注册表中的内容。如果注册表中无用的注册项不断增加，会使注册表过于庞大，影响系统启动速度。

有些软件卸载后，注册表中仍然保留着这些软件的注册信息，可以将这些软件信息以及无用的注册信息从注册表中删除，具体方法如下。

(1) 选择“开始”→“运行”命令，在弹出的“运行”对话框中输入 regedit，单击“确定”按钮，编辑注册表。

(2) 在 HKET_LOCAL_MACHINESoftware 和 HKET_CURRENT_USERSoftware 主键下找到那些已被删除的程序名称，并将其删除。

(3) 将 HKET_LOCAL_MACHINE→Software→Microsoft→Windows→CurrentVersion→Explorer→Tips 下的子键全部删除。

(4) 删除多余的时区信息：在 HKET_LOCAL_MACHINE→Software→Microsoft→Windows→CurrentVersion→TimeZone 下，删除多余的时区，只保留北京时区。

(5) 删除不用的输入法：在 HKET_LOCAL_MACHINE→System→CurrentControlSet→Control→Keyboardlayouts 中删除不用的输入法。

10. 调整回收站

回收站默认所有分区都用相同的配置，容量为硬盘总容量的 10%，可以根据需要分别配置每个分区的回收站，将回收站最大空间设置为该分区的 1%。

13.2.3 操作系统优化

1. 系统加速

1) 使 ZIP 文档读取能力失效

Windows XP 在默认情况下对 zip 文件是支持的，但要占用一定的系统资源。可选择“开始”→“运行”命令，在“运行”对话框中输入“regsvr32 /u zipfldr. dll”，再单击“确定”按钮，取消 Windows XP 对 ZIP 解压缩的支持，从而节省系统资源。

2) 关机时清空页面文件

打开“控制面板”，单击“性能和维护”图标，在性能和维护对话框中单击“管理工具”按钮，打开管理工具窗口，双击“本地安全策略”项，在“本地安全设置”窗口中，单击“本地策略”，如图 13-22 所示。双击 “安全选项”项，打开如图 13-23 所示的页面，双击其中的“关机：清理虚拟内存页面文件”选项，选择弹出对话框中的“已启用”单选按钮，单击“确定”即可。

3) 使用朴素界面

Windows XP 默认的外观虽然漂亮，但占用系统资源多，可将其改为经典外观以获得更好的性能。

在桌面空白位置右击，选择“属性”命令，打开“显示属性”对话框，单击“主题”选项卡，选

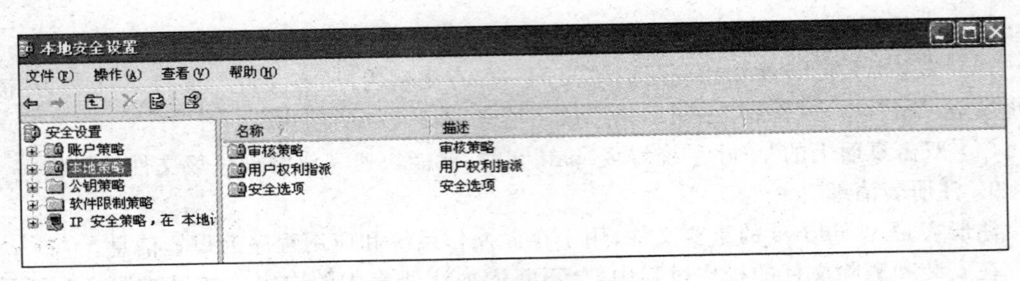

图 13-22　本地安全设置

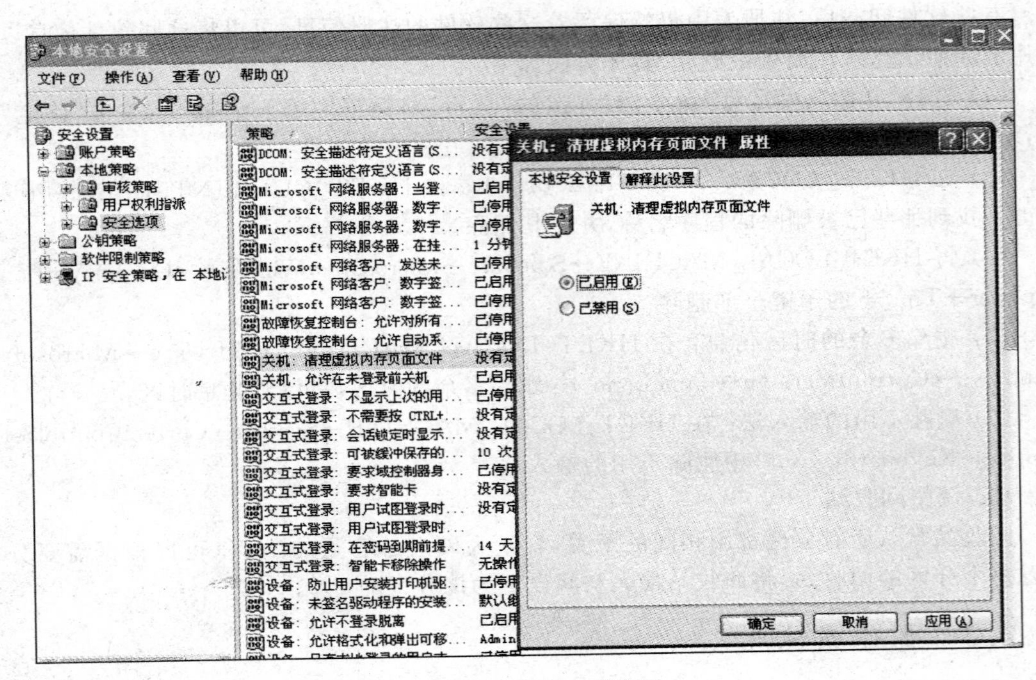

图 13-23　安全选项设置

择主题为“Windows 经典”，即可将外观修改为 Windows 经典外观。

4）减少开机磁盘扫描等待时间

当 Windows 日志中有非正常关机、死机引起的重新启动的记录时，系统就会在启动时自动运行磁盘扫描程序。默认情况下，扫描每个分区前会等待 10 秒，如果每个分区都要等上 10 秒才开始扫描，再加上扫描本身需要的时间，会耗费相当长的时间才能完成启动过程。可以设置取消磁盘扫描的等待时间，甚至禁止对某个磁盘分区进行扫描。

选择“开始”→“运行”命令，在运行对话框中输入“chkntfs /t:0”，即可将磁盘扫描等待时间设置为 0；如果要在计算机启动时忽略扫描某个分区，如 C 盘，可以输入“chkntfs /x c:”命令；如果要恢复对 C 盘的扫描，可使用“chkntfs /d c:”命令，即可还原所有 chkntfs 默认设置。

5）改变视觉效果

Windows XP 在默认情况下启用几乎所有的视觉效果，如淡入淡出、在菜单下显示阴影。这些视觉效果虽然漂亮，但对系统性能会有一定的影响，有时甚至造成应用软件运行时出现停顿。建议少用或者取消这些视觉效果。

右击桌面“我的电脑”图标，选择“属性”命令，打开“系统属性”对话框，选择“高级”选项卡，在其中的“性能”栏中单击“设置”按钮，在弹出的“性能选项”对话框中，选择“调整为最佳性能”单选按钮，即可关闭所有的视觉效果。

可自定义视觉效果：打开“系统属性”对话框，选择“高级”选项卡，在其中的“性能”栏中单击“设置”按钮，在弹出的“性能选项”对话框中，单击“视觉效果”标签，选择“自定义”，只保留“平滑屏幕字体边缘”、“为每种文件夹类型使用一种背景图片”、“显示半透明的选择长方形”、“在窗口和按钮上使用视觉效果”、“在鼠标指针下显示阴影”、“在文件夹中使用常见任务”和“在桌面上为图标标签使用阴影”，其余的全部不选，设置完成后，单击“确定”退出。

6）关掉不用的设备

Windows 总是尽可能地为所有设备安装驱动程序并进行管理，不仅会减慢系统启动的速度，同时也造成系统资源的大量占用。可在设备管理器中，将 PCMCIA 卡、调制解调器、红外设备、打印机端口(LPT1)或者串口(COM1)等不常用的设备停用，方法是双击要停用的设备，在其属性对话框中的“常规”选项卡中选择“不要使用这个设备(停用)”，重新启动，设置即可生效。当需要使用这些设备时，再启用它们。

7）关闭错误报告

应用程序出错时，会弹出发送错误报告的窗口，这样的信息对普通用户没有任何意义，也可以关闭。

在“系统属性”对话框中选择“高级”选项卡，单击“错误报告”按钮，在弹出的“错误汇报”对话框中，选择“禁用错误汇报”单选按钮，再单击“确定”即可。

另外，也可以从组策略中关闭错误报告：在“运行”对话框中输入 gpedit.msc，单击“确定”按钮，打开“组策略”编辑器，如图 13-24 所示。展开“计算机配置”→“管理模板”→“系统”→“错误报告功能”，双击右边设置栏中的“报告错误”，在弹出的“属性”对话框中选择“已禁用”单选按钮，即可将“报告错误”禁用。

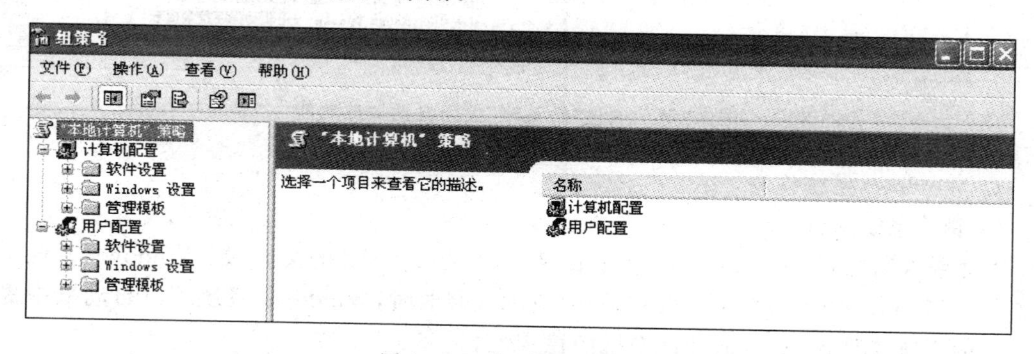

图 13-24 “组策略”编辑器

8）清除预读文件

Windows 系统的预读设置虽然可以提高系统速度，但是使用一段时间后，预读文件夹里的文件数量会变得相当庞大，导致系统搜索花费的时间变长，而且有些应用程序会产生死链接文件，加重系统搜索的负担。应定期删除这些预读文件。预计文件存放在 Windows 系统文件夹的Prefetch文件夹中,该文件夹下的所有文件均可删除。

9) 关闭自动播放功能

Windows XP系统中,当在光驱中放入光盘或将移动硬盘接上计算机时,系统都会自动将光驱或移动硬盘扫描一遍,同时提示是否播放里面的图片、视频、音乐等文件,如果是有多个分区的大容量移动硬盘,扫描会耗费很长时间,可以将自动播放功能关闭。

打开如图13-24所示的"组策略"编辑器。在组策略窗口左边栏中,打开"计算机配置",选择"管理模板"下的"系统",双击右边配置栏中的"关闭自动播放",如图13-25所示,会弹出"关闭自动播放属性"对话框。选择"已启用"项,在"关闭自动播放"下拉列表中选择"所有驱动器",之后单击"确定"按钮。这样就取消了Windows的自动播放功能。

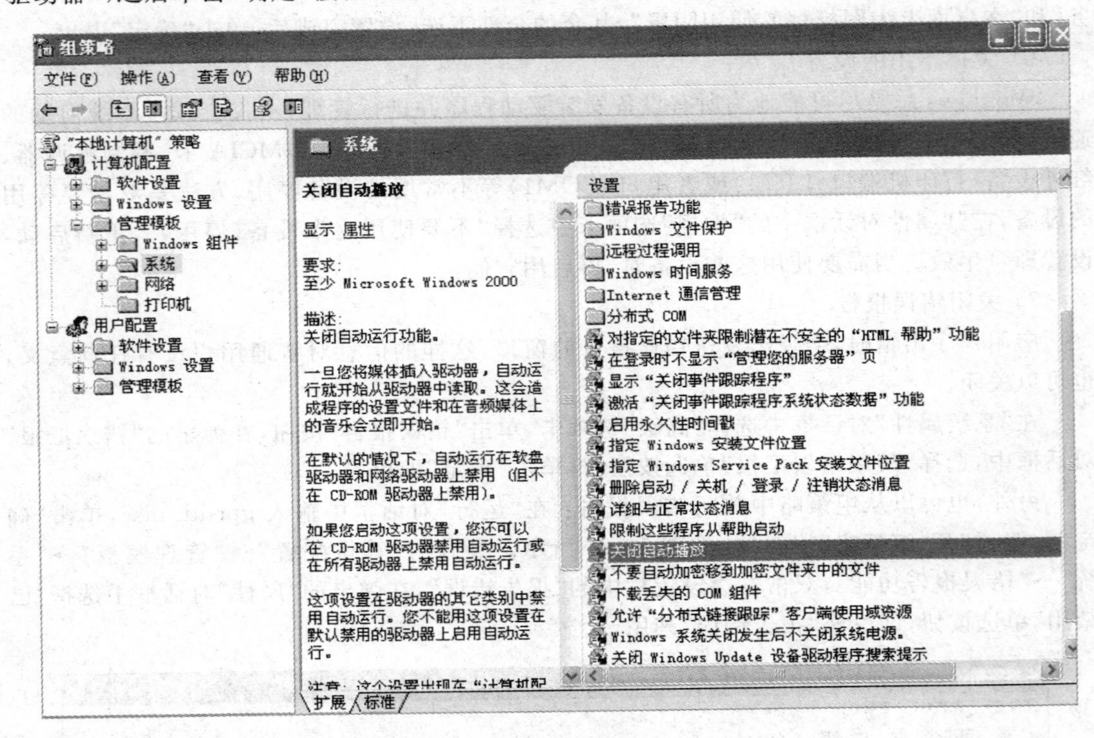

图13-25 通过"组策略"关闭自动播放功能

2. Windows系统瘦身

1) 删除系统文件备份

在系统文件中的system32dllcache目录中,有近250MB的文件,是Windows系统文件的备份。当Windows的系统文件被替换、删除或修改时,Windows系统可以自动从中提取出相应的系统文件还原,从而保证系统的稳定性。

该文件夹不能直接删除,可以在命令提示符下输入Sfc.exe /purgecache命令清除。

2) 关闭休眠支持

休眠功能会占用硬盘空间,如果很少使用,不妨将其关闭:打开"控制面板",单击"性能和维护"项图标,在性能和维护对话框中双击"电源选项",在弹出的"电源选项属性"对话框中选择"休眠"选项卡,取消"启用休眠"复选框。

3）清除临时文件

（1）清除系统临时文件。

系统临时文件存放在两个位置：一个 Windows 安装目录下的 Temp 文件夹；另一个是 X:Documents and Settings“用户名”Local SettingsTemp 文件夹（X:是系统所在的分区）。这两个位置的文件均可以直接删除。

（2）清除 Internet 临时文件。

长时间上网会产生大量的 Internet 临时文件，删除这些文件，可以节省大量的硬盘空间：打开 IE 浏览器，从“工具”菜单中选择“Internet 选项”命令，在弹出的对话框中选择“常规”选项卡，在“Internet 临时文件”栏中单击“删除文件”按钮，并在弹出“删除文件”对话框，选中“删除所有脱机内容”复选框，单击“确定”按钮。

可以将 Internet 临时文件占用的磁盘设置在一个可以接受的范围：在“Internet 临时文件”栏中单击“设置”按钮，然后在“设置”对话框中设置临时文件所占用的磁盘空间，也可将 Internet 临时文件的文件夹移至另一个分区，以减少对主分区磁盘的占用量。

4）NTFS 分区中的文件压缩

Windows 系统对 NTFS 分区的文件提供文件压缩功能，可有效地节省磁盘空间。

在 NTFS 分区中，选择要压缩的文件或文件夹，右击，选择“属性”命令，在“属性”对话框的“常规”选项卡中单击“高级”按钮，在新对话框中“压缩或加密属性”栏里勾选“压缩内容以便节省磁盘空间”复选框，单击“确定”按钮，就会发现文件所占用的磁盘空间大大减少。

3. 网络优化

1）释放 QoS Packet 所占用的 20%网络带宽

系统内部的 QoS Packet 要占用 20%的网络带宽，可以将这一部分带宽释放：打开“组策略”窗口，在左边栏中展开“计算机配置 ”→“管理模板”→“网络”→“QoS 数据包调度程序”，在右边窗口双击“限制可保留带宽”，在其属性对话框中的“设置”选项卡中将“限制可保留带宽”设置为“已启用”，然后在下方“带宽限制”栏将“带宽限制”设置为 0。

2）快速浏览局域网络的共享

通常情况下 Windows XP 在连接其他计算机时，会全面检查对方计算机上所有预定的任务，这个检查会等待 30s 以上。删除检查的方法：选择“开始”→“运行”命令，输入 Regedit，单击“确定”按钮，从注册表中查找 HKEY_LOCAL_MACHINE→Software→Microsoft→Windows→CurrentVersion→Explorer→RemoteComputer→NameSpace，在此键值下，会有如{D6277990-4C6A-11CF-87-00AA00 60F5BF}之类的键值，删除，重新启动计算机，Windows 就不再执行检查任务。

13.2.4 注册表的优化

除了以上方法优化系统外，还可以通过修改注册表来优化 Windows 系统。

1. 加快开机及关机速度

选择“开始”→“运行”命令，输入 Regedit，单击“确定”按钮，在打开的注册表中依次展开 HKEY_CURRENT_USER→Control Panel→Desktop，双击字符串 HungApp Timeout，将“数值数据”中的数值改为 200，如图 13-26 所示；类似地，将字符串 WaitToKillAppTimeout 的数值改为 1000。

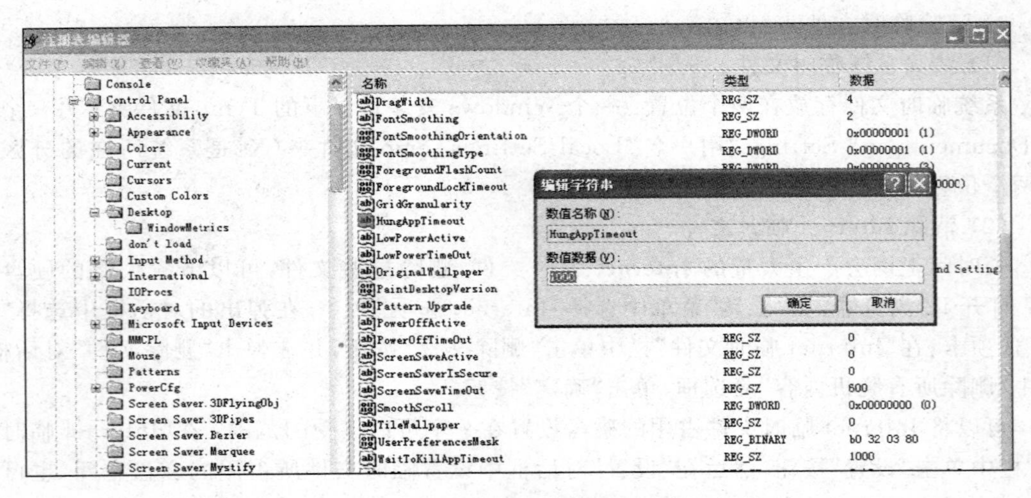

图 13-26　在注册表中修改键值

另外,在 HKEY_LOCAL_MACHINE→System→CurrentControlSet→Control 中将字符串 HungAppTimeout 的数值改为 200,将字符串 WaitToKillServiceTimeout 的数值改为 1000。

2. 自动关闭停止响应程序

打开注册表,依次展开 HKEY_CURRENT_USER→Panel→Desktop,将字符串 Auto EndTasks 的数值改为 1,重新启动。

3. 加快菜单显示速度

打开的注册表,依次展开 HKEY_CURRENT_USER→ControlPanel→Desktop,将字符串 MenuShowDelay 的数值改为 0,调整后如觉得菜单显示速度太快不适应,也可将 MenuShowDelay 的数值改为 200,重新启动。

4. 加快自动刷新率

打开的注册表,依次展开 HKEY_LOCAL_MACHINE→System→CurrentControlSet→Control→Update,将 UpdateMode 的数值改为 0,重新启动。

5. 加快预读能力改善开机速度

Windows 系统预读设定可提高系统速度,加快开机速度。

打开注册表,展开 HKEY_LOCAL_MACHINE→SYSTEM→CurrentControlSet→Control→Session Manager→Memory Management→PrefeTchParameters,在右边窗口,将 EnablePrefetcher 的数值进行如下更改:使用 P4 CPU 以上的将数值更改为 4 或 5,否则保留数值数据为默认值即 2。

6. 利用 CPU 的 L2 Cache 加快整体效能

打开注册表,依次展开 HKEY_LOCAL_MACHINE→SYSTEM→CurrentControlSet→Control→Session Manager,在 Memory Management 的右窗口,将 SecondLevelDataCache 的数值改为与 CPU L2 Cache 相同的十进制数值,如使用的是 Intel i5 CPU 的 L2 Cache 为 1024Kb,数值改为 1024。

7. 屏蔽系统中的热键

打开注册表。依次展开 HKEY_CURRENT_USER→Software→Microsoft→Windows→

CurrentVersion→Policies→Explorer，新建一个双字节值，键名为 NoWindows Keys，键值为 1，这样就可以禁止用户利用系统热键执行禁用的命令。如果要恢复，将键值设为 0，或将此键删除。

13.3 本章小结

通过系统测试可以全面了解计算机各部件的性能，通过系统优化可以使计算机保持正常的工作状态。系统测试与优化均可以使用任意一款专业的软件完成。本章重点介绍了常用的系统测试工具 AIDA64 以及系统优化工具 Windows 优化大师的具体使用方法。并介绍了通过手动方式针对硬盘、操作系统、注册表优化的具体方法。

熟练使用系统测试和系统优化工具软件对于检测硬件故障、提高计算机系统的工作效率、降低故障的发生十分有益。通过手动方式针对硬盘、操作系统等部件的优化，对于灵活使用计算机、充分发挥计算机的潜能有帮助。

习 题 13

1. 填空题

(1) 系统优化的目的是使计算机系统始终保持________状态，通过系统优化可以清理各种无用的临时文件，释放硬盘空间；清理注册表里的无用信息，阻止一些非关键程序的开机自动执行，加快________速度；还可以________速度。

(2) 系统优化的方法有两大类：一是使用________；二是通过手动操作有针对性地对某些项目进行优化设置。

(3) 最常用的硬盘优化手段是________和________。

2. 简答题

(1) 简述 AIDA64 工具软件的作用。

(2) 简述 Windows 优化大师与鲁大师的差异。

(3) 简述 Windows 注册表的作用。

第 14 章 计算机系统的维护和常见故障处理

本章学习目标

- 了解计算机基本日常维护及安全操作的注意事项;
- 了解计算机故障产生的原因及基本的处理原则;
- 掌握计算机硬件及软件故障的检测及处理方法。

通过日常对计算机的合理维护,可以确保计算机高效的工作,减少故障发生的概率,提高硬件的使用寿命。本章首先介绍计算机基本的维护方法,然后介绍计算机系统常见故障的检测与排除方法,以及基于 BIOS 的故障诊断处理方法和常见的网络故障处理等。

14.1 计算机维护基础

14.1.1 计算机的日常维护

计算机的日常维护涉及使用环境、规范操作、数据备份、安全防护、硬盘维护等内容。

1. 使用环境

环境对计算机寿命的影响很大。涉及的因素主要有温度、湿度、静电、振动、磁场、灰尘、雷击等。

(1) 计算机理想的工作温度是 10～35℃,太高或太低都会影响计算机硬件的寿命。

(2) 计算机适宜工作的相对湿度为 30%～75%,湿度太高会影响 CPU、显卡等配件的性能发挥,甚至引起元器件短路;如南方梅雨季节时,计算机每周至少要开机 2 小时,以保持计算机内部的干燥,这和其他电器的保养是一样的。湿度太低(过于干燥)则易产生静电,诱发错误信息,甚至造成元器件的损坏。

(3) 灰尘对计算机影响也较大。灰尘覆盖在元器件上,影响散热,还可能腐蚀元器件,放置计算机的房间应当保持干净整洁。

(4) 尽量避免撞击或者振动计算机。强烈的震动可能造成各部件之间接触不良,甚至会损坏硬盘、主板等部件。

2. 按规范步骤操作计算机

按照正确的步骤操作计算机,可以减少故障,延长计算机的使用寿命。

(1) 掌握正确的开机和关机顺序。

开机的顺序是,先外设(如打印机、扫描仪、UPS 电源、Modem 等),显示器电源不与主机相连的,还要先打开显示器电源,然后再开主机。关机顺序则相反,先关主机,再关外设。这样可以减少对主机的损害。因为在主机通电时,关闭外设的瞬间,会对主机产生较强的冲击电流。

(2) 不要频繁开、关机。每次开机,电源都会产生一个瞬间高电压,高电压会对电子元器件造成很大的冲击,会减少元器件的使用寿命。两次开机时间间隔至少10秒以上。

(3) 系统挂起(死机)时,尽量用热启动或RESET键启动。

(4) 计算机工作时,避免强行切断电源的操作。例如,计算机正在读写磁盘数据时突然掉电,很可能会损坏驱动器(硬盘,光驱等)。关机时,应先关闭所有应用程序,再退出操作系统,再按正常关机顺序退出;否则有可能损坏应用程序。

(5) 搬动计算机前,应先关闭计算机,并拔下电源插头。

(6) 不要在计算机附近吸烟。光驱工作时盘片高速旋转,激光头与盘片距离很小,即使微小颗粒也会污染激光头及光盘表面,造成数据存取错误。

(7) 不要将茶水及其他液体放在计算机旁。液体可能会喷溅到硬件设备上,造成短路,损毁计算机。如果不小心将液体喷溅到硬件设备上,应立即断电,用干净的防静电抹布或者纸巾擦拭吸附液体的设备表面,之后将硬件设备放置在通风的环境中晾干,间隔足够长的时间,再开机测试。若有较严重的问题,需送修。

(8) 发现计算机有异味、冒烟等现象时应立即切断电源,在没有排除故障前,千万不要再启动计算机;当发现计算机有异常响声、过热等现象时,应立即关闭电源,并查找原因。

3. 使用可靠的电源

电压过低会使计算机自动关机或死机,电压过高危害更大,会熔断保险丝甚至烧毁电源。如果电源电压总是偏高或偏低,则应配备一台稳压电源或不间断电源UPS。

影响计算机电源正常工作的因素包括电压瞬变、停电、电压不足或电压过高等。

计算机的外接电源应与照明电源分开,最好使用单独的插座。尤其避免与强电器、加热装置或大功率的电器(空调、电冰箱等)共用一个插座,因为这些电器设备使用时可能会改变电流和电压的大小,会对计算机的电路板造成损害。

4. 防静电

干燥的地方或没有安装地线的地方,容易产生静电。静电达到1000V以上就会毁坏芯片。而人体能够感觉到3000V以上静电的存在。在拔插计算机中的板卡前,应先触摸一下与大地相连接的导电物体,放掉身上的静电。

防静电的方法:室内空气应有一定的湿度;电源最好有地线;室内最好不要铺地毯,并定期除尘。

5. 做好文件的收集和备份

(1) 妥善保管和计算机一起买来的各种资料、光盘等,其中主板、显卡、光驱等的资料和说明书,对排除故障有很大的帮助。

(2) 请销售商帮助做好系统恢复盘,以备在发生故障时可以利用系统恢复盘对系统进行引导和快速恢复一些重要信息。

(3) 个人的文档、资料在每次关机前都要做好备份。

(4) 存储数据的常用部件(硬盘和U盘)容易出现故障。特别是硬盘数据容易受病毒感染,或硬盘自身故障导致数据丢失,应将硬盘重要数据定期备份到其他存储介质中。

(5) 将数据存放在C盘以外的逻辑盘上。将“我的文档”路径改为非C盘:右击“我的文档”,选择“属性”命令,将目标文件夹的盘符改为C盘以外的其他逻辑盘。

(6) 当硬盘开始出现如下异常时,应及时将数据转移。

- 硬盘工作过程中经常出现怪异的声音,如不规则的"哒……哒……哒……"声;
- 系统频繁但是无规律地崩溃,特别是在启动操作系统的过程中;
- 在对文件进行操作过程中,出现异常情况或者弹出一些错误信息;
- 对文件和文件夹进行操作速度非常缓慢;或文件内容出现乱码等。

6. 防御计算机病毒和木马

只要使用计算机,就有可能感染计算机病毒,只要上网就有可能中木马。

计算机病毒(computer virus,简称病毒)和木马(Trojan horse)都是由专业程序设计人员编写的计算机程序。

病毒是能够自我复制,并且能够不断传播、感染其他正常的程序,影响计算机的正常工作,使系统变得越来越慢,最终导致计算机瘫痪或者硬件的损坏。

木马实质就是远程监控程序,通过网络可以监控远程计算机的操作情况。木马的主要目的是盗取用户的私密信息,如各种网络密码、网络银行账号等。木马具有隐蔽性,难于发现。木马工作的前提是计算机处于联网状态,这样入侵者才能通过网络中的某台计算机对中了木马的计算机(肉鸡)发号施令。

防止计算机感染病毒和木马,要尽量做到以下几点:

(1) 在操作系统和硬件设备的驱动程序安装好之后,一定要安装安全防护软件。

(2) 使用软件时,尽量用正版软件,不要轻易用盗版软件。

(3) 不要随意复制不明来源的存储介质(软盘、U盘、光盘、移动硬盘)中的内容。

(4) 使用光盘或U盘前,一定要先杀毒;软件安装完成后也要再查一遍毒,因为一些杀毒软件对压缩文件里的病毒无能为力。

安全防护软件通常都包含病毒查杀和木马防护功能。下面是对2007—2012年世界著名安全防护软件的实际使用情况分析后,得出的结论,可供参考。

- BitDefender(简称BD,比特梵德)。罗马尼亚公司开发。其安全保护技术被著名的独立评测机构(如ICSA实验室和英国西海岸实验室)承认,包括查杀病毒、网络安全套装、全功能防护32位/64位六个版本。特色,对新病毒的响应时间小于1小时。
- Kaspersky(卡巴斯基)。源于俄罗斯,查杀病毒性能高于同类产品。特色:会提示所有具有危险行为的进程或者程序,但也会误报。
- Webroot Antivirus。在英国Webroot Software公司开发的世界排名第一的反间谍软件Webroot Spy Sweeper中整合了杀毒引擎Webroot Antivirus。
- ESET NOD32。ESET建立于1992年,是一个全球性的安全防范软件公司。
- F-Secure Anti-Virus由芬兰公司开发,是功能强大的实时病毒监测和防护系统,集合AVP、LIBRA、ORION、DRACO四套杀毒引擎。
- AVG是捷克Grisoft公司的产品,采用卡巴斯基和BD的双引擎杀毒。包括AVG Anti-Virus专业版、AVG Internet Security网络版和AVG Anti-Virus Free免费版。
- Norton(诺顿)是著名的安全技术公司,产品包括Norton AntiVirus(NAV),Norton Internet Security(NIS)。

• G DATA AntiVirus。采用 KAV 和 AntVir 双引擎杀毒，在国外有非常高的知名度。

另外，微软公司的免费杀毒软件 MSE、国内的 360 安全卫士安全防护效果也不错。

7. 硬盘的日常维护

使用计算机时还应当注意以下几点。

(1) 硬盘正在进行读写操作时不可突然断电。因为硬盘在进行读写操作时盘片转速很高，若突然断电，磁头不能正确复位，有可能损坏硬盘。如果硬盘指示灯闪烁不止，说明硬盘的读写操作还没有完成，此时不宜强行关闭电源，只有当硬盘指示灯停止闪烁，硬盘完成读写操作后方可关机或重启。在野外工作时，一定要配备质量可靠的不间断电源。

(2) 硬盘的防震。计算机正在运行时最好不要移动它。另外，硬盘在移动或运输时最好用泡沫或海绵包装保护，尽量减少震动。

(3) 手拿硬盘时不要磕碰，还要注意防静电，正确的用手拿硬盘的方法是，抓住硬盘的两侧，并避免与其背面的电路板直接接触。

(4) 定期进行磁盘碎片整理。

磁盘碎片实际上是文件碎片。硬盘在使用一段时间后，由于反复写入和删除文件，磁盘中的空闲扇区会分散到整个磁盘中不连续的物理位置上，从而使文件不能存放在连续的扇区里。这样，读写大文件时就需要到不连续的扇区存取，增加了磁头在不同磁道上寻找文件碎片的时间，降低了读取文件的速度。

如果碎片文件过多，会导致读文件速度越来越慢，同时也会缩短硬盘的寿命。磁盘碎片整理就是把这些分散存放的文件片段合并在一起，存放在连续的存储空间中，从而提高读取文件的速度。

可以用系统自带的"磁盘碎片整理程序"整理磁盘碎片。操作步骤为，选择"开始"→"程序"→"附件"→"系统工具"→"磁盘碎片整理程序"命令，根据屏幕画面提示，选择相应的盘符进行操作即可。

注意：在进行磁盘碎片整理过程中尽量不要进行其他操作，否则影响整理的速度。

8. 计算机除尘

为了确保计算机长期正常的工作，应当定期对计算机除尘。一些品牌机的说明书中如果申明不得随意拆封机箱，就不要打开机箱，否则可能不予保修。

除尘用到的工具有十字螺丝刀、镜头拭纸、吹气球(皮老虎)、回形针、小型风扇。

具体除尘操作。

(1) 切断电源，将主机与外设之间的连线拔掉，用十字螺丝刀打开机箱，将电源盒拆下。板卡上的灰尘，可以用吹气球吹拭。对面板进风口的附件和电源盒(排风口)附近，以及板卡的插接部位除尘时，应同时用风扇吹风，以便将被吹气球吹起来的灰尘和机箱内壁的灰尘带走。

(2) 将电源拆下，计算机的通风主要靠电源风扇，电源盒里的灰尘最多，可以用吹气球仔细清理干净。另外，还需注意风扇的扇叶，特别是经过夏季的高温，塑料扇叶会老化，会使计算机的噪音变大。保持风扇清洁可以延长风扇寿命。

(3) 将回形针展开，插入光驱前面板上的应急弹出孔，稍用力就能打开光驱托盘。用镜头拭纸将光驱轻轻擦拭干净。注意,不要探到光驱里面去,也不要用影碟机上的"清洁盘"进行清洁。

(4) 用吹气球清除硬件表面的灰尘。

(5) 如果要拆卸板卡,再次安装时要注意位置是否准确,插槽是否插牢,连线是否正确。

(6) 用镜头拭纸将显示器擦拭干净。

(7) 鼠标的清洁。机械鼠标,可以将鼠标的后盖拆开,取出小球,用清水洗干净,晾干。光电鼠标的底部护垫很容易粘上桌面上的灰尘和油渍,从而影响它的顺滑度,清洁时可以使用硬塑料,将附着在护垫上的污渍剥掉,使鼠标重新恢复好的手感。使用适当规格的鼠标垫,可以延长鼠标的使用寿命。

(8) 用吹气球将键盘键位之间的灰尘清理干净。

硅脂在使用中会挥发,影响CPU与散热片之间的衔接与导热。每半年左右给CPU与散热片之间重新涂抹一次硅脂,使硅脂的导热能力保持在最佳状态。

如果使用计算机的环境比较恶劣,可以适当缩短维护周期。

9. 定期进行系统维护

经常使用的计算机一般每三个月应当进行一次系统维护,主要包括注册表清理、垃圾文件删除、磁盘碎片整理、系统开机速度优化等。常用的系统维护软件有360安全卫士、Windows优化大师、超级兔子等。

10. 预防雷击

雷击一般分为直接雷击和感应雷击,建筑物安装避雷针只能防范直接雷击,而感应雷击产生的高电压则通过供电线路危害室内家用电器,特别是计算机。雷雨天注意防雷。雷击放出的强电极易造成计算机硬件的损坏和通讯故障,下面是基本的防雷方法。

(1) 定期检查接地线。大多数计算机的外壳都是接地线,其主要目的是对人身安全起保护作用,此外地线还可以消除静电对设备的影响,应妥善连接。

(2) 建议使用具有防雷功能的插座。电源插座是和外部电流连接的第一个"关卡"。注意,插座前端的地线要保证畅通。

(3) 计算机与建筑物的外墙及柱子要保持一定距离。因为当建筑物遭雷击时,强大的雷电流将沿着建筑物的外墙及柱子流入地下。在周围的空间产生电场和磁场,如果计算机靠得太近,可能受到损坏。

(4) 最重要的一点:在雷鸣电闪时,尽可能把各种与计算机相连的线路(包括电源线、网线等)拔掉。即使周围环境没有安装专业的防雷设施,只要注意以上事项,就能最大限度保护个人和计算机的安全,减少雷电带来的损失。雷雨天不要上网,不要使用调制解调器或ADSL设备,并且将它们与电话线断开。因为即使计算机有良好的接地,但雷电也很有可能沿着信号线入侵设备内部,破坏计算机主板的芯片、接口以及上网设备,造成故障。

14.1.2 常用的系统维护工具

除了基本的维护常识之外,使用专门的计算机系统维护工具也十分必要。比较常用的系统维护工具有Windows优化大师、超级兔子等,这里介绍目前极为流行的,集系统维护、安全防护等功能于一身的计算机必备工具软件：360 安全卫士。

360 安全卫士拥有计算机全面体检、木马查杀、恶意软件清理、修复漏洞、系统修复、系统垃圾清理、优化加速、软件管家等多种功能。软件管家可以帮助用户轻松下载、升级和强力卸载各种应用软件。它的杀毒功能是通过 360 杀毒软件进行。

普通的系统维护与测试软件，如优化大师和鲁大师等虽然均具备系统清理优化功能，但各有侧重。例如，修复系统漏洞时，360 安全卫士只推荐打高危漏洞补丁，而鲁大师修复系统漏洞比 360 安全卫士选择标准宽。系统维护软件正在由过去单一功能向多功能发展。下面介绍 360 安全卫士主要功能。

单击屏幕右下方的图标，出现图 14-1 所示的 360 安全卫士的工作界面。系统会自动进行“电脑体检”，检测计算机硬件和各种软件的工作状态是否正常，检测结束后会给出系统维护的建议，按照屏幕提示，单击图中的“一键修复”按钮，系统自动处理发现的问题。

图 14-1　360 安全卫士的工作界面

1. 木马查杀

定期进行木马查杀，可以有效防止木马的入侵，确保各种电子账户的安全。

在图 14-1 中单击“木马查杀”按钮，进入如图 14-2 所示的木马查杀界面。木马查杀提供了系统区域位置快速扫描、全盘扫描、自定义区域扫描等三种木马查杀方式。

在图 14-2 中单击“快速扫描”按钮，系统开始快速扫描木马的工作，这种扫描速度比全盘扫描快。扫描完成后，系统会报告扫描结果，如图 14-3 所示。

2. 清理插件

插件是指会随着浏览器的启动自动执行的程序，有些插件属于应用程序的接口程

图 14-2 木马查杀界面

图 14-3 快速扫描工作界面

序，而有些插件则是广告甚至是木马。卸载与系统无关的插件，可以使系统保持正常的工作速度。

在图 14-1 中，单击“清理插件”按钮，进入清理插件界面。单击“开始扫描”按钮，系统开始扫描插件的工作。扫描完毕出现如图 14-4 所示的页面，显示系统中安装的各种插件，可以根据系统的实际情况，选择需要清理的插件前面的复选框，之后单击“立即清理”按钮。

图 14-4　清理恶评插件界面

3. 修复漏洞

及时修复操作系统漏洞，能够保证系统安全。该功能能够自动检测当前系统的安全漏洞，360 提供的漏洞补丁均由微软公司官方网站获取，在图 14-1 中单击“修复漏洞”按钮，进入修复系统漏洞界面，自动开始系统漏洞的检测，检测结束后，会给出具体的建议。

4. 系统修复

系统修复可以修复异常的上网设置和系统设置，使系统恢复正常。

在图 14-1 中，单击“系统修复”按钮，进入如图 14-5 所示的系统修复界面，单击“常规修复”按钮，系统自动修复异常的上网设置和系统设置。如果对修复效果不满意，可以单击“计算机门诊”按钮，进行有针对性的系统修复工作。

5. 计算机清理

该功能能够自动完成系统中垃圾文件的清理工作。在图 14-1 中，单击“电脑清理”按钮，进入如图 14-6 所示的系统清理垃圾界面，可以选择“一键清理”或“人工全面优化”。

6. 优化加速

在图 14-1 中，单击“优化加速”按钮，进入如图 14-7 所示的界面，可以对开机启动速度，系统工作的速度等进行优化处理，选择相应的项目，再单击图中的“立即优化”按钮即可。

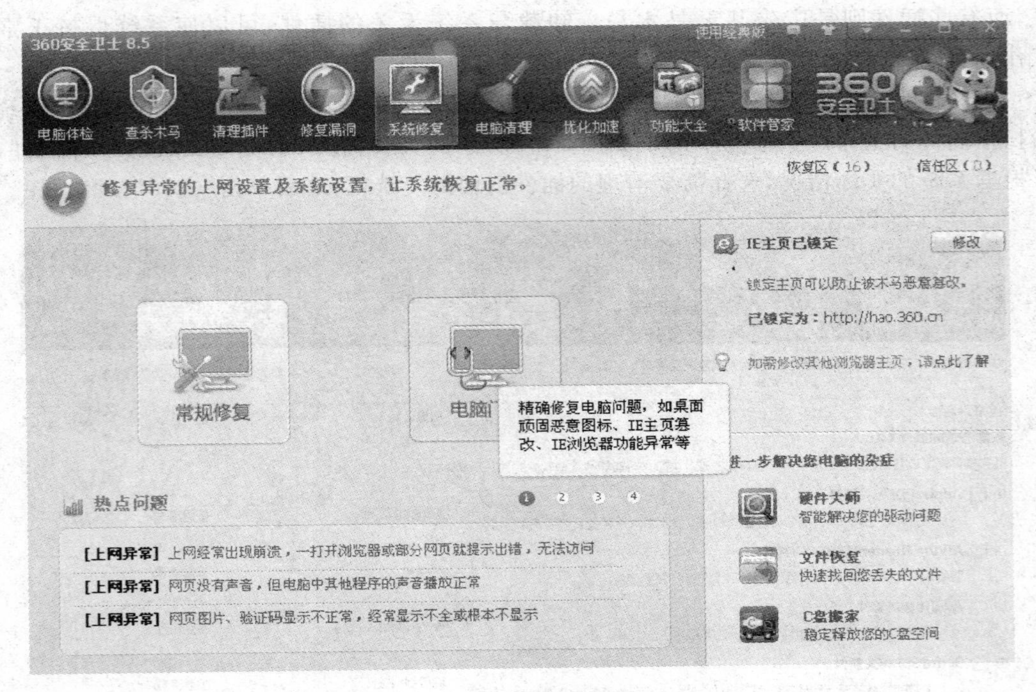

图 14-5　系统修复界面

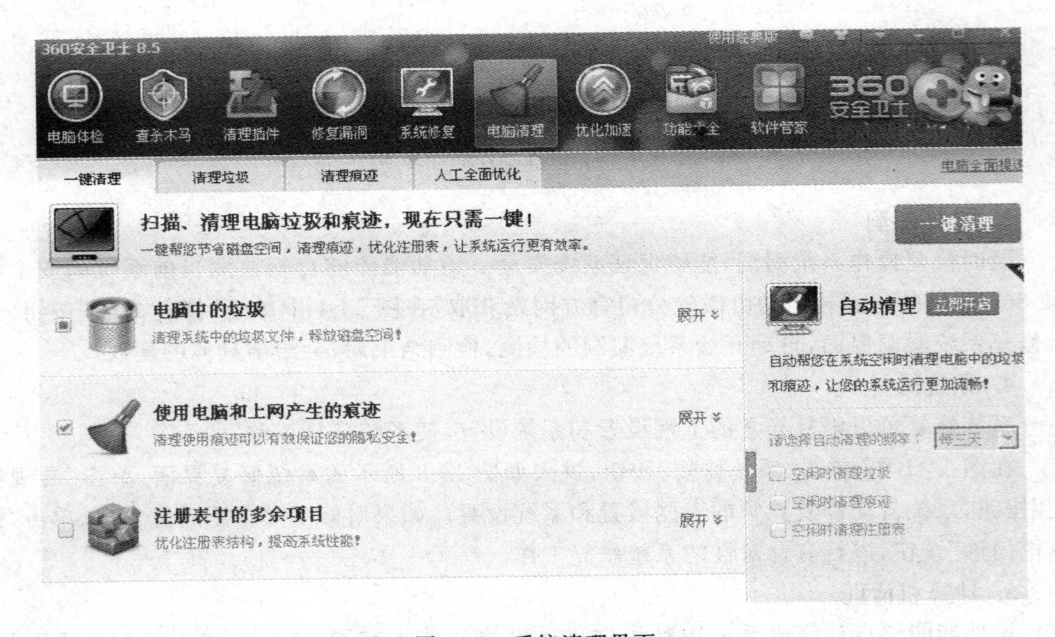

图 14-6　系统清理界面

7. 软件管家

在图 14-1 中，单击“软件管家”按钮，进入如图 14-8 所示的软件管家管理界面，可以安装、升级或卸载各种常用软件。选择需要的软件，通过网络下载或升级，当然有些软件是要收费的。

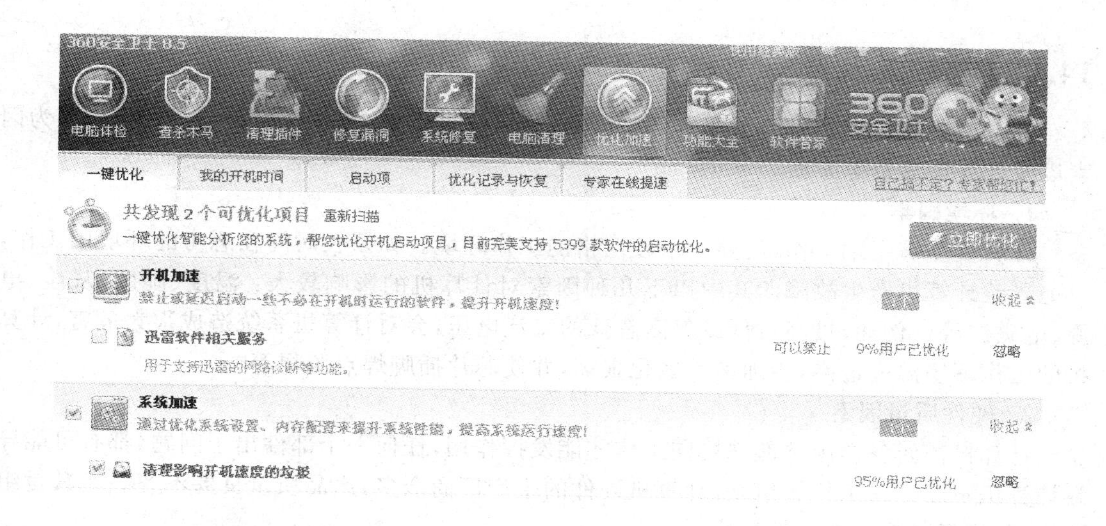

图 14-7 优化加速界面

图 14-8 软件管家的工作界面

14.2 计算机故障的检测和排除

计算机出现故障时，应先判断产生故障的位置及原因，才能够根据实际情况采取相应的方法排除故障。下面介绍计算机故障形成的原因，计算机故障的处理原则、解决思路和基本排除方法。

14.2.1 计算机故障形成的原因

计算机故障形成的原因主要有环境因素、硬件质量因素、兼容性因素、软件因素、人为因素以及计算机病毒等方面。

1. 环境因素

计算机能够正常工作,需要一个较严格的工作环境。如果长时间在恶劣的环境中工作,可能导致计算机产生故障。其中以下几种因素对计算机的影响较大:温度、湿度、灰尘、电源、电磁波等。例如,过高过低或忽高忽低的交流电压,会对计算机系统造成很大危害,计算机的工作环境温度过高,会加速其老化损坏,并使芯片插脚焊点脱焊等。

2. 硬件质量因素

计算机需要各个硬件部件协同工作才能发挥作用,任何一个部件出了问题,都有可能导致计算机不能正常工作。但是,计算机硬件的生产厂商众多,产品质量良莠不齐。尤其是组装机,很难保证每一个部件的质量。

3. 兼容性因素

计算机是由很多硬件的组成,这其中就有兼容性问题。由于各个硬件的生产厂商不尽相同,因而出现不兼容问题的可能性比较大。计算机内部的硬件与硬件之间、硬件与操作系统之间、硬件与驱动程序之间都有可能出现不兼容。影响计算机的正常运行,甚至造成不能开机等严重故障。例如,CMOS设置不当,硬件设备安装设置不当,出现设备资源冲突,造成系统不能正常运行甚至死机等。

4. 人为因素

不好的使用习惯和错误操作等都有可能造成计算机故障。

5. 计算机病毒

计算机病毒危害巨大。一旦计算机感染病毒,就可能会破坏数据、改写计算机的BIOS,造成频繁死机或根本无法使用等故障。

6. 软件因素

计算机中不仅安装有操作系统,还安装有大量的应用软件。一旦操作系统和应用软件出现问题,也会造成计算机无法正常使用,软件升级后可能造成与系统不兼容。例如,安装了微软的Vista操作系统的计算机有许多常用软件无法正常运行,就是Vista操作系统兼容性存在严重问题所造成的结果。

14.2.2 计算机故障处理的基本原则

遵循计算机故障处理的一般原则,找到常见故障的产生原因,便于排除故障。

1. 观察

通过认真观察,有利于对故障的判断与定位,为下一步的维修提供线索。

(1) 首先观察计算机故障的表象,主要是发现与正常工作情况下的差别。

(2) 观察计算机周围的环境情况,包括位置、电源、连接、其他设备、温度与湿度等;从而判定故障与这些因素是否有关。

(3) 观察计算机的软、硬件配置,包括安装了何种硬件,使用的哪种操作系统,安装了哪些应用软件,硬件的设备驱动程序版本等。

2. 先软件，后硬件

许多故障是由于软件安装不当造成，或软件兼容性不好造成的。因此应先从软件着手，排除软件方面的原因后，再检查硬件的问题，这是处理计算机故障的一个重要原则。

3. 先清洁，后检修

检查硬件时，如果发现硬件积聚的灰尘较多，应先对硬件进行清洁，因为有许多故障是由于灰尘引起的，一经清洁，相当一部分故障会消失。

4. 分清主次，先解决"主要矛盾"

计算机出现故障时，可能有不止一个故障现象。先判断、处理主要的故障现象，再维修次要故障现象，此时可能次要故障现象已经消失了。

14.2.3 计算机故障处理的基本方法

下面是一些常用的计算机故障处理的基本方法。

1. 清除尘埃法

有些计算机故障是由于计算机内部灰尘积聚过多引起的，因此先进行除尘，往往可以清除故障。如果不能排除故障，也可以排除灰尘引起故障的可能。除尘一定要彻底，要小心避免造成新的损伤。在除尘时，还应该仔细观察各个元器件外观是否正常等。

2. 振动敲击法

通过轻微的振动和敲打特定的部件，可以发现计算机部件接触不良引起的故障。如果振动之后，故障排除，说明这个部件接触不良。

3. 替换法

替换法是检测硬件故障最简单、常用而且有效的方法。通过替换相同或相近型号的板卡、电源、硬盘、显示器以及外部设备等部件判断硬件故障。当某一部件被替换后如果故障消失，就说明被替换的部件有问题。

替换时应该注意以下问题：

(1) 根据故障的现象进行替换。

(2) 按先简单，后复杂的顺序进行替换。

(3) 先替换与怀疑有故障的设备相连接的连接线、信号线等，然后替换怀疑有故障的设备，再后是替换供电设备，最后是与之相关的其他设备。

(4) 先替换故障率高的设备，再替换故障率低的设备。

4. 最小系统法

最严重的故障是开机后无任何显示和报警信息，替换法也无法判断故障产生的原因，这时可以采取最小系统法进行诊断。最小系统是指使计算机开机或运行的最基本的硬件和软件环境，即只安装 CPU、内存、显卡、主板。如果不能正常工作，则在这 4 个关键部件中采用替换法查找存在故障的部件。如果计算机能正常稳定地运行，则故障应该发生在没有加载的部件上或有兼容性的问题。

5. 逐步添加/去除法

逐步添加法是指以最小系统为基础，每次只向系统添加一个设备或软件，来检查故障现象是否消失或发生变化，以此来判断并定位故障部位。逐步去除法，正好与逐步添加法的操作相反。

6. 升温降温法

升温降温法主要用于计算机在运行时,随机故障的检测。通过人为对可疑部件升温和降温,促使故障提前出现,从而找出故障的原因。

7. 程序检测法

通过测试卡、测试程序判断计算机故障所在,可以快速、准确地诊断故障,但不易掌握。程序检测法一般包括以下几个方面。

(1) 操作系统:主要测试的内容是启动文件、系统配置参数、组件文件、病毒等。

(2) 设备驱动安装与配置:主要测试驱动程序是否与设备匹配、版本是否合适、相应的设备在驱动程序的作用下能否正常响应等。

(3) 磁盘状况:检查磁盘分区能否访问、介质是否有损坏、保存的文件是否完整等。

(4) 应用软件:主要检测应用软件与操作系统或其他应用软件的兼容性;配置是否正确、应用软件的相关程序、数据等是否完整等。

8. 利用"设备管理器"检查设备状态

设备管理器提供了硬件设备在计算机中安装与配置方式的图形化信息。通过"设备管理器"可以进行故障诊断。

访问设备管理器的操作步骤:右击"我的电脑"图标,选择"属性"→"硬件"→"设备管理器"命令,打开"设备管理器"窗口,如图 14-9 所示。

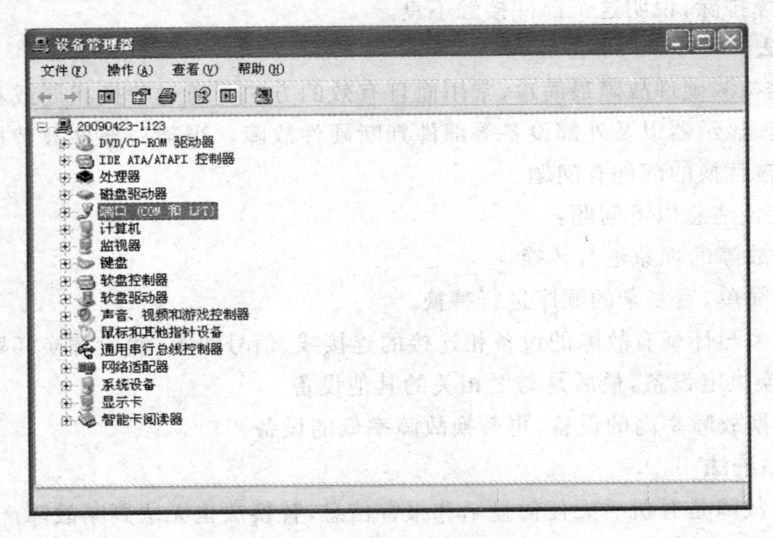

图 14-9 "设备管理器"窗口

如果某一设备不能正常工作,在"设备管理器"窗口中找到该设备,查看它属于下列的哪种情况。

(1) 设备显示状态、结论、解决方案。

(2) 所属类别正确,且设备前面没有任何特殊标记,安装正确,能正常运行。

(3) 所属类别不正确,设备前面有一个红色的 X 标记。表示该设备在 Windows 中被停用或在 BIOS 中没被激活,启用它或通过 BIOS 设置激活该设备。

(4) 所属类别正确,设备前面有一个带有黄色圆圈的惊叹号,表明此设备有资源冲突。可以用手工方式重新分配该设备的资源,以解决资源冲突。

注意:给设备手工分配资源需要一定的计算机硬件知识,不正确地更改资源设置不但会使硬件无法正常工作,而且还有可能使计算机出现故障或无法正常启动。

如果因设备资源配置不当而造成严重的系统冲突,导致不能进入正常的 Windows 启动画面,可以重新启动计算机,按住 F8 键,选择进入"安全模式"或"最后一次正确的配置",再次进入 Windows,把错误的配置改过来即可。

9. 通过"系统还原"恢复系统正常工作状态

"系统还原"是 Windows 的一项用于恢复系统的工具。对于软件安装不当或系统设置不当引起的软件故障,可以通过"系统还原"功能将系统恢复到出故障前一时刻的正常系统状态。具体操作方法参见 12.3 节。

注意:进行系统还原操作前,应先关闭所有正在运行的应用程序及已打开的文档;否则可能会导致还原失败。

14.3 死机情况的处理

死机是常见的计算机故障之一,造成死机的原因有很多。下面分别就开机时死机、启动 Windows 系统时死机以及运行 Windows 过程中死机三种常见的情况,分析死机的原因,并给出相应的处理方法。

14.3.1 开机时死机

开机时死机可分为以下情况。

1. 开机时死机,有报警声

(1) 开机后显示器无任何反应,且伴随有 1 长 2 短的报警声。原因是显卡没有插到位或是接触不良。打开机箱重新插好显卡,或换一个插槽插显卡,之后如果还是出现同样的症状,则说明显卡有问题。

(2) 显示器出现短暂的显示信息后死机,且伴随有 1 长 1 短的报警声。通常是内存出了问题,打开机箱重新安装内存条,如果内存条没问题,有可能是扩展槽的问题。

2. 开机时死机,无报警声

先检查计算机的连线是否正确,造成这种现象的原因如下。

(1) 电源问题。看看电源线是否连接好,连好电源线后还无好转,可以更换电源试试。

(2) 电压过低。电压过低会导致计算机不能启动,等到电压恢复正常了再启动计算机。

(3) RESET 键没有复位。如果 RESET 键被卡住不能弹起,会导致只有电源指示灯亮,而其他都无反应。这时只需要让 RESET 键恢复正常即可。

(4) 主板短路或主板与机箱短路。如果硬件板卡上掉进一个螺丝钉或一段金属导线,或主板短路,将无法启动计算机。

(5) 硬盘和光驱的数据线插反,或数据线与设备连线不紧密。这种情况在新装机或者重新安装硬件后比较容易发生。

(6) CPU没有插好或者有问题。把CPU拔下来,检查CPU的插脚是否有损坏,然后重新安装。

3. 开机时找不到键盘而死机

检查键盘是否插好。如果还不行,有可能是键盘或者键盘接口故障。

4. 硬盘检测无法通过造成的死机

(1) 先检查BIOS里硬盘参数的设置。一般硬盘都是大于512MB的,应该设置为LBA模式,其他模式都会造成硬盘读、写时出错。

(2) 如果自检时出现HARD DISK FAILURE的提示,说明硬盘出了问题。首先检查硬盘的电源线、数据线是否插好,如果硬盘还是不能识别,就说明硬盘出现故障,可能是操作系统故障也可能是硬盘物理故障。对于操作系统故障只需重新安装操作系统即可;如果断定是硬盘故障,即使能够暂时修复硬盘故障,但此时硬盘已经处于随时可能再次出现故障的状态下,因此应当尽快更换硬盘。

5. BIOS升级失败后造成的死机

找同型号BIOS主板的计算机,将BIOS程序备份出来,利用BIOS刷新程序将其刷新。

6. CMOS设置不当造成的死机

例如,硬盘参数设置不当,内存参数设置不当等,将设置修正即可。

14.3.2 启动Windows时死机

启动Windows时出现死机,一般原因如下。

(1) BIOS设置问题。解决办法:重新设置即可。

(2) 感染病毒。解决办法:用杀毒软件杀毒,如果仍无法启动,则重装操作系统。

(3) 系统文件错误。Windows启动需要执行10多个关键的文件,其中任何一个文件遭破坏或者被误删,系统就无法启动。

解决办法:通过系统盘启动,重新将系统文件复制到C盘相应的目录中。

(4) 其他执行文件或驱动程序被破坏。系统在按顺序执行启动操作时,找不到正确的执行文件会造成死机。

解决办法:重装系统即可。除了基本的操作系统安装方法外,还可以使用一键恢复,Ghost等工具软件快速的重装系统。

14.3.3 运行Windows过程中死机

Windows运行过程中死机的原因多种多样,最常见的原因如下。

(1) 运行某个应用程序时出现死机。可能是由于应用程序被病毒感染、应用程序本身存在问题,或应用程序与操作系统之间存在冲突。

解决办法:先杀毒,若仍然出现死机现象,则应卸载或升级该应用程序。

(2) 资源不足造成的死机。打开应用程序过多,占用了大量的系统资源,导致出现资源不足。

解决办法:使用大型应用软件前,关闭与本应用程序无关的软件;或增加内存容量。

(3) 硬盘剩余空间太少或碎片太多也会造成死机。

解决办法:卸载无用的应用程序或文件;定期进行磁盘碎片整理。

(4) 由于某些文件被覆盖而造成运行一些应用程序时死机。在安装新应用程序时，有时没有卸载原有文件，而仅仅是覆盖原有文件，这样可能造成死机，因此在安装新的应用程序时，最好先卸载原有文件。

(5) 由于删除某些文件造成死机。有时直接删除程序文件，可能会删除与操作系统或其他应用程序相关的文件，造成在运行某些应用程序时因缺少某些文件而出现死机。

解决办法：尽量通过卸载程序执行删除操作。

(6) 程序运行后鼠标键盘均无反应。说明该程序没有正常结束，一直占用着系统资源，此时可以采用强制手段，即同时按住 Ctrl+Alt+Del 键打开 Windows 任务管理器，强制结束该程序，或按下复位键重新启动系统。如果采用上述方法操作后敲击键盘仍无反应，则可能是键盘故障，需要更换键盘。

(7) 上网时，突然不停地出现 IE 新窗口，造成死机。

解决办法：用 360 安全卫士的“清理插件”或“系统修复”功能即可解决。

(8) 硬件超频造成运行中的死机。超频后计算机能够启动，但是由于超频后硬件产生大量的热量无法及时地散发而造成死机。

解决办法：降频或对散热装置进行改进。

(9) 硬件原因造成的死机。各种计算机硬件配置不合理，显卡、内存、主机板兼容性不好，电源质量问题等，也可能造成在运行中死机。

造成死机的原因很多、很复杂，要完全预防死机现象，需要不断地积累经验，在实践过程中摸索。

14.4 硬件故障

计算机中任何一个部件出了故障，都会影响正常工作。硬件故障诊断的专业性较强，不容易处理。下面简单介绍各个部件常见故障及其解决方法。

14.4.1 CPU 故障

CPU 是计算机的核心部件，一旦 CPU 出现故障，会导致计算机的瘫痪。根据 CPU 故障产生的原因，CPU 故障分为散热故障、超频故障、接触不良故障和设置故障。

1. 散热引起的故障

散热故障现象一般表现为黑屏、重启、死机等，甚至可能造成 CPU 的烧毁，故障原因一般是 CPU 的散热不良。散热不良的原因可能是灰尘过多、风扇安装不当、风扇停转等。

解决办法：检查 CPU 风扇是否安装好；选择性能好的风扇，定期清洁 CPU 和风扇的灰尘和油泥，减少风扇转动阻力。

2. 超频引起的故障

虽然对 CPU 超频可以充分发挥 CPU 的性能，但超频如果超过了正常的范围，会出现各种死机现象。

解决方法：将 CPU 的频率降低一些，或恢复原始频率。

3. 接触不良引起的故障

CPU 的针脚氧化或者断裂等，造成 CPU 与主板 CPU 插槽接触不良，也会造成计算机无法启动。CPU长期在湿度较大的环境下使用,会使CPU的针脚发黑、发绿,有氧化的痕迹和锈迹,从而造成接触不良。还有些是因为主板的CPU插槽不合格,造成CPU插槽易被氧化,导致接触不良。

解决办法:清理CPU针脚和CPU的插槽,除去上面的氧化膜和锈迹。重新安装CPU,安装时要小心,不要损坏CPU的针脚。

4. 设置不当引起的故障

CPU的一些功能需要通过BIOS设置实现,如果设置不当也会使CPU无法正常工作。

14.4.2 内存故障

当启动计算机、运行操作系统或应用软件时,经常会因为内存出现异常而导致操作失败。质量较差或被打磨过的内存会影响整个计算机的性能,不同品牌、不同型号和不同容量的内存混用也会造成故障。

1. 内存测试失败引起的故障

屏幕显示 Memory test fail,是指内存测试失败。

解决办法:断电,打开机箱检查内存是否存在物理损伤,并清理灰尘,重新安装内存。

2. 接触不良引起的故障

内存条与主板内存插槽接触不良,会导致开机无显示,或经常随机性死机。

解决办法:清理内存的金手指和内存插槽,重新安装内存。如果内存插槽损坏,需要更换主板。

3. 由于主板与内存不兼容引起的故障

主板和内存不兼容可能会导致系统经常自动进入安全模式。

解决办法:通过CMOS对主板和内存的工作频率进行设置,或更换内存。

4. 使用多种不同芯片内存条引起的故障

由于各内存条速度不同而产生时间差,导致随机性死机。

解决办法:在CMOS设置中降低内存速度,或将内存换成同一型号。

5."打磨"内存导致计算机无法开机

有时新买的内存无法使用,而在其他计算机上能用。有可能是因为内存被打磨过,达不到标称的工作频率。

"打磨"内存的一种方式是采用小厂芯片,芯片外喷一层黑漆后印上知名芯片的标识。辨别方法:喷漆的表面有凹凸感,用手抠会将漆抠掉;芯片的针脚上会有一些黑点,是喷漆时喷上去的。

"打磨"的另一种方式:在内存颗粒上贴一层很硬的塑料纸,伪装成品牌内存颗粒,现代内存芯片被仿冒的比较多。作假用的内存颗粒一般是不知名的芯片。经过处理后的内存颗粒要厚一些,找来正宗内存对比一下就能看出。

以上仅是常见的内存故障现象,计算机发生故障时,有可能是很多故障现象交叉在一起的。因此,不能仅通过上述现象就判断是内存故障,而应该综合判断。

14.4.3 主板故障

造成主板故障的因素很多，主要有环境因素、元器件质量因素、人为因素等。

如果主板运行环境太差，如温度高、灰尘多、电压不稳、空气过于干燥等，都会引起主板故障。如果主板上布满灰尘，可能造成接触不良、短路故障；如果电网电压瞬间过高，就会使主板的芯片损坏；空气太干燥，静电太高，常常会造成主板上的芯片被击穿。

如果主板本身存在质量问题，会出现主板工作不稳定，元器件过早老化、损坏等问题。

不良的使用习惯也会损坏主板。除USB端口外，带电插拔各种连接设备，可能会烧毁显示接口、声音接口等，严重的还会烧毁主板；另外，在安装板卡和插头时用力不当，也可能造成接口、芯片等的损坏。

下面介绍主板的常见故障及解决方法。

1. CMOS与BIOS故障

(1) 显示CMOS checksum error-Defaults loaded，指CMOS信息检查时发现错误，恢复到出厂默认状态。而且必须按F1键，选择Load BIOS default才能正常开机。这种情况是因为主板上给CMOS供电的电池没电了，可以更换主板上的电池。如果没有改善，可能是CMOS RAM芯片或者BIOS芯片有问题。

(2) 显示CMOS battery failed、CMOS Battery State Low，是指CMOS电池失效，更换主板电池即可。若更换不久，又出现这种情况，则要检查主板是否漏电。

(3) 显示BIOS Rom checksum error-System halted，是BIOS信息检查时发现错误，无法开机。这种错误通常是BIOS错误造成的，有可能是BIOS芯片损坏。

(4) 显示Override enable-Defaults loaded，是指目前的CMOS设定如果无法启动系统，则载入BIOS预设值以启动系统。它是由于CMOS的设定不适合导致，进入BIOS设定程序，把设定值改为预设值即可修复。

2. BIOS设置不能保存

一般是主板电池电压不足造成，更换主板电池即可，如果更换后故障还存在，则要看主板CMOS跳线设置是否正确。可能是将主板CMOS跳线设为"清除"选项，导致CMOS设置无法保存，将跳线重新设置即可。

如果跳线设置无问题，就要考虑主板的电路是否有问题。

3. 主板元器件及接口损坏

主板上布满了插槽、芯片、电阻、电容等，其中任何元器件的损坏都会导致主板不能正常工作。例如，北桥芯片坏了，CPU与内存数据交换就会出现问题；南桥芯片出现问题，计算机就会失去磁盘控制器功能；主板接口损坏也很常见，是由于不恰当的带电热拔造成。键盘、鼠标、打印机等端口都是故障高发区。

4. 主板兼容性故障

主板的兼容性故障也是经常遇到的，如无法使用大容量硬盘、无法使用某些品牌的内存或RAID卡、不能识别新CPU等。这类故障的主要原因：一是主板的自身用料和做工存在问题；二是主板BIOS存在问题。对于前者需要更换主板，对于后者可以通过升级新版的

BIOS解决。

5. 主板稳定性故障

计算机工作时经常无故死机或设备无反应。这种故障属于主板稳定性故障,一般是由于部件接触不良、元器件性能变差以及主板过热引起的。应当注意主板的清洁,避免积聚过多灰尘,清除针脚、插槽等氧化层,维持一个良好的计算机运行环境。

6. 芯片组与操作系统的兼容问题

由于主板芯片组的更新换代速度越来越快,操作系统无法正确识别新型芯片组,造成芯片组支持的新技术不能正常使用,以及大量的兼容性问题。

解决方法:正确安装主板驱动,及时下载Windows升级补丁。

14.4.4 硬盘故障

首先了解关于硬盘的常用概念。

主引导记录区(main boot record,MBR)位于整个硬盘的0磁道0柱面1扇区,包括硬盘引导程序和分区表。

操作系统引导记录区(DOS boot record,DBR)通常位于硬盘的0磁道1柱面1扇区,是操作系统可直接访问的第一个扇区,它也包括一个引导程序和一个被称为BPB(BIOS parameter block)的分区参数记录表。每个逻辑分区都有一个DBR。

文件分配表(file allocation table,FAT)是DOS、Windows常用的文件格式,为了数据安全起见,FAT有两个,第二FAT为第一FAT的备份。

硬盘是计算机最主要的存储设备,操作系统、数据库和个人资料都存在硬盘里。一旦硬盘出现故障,就可能导致系统无法运行、数据丢失等,造成极大的损失。下面介绍一些常见的硬盘故障以及解决办法。

1. 硬盘的常见引导错误故障

硬盘引导错误一般在启动时出现,造成故障的原因很多,可能是系统本身的原因,也可能是病毒引起。一般根据错误提示,可以判断出常见的硬盘故障原因。

显示Invalid Drive Specification,一般是分区表被破坏,可以通过重新给硬盘分区来解决。

显示Error Loading Operation System,可能是因为分区表指示的分区起始物理地址不正确;也可能是引导扇区损坏;或是驱动器电路故障。

显示HDD controller failure Press F1 to Resume,重点检查与硬盘有关的电源线、数据线的接口有无松动、接触是否良好、信号线是否接反等,其次检查硬盘的跳线是否设置错误。

显示FDD controller failure HDD controller failure Press any key to Resume,通常是连接软、硬盘数据线接触不良。

显示HDD Not Detected(没有检测到硬盘),检查硬盘外部数据信号线的接口是否有变形,接口焊点是否存在虚焊。如果没有问题,则可能是硬盘物理损伤;如果有重要数据,应当请专业人员修复。

显示"Drive not ready error Insert Boot Diskette in A Press any key when ready…",可能是操作系统故障,重新安装操作系统。

显示 Hard Disk Install Failure，硬盘安装失败。检测与硬盘有关的硬件设置，包括电源线、数据线的连接，硬盘的跳线设置等。

显示 Hard Disk diagnosis fail，硬盘安装诊断时发生错误。说明硬盘本身出现故障，可以通过光盘或 U 盘启动计算机，再用 DM 等硬盘工具进行进一步的检测与修复。

2. 找不到硬盘

突然无法识别硬盘，或即使能识别，在操作系统里也无法找到硬盘。有两方面原因：一是可能病毒破坏了分区表和引导记录表；二是可能连线断了，或灰尘太多导致硬盘启动故障。此外在硬盘加电时，注意硬盘转动时是否有异响。如果出现不规则的声音并伴随死机，或根本不运转，则表明硬盘出现了物理故障。

3. 硬盘出现吃力的读盘声

在打开某些文件时，听见硬盘吃力的读盘声。可能是存储该文件的一些磁道发生了物理损伤。此时，可用 Windows 自带的磁盘检查工具，全面扫描硬盘。系统会自动找出损坏的磁道，并做标记，坏磁道将不再存储数据。

磁盘出现的坏道有两种：逻辑坏道、物理坏道。

逻辑坏道是由于非正常关机或运行程序时出错，或者病毒导致，这样的坏道是软件因素造成的，通过 PQ、PM 等软件就可以修复；也可用低级格式化工具修复逻辑坏道，清除引导区病毒等，但低格会损伤硬盘，建议一般不要采用这种方式。

物理坏道是由磁盘表面物理损伤造成，不可修复。通过分区软件（如 PQ、PM 等）将物理坏道分在一个区，并将这个区屏蔽，防止磁头再次读写这个区域，造成坏道扩散。不过对于有物理损伤的硬盘，建议将其更换，因为硬盘出现物理损伤表明硬盘的寿命也不长了。

下面是硬盘出现物理坏道的一些迹象。

（1）读取某个文件或运行某个软件时经常出错，或需要经过很长时间才能操作成功，其间硬盘不断读盘并发出刺耳的杂音。

（2）开机时系统不能通过硬盘引导，通过光盘或 U 盘启动后可以找到硬盘盘符，但无法进入，用 SYS 命令传导系统也不能成功。这种情况很有可能是硬盘的引导扇区物理损伤。

（3）正常使用计算机时频繁无故出现蓝屏。

4. 系统启动文件被破坏，0 磁道损坏

开机自检完成后，无法引导操作系统，系统提示 TRACK 0 BAD(零磁道损坏)。

解决办法：用启动盘启动，重新安装系统，如果无法安装，可能是 0 磁道损坏，可以用诺顿的 Norton disk doctor(NDD)修复硬盘的零磁道，然后格式化硬盘。

5. 硬盘过热引起死机

计算机在使用的过程中突然黑屏、蓝屏并提示硬件故障、按复位键后也不能重启，要关闭电源等几分钟才恢复正常。这时就要检查一下硬盘是否过热。如果是硬盘过热，可以采取一些为硬盘降温的措施。

6. 硬盘无法读写或不能辨认

这种故障一般是 CMOS 设置不当引起。如果在 CMOS 中设置的硬盘类型不正确，可能无法启动系统，即使能够启动，也会发生读写错误。例如，CMOS 中硬盘类型小于实际的硬盘容量，则硬盘后面的扇区将无法读写。

7. 未激活硬盘主引导区

对硬盘分区,用"format C:/S"命令格式化硬盘后,启动计算机时出现 Invalid Specification 的提示。

可能是由于对硬盘分区时没有激活主分区造成的。可以用 Windows 启动盘启动系统,运行 FDISK,激活硬盘主分区,具体操作参见 11.1.1 节。

8. 更换硬盘导致无法启动

更换硬盘,为新硬盘分区后,再将原硬盘的数据复制到新硬盘中,一直正常,但是取下原硬盘后,新硬盘无法启动计算机,系统提示为 PRESS A KEY RESTART。

这是因为没有激活新硬盘的主分区。运行 FDISK,激活新硬盘主分区。

9. 大容量硬盘的分区问题

将新的大硬盘连接到计算机上时,能够检测到硬盘并正确识别硬盘的容量,但在使用 FDISK 分区时,FDISK 检测到的硬盘容量不对。

因为 FDISK 不支持超大容量硬盘,可使用 DM 或 DISKGEN 等软件对硬盘分区。

10. 进行磁盘碎片整理时出错

在对硬盘进行磁盘碎片整理时系统提示出错。

文件存储在硬盘的位置是不连续的,特别是对文件进行多次读写操作后,会导致系统性能下降。磁盘碎片整理实际上是把存储在硬盘的文件通过移动调整位置,使操作系统在找寻文件时更快速,从而提升系统性能,如果硬盘有坏簇或坏扇区,在进行磁盘碎片整理时就会提示出错。

解决方法:在进行磁盘碎片整理之前对硬盘进行一次完整的磁盘扫描,以修复硬盘的逻辑错误或标明硬盘的坏道。

对硬盘进行磁盘碎片整理次数不宜过频,以两个月左右一次为宜。

11. Fdisk 无法读取硬盘分区

现象:进入 DOS,输入 Fdisk 命令,见不到各分区数据,紧接着是字符串 error riading fixed disk 并回到 DOS 提示符。

解决方法:可以采用按下面的方法之一进行处理。

(1) 在命令行状态,输入 Fdisk/mbr,并按 Enter 键,对分区进行修复。

(2) 用 Norton Utilities 的 DiskTools 进行修复。

(3) 用分区魔术师(PQ)等工具对分区进行修复。

12. 多硬盘盘符混乱问题

有时在安装了第二块硬盘后,老硬盘与新硬盘上的盘符会出现盘符交叉的现象,在调用文件的时候就会出现很多麻烦,甚至导致某些程序无法使用。

解决方法:

(1) 屏蔽硬盘法。

将两块硬盘设置好主从关系并正确连接,然后开机进入 BIOS 设置。在 Standard CMOS Features 选项中将从盘参数设为 NONE,屏蔽掉从盘。在 Advanced BIOS Features 选项中设置主盘为启动硬盘,保存设置后重新启动即可。这种方法的缺点是从盘只能在 Windows 下正常使用,在纯 DOS 模式下无法识别从盘。

(2) 重新分区法。

设置好主从关系并正确连接硬盘后,使用分区软件将从盘全部划为逻辑分区,则从盘的盘符就会按顺序排在主盘后面。

(3) 利用 PQ 等分区工具。

PQ 可以对硬盘重新分区、格式化、复制分区,使用它修改盘符的操作方法如下。

启动 PQ,右击需要修改的盘符,选择"高级"→"修改驱动器盘符"命令,然后在弹出的"更改驱动器盘符"对话框中选择新的盘符,单击"确定"按钮,接着选择"常规"→"应用改变"命令,按照提示,重新启动计算机即可。

(4) Fdisk。

可以在执行 Fdisk 分区时,选中 Change current fixed disk drive 选项,然后选中第二块硬盘将所有分区删除,再选择 Create Extended DOS Partition 将所有空间都分配给扩展分区使用,再进行逻辑分区。即第二块硬盘只创建扩展分区。

13. 几种可以修复的"坏硬盘"情况

(1) 引导出错,不能正常启动。这种情况未必是"坏",通常重新分区就可以修复。

(2) 可正常分区,可格式化,但扫描发现有 B 标记,就是通常的"坏道"。只要 B 数量少的话(少于 100 个),使用通用的硬盘维修软件,如 DM 就可以解决。

(3) 不可正常分区,或分区后格式化不了。这种情况要用专业维修软件。

(4) 通电后硬盘不工作。一般是硬盘电路板故障,找专业人员更换硬盘电路板。

(5) 自检正常,但无法识别硬盘。原因有多种,可能是硬盘进入内部保护模式,可以用硬盘工具软件修复;也可能是电路板接口问题,需专业人员维修。

14.4.5 电源故障

电源发生故障时,会引起一系列的故障现象。一旦电压出现故障,需要立即更换电源。下面介绍几种由于电源出现问题而引起的故障。

(1) 计算机无法开机。这可能是由于主板上的开机电路损坏或计算机开机电源损坏,可以根据具体的测量结果进一步做出判断。

(2) 接通操作电源后就自动开机。可能是由电源抗干扰能力差、"+5V"SB 电压低,或 PS-ON 信号质量较差导致的。

(3) 经常莫名其妙地重新启动。有可能是由于电源的功率不够,不足以带动计算机所有设备正常工作。

(4) 硬盘电路、主板、显示器等设备烧毁。有可能是电源故障所致。

(5) 光驱在读盘时声音很大。在排除光驱的故障之后,就可能是电源问题。

(6) 显示屏上有水波纹。有可能是电源的电磁辐射外泄,受电源磁场的影响,干扰了显示器的正常显示。

14.4.6 显示系统故障

显示系统主要由显卡和显示器组成。下面分别介绍显卡和显示器的常见故障。

1. 显卡故障

1) 显卡接触不良引起的故障

故障表现为开机无显示,而且有 1 长 2 短的警告声。一般是由于显卡与主板接触不良所致,此时需要清洁显卡及主板,然后重新安装显卡即可。

2) 显卡工作不稳定

如果显卡选用了最新型号,经常出现死机现象。可能是由于显卡使用的技术过于先进,导致主板和显卡之间的兼容性存在问题。可以重新安装主板和显卡的最新驱动程序。

如果显卡工作时不能得到充足稳定的电流,也会导致死机,这是电源的问题。

3) 显示花屏

如果开机显示花屏,首先应检查显卡是否存在散热问题,其次检查显卡插槽里是否有灰尘,显卡的金手指是否被氧化。如果是在玩游戏或做3D时出现花屏,就有可能由于显卡驱动与应用程序不兼容或驱动存在漏洞造成的,可以更换新版本的显卡驱动。

2. 显示器故障

(1) 图像模糊表明显示器已经严重老化。

(2) 屏幕上出现色斑表明显示器被磁化。显示器被磁化的表现还有在一些区域出现水波纹路和色偏。此时应首先消除磁场源,然后使用显示器的"消磁"功能来消磁。

(3) 显示器色变有几种情况,如全屏蓝色或全屏粉红色。多数是由显示器信号线接口的指针弯曲,或显示器信号线接口松动造成的。

(4) 开机时,画面抖动。经常在潮湿的环境中使用计算机,会出现这种情况,是显示器内部受潮的缘故。

14.4.7 光驱常见故障

光驱常见故障主要有三类:操作故障、偶然性故障和必然性故障。

操作故障:驱动出错或安装不正确造成找不到光驱;光驱连接线或跳线错误;数据线没连接好;光盘未正确放置在托盘上造成光驱不读盘;光盘变形或脏污造成画面不清晰或停顿或马赛克现象严重;拆卸不当造成光驱内部各种连线断裂或松脱而引起故障等。

偶然性故障:光驱随机发生的故障,如机内集成电路、电容、电阻、晶体管等元器件早期失效或突然损坏,一些运动频繁的机械零部件突然损坏,这类故障虽不多见,但必须经过维修及更换才能将故障排除,所以偶然性故障又称为"真"故障。

必然性故障:使用一段时间后必然发生的故障,如激光二极管老化,读碟时间变长甚至不能读碟;激光头组件中光学镜头脏污/性能变差等,造成音频/视频失真或死机;机械传动机构因磨损、变形、松脱而引起故障。必然性故障的维修率不仅取决于产品的质量,而且还取决于用户的人为操作、保养及使用频率与环境。

光驱无法读盘,原因有多种:光盘放错面、盘片灰尘较多、划痕严重,质量不好的盗版光盘,都可能导致光驱读出数据故障。盘片表面的污物和划损会引起数据出错。

如果光盘由于过脏而出现问题,可以用清水清洗,在阴凉处晾干。

划损也会引起光盘读出数据出错,可以尝试用牙膏贴膜在划痕处,再将光盘清洁干净。

光盘无法取出,可从以下几方面考虑:

(1) 光驱使用时出现死机,光盘无法取出。

这种情况可能是光盘质量较差引起的。这时如果光驱的读盘指示灯一直亮着,光驱一直在试图读盘,由于占用大量的系统资源会导致死机,强行按出盒键也无效,如果按Ctrl+Alt+Del键也无法结束当前任务,那只能重新启动计算机。

(2) 按光驱出盒键，听见里面有响声，感觉有出盒动作，但托盘未出，有时即使从光驱的紧急出盒孔也无法把光驱打开，出现这种情况的原因有多种。

① 出盒电机本身有故障(一般是使用时间较长的光驱)，出盒电机由于磨损，转矩减小，只有更换电机才能解决。

② 使用光驱时，不是按光驱面板的进出键，而是用手去推托盘，由于推的角度偏差，导致光驱传动部件变形、卡死，这时只有拆开光驱，将卡住部分校正才行。

③ 有些光驱的主轴电机上托盘(中间有超强磁铁)与上压盘组件吸合比较紧密也会导致不出盒。此时可以在上压盘组件的圆铁片下面贴上两层纸或胶布来减小主轴电机上托盘与上压盘组件间的吸合力就可以解决问题。

④ 有些采用塑料机芯的光驱，光头支架的前端两侧容易断裂，导致托盘被卡住，这时只有将光驱拆开，将断裂处用胶水粘上，另外还要用塑料适当加固断裂处才比较牢固。

14.5 软件故障

软件故障是软件方面的原因引起的故障，主要包括BIOS设置不当；操作系统或应用软件出错；驱动程序出错；操作系统、驱动程序、应用软件与硬件设备之间不兼容；计算机病毒引发的故障等。

14.5.1 操作系统故障处理

误操作、感染计算机病毒、与其他软件或设备不兼容等都会引起操作系统故障。

1. 打开桌面需要的时间过长

出现这种情况时，首先应当进行全面杀毒，以排除病毒原因；之后，启动360安全卫士之类的系统维护软件，选择“清理插件”功能，对系统中的插件进行检查，删除无用的插件；最后，清除预取目录，进入C:\WINDOWS\Prefetch文件夹，将pf文件全部删除。

2. 运行应用程序时提示内存不足

显示内存不足一般有三种原因：同时运行了多个应用程序，计算机感染了病毒，磁盘剩余空间不足。对策：关掉一些无关的程序，进行全面杀毒，并清理磁盘空间。

3. 运行应用程序时出现非法操作的提示

引起此类故障的原因很多，常见原因如下。

(1) 如果是在打开一些系统自带的程序出现提示，则说明系统文件被更改或损坏。

(2) 未正确安装驱动程序。

(3) 内存质量不好。

(4) 软件不兼容。

系统故障还有很多，可以通过查杀病毒、进入“安全模式”、恢复先前的注册表、检查重要的系统文件、卸载有冲突的设备、快速进行覆盖安装等方法诊断和处理系统故障。

14.5.2 应用软件故障处理

使用应用软件时，也会出现各种故障，有些应用软件本身存在问题，有些是由于病毒或者用户的错误操作。这里举例说明。

1. Word文件被破坏

使用Word时经常会碰到这样的问题：Word文件不能打开。可以按照下面的方法处理。

(1) 在Word中,选择“文件”→“打开”命令,弹出“打开”对话框。

(2) 在“打开”对话框中选择已经损坏的文件,从“文件类型”列表中选择“从任意文件中恢复文本(*.*)”项,然后单击“打开”按钮。这样,就可以打开这个选定的被损坏的文件。

注意：要使用此恢复功能,需要安装相应的Office组件。

2. 使用RealPlayer播放.rm文件时无法拖动进度条

用RealPlayer播放某些rm文件时,当用鼠标拖动播放进度条时,没有任何反应,或重新开始播放。这种故障是由于rm文件损坏所导致。原因是文件不完整,或文件制作时受到损坏。可以重新下载该文件,或尝试使用RmFix工具对文件进行修复。

3. 在右键菜单中“使用网际快车下载”选项无法使用

如果网际快车的安装路径是中文名,会导致右键菜单中的相关项不起作用,有时还会导致其他的一些问题,可以改为英文名试试。

若不能排除,把jccatch.dll复制到system32下：选择“开始”→“运行”命令,在“运行”对话框里输入regsvr32 jccatch.dll,进入命令提示符,然后输入：

```
cd c:\Program Files\FlashGet
regsvr32 Jccatch.dll
regsvr32 fgiebar.dll
```

再次选择“开始”→“运行”命令,在“运行”对话框里输入regsvr32 vbscript.dll；再单击“确定”按钮即可。

各种软件不断出现,运行环境也在不断改变,不可能罗列所有的应用软件故障。要应对这些故障,就要在使用软件过程中不断积累经验,并善于使用帮助文档。

14.5.3 病毒引起的故障处理

一般情况下,计算机病毒总是依附某一系统软件或应用程序进行繁殖和扩散。

计算机感染病毒后,会出现异常现象：屏幕显示异常；开机启动时间变长；程序运行速度变慢；没有访问的设备出现工作信号；磁盘出现莫名其妙的文件和坏块,卷标发生变化；系统自行启动；丢失数据或程序,文件字节数发生变化；内存空间、磁盘空间减小；异常死机；磁盘访问时间变长等。

对于已经中毒的计算机,紧急处理措施如下。

1. 不要重启

当发现有异常进程、不明程序运行,或计算机运行速度明显变慢,甚至IE经常询问是否运行某些ActiveX控件、调试脚本等情况。那么此时计算机可能已经中毒了。当计算机中毒后,如果重新启动,极有可能造成更大的损失。

2. 立即断开网络

发现中毒后,首先要做的是断开网络。断开网络的方法比较多,最简单的办法就是拔下计算机后面的网线。另外,如果安装了防火墙,可以在防火墙中直接断开网络；如果没有防火墙,也可以右击“网上邻居”图标,在弹出的菜单中选择“属性”命令,在打开的窗口中右击

"本地连接",将其设为"禁用"即可。如果采用拨号上网,只需断开拨号连接或者关闭Modem设备即可。

3. 备份重要文件

如果计算机中保存有重要的数据、邮件、文档,那么应该在断开网络后立即将其备份到其他设备上,如移动硬盘、光盘等。尽管要备份的这些文件可能包含病毒,但这要比杀毒软件在查毒时将其删除要好得多。

4. 全面杀毒

上述操作完成后,进行全面的病毒查杀。

5. 更改重要资料设定

木马以窃取用户个人资料为目的,因此进行全面杀毒操作后,必须将重要的个人资料,如QQ、E-mail账户密码等重新设置。如果发现有木马程序,尤其要进行这项工作。

6. 检查网上邻居

如果是通过局域网上网,在处理了自己计算机中的病毒之后,还要检查一下局域网内的其他计算机是否也感染了病毒。

14.6 网络故障处理

网络故障的表象很多,要排除故障,就要详细了解故障的现象和潜在的原因。一般网络故障的产生原因有以下几点:网卡有问题、水晶头做的不规范、网线有问题、网卡驱动或网络协议有问题等。可以逐一排查,如能排除硬件故障,就应把注意力放在网络配置等软件故障上。下面介绍常见的网络故障处理的基本知识和方法。

14.6.1 网络不通

造成网络不通的原因很多。首先可能是网络设备存在问题;其次还有可能是网络配置不当造成的。例如,如果通过局域网上网,如果DNS设置错误,计算机只能在局域网内部访问,无法访问外部网站。这时只需打开本地连接的属性窗口,打开"Internet协议(TCP/IP)"属性对话框,然后设置正确的默认网关和DNS服务器地址即可。此外,组策略设置不当也会造成网络不通。

下面是常见的现象及其处理方法。

1. 网卡"连接指示灯"不亮

通常是连接故障,检查网卡自身是否正常,安装是否正确,网线、交换机(或集线器)是否有故障。

首先观察RJ-45接头是否有问题,是否存在接线故障或接触不良。例如,水晶头是否顶到RJ-45接头顶端,网线两端是否按照标准脚位压入水晶头,以及网线是否断裂等。

如果不能发现问题,可用通信正常的网线连接故障机,如能正常通信,就说明是网线故障;如果对应端口的交换机指示灯不亮,就说明交换机可能存在故障。

2. 网卡"信号传输指示灯"不亮

可能是由于网卡没有信息传送造成的。首先检查网卡安装是否正常、IP设置是否正确,可以尝试Ping一下本机的IP地址,具体操作如下。

(1) 查看本机IP：在桌面上右击“网上邻居”，选择“属性”命令，打开“本地连接”窗口，选择“支持”选项卡，如图14-10所示。可以看到地址类型、IP地址、子网掩码等信息，单击“详细信息”按钮还可以看到网卡的Mac地址、IP地址、IP掩码、默认网关、DHCP服务器、租约过期、DNS服务器等更加详细的内容。

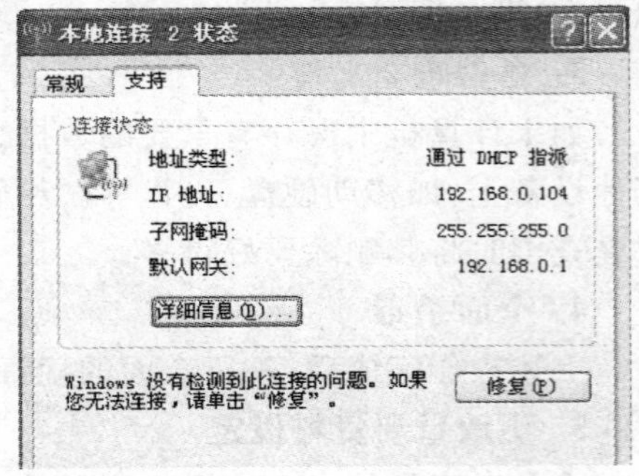

图14-10 本地连接对话框

可以通过选择“开始”→“运行”命令，输入cmd，单击“确定”按钮，输入“ipconfig /all”，按Enter键，查看本机IP。

(2) 假定本机IP为192.168.0.104，利用PING命令检查本机网络设置是否正常：选择“开始”→“运行”命令，输入cmd，单击“确定”按钮，输入“ping 192.168.0.104”，按Enter键。如果屏幕出现如图14-11所示的界面，表明网卡安装以及网络设置没有问题。

```
C:\Documents and Settings\Administrator>ping 192.168.0.104

Pinging 192.168.0.104 with 32 bytes of data:

Reply from 192.168.0.104: bytes=32 time<1ms TTL=64
Reply from 192.168.0.104: bytes=32 time<1ms TTL=64
Reply from 192.168.0.104: bytes=32 time<1ms TTL=64
Reply from 192.168.0.104: bytes=32 time<1ms TTL=64

Ping statistics for 192.168.0.104:
    Packets: Sent = 4, Received = 4, Lost = 0 (0% loss),
Approximate round trip times in milli-seconds:
    Minimum = 0ms, Maximum = 0ms, Average = 0ms
```

图14-11 用PING命令检查网络设置是否正常

如果屏幕出现 Request timed out. 的提示信息，则表明网卡或网络设置有问题。可以尝试重新安装网卡驱动。

3. ADSL经常掉线

造成这种故障的原因。

(1) ADSL Modem或分离器的质量有问题。

(2) 住宅距机房较远，或线路附近有严重的干扰源。

(3) 室内电磁干扰比较严重可能会导致通信故障。

(4) 网卡的质量有缺陷，或驱动程序与操作系统的版本不匹配。

(5) PPPoE软件安装不合理或软件兼容性不好也可能会引起这种问题。建议使用系统本身提供的PPPoE协议和拨号程序。

14.6.2 网页打开缓慢

如果遇到QQ等聊天工具可以正常使用，但是网页打不开或网页打开缓慢的情况，大致有以下原因。

1. 安装了视频工具

一些视频播放器安装后，使用在线观看视频功能时，系统默认会把本机也作为视频文件服务器的一部分，尤其是观看热门视频后，视频文件会自动保存到用户的计算机中(通常在硬盘某个分区的media目录中），当网络上有人要观看相关视频时，会从该计算机读取视频文件，导致用户的网络带宽大部分被占用，从而影响网页打开的速度。

解决方法：删除视频播放器保存视频文件的目录。

2. TCP/IP协议损坏

TCP/IP协议损坏可能是由于winsock.dll、wsock32.dll或wsock.vxd等文件损坏或丢失造成。

解决办法：可以使用netsh命令重置TCP/IP协议。

具体操作如下：选择"开始"→"运行"命令，在运行对话框中输入CMD，单击"确定"按钮，在弹出的命令提示符窗口，输入"netsh int ip reset c:\resetlog.txt"，再单击Enter键。

其中，resetlog.txt是用来记录命令执行结果的日志文件，该参数选项必须指定，这里指定的日志文件的完整路径是c:\resetlog.txt。执行此命令后的结果与删除并重新安装TCP/IP协议的效果相同。

netsh命令是一个基于命令行的脚本编写工具，可以用此命令配置和监视Windows系统，此外它还提供了交互式网络外壳程序接口，netsh命令的其他使用方法可以在命令提示符窗口中输入"netsh/?"查看。

3. 感染了病毒

如果打开IE时，在IE界面的左下框中提示为"正在打开网页"，但长时间没响应。则有可能是计算机感染了病毒。

解决办法：在任务管理器中查看进程（方法：把鼠标放在任务栏上，右击，在菜单中选择"任务管理器"打开"进程"）查看CPU的占用率，如果一直是80%以上，可以肯定，是感染了病毒，接着检查是哪个进程占用了CPU资源。找到后，把名称记录下来，然后单击结束，如果不能结束该进程，则要重新启动计算机，进入到安全模式，把该进程删除，还要进入注册表（方法：选择"开始"→"运行"命令，输入regedit命令）。在注册表对话框中，单击"编辑-查找"，输入那个进程名，找到后，将其删除，然后再进行几次查找，在注册表中把该进程彻底删除干净。另外，一定要在硬盘中查找该进程名，并删除。

杀毒软件对病毒无能为力时，唯一的方法就是手动删除。

4. 与设置代理服务器有关

如果在浏览器里设置了代理服务器是不影响QQ等聊天工具使用的，因为QQ用的是4000端口，而访问互联网使用的是80或8080端口，可以把代理取消。

操作方法：选择"开始"→"控制面板"命令，在控制面板对话框中双击"网络和Internet连接"图标，打开网络和Internet连接对话框，单击"Internet选项"，在Internet属性对话框中单击"连接"标签，如图14-12所示。单击"局域网设置"按钮，出现"局域网设置"对话框，选中"LAN使用代理服务器"复选框，之后单击"确定"按钮，如图14-13所示。

5. 防火墙封端口所致

如果以上方法还不能解决问题，可以再看看防火墙的设置，是不是防火墙把有些端口屏蔽。有时设置了代理之后，防火墙会屏蔽一些端口。遇到这种情况，可以进入防火墙设置界面，重新开启关闭的端口。

6. DNS服务器解释出错

域名服务器（Domain Name Server，DNS）把域名转换成计算机能够识别的IP地址，如

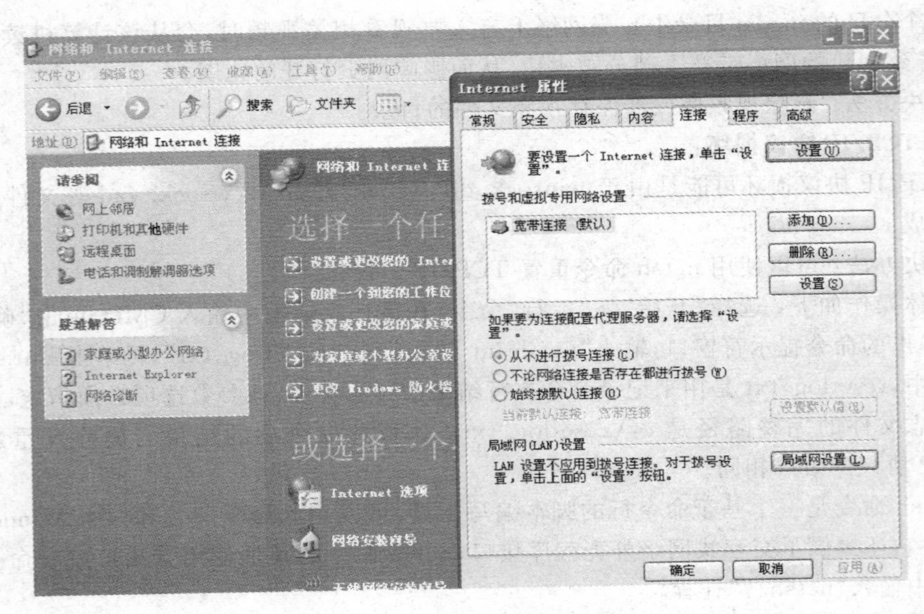

图 14-12　Internet 属性对话框

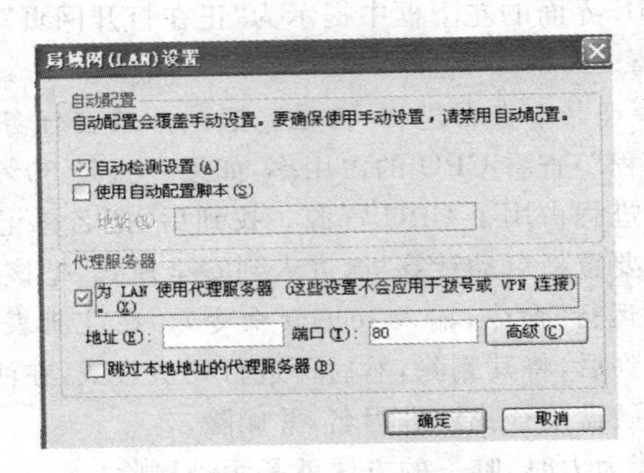

图 14-13　取消代理服务器设置

深圳之窗 www.sz.net.cn 的 IP 地址是 219.133.46.54，深圳热线 www.szonline.net 的 IP 地址是 202.96.154.6。如果 DNS 服务器出错，则无法进行域名转换，也就无法打开网页。如果出现这种情况，有可能是网络服务接入商(ISP)的问题，可打电话咨询 ISP；也有可能是路由器或网卡的问题，导致无法与 ISP 的 DNS 服务连接。可把路由器关一会，或者重新设置路由器。如果网卡无法自动搜寻到 DNS 的服务器地址，可以尝试用指定的 DNS 服务器地址，在网络的属性中进行(“控制面板—网络和拨号连接—本地连接—右键属性—TCP/IP 协议—属性—使用下面的 DNS 服务器地址”)。不同的 ISP 有不同的 DNS 地址，如电信常用的是 202.96.134.133(主用) 202.96.128.68(备用)。

如果上述方法仍然无法解决问题，还可以更新网卡的驱动程序或更换网卡试一下。

7. 系统文件丢失，导致 IE 不能正常启动

导致这种现象的原因主要有以下三种：

(1) 系统不稳定。表现为死机频繁、经常莫名重启、非法关机造成系统文件丢失。

(2) 软硬件冲突。常表现为安装了某些程序引起网卡驱动的冲突或与IE的冲突。

(3) 病毒的侵扰导致系统文件损坏或丢失。

如果是第一种情况,可尝试修复系统,在Windows系统下,放入原安装光盘(注意,一定要原安装光盘),选择"开始"→"运行"命令,输入sfc/scanow,单击"确定"按钮。

如果是第二种情况,可以把最近安装的硬件或程序卸载,之后重新启动系统,并长按F8,进入启动菜单,选择"最后一次正确的配置",也可以利用系统的还原功能解决问题。

如果是XP系统,因超线程CPU的原因,可以在BIOS里禁用超线程,或将操作系统升级。这种情况下,QQ自带的浏览器一般能正常浏览,也可改用QQ自带的浏览器。

如果是第三种情况,则要对系统盘进行全面的查杀病毒。

8. 能打开网站的首页,但不能打开二级链接

首先检查子网掩码是否为255.255.255.0,如果不是,将子网掩码设置为255.255.255.0。

如果不是子网掩码的问题,依次重新注册如下8个DLL文件:regsvr32 Shdocvw.dll、regsvr32 Shell32.dll、regsvr32 Oleaut32.dll、regsvr32 Actxprxy.dll、regsvr32 Mshtml.dll、regsvr32 Urlmon.dll、regsvr32 Msjava.dll、regsvr32 Browseui.dll。

操作方法:选择"开始"→"运行"命令,在"运行"对话框中输入regsvr32 Shdocvw.dll命令,按Enter键,重新启动计算机,打开浏览器检查是否已经能够正常上网,如果无效,则依次尝试后续的7条命令。

9. IE损坏

以上方法如果都不奏效,有可能是IE内核损坏,可以尝试重装IE。

14.7 本章小结

本章主要介绍计算机日常使用时的维护常识和常见故障的处理方法。

计算机日常维护的主要注意事项:正确安装系统后,首先选择安装一款杀毒软件;安装一个超级兔子或者Windows优化大师之类的系统优化程序;半个月左右进行一次全面杀毒,两个月左右进行一次磁盘碎片整理;不要在系统盘(C盘)中安装一般软件;平时注意计算机防尘、防潮工作,定期清理机箱内灰尘(注意防静电),三个月左右检测一下风扇的工作状况;尽量避免震动计算机。

计算机故障分为软件、硬件故障两大类。根据故障现象,遵循一定的检测规则可以快速判定故障的原因。基本的诊断步骤和原则是:由软到硬、由大到小、由表及里、循序渐进。先电源后负载、先外部设备再主机、先静态后动态、先一般故障后特殊故障、先简单后复杂、先公共性故障后局部性故障、先主要后次要。

习 题 14

1. 填空题

(1) 计算机故障处理的基本原则是________、________。

(2) 内存故障的原因主要有________、________等。

(3) 计算机死机的原因可能是由于________故障,也可能是________故障。

2. 简答题

(1) 计算机故障形成的原因主要有哪些?

(2) 计算机故障处理的基本方法是什么?

(3) 列举出几种启动 Windows 时出现死机的原因。

第15章 笔记本计算机

本章学习目标

- 了解笔记本计算机的分类；
- 了解笔记本计算机的主要技术指标；
- 了解笔记本计算机的选购方法；
- 掌握笔记本计算机的日常维护方法；
- 了解笔记本计算机常见故障处理方法。

笔记本计算机(notebook computer)，又称手提(portable)计算机或膝上型(laptop)计算机，是一种小型、可携带的个人计算机，与台式机的基本构成相同(均包括显示器、键盘、鼠标、CPU、内存、硬盘，以及各种常用接口)，只是各部件的集成度更高、体积更小，重1～6kg。便携性是笔记本相对于台式机最大的优势。笔记本计算机的发展趋势是体积越来越小，重量越来越轻，功能越来越强。本章介绍笔记本计算机的分类、选购方法、日常维护、使用技巧以及常见故障的处理。

15.1 笔记本计算机的分类

笔记本计算机可以分为三大类：上网本、商务笔记本和家用笔记本。

15.1.1 上网本

上网本(netbook)是以上网、影音欣赏、文档处理等应用为主的小尺寸笔记本计算机。硬件配置较低(采用集成显卡)、小巧(屏幕尺寸7～10in，重1kg左右)、便携、续航时间长、价格低是上网本最大特点。适合经常移动上网的人员使用。

上网本采用的CPU主要有Intel和AMD两大系列。采用Intel CPU的上网本使用Atom(凌动)处理器，CPU性能从低到高主要有N450(单核)、N570、D525、P957等型号。

采用AMD CPU的上网本，目前主要采用集成图形显示功能的C、E系列APU，性能依次从低到高有C-50(频率较低)、E-240(单核)、E-300、E-350、E-450等型号。可以运行简单的3D游戏。APU的出现正在打破上网本性能低下的传统观念。

15.1.2 商务笔记本

商务笔记本因主要应用于商务领域而得名。在商务应用领域，要求笔记本计算机性能绝对稳定、安全，很多最新的技术都是在此类产品上率先采用，如指纹识别技术、硬盘数据保护技术、静音散热技术等。商务笔记本由于面对特定的人群和用途，外观设计比较单调，给人的感觉稳重、大方。

总体上,商用笔记本注重的是计算机性能的稳定,可靠,具有丰富的接口以及多种安全功能的设计,且不能太重。移动性强、电池续航时间长是商务型笔记本计算机的一般特征。

15.1.3 家用笔记本

家用笔记本用于替代传统的娱乐家用台式计算机,外观亮丽,屏幕通常采用16∶9的较大尺寸,亮度高,可视角度大,至少集成2.1声道音响系统。采用独立显卡,性能与台式计算机相当。有的家用笔记本还带有TV功能,能够接收电视画面,还有的家用笔记本附带视频编辑软件,可以实现定时录像、视频抓图等功能。体积通常比商务笔记本稍大。

除了上述3种常见的笔记本计算机外,还有一类特殊用途的笔记本计算机,主要应用在酷暑、严寒、低气压、战争等恶劣环境下,这类笔记本外形通常比较笨重。

笔记本计算机的更新换代速度虽然没有台式机快,但通常每隔半年主流配置也会发生变化。例如,2011年9月,基于Intel CPU主流笔记本配置为Intel酷睿i5-480M CPU,2GB DDR3内存,nVIDIA GeForce GT 425M独立显卡,Intel HM55主板芯片组,SATA2.0接口500GB硬盘,16∶9宽屏LED。到2012年3月,主流笔记本的大体配置为Intel酷睿i5-2410M CPU(第2代i5),4GB内存,750GB硬盘,nVIDIA GeForce GT 550M独立显卡。可以看出,CPU的型号(或者主频)、显卡、内存、硬盘容量均有所提升。

15.1.4 超级本

超级本(Ultrabook)是Intel公司2011年提出的新一代笔记本计算机概念,目的是维持现有Wintel(Windows+Intel)技术体系,并与苹果笔记本计算机(Macbook)、苹果平板计算机(iPad)以及安装Android操作系统的平板计算机竞争。

Ultrabook实际上就是超轻、超薄、能耗更低、电池续航时间更长的笔记本计算机。

与传统笔记本计算机相比,Ultrabook有以下特点:

(1) CPU功耗更低,电池续航时间12h以上。

(2) 采用SSD作为主要的外部存储器,可以快速启动,启动时间小于10s。

(3) 具有手机的AOAC(always online always connected)功能,休眠时与WiFi/3G断开,而手机休眠时,还一直在线进行下载工作。

(4) 屏幕采用触摸屏,操作系统采用全新界面,以Windows 8作为主流操作系统。

(5) 超薄,厚度低于20mm。

(6) 安全性:支持防盗和身份识别技术。

采用Intel公司第三代酷睿处理器(产品代号Ivy Bridge,IVB)、支持USB 3.0、PCI Express 3.0、SSD硬盘是目前Ultrabook硬件基本配置,其价格高于传统的笔记本。

15.2 笔记本计算机的主要部件

CPU、内存、硬盘、显示屏、电池、外壳是笔记本计算机的主要部件。

15.2.1 移动版CPU

CPU是笔记本计算机最核心的部件,基本可以代表笔记本的整体性能,通常占整机成本的 20%左右。

笔记本计算机使用的 CPU 称为移动 CPU(mobile CPU),要求低热量和低耗电。最早的笔记本计算机直接使用台式机 CPU,随着 CPU 主频的提高,笔记本计算机狭窄的空间不能迅速散发 CPU 产生的热量,同时笔记本计算机的电池也无法负担这种 CPU 庞大的耗电量,于是出现了专门为笔记本设计的移动 CPU,制造工艺比同档次台式机 CPU 更加先进,移动 CPU 中集成了台式机 CPU 中不具备的电源管理技术。

生产移动 CPU 的厂商主要是 Intel 和 AMD 公司。

1. Intel 移动 CPU

在了解 Intel 移动 CPU 之前,首先介绍迅驰技术。

1) 迅驰技术

迅驰(Centrino)是 Centre(中心)与 Neutrino(中微子)两个单词的缩写。

迅驰技术是 Intel 公司于 2003 年 3 月面向笔记本计算机推出的无线移动计算技术品牌,由 3 部分组成:移动 CPU、相关芯片组以及 802.11 无线网络功能模块。

2003 年 3 月,迅驰一代发布,代号 Carmel。由 Pentium M CPU(Banias 核心)、Intel 855 系列芯片组、Intel Wireless/Pro 2100 3B 无线网卡(支持 802.11b)构成。

2005 年 1 月,迅驰二代发布,代号 Sonoma,包括 Pentium M CPU(Dothan 核心)、915 系列芯片组、Intel PRO/Wireless 2200BG & 2915ABG 无线网卡。

2006 年 1 月,迅驰三代发布,代号 Napa,由 Pentium M CPU(Yonah 核心,有单、双核版本,采用 65nm 制造工艺)、Intel 945 系列芯片组(系统总线频率 667MHz)、Intel Pro/Wireless 3945ABG 无线网卡(无线模块兼容 802.11a/b/g 三种网络环境)构成。

2007 年 5 月,迅驰四代发布,代号 Santa Rosa,由采用酷睿微架构(Core)的 Merom 核心 CPU、965 系列芯片组,以及 Intel Pro/Wireless 4965AGN 无线网卡构成。具备更好的多任务处理能力,清晰的视频播放能力,更好的可管理性和安全性。Merom 核心 CPU 具有高能低耗的特性,引入动态加速技术,单线程应用性能提升;965 系列芯片组,搭配 ICH8M 南桥,支持 800MHz/667MHz 前端总线、双通道 DDR2 667/533MHz 内存、SATA 3.0Gb/s 磁盘数据传输带宽;无线网卡支持 802.11n 标准。802.11n 采用 3 种技术使网络接入性能更出色,覆盖范围更广:①多入多出技术 MIMO,采用多天线同时收发多个无线信道,提升数据传输率;MIMO 还能有效缓解影响无线网性能的多径效应。②信道捆绑,将两个 20MHz 信道捆绑用于传输双倍数据。③负载优化,可以实现每次传输更多的数据。

2008 年 7 月,迅驰 2(也称迅驰五代)发布,代号 Montevina,由 Core 2 双核 CPU,移动 45/47 芯片组,Intel 5100/5300 无线模块构成。

2009 年,迅驰 3(迅驰六代)发布,代号 Calpella,采用 45nm 工艺,Nehalem 架构,代号 Gilo,有双核心和四核心两个版本,支持第二代超线程技术,集成 GPU 图形核心和 DDR3 内存控制器;芯片组为 P55M。

实际上,Calpella 和 Carmel、Sonoma、Napa、Santa Rosa、Montevina 一样,都是美国加州某个小镇的名字。具备迅驰技术的笔记本会有如图 15-1 所示的图标。

迅驰品牌原意是使用户了解笔记本产品搭配的是 Intel 移动处理器、Intel 芯片组及 Intel 无线网卡,为用户提供信心的保证,但由于迅驰平台经历多代,人们对迅驰品牌概念非常混乱,新旧迅驰平台之间的差异难以界定,经常造成信息混乱,因此 2009 年后 Intel 把迅

图 15-1　具备迅驰技术的笔记本的图标

驰品牌淡化,专注以 CPU 品牌 Core(酷睿)作卖点。

2010 年后,迅驰品牌只代表其采用的无线网络技术,首批无线网络模块代号为 Condor Peak、Puma Peak 及 Kilmer Peak。

Condor Peak 模块:支持 802.11b/g/n、采用 1T2R 规格(T 代表传送,1T 代表 150Mb/s 的传送速度,2T 代表 300Mb/s;R 代表接收,2 只天线为 2R),名为 Intel 迅驰 Wireless-N 1000。

Puma Peak 模块:支持 802.11a/g/n、采用 2T2R 规格,名为 Intel 迅驰 Advanced-N 6200。采用 3T3R 模块的 Puma Peak 名为 Intel 迅驰 Ultimate-N 6300。

Kilmer Peak 模块:支持 802.11a/g/n 及 WiMAX、采用 2T2R 规格,名为 Intel 迅驰 Advanced-N+WiMAX 6250。

2) Core 架构处理器

Intel 公司于 2006 年 1 月初发布 Core 架构的 CPU 产品,包括双核心的 Core Duo 和单核心的 Core Solo,分为标准电压(型号以 T 开头)、低电压(型号以 L 开头)和超低电压(型号以 U 开头)3 种版本,标准电压版 CPU 用于主流的笔记本计算机,多采用 14 英寸甚至更大的屏幕,偏重于计算性能。低电压版 CPU 常用于 12 英寸屏幕的产品,追求性能与功耗的平衡。超低电压版 CPU,侧重于超高移动性和便携性,屏幕尺寸较小,电池续航时间长。

Core 架构 CPU 具有出色的性能和功耗控制水平,是 Intel 公司近年发展的重心,Intel 的台式机、服务器 CPU 也都采用此架构。

3) Intel 第二代 SNB 构架处理器

SNB(Sandy Bridge)是 Intel 公司在 2011 年初发布的新处理器微架构,全称为 2011 2nd Generation Intel Core Processor Family(2011 年第二代 Intel Core 处理器家族),整合了 CPU 和 GPU 单元,使笔记本的图形处理能力大幅提高;采用 32nm 工艺和第二代高 K 金属栅极(HKMG)技术制造,集成大约 10 亿个晶体管,8 核心,二级缓存为 512KB,三级缓存为 16MB;加入了 game instruction AVX(advanced vectors extensions)技术,使用 AVX 技术进行矩阵计算比 SSE 技术快 90%。

目前常见的 Intel 笔记本 CPU,性能由低到高依次有 Atom(凌动)单核系列、赛扬双核 T 系列、奔腾双核 T 系列,Core 2 双核 T 系列、Core 2 双核 P 系列(性能与 Core 2 双核 T 系列一致,但功耗仅 25W)、Core i3、i5、i7 系列。

2. AMD 移动 CPU

AMD 移动 CPU 主要有 Athlon XP-M 和 Athlon 64-M 两大系列。与同档次的台式 CPU 相比,AMD 移动 CPU 采用低电压设计,采用更小巧的 μPGA 技术封装,适用于外形轻巧纤薄的笔记本。Athlon XP-M CPU 与 Socket A 结构兼容。

Athlon XP-M 包括 QuantiSpeed 和 PowerNow! 两项重要技术。QuantiSpeed 是为了提高 CPU 性能设计的处理器性能提升架构。通过两种方式提升 CPU 性能：一是提升每一个时钟周期的工作量；二是提高 CPU 的时钟频率。QuantiSpeed 架构每次可发出 9 个指令，能够确保应用程序指令通过多条信道传送到核心内进行处理，使 CPU 可以在一个时钟周期内完成更多工作。PowerNow! 是一种软硬件结合的电源优化管理技术，可以使 CPU 在不同频率和电压下工作，该技术提供 3 种工作模式：自动模式、高性能模式、省电模式。

Athlon XP-M 系列 CPU 与 Intel 迅驰系列 CPU 性能相当。

2004 年推出的 Athlon 64-M 是世界上第一款移动 64 位 CPU，采用多种全新的处理器设计技术，如超级传输技术（hyper transport），内置内存控制器等。这些技术既可缓解输入输出的瓶颈，又可提高系统的带宽，减少延迟时间，能明显提升系统的整体性能。由于集成了图形处理能力和内存控制器，AMD 公司的 64 位 CPU 使北桥芯片成为“历史名词”。

目前常见的 AMD 笔记本 CPU，性能由低到高依次有 AMD Sempron（闪龙）单核系列（性能与赛扬双核 T 系列相当）、AMD Athlon X2（双核速龙）、AMD Turion64 X2（双核炫龙）、AMD Phonem（羿龙四核）处理器（有 P、N、X 系列，功耗依次升高）。

2011 年 AMD 推出的加速处理器（APU），集成了 CPU 和 GPU 的功能，如 AMD 低端的 E 系列双核 APU E450，集成了 HD 6320M 显示核芯，主频 1.65 GHz，可以流畅运行大型 3D 游戏，APU 的功耗仅为 18W。

更高性能的 A 系列 APU，集成支持 DX11 的高性能 GPU，有可能成为未来 AMD 笔记本主流处理器配置。

15.2.2 内存

笔记本计算机的内存具有体积小、容量大、速度快、耗电低、散热好等特性。

与台式机类似，笔记本计算机内存也经历了 EDO、SDRAM、DDR 3 个发展阶段。

目前主流笔记本内存采用 DDR3 内存，针脚数为 204，工作电压 1.5V，单条容量主要有 2GB、4GB 等规格，主频为 1066MHz、1333MHz、1600MHz 等。高端笔记本内存为 8GB。

15.2.3 笔记本硬盘

笔记本计算机的硬盘一般是 2.5in，更小的为 1.8in，盘体包含一个或两个磁盘片，而台式机硬盘最多可以装配 5 个磁盘片，抗震动性能优于台式机硬盘。笔记本计算机硬盘是笔记本计算机中为数不多的通用部件之一，接口为 Serial ATA，常见有的 SATA 2.0、SATA 3.0 两种规范；缓存有 8MB、16MB、32MB；转速主要有 5400 转和 7200 转。传输规范越新，缓存越大、转速越高则硬盘的性能越好，价格也越高。

笔记本计算机硬盘厚度是台式机硬盘没有的参数，主要有 9.5mm、12.5mm、17.5mm 3 种厚度。9.5mm 硬盘用于超薄机型，12.5mm 硬盘用于厚度较大的机型，17.5mm 硬盘已基本淘汰。

15.2.4 显示屏

显示屏是笔记本计算机的关键硬件之一，约占成本的四分之一左右。自从 1985 年世界第一台笔记本计算机诞生以来,LCD液晶屏一直是笔记本计算机的标准显示设备。笔记本计算机先后采用了DSTN-LCD(俗称伪彩显)和TFT-LCD(俗称真彩显)两种LCD。而目前常说的LED显示屏是指LED背光,是相对于主流的灯管背光讲的,显示屏仍然是LCD。

DSTN(dual layer super twist nematic)LCD,通过双扫描方式扫描扭曲向列型液晶显示屏,来达到显示的目的。这种屏幕只能显示数十种颜色,因而也叫伪彩显,对比度和亮度较差,屏幕可视角度较小,反应速度慢,已基本绝迹,在部分二手笔记本计算机上可以见到。

TFT(thin film transistor)LCD,屏幕由薄膜晶体管组成,显示屏上每个像素点都由4个(1个黑色、3个RGB彩色)独立的薄膜晶体管驱动,可显示24位色,显示效果接近CRT显示器。下面是液晶屏的主要技术指标。

1. 屏幕尺寸

同台式计算机显示器一样,笔记本计算机屏幕尺寸是指对角线的尺寸,用英寸表示。

屏幕的尺寸从一定程度上决定了笔记本计算机的重量。超轻薄机型,大都采用12.1英寸以下液晶屏,如6.4英寸、8.9英寸、11.3英寸、10.4英寸、10.6英寸、12.1英寸;13.3英寸、14.1英寸是注重性能与便携性的机型最常见的屏幕尺寸,定位为台式机替代品的笔记本计算机最常用的屏幕尺寸是15英寸、16.1英寸,甚至17英寸。

2. 屏幕比例

屏幕比例是屏幕画面纵向和横向的比。家用笔记本计算机通常屏幕宽高比为16∶9或16∶10。

同样对角线长度的宽屏,面积比起4∶3屏幕要更小些,可以减低生产成本,而且宽屏的亮度和对比度比普通的4∶3屏幕好。

3. 显示模式

笔记本计算机显示屏通常有XGA、WXGA和UXGA等显示模式。

VGA(video graphics array),早期笔记本使用的屏幕,最大分辨率640×480,一些小的便携设备还在使用这种显示模式。

SVGA(super video graphics array),VGA的替代品,最大分辨率800×600,屏幕大小为12.1英寸,像素较低,目前也基本绝迹。

XGA(extended graphics array),最大分辨率1024×768,屏幕大小有10.4英寸、12.1英寸、13.3英寸、14.1英寸、15.1英寸。

SXGA+(super extended graphics array),分辨率为1400×1050。

UVGA(ultra video graphics array),应用在15英寸的屏幕上,最大分辨率1600×1200。对制造工艺要求较高,价格较昂贵。目前只有少部分高端的笔记本配备了这一类型的屏幕。

WXGA(wide extended graphics array),XGA的宽屏版本,采用16∶10的横宽比例,最大分辨率1280×800。

WXGA+(wide extended graphics array),WXGA的扩展,最大显示分辨率1280×854。横宽比为15∶10,只有少部分屏幕为15.2英寸的笔记本采用。

WSXGA+(wide super extended graphics array),分辨率为1680×1050。

WUXGA(wide ultra video graphics array),显示分辨率1920×1200,但售价太高。

15.2.5 笔记本计算机的显卡

显卡决定笔记本计算机的图形处理性能。与台式机类似，笔记本显卡也分独立和集成显卡两大类。图 15-2 所示是一款笔记本独立显卡的外观。由于独立显卡耗电量较大，一些笔记本专门设置了独立显卡与集成显卡的可切换开关，以适应不同应用场合的需要。

笔记本显卡主要采用 nVIDIA 和 AMD-ATi 的图形处理芯片。

目前 nVIDIA 显卡性能由高到低依次有 GeForce GTX 600 系列(位宽有 3 种 128/192/256b)、GeForce GT 600 系列、GeForce 600M 系列(位宽 64b)。

AMD 显卡性能由高到低依次有 AMD Radeon HD 7000M 系列、AMD Radeon HD 6000 系列、ATI Mobility Radeon HD 5000 系列、ATI Mobility Radeon HD 500v 系列、ATI Mobility Radeon HD 4000 系列。

图 15-2 笔记本显卡及 CPU

15.2.6 外部接口

笔记本计算机内部能够实现的扩充非常有限，因此外部端口在笔记本计算机中就具有比台式机更加重要的地位。图 15-3 所示是一款笔记本计算机常见的外部接口。

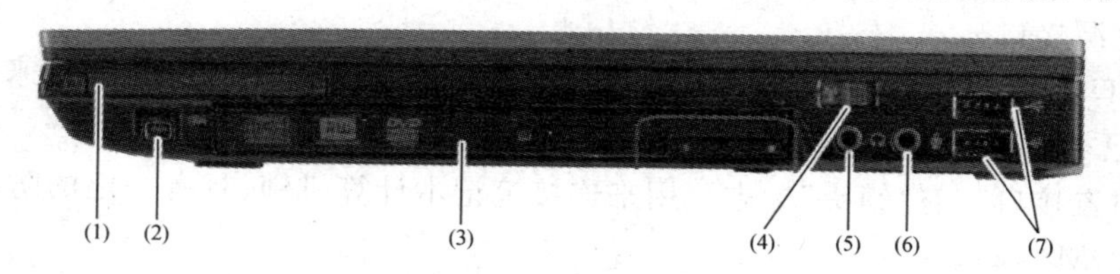

图 15-3 笔记本计算机接口

(1) PCMICA 插孔。

用于连接 PCMICA 接口卡。

PCMCIA 接口卡有 Type Ⅰ/Ⅱ/Ⅲ 3 种，它们的长宽均为 85.6mm×54mm，厚度不同：Type Ⅰ是 3.3mm，Type Ⅱ 是 5.0mm，Type Ⅲ是 10.5mm，接口相同，都是 68 针。

PCMCIA 接口卡正在被 ExpressCard 接口卡替代。ExpressCard 接口外观与 PCMCIA 接口相同，与 PCMCIA 接口兼容，ExpressCard 接口设备体积更小，速度更快。

(2) 1394 接口。

大小为 USB 接口的一半，用于连接 DV 输出，可以提供实时联机编辑视频工作要求，是专业的视频流传输接口。

(3) 光驱。

(4) 无线网卡和蓝牙的同一开关。

如果需要设置单独关闭某一个,可以开机进入 BIOS,对 WIRELESS-WIRELESS SWITCH 进行设置。

(5) 耳机接口。

(6) 麦克风接口。

(7) USB 接口。

普通笔记本计算机采用 USB 2.0 接口,高端笔记本配备 USB 3.0 接口。通常笔记本计算机应当配置两个以上 USB 接口,可以连接其他临时设备。

(8) E-SATA。

E-SATA 接口外观类似 USB,但接口中央有触点舌,在接口处标记有“E-SATA”。用于连接 E-SATA 接口移动硬盘,传输数据速度比 USB 接口快。

(9) 读卡器插口。

部分笔记本计算机具备读卡器接口,这种接口类似多卡合一读卡器,可以同时支持 MMC、SD 等数据存储卡。

(10) VGA、DVI、HDMI、S 端子端口。

这些端口都是视频信号输出接口。VGA 接口用来外接显示器或者投影仪; DVI 和 HDMI 是数字视频和高清数字视频输出接口; S 端子是模拟视频输出端口,如果电视采用模拟输入,可以用这个接口观看笔记本中的视频。

(11) RJ-45 接口。

RJ-45 接口是以太网线接口,用于连接局域网。如果使用无线网卡,则这个接口无用。

(12) Modem 接口。

Modem(调制解调器)接口学名 RJ-11,比 RJ-45 接口略窄,用于插电话线,拨号上网。

(13) 电源接口。

电源接口通常是一个圆孔,每种品牌笔记本计算机电源接口大小不同,用来插入电源适配器,为笔记本计算机提供外接电源。

(14) 防盗接口。有“锁头”标志。用来连接笔记本计算机锁,具有一定的防盗功能。

(15) COM 接口。

COM 接口是早期的通信接口,逐渐被 USB 接口替代。

15.2.7 笔记本计算机电池

使用可充电电池是笔记本计算机相对台式机的优势之一,可以方便地在各种环境下使用笔记本计算机。笔记本计算机最早使用的是镍镉电池(NiCd),这种电池具有“记忆效应”,每次充电前必须放电,使用不方便,后被镍氢(NiMH)电池取代,NiMH 没有“记忆效应”,而且每单位重量可多提供 10%的电量。目前常用的是锂离子(Li-Ion)电池,没有“记忆效应”,重量比 NiMH 轻,电池容量比 NiMH 大,价格比 NiMH 高。

锂离子电池使用寿命长,可以随时充电,在过度充电的情况下也不会过热,充电次数在 950~1200。配备锂离子电池的笔记本计算机通常宣称有 5h 的电池续航时间,实际上,电池续航时间与使用方式有密切关系。

硬盘、显卡和显示屏等都会消耗大量电量,通过无线上网也会消耗电量。因此笔记本计算机安装了电源管理软件,以延长电池使用时间。

15.2.8 机壳材料

笔记本计算机的外壳负责保护内部的元器件，也是影响散热效果、重量、美观度的重要因素。常见的外壳用料有塑料、铝镁合金、钛合金、碳纤维等。塑料外壳最为廉价，有 ABS 工程塑料和 PC-GF(聚碳酸酯 PC)等。

ABS 工程塑料：即 PC+ABS(工程塑料合金)，这种材料既具有 PC 树脂的优良耐热耐候性、尺寸稳定性和耐冲击性能，又具有 ABS 树脂优良的加工流动性。ABS 工程塑料的缺点是质量重、导热性能欠佳。但由于成本低，多数塑料外壳笔记本计算机采用 ABS 工程塑料。

PC-GF：原料是石油，经聚酯切片加工后成为聚酯切片颗粒物，再加工成成品，散热性能比 ABS 塑料好，热量分散比较均匀，最大缺点是比较脆，一跌就破，光盘就是用这种材料制成的。FUJITSU 的很多型号笔记本用这种材料，从表面和触摸的感觉上，PC-GF 材料感觉都像金属。如果没有标识，单从外表面观察，可能会以为是合金。

铝镁合金：主要元素是铝，掺入少量的镁或其他金属材料来加强硬度。质坚量轻、密度低、散热性较好、抗压性较强，能满足笔记本高度集成化、轻薄化、微型化、抗摔撞及电磁屏蔽和散热的要求。硬度是传统塑料机壳的数倍，重量为后者的三分之一，常用于中高档超薄型或尺寸较小的笔记本的外壳。银白色的镁铝合金外壳可使产品更豪华、美观，而且易于上色，通过表面工艺处理成个性化的粉蓝色和粉红色，是工程塑料以及碳纤维无法比拟的。铝镁合金是便携型笔记本计算机的首选外壳材料。但是，镁铝合金不是很坚固耐磨，成本较高，成型比 ABS 困难，需要用冲压或者压铸工艺，所以一般只把铝镁合金用在笔记本计算机顶盖上，很少用铝镁合金制造整个机壳。

钛合金：除了掺入不同金属外，还渗入碳纤维材料，散热、强度、表面质感都优于铝镁合金材质，而且加工性能更好。强韧性是镁合金的 3～4 倍。强韧性越高，能承受的压力越大，能够支持大尺寸的显示屏。即使配备 15 英寸显示屏，也不用在面板四周预留太宽的框架。钛合金厚度 0.5mm，是镁合金的一半，可以使笔记本计算机体积更小。钛合金的缺点是必须通过复杂的加工程序，才能做出结构复杂的笔记本计算机外壳。钛合金是 IBM 笔记本计算机专用的材料，这也是 IBM 笔记本计算机较贵的原因之一。

碳纤维：是一种导电材质，可以起到类似金属的屏蔽作用(ABS 外壳需要另外镀一层金属膜来屏蔽)，碳纤维材质既有铝镁合金坚固的特性，又有 ABS 工程塑料的高可塑性。外观类似塑料，但强度和导热能力优于普通的 ABS 塑料，碳纤维强韧性是铝镁合金的两倍，而且散热效果最好。1998 年 4 月 IBM 率先推出采用碳纤维外壳的笔记本计算机。碳纤维的缺点是成本较高，着色比较难，如果接地不好，会有轻微的漏电。

15.3 笔记本计算机选购

选购笔记本计算机首先应关注品牌，品牌决定了质量和服务。2012 年 1 月 ITbrand 公布的笔记本品牌排名为联想、戴尔(DELL)、华硕、惠普(HP)、苹果、索尼(SONY)、宏基(Acer)、东芝(Toshiba)、三星、神舟，可以作为参考。

15.3.1 购买笔记本计算机的基本步骤

购买笔记本计算机一般要遵循3个基本步骤：购买前的准备、开机前检查以及开机检查。

1. 购买前的准备

购买笔记本之前要做需求分析，明确笔记本的主要用途，对笔记本重量有什么要求，是需要轻薄一点的方便经常携带(上网本)，还是偶尔带着出门(商务本)，或只是作为台式机的替代品(家用笔记本)；对笔记本性能方面有什么要求，是用来满足一般的学习和办公应用，还是想用笔记本玩游戏；对购买笔记本的预算是多少(决定配置)。

明确这一切后，就确定了应该关注的笔记本的大致范围。通过网上的笔记本论坛查找准备购买的型号笔记本的大体情况和价格，筛选出几款比较中意的笔记本，通过比较，基本上可以确定购买笔记本的款式和型号。

确定型号后，到相关笔记本计算机的官方主页参考所购笔记本机型详细配置，通常笔记本计算机的一个型号可能有多个配置，把主要的配置记下来；下一步，至少找3家以上该型号笔记本销售商询问价格；对比各经销商报价及赠品，是否能开正规发票，并与网上了解到的价格比较，选价格较低，信誉较好的经销商。为了保证售后服务，一定要求经销商提供发票。

2. 开机前检查

在经销商主动拆箱前(不要自己拆)，仔细检查外包装箱封口处是否有开启痕迹，尤其是包装箱底部。

打开箱子后，首先看里面东西是否齐全，一般会有电源适配器、相关配件、产品说明书、联保凭证(号码与笔记本编号相同)、保修证记录卡等。

为了保证购买的笔记本计算机不是返修机或样机，首先检查机身是否有划伤，笔记本计算机底部的脚垫是否磨损或脏，散热口是否有灰尘，防盗锁孔是否有使用痕迹，键盘缝隙有无灰尘，笔记本计算机四周螺丝有无被动过的迹象。如果以上都没有问题，接下来看笔记本的序列号，核对笔记本计算机外包装箱上的序列号是否与机身上的序列号符合。机身序列号一般在机身的底座上，查序列号时，还要检查其是否有被涂改、重贴过的痕迹。

3. 开机检查

开机时首先进入BIOS设置，检查BIOS中的序列号和机身的序列号是否一致。

不同笔记本计算机BIOS的进入方法如下。

IBM：启动时按F1键。

Toshiba：启动时按Esc，然后按F1键。

SONY、HP、Dell、Acer、Fujitsu启动时按F2键。

绝大多数国产品牌：启动时按F2键；或按Ctrl+Alt+S组合键。

接着检查机器内预装的系统是否处于未解包状态；再检测产品接口是否正常使用(包括读卡器)，插U盘可以检验USB接口；敲击键盘上的所有按键，检测键盘各个按键是否工作正常；液晶屏是笔记本最重要的部分，进行坏点检测很有必要，如果手头没有检测软件，可以通过把屏幕的背景设成白色和黑色等颜色，仔细观察屏幕有无亮点(即坏点)，液晶屏只要超过 3 个坏点，可以要求调换。如果确认都没有问题，可以运行软件，看系统运行是否有异常；多媒体播放音效、影像是否正常；上网是否正常；风扇噪音是否可以接受；鼠标定位是否正常；变压器是否正常等。另外，SONY、IBM 公司的电池管理软件还能看出电池已经充过几次电。

可以使用各种硬件检测软件对笔记本硬件进行检测。如可以用 DisplayX 软件检测屏幕坏点，通过 HD-Tune 检测硬盘加电时间，运行 BatteryMon 检测电池容量与充电次数，运行 AIDA64 检测整机配置、运行视频或 3D 游戏检查风扇噪音是否正常。

15.3.2 水货和行货笔记本的鉴别

笔记本造假很难，一般只有水货与行货之分。行货笔记本通过正规渠道销售，售后服务有保障；水货笔记本是指走私过来的，因为走私渠道大多通过海上运输，因此称为水货。由于没有缴纳关税，售后服务无法保障，绝大部分水货与行货出自同一条生产线，与行货没有实际意义上的区别，麻烦的是保修问题。

鉴别水货笔记本有以下方法：

(1) 看产品的外包装。行货笔记本外包装箱上为简体中文标识，而水货一般为英文或繁体中文标识。另外，看外包装箱、质保书、机器底部的机器序列号是否一致。

(2) 看随机资料，如说明书，或其他配件。配件不全，可能是水货。

(3) 看操作系统。行货笔记本使用的是微软的简体中文版，水货笔记本使用非简体中文版本，即使有的水货笔记本安装了简体中文版本，但使用起来还是有隐患。

(4) 部分来自日本或香港的水货笔记本键盘为日文或繁体中文。

(5) 行货笔记本计算机在机身背面有一个 3C 标志，水货没有。

(6) 最具权威的方法是到厂商的官方网站，通过输入机器序列号，查询机器的身份。

15.3.3 笔记本计算机常用验机软件

第 13 章介绍的系统检测工具 AIDA64、鲁大师等都可以用来检测笔记本软硬件情况。下面再介绍几款常用的笔记本计算机检测工具。

1. 屏幕检测

DisplayX 是一个显示器测试工具，主要功能：查找 LCD 坏点、检查 LCD 的响应时间、屏幕功能基本测试，其运行主界面如图 15-4 所示。

图 15-4　DisplayX 显示器测试工具主界面

2. CPU检测

Cpu-Z是一款常用的CPU检测软件,支持各种CPU的检测,还能检测主板和内存的相关信息。图15-5所示为中文版的Cpu-Z主界面。

3. 电池检测

BatteryMon是最常用的笔记本计算机电池检测工具,可以检测电池的各种性能参数。装入笔记本电池断开外接电源,开机运行BatteryMon,如图15-6所示。单击主界面中的"开始"按钮,就可以检测电池的各项工作指标。

4. 光驱检测

Nero DiscSpeed是一款光驱检测实用工具,是CD-DVD Speed和DriveSpeed的升级版。能测试出光驱的真实速度,还有随机寻道时间及CPU占用率等。图15-7所示是其工作界面。

图15-5 中文版的Cpu-Z主界面

图15-6 BatteryMon的工作界面

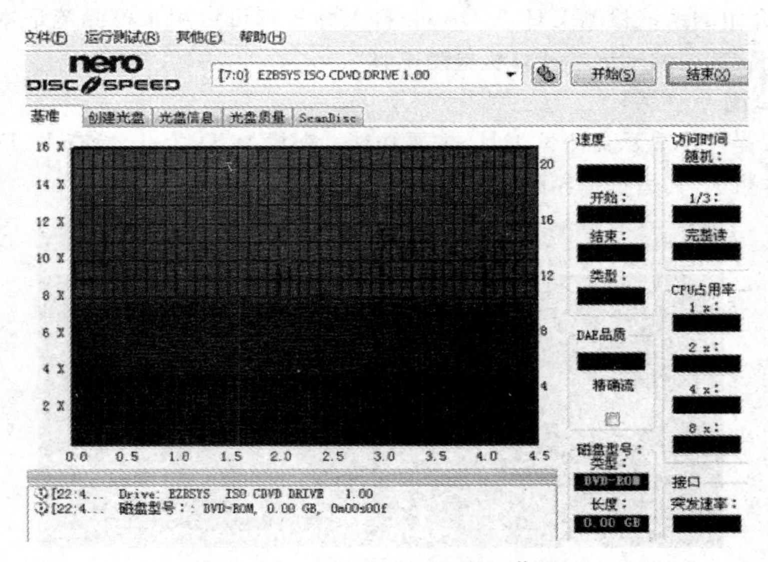

图15-7 Nero Disc Speed的工作界面

15.4 笔记本计算机的日常维护

良好的使用习惯能减少笔记本计算机故障的发生，并能最大限度的发挥笔记本计算机的性能。

15.4.1 导致笔记本计算机损坏的因素

导致笔记本计算机损坏的因素主要有震动、潮湿、灰尘、温度、散热等。

1. 震动

笔记本计算机最忌讳的就是冲击，不要进行大幅度的拍打、敲击，使用时要避免颠簸震动，这些情况很容易造成外壳、硬盘和屏幕的损坏；平时携带笔记本计算机时，应该尽量避免在飞机、汽车中使用，因为突然出现的强烈震动可损坏硬盘的磁头、光驱的激光头。

2. 电磁干扰

强烈的电磁干扰也会造成对笔记本计算机的损害，如电信机房、强功率的发射站以及发电厂机房等场合。在强电磁环境中容易出现频繁死机的情况。不要将有磁性的东西放在笔记本计算机上，长期处于磁场中，有些部件可能被磁化导致损坏。

3. 潮湿

在潮湿的环境下，电子元件遭受腐蚀，加速氧化，会加快计算机的损坏。一般情况，相对湿度最大不能超过70%。另外，如果将笔记本从低温移到高温区，为避免结露现象，一定要将其关机，静置20～30min，待机器内的结露蒸发后，才能开机使用。

4. 烟雾灰尘

在尽可能少灰尘的环境下使用计算机，灰尘会堵塞计算机的散热系统，造成散热能力下降，灰尘严重时会造成短路甚至卡死风扇，加速设备老化，使计算机的性能下降甚至损坏。光驱的激光头对灰尘也特别敏感，有时光驱识盘率下降就是因为灰尘过多。为防止烟雾灰尘的侵袭，携带笔记本出行时要将其装入专用的计算机包中。

5. 温度

在过冷和过热的温度下使用笔记本计算机，都会加速元件的老化，温度过低会导致无法开机，还会造成屏幕显示不正常；过热会造成散热不畅而死机。

温度在5～35℃的室内环境最适合笔记本工作。

6. 散热

笔记本计算机通过风扇、散热导管(heat pipe)、大型散热片、散热孔等方式散发工作中产生的热量。为节省电力并避免噪音，笔记本计算机的风扇在CPU到达一定温度时，才会启动。如果将笔记本计算机放置在柔软的物品上，如床上、沙发上，有可能会堵住散热孔，影响散热效果，进而降低笔记本工作效能，甚至死机。

7. 正确的开关上盖

多数笔记本计算机顶盖和机身的连接轴是合金材质，开关时用力不均或过大，易造成连接轴断裂松动脱离，液晶屏的显示及供电排线通过连接轴内的通道连入主机，很可能会损伤。

正确的开关方法是在顶盖前缘正中开合，注意用力均匀、尽量轻柔。

8. 避免强光照射

液晶屏会因为强光照射而加快老化,应尽量避免强光照射液晶屏。

15.4.2 维护常识

在日常的维护上,首先要注意防尘和防水,清洁笔记本计算机时要小心,一滴水可能会导致它的损坏。无论清洁什么部件,一定要在关机情况下进行。

1. 外壳的维护

笔记本计算机的外壳比较光滑,通常只需要棉布擦拭即可,在移动过程中,一定要使用独立的皮包或布包将其装好,免得划损外壳;工作时,不要放到粗糙的桌面上,以免划伤外壳。

另外,笔记本的顶盖最大可以承受很大的压力(约50kg),顶盖尽量不要压重物。

2. 屏幕的维护

屏幕是最容易受损的部件,不要将任何物品放在笔记本计算机之上。

液晶屏由多层反光板、滤光板及保护膜组成,任何一个出现问题都会直接影响显示效果,要注意笔记本正确的开合方法,避免挤压屏幕。

除了防止受挤压之外,屏幕还要进行日常的清洁,清洁液晶屏最好用不会掉绒的软布或质量好的眼镜布,略微浸湿清水、拧干,有规则地从上至下、从左到右轻轻擦拭屏幕,之后用软卫生纸将水痕轻轻擦干。如果用粗糙的抹布或卫生纸,笔记本显示屏容易出现划痕。如果污渍用清水无法擦除,可以加点液晶屏专用清洁剂擦拭,绝对不可以使用酒精类的溶剂。不可用力按着擦,容易压坏屏幕。

通常液晶屏专用清洁剂都有详细的使用说明。低价清洁剂可能添加含有腐蚀性的化学物质,多次使用容易损伤屏幕。

为了保持屏幕的干净还可以为屏幕贴模。

液晶屏显示越亮,消耗的电力越多,也影响屏幕的使用寿命。避免将屏幕亮度设定过高。另外,通过软件运行全黑屏幕保护,也有利于延长屏幕的寿命。

3. 键盘

键盘是使用得最多的输入设备,按键时要注意力量的控制,不要用力过猛。

清洁键盘时,应先用吸尘器加上带最小最软刷子的吸嘴,将各键缝隙间的灰尘吸净,再用稍稍蘸湿的软布擦拭键帽,擦完后立刻用干布抹干。

不要在键盘旁边吃零食,喝饮料。水滴是笔记本计算机最危险的杀手。

4. 光驱

光驱是最易衰老的部件。为了尽可能延长光驱的使用寿命,首先应当使用质量较好的光盘,另外,需要使用光盘清洁片,定期进行激光头的清洗。

光盘不用时要从光驱中取出。因为每次开机系统会检测光驱,而光驱的激光头的使用寿命是有限的。为了延长光驱使用寿命,可以把经常使用的光盘做成虚拟光盘放在硬盘上。

携带笔记本计算机出门前,应将光驱中的光盘取出来,否则,在发生坠地或碰撞时,盘片与磁头或激光头碰撞,会损坏盘中的数据或光驱。

为了确保光驱的正常工作应当注意光盘的保养:

(1) 拿光盘时应只接触盘片中心或外部边缘,不要用手指碰盘片表面。

(2) 不使用的光盘要放在光盘盒内。不要弯曲盘片，不要划损盘片。

(3) 关闭光驱盒时要确定光盘已经放置妥当。

(4) 光盘要远离辐射体或发热体，避免阳光直射。

5. 硬盘

尽管笔记本计算机硬盘拥有较好的防震性能，但震荡对硬盘的损害还是相当大的，在笔记本计算机工作时，尽量避免震动。硬盘本身发热量较大，要避免在高温不通风的环境中工作。

尽量避免重复的开关机。关机后等待约 10s 以上，再移动笔记本计算机。

如果经常进行存储和删除操作，应当定期进行磁盘扫描和磁盘整理。

通过电源管理功能，设置硬盘在一段时间内无操作时自动关闭，减少电能损耗。

6. 电源

新笔记本计算机在第一次开机时电池应带有 3%左右的电量(这是厂商通用的做法。如果第一次打开购买的笔记本计算机，发现电池已经充满，则该机肯定是被人用过了)。此时，先不使用外接电源，把电池中的余电用尽，直至关机，然后再用外接电源充电，前三次充电时间一定要超过 12h，以激活电池，为今后电池的使用打下良好基础。

锂电池的充放电次数有限，每充一次电，就缩短一次的寿命。建议尽量使用外接电源，使用外接电源时应将电池取下。如果笔记本计算机装有电池，在使用中多次插拔电源，对电池的损坏更大，因为每次外接电源接入就相当于给电池充电一次。

电量用尽后再充电，避免充电时间过长，一般在 12h 以内。

如果长时间(4 周以上)不使用或发现电池充放电时间变短，应使电池完全放电后再充电，一般每个月至少完整地充放电 1 次。

关机充电比开机充电缩短 30%以上的充电时间，而且能延长电池的使用寿命。不要在充电中途拔掉电源。最好在充电完毕 30min 后再使用电池。

另外，还要防止电池曝晒、受潮、化学液体侵蚀，避免电池与金属物接触发生短路等情况。将电池置于低温环境中，会影响电池的活性。

7. 笔记本计算机进水的处理方法

立刻拔掉外接电源(如果用电池供电则应该立刻拆掉电池)；将溅水面向下倒放，将表面的水渍擦干净，放置四五天自然风干。

8. 基本维护规则

可以将日常维护概括如下：

(1) 使用潮湿软布清洁，不伤害液晶屏。

(2) 适当调整屏幕亮度，获得舒适的观看效果。

(3) 调整电源管理设置，达到节电和延长使用寿命的目的。

(4) 定期执行磁盘检查，清理和碎片整理。

(5) 经常调校电池，以延长电池使用期限。

(6) 确保笔记本计算机时刻远离磁场。

(7) 定期备份数据，避免发生意外故障导致数据丢失。

(8) 安装防病毒软件，并且经常更新。

(9) 经常更新 Windows，以确保 Windows 的稳定和安全。

(10) 包装或运输前要拔掉所有外接设备。

(11) 不要将任何液体滴洒到笔记本计算机上。

(12) 不要让液晶屏接触不洁物。

(13) 不要触摸光驱的镜头。

(14) 不要在温度过高或过低的环境中使用。

(15) 不要让液晶屏正面或背面承受压力。

(16) 不要把笔记本计算机与尖锐物品放置在一起。

(17) 不要让笔记本计算机承受突然震动或强烈撞击。

(18) 不要堵塞笔记本计算机散热口。

(19) 不要在非授权的机构修理笔记本计算机。

15.5 笔记本计算机常见故障及处理

与台式计算机相比,笔记本计算机维修方法在很多方面有所不同。

首先对笔记本常见故障的现象进行归类。

(1) 开机不亮的故障判断:BIOS故障、CPU故障、信号输出端口故障、显卡故障、内存故障。

(2) 笔记本电池充不进电的故障判断:电源适配器故障、电池故障、主板电源控制芯片故障、主板其他线路故障。

(3) 不认外设故障判断:外设硬件故障、BIOS设置错误、外设相关接口故障。

(4) 笔记本主板出现故障会引发如下现象:开机后不识别硬盘、光驱,电池不充电,定时或不定时关机,键盘不灵,开机时有时会掉电,定时死机。

(5) 笔记本电源适配器引起的故障现象:无法开机、间断性死机、掉电。

15.5.1 重启、死机故障

重启、死机故障有3方面原因:软件故障、散热不良、硬件故障。

1. 软件故障

操作系统不稳定性会引起重启、死机现象。解决办法是升级操作系统。

病毒也会引起重启、死机故障,解决办法是安装正版杀毒软件,并不断更新病毒库。

软件冲突也会引起重启和死机故障,解决办法为尽量避免使用测试版的软件,删除易引起问题的软件,重新安装或者更新驱动程序。

通过优化大师等系统维护工具,定期对系统进行维护,也可以减少软件导致的死机。

2. 散热不良

散热不良会导致系统频繁死机和重启,还会引起一系列连锁问题,比如部件加速老化等。解决的办法是保持笔记本计算机充分散热。

3. 硬件故障

故障现象以及具体处理方法参见14.3节。

15.5.2 电源故障

电池充满电后使用的时间变短,原因有两方面:第一,电池使用很长一段时间之后内阻会变大,充电时电压上升比较快,这样就被充电控制线路误认为已经充满电。再者,由于内阻升高,放电时电量释放的速度也会加快,从而形成一个恶性循环,电池的使用寿命就会大大缩短,这时就需要更换电池了。第二,电池长期不使用也可能导致这种现象,解决办法是将电池彻底放电,然后再充满电,反复多次即可。

15.5.3 显示故障

显示故障的现象有很多,以下是一些常见的故障现象及排除方法。

画面抖动:检查计算机周边是否存在电磁干扰源,如果有,则远离这些干扰源。

显示效果不佳:在"设备管理器"中检查是否存在和显卡发生资源冲突的硬件设备,如果有冲突设备,则调整资源分配消除冲突;如果没有,则检查显卡驱动程序是否正确。

图像模糊不清:LCD 显示器分辨率不能随意设定,只有在某个分辨率下才能达到最佳显示效果。因此,可以尝试调节屏幕分辨率来排除故障。此外,LCD 显示器的刷新率设置与画面质量也有一定的关系,设置适合的刷新率才能发挥 LCD 显示器的最佳显示效果。

15.5.4 视频接口故障

对于视频接口故障,可以使用以下方法进行排除。

首先检查视频应用软件采用信号制式设定是否正确,即应该与信号源、信号终端采用相同的制式。

在"设备管理器"中检查是否存在和视频接口发生资源冲突的硬件设备,如果有冲突设备,则调整资源分配消除冲突;如果没有,可尝试卸载驱动再重新安装或进行驱动升级。

检查有无第三方的软件干扰视频功能的正常使用。

错误的屏幕分辨率和颜色质量设置也会引起视频接口故障。

检查 DirectX 的版本,如果版本比较低则升级到最新版本。

15.5.5 硬盘故障

硬盘故障的现象及解决方法参见 14.4.4 节。

15.6 本章小结

本章主要介绍笔记本计算机的分类、组成、选购、日常维护与常见故障的处理。了解笔记本计算机的分类和组成是为了选购做准备,掌握笔记本计算机的基本维护常识,能够避免或者延缓各种常见故障的发生概率,延长笔记本计算机的使用时间,提高工作效率。

习 题 15

1. 填空题

(1) 笔记本计算机主要有________、________和________三种类型。

(2) 迅驰品牌原意是使用户了解笔记本产品搭配的是 Intel 移动处理器、________及________,为用户提供信心的保证。

(3) 笔记本计算机显示屏通常有________、________以及________等显示模式。

2. 简答题

(1) 归纳笔记本计算机日常维护的注意事项。

(2) 笔记本计算机电池在使用过程中需要注意哪些问题?

(3) 列举不同笔记本计算机进入 BIOS 的方法。

(4) 购买笔记本计算机需要注意哪些问题?

第16章 平板计算机

本章学习目标

- 了解平板计算机的分类；
- 了解平板计算机的组成结构；
- 掌握平板计算机的选购方法；
- 掌握平板计算机的日常维护方法。

平板计算机(tablet personal computer)是一类以触摸屏作为基本输入设备、操作简单、携带方便的个人计算机。平板计算机外观比笔记本计算机更加小巧，具备移动商务、无线移动通信、移动娱乐等功能，有可能是上网本的终结者。

16.1 平板计算机简介

第一台商用平板计算机是1989年9月上市的GRiDPad，用的操作系统是MS-DOS。

平板计算机的正式概念由微软公司2002年提出，是指采用x86架构芯片(即Intel或AMD CPU)，无须翻盖，没有键盘，便于携带，功能完整的计算机。安装x86版本的Windows、或者Linux、Mac OS操作系统。x86架构芯片功耗较高，便携性不是很理想，没有得到市场认可。

2010年1月27日苹果公司发布全新概念的平板计算机iPad(Internet personal access device)。采用ARM(advanced RISC machines)架构芯片，硬件集成度高，能耗大幅降低，并具备操控方便、电池续航时间长等特点，取得了巨大的成功，使平板计算机成为一种具有巨大市场需求的电子产品。

2011年3月3日苹果公司发布外观更轻薄、功能更强的平板计算机iPad 2。

2012年3月7日苹果公司发布新iPad，屏幕更清晰，速度更快，图16-1所示为新iPad的正面、背面、侧面外观。新iPad Wi-Fi版本重652g，比iPad 2重51g；厚9.4mm，比iPad 2厚0.8mm；配备双核心A5X处理器，内含4核心GPU，图像处理速度更快；主相机像素500万；9.7in Retina显示幕，分辨率2048×1536，是iPad 2的4倍，颜色饱和度比iPad 2增加44%；10h续航力，在4G环境下为9h；系统内存1GB；外存容量有16GB、32GB、64GB；安装苹果专用操作系统iOS 5.1。

Wi-Fi与4G。Wi-Fi(wireless fidelity)又称802.11b标准，是指“无线相容性认证”，是一种无线联网技术，通过无线电波连网；常见的是设置一个无线路由器，在无线路由器的电波覆盖范围内，可以采用Wi-Fi方式连网；无线传输速度可以达到11Mb/s，网络覆盖半径

图 16-1　新 iPad 外观

100m。与蓝牙技术一样,属于在办公室和家庭中使用的短距离无线通信技术。4G 是第四代移动通信及其技术的简称,集 3G(第三代移动通信技术)与 WLAN 于一体,能以 100Mb/s 的速度下载,上传速度最高 20Mb/s。

16.2　平板计算机的类型

自苹果 iPad 推出后,各 IT 厂商纷至沓来:三星推出 Galaxy Tab,联想推出乐 Pad,戴尔推出 Steak,东芝推出 AS100,华硕推出 Padfone,摩托罗拉推出 XOOM,HTC 推出 Flyer 等。为便于了解平板计算机的特点,下面对平板计算机从外观和架构设计两方面进行分类。

16.2.1　按外观分类

根据平板计算机的外观形态差异,基本上分三大类:纯平板型、可变型、混合型。

1. 纯平板型

主机与触摸屏集成在一起,手写输入为主要输入方式。更强调在移动场合使用,可随时通过 USB 口、红外接口或其他端口外接键盘、鼠标,外观类似于 iPad。此类产品更接近于平板计算机的概念,是目前市场的主流产品。

2. 可旋转型

此类平板计算机一般将键盘与主机集成在一起,主机通过一个巧妙的结构与液晶屏连接,液晶屏与主机折叠在一起时可当做纯平板计算机使用;而将液晶屏掀起时,又可作为一台具有手写输入功能的笔记本计算机,如图 16-2 所示。这类平板计算机的屏幕不仅可以上下翻折,还可以 180°旋转。最常见的屏幕可旋转型平板计算机生产商有惠普、联想、宏碁和东芝。

3. 混合型

市场上还有其他众多特殊功能的平板计算机,可归类为混合型。有的平板计算机键盘可以与主机分开;有的平板计算机还内置了手机的功能。图 16-3 给出了几款混合型平板

图 16-2　可旋转型平板计算机

计算机的外观。

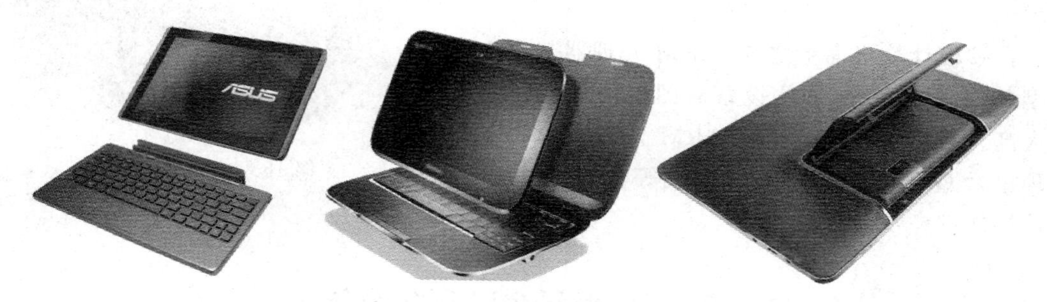

图 16-3　混合型平板计算机

16.2.2　按架构分类

平板计算机在硬件设计方面主要有 x86 架构和 ARM 架构两大类。

1. x86 架构

常见的 PC 几乎都采用 x86 架构，Intel CPU 和 AMD CPU 均采用这种架构。x86 架构属于复杂指令系统计算机(CISC)。x86 架构平板计算机采用 Intel Atom 或 AMD APU。

Atom 是 Intel 专为小型设备设计的处理器，体积小，功耗低，与 x86 系列指令集兼容，支持多线程处理，支持 Windows 系统，如图 16-4 所示。联想的乐 Pad、汉王 TouchPad、惠普 Slate 系列采用此类 CPU。

图 16-4　Intel Atom 处理器

由于架构本身的限制,x86架构处理器功耗和芯片尺寸均大于ARM架构处理器,虽然Atom、APU处理器已经有非常大的改观,但目前仍无法与ARM处理器匹敌。

2. ARM架构

ARM公司是嵌入式微处理器行业的一家知名企业,设计了大量高性能、廉价、耗能低的RISC处理器、相关技术及软件。ARM技术具有性能高、成本低和能耗低的特点。ARM公司自己不制造芯片,只负责芯片设计,将设计方案授权(licensing)给其他公司使用,收取授权费用。

ARM架构处理器功耗低、续航时间长、成本廉价,非常适合平板计算机使用。目前绝大多数厂商推出的平板计算机都采用ARM处理器架构,如Apple A系列、nVIDIA的Tegra系列、德州仪器的omap系列、高通的Snapdragon系列等。ARM处理器如图16-5所示。

图16-5 ARM处理器

在平板计算机面世之前,ARM处理器基本上用于小型的嵌入式系统,这些设备对图形处理性能要求不是太高。平板计算机采用的ARM处理器内置了图像处理单元GPU、电源管理IC单元等功能,使ARM处理器性能进一步提升。

16.3 平版计算机结构组成

16.3.1 平板计算机的组成

这里以苹果iPad 2为例,介绍其主要结构组成。

使用专用工具拆开iPad 2,可看到:①面板罩;②液晶屏幕;③前置摄像头组件(含摄像头、闪光灯、耳机插孔和上端麦克风等);④主板;⑤陀螺仪、加速计组件;⑥大容量电池组;⑦扬声器组件;⑧电源线、数据线;⑨WiFi通信模块等,如图16-6所示。

16.3.2 主板

平板计算机的主板是其工作运行以及对各类设备进行管理的重要硬件平台。

平板计算机的主板集成度较高。iPad 2的主板为狭长形,如图16-7所示,主要包括:①触屏线路驱动芯片;②电源配置芯片;③苹果A5处理器(内含CPU、GPU、DRAM内存等);④Flash存储器;⑤电源管理芯片等。

16.3.3 处理器

平板计算机采用嵌入式处理器。例如,苹果公司专门为iPad设计了A系列的ARM处理器,主要有3款产品A4、A5、A5X,如图16-8所示。内部集成了CPU核心、GPU核心、I/O核心、DRAM及内存控制器等部件。

图 16-6　iPad 2 内部结构组成图

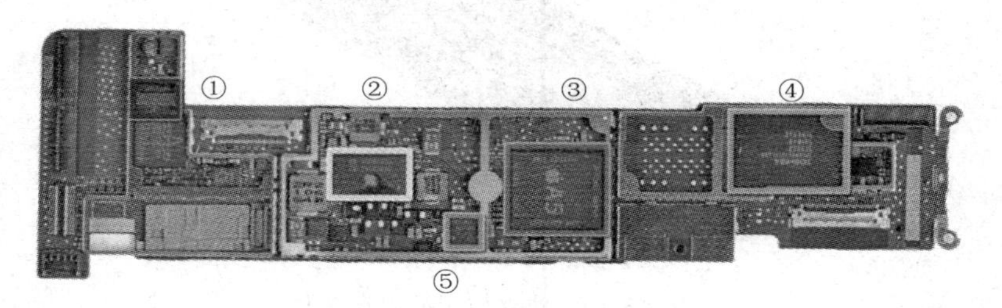

图 16-7　iPad 2 主板

图 16-8　苹果 A 系列处理器

新 iPad 采用 A5X 处理器，是基于 ARM Cortex-A9 架构的双核 CPU，核心频率为 1GHz，内置四核 GPU、1GB DDR2 内存，制造工艺为 45nm，核心尺寸 162.94mm²。

常见的平板计算机的处理器产品大致分成 3 代。

第一代：单核处理器，为低端产品。

第二代：双核处理器，具备电源管理、多任务的资源分配功能，主流产品多选用此类

CPU,如新 iPad 采用的 A5X 处理器。

第三代:四核处理器,具备更低的功耗、更快的速度以及更优秀的图像处理功能,但价格较高,产品较少,受关注较高的有 nVIDIA 的 Tegra(图睿)3 处理器,如图 16-9 所示。

nVIDIA Tegra 3 集成四核心 CPU、12 个 GeForce GPU 图形核心,支持 3D 立体,支持 2560×1600 的超高清分辨率,可运行 Windows Mobile 或 Android 操作系统。

图 16-9　Tegra 3 处理器

16.3.4　闪存

多数平板计算机采用闪存作为外存储设备,如图 16-10 所示。常见的平板计算机闪存容量有 8GB、16GB、32GB 和 64GB。

图 16-10　独立使用的闪存芯片

闪存是一种固态电可擦除只读存储器,读写速度比传统机械 HHD 硬盘快,寿命更长。闪存结构简单、体积小、功耗低,目前是平板计算机最好的存储载体。

16.3.5　显示屏

平板计算机的屏幕和手机触摸屏一样。由基板与触摸屏两部分组成,上面一层是触摸屏,触摸屏下的基板是起显示作用的液晶显示屏。平板计算机的屏幕主要有两种:电容(触摸)屏和电阻(触摸)屏。

电容屏利用人体的电流感应进行工作。当手指触摸屏幕时,与触摸屏表面形成一个耦合电容,手指会从接触点吸走很小的电流,电流从触摸屏的电极中流出,通过对电流精确计算,得出触摸点的位置。这种屏的优点是硬度大、灵敏度高、反应迅速、触摸寿命长、支持多点触控技术;缺点是不导电物体触摸时无反应,面积较大的接触点易导致电容屏误操作。新型的电容屏支持多点触控,以增强电容屏的操控性。

电阻屏采用薄膜加上玻璃的结构,触摸操作时,薄膜下层会接触到玻璃上层经由感应器传出相应的电信号,经过转换电路送到处理器,通过运算转化为屏幕上的 X、Y 值,完成点选动作，并呈现在屏幕上。其优点是屏幕和控制系统比较便宜，反应灵敏度也很好，适应恶劣环境，可任意触摸，稳定性能较好；缺点是外层薄膜易划伤导致触摸屏损坏，多层结构会导致光损失，通常需要增加背光源，会增加耗电量。

16.4 平板计算机选购

由于平板计算机具有外观时尚、设计新颖、纤薄机身、便携易用、操控方便等优点，成为市场的消费热点。平板计算机品牌众多，产品性能参差不齐，尤其是价格从数百到数千元，差价巨大，这里给出选择适用的平板计算机的基本方法。

1. 屏幕尺寸

平板计算机的屏幕尺寸一般在7～10in之间。大屏幕视觉效果好，操控方便，但便携性会有所降低。小屏幕的优点是重量轻，方便携带，电池续航时间长，但显示画面小，不便于操作。

2. 屏幕类型

电阻屏出现时间较早，且成本较低，廉价平板计算机通常采用电阻屏，但随着电容屏大规模的普及，价格将不断降低，支持多点触控(multi-touch)的电容屏应为首选。

3. 屏幕分辨率

要实现网页浏览，播放高清视频，屏幕分辨率要在1024×768以上。

4. 操作系统

当前平板计算机的操作系统主要有iOS、Android、Windows 8等。

苹果的iOS操作系统人机交互最为流畅，但iOS是一个相对封闭、苹果专属的操作系统，其他品牌的产品无法使用，且不支持网页常用的FLASH技术。较新版本为iOS 7.1。

Android(安卓)是Google公司发布的基于Linux平台的开源操作系统，由操作系统、用户界面和应用软件组成，具备开放性和兼容性。较新版本为Android 4.3。

Windows 8操作系统分为两个版本：一个版本针对台式机和笔记本计算机，也称为"桌面"应用，通过点击桌面图标来执行程序，是Windows 7的升级版；另一个版本是Metro风格的应用，即专门支持平板计算机的场景化应用，方便触控，操作界面直观简洁。Metro应用源于Windows XP Tablet PC Edition，可使用的应用软件资源最为丰富，对硬件、软件的兼容性也最好，但受操作系统架构的限制，只能沿用传统台式机上网的操作方式。

5. 扩展能力

由于平板计算机体积较小，其扩展能力显得较为重要，主要表现在是否支持4G、GPS、Wi-Fi、USB、TFU、VGA、RJ45、CMMB等功能。当然，并不是所支持的功能越多越好，功能越多，耗电量越大，体积也越大，应根据实际需要加以选择。

通常应当拥有丰富的网络支持功能，包括千兆有线网卡端口、WiFi无线网卡支持、4G无线网卡支持等；支持USB鼠标、键盘操控。

6. 电池续航能力

电池续航能力是衡量平板计算机便携性、移动性的重要指标，是指在无外接电源的情况下，靠自身配备的电池所能维持运行的时间。平板计算机的屏幕耗电较大，随着功能的提升,处理器性能的提高,也意味着耗电量的增加。长时间观看视频、玩游戏,都对平板计算机电池续航能力提出了要求。

7. 售后服务

平板计算机固件的升级、操作系统的随时更新、售后网点、品牌价值、说明书、三包凭证、国家3C认证等都是体现厂家实力的重要方面,通过综合考量相关的配套服务,也能区别出平板计算机品牌的优劣。

16.5 平板计算机的日常维护

掌握平板计算机基本的日常维护、保养方法,可以延长平板计算机使用寿命,提高工作效率。

1. 屏幕

尽量避免尖锐物品碰触屏幕表面,以免刮伤;避免重压屏幕导致内部组件损坏;长时间不使用时,可通过功能键暂时将屏幕电源关闭,除了节省电力外亦可延长屏幕寿命。

2. 散热

由于平板计算机内部空间狭小,芯片集成度高,应格外重视散热问题,尽力避免将平板计算机放置在柔软的物品上,如床上、沙发上,这样可能会堵住散热孔,影响散热效果进而降低系统工作效能,甚至死机。

机身灰尘较多时,可用小毛刷清洁缝隙,或用高压喷气罐或小型吸尘器清除缝隙里的灰尘,避免导致散热效果降低。

除尘操作步骤如下。

(1) 关闭电源并拔掉外接电源线,拆除内接电池及所有的外接设备连接线。

(2) 用高压喷气罐或小型吸尘器清除连接头、键盘缝隙等部位的灰尘。

(3) 用清水把不宜掉毛的柔软干布略微沾湿,轻轻擦拭机壳表面,尽量不要使用清洁剂。

(4) 待平板计算机完全干透,才能开启电源。

3. 电池

室温(10～25℃)为电池最适宜的工作温度,温度过高或过低的操作环境将降低电池的使用时间。在无外接电源的情况下,若暂时用不到外接设备,尽量不要连接外接设备,以延长电池使用时间。

16.6 本章小结

本章主要介绍平板计算机的分类、组成、选购和日常维护等基本常识。了解平板计算机的分类和组成是为了选购做准备,掌握平板计算机的基本维护常识,能够避免或延缓各种常见故障的发生,延长平板计算机的使用时间,提高工作效率。

习　题　16

1. 填空题

(1) iPad 平板计算机在硬件设计方面采用的是________架构。

(2) WiFi 又称________标准，是一种无线联网技术，通过无线电波连网；无线传输速度可以达到________，网络覆盖半径________米。

(3) 目前 x86 架构平板计算机采用的处理器是________或________。

2. 简答题

(1) 简述平板计算机的架构类型，并举例说明。

(2) 简述平板计算机的主要组成部件，并说明其功能。

(3) 试述平板计算机与超级本的异同。

实验 1　个人计算机硬件市场调查

1. 实验目的

(1) 了解计算机硬件市场各主要部件的市场行情。

(2) 熟悉计算机硬件各项指标的含义。

(3)了解计算机主要部件的最新发展趋势。

(4) 锻炼自己动手购机装机能力。

2. 实验准备

(1) 每人一支笔,一个笔记本。

(2) 对学校所在地的计算机市场分布有初步了解。

3. 实验时间安排

(1) 建议本次实验以实地调研和网络调研相结合。

(2) 实验时长为 4 学时。

4. 注意事项

(1) 调查了解时,边看、边听、边记。

(2) 所有记录必须真实。

5. 实验步骤

(1) 依据对计算机市场的初步了解,拟出市场调查计划。

(2) 实施市场调查计划,并认真进行记录。

(3) 掌握当前市场主流硬件产品的型号及主要技术指标。

(4) 整理记录,完成实验报告。

6. 实验报告

实验结束,完成《实验报告 1》。

实验2　认识计算机硬件系统常见设备

1. 实验目的

认识计算机硬件系统的总体结构，正确识别各部件，重点是主机箱里各板卡的名称、功能及连线方式(包括信号线和电源线)。

2. 实验内容及试验步骤

(1) 主机与显示器、打印机、键盘、鼠标、音箱等外设的信号线连接方式与电源插接。

(2) 认识机箱、电源、CPU、主机板、内存、硬盘、软盘、光驱等硬件设备，并进行显示器屏幕亮度、对比度、色彩、位置等的调节。

(3) 了解上述硬件的作用、结构、型号及连接情况。

(4) 对显示卡、声卡、网卡、内置解调器等常插卡件的认识。

(5) 常用外设的认识，包括显示器、鼠标键盘、打印机、外置解调器等。重点认识它们的作用、型号、分类、接口标准及其与主机的连接方式等方面。

3. 实验要求

(1) 各部件应是目前市场的主流产品，或者具有代表性的产品。

(2) 针对主机与外设的连接，实验指导教师应做演示，并讲解注意事项。在通电前由指导教师仔细检查连接情况。

4. 实验建议

(1) 安装，插、拔连线及各类板卡时，一定要断电操作，并注意释放静电。

(2) 各小组进行，每人都能独立完成主机与外设的连接、电源线的插拔。

5. 实验报告

实验结束，完成《实验报告2》。

实验3　CPU及存储器调研

1. 实验目的

(1) 了解当前主流计算机CPU、内存、硬盘的技术参数。

(2) 掌握当前CPU及存储技术的发展趋势。

2. 实验准备

(1) 每人一支笔,一个笔记本。

(2) 通过互联网对计算机CPU及各种存储器进行调研。

3. 实验时间安排

(1) 建议本次实验以网络调研和实地考察相结合。

(2) 实验时长为2学时。

4. 注意事项

所有记录必须真实,代表当前主流的方向。

5. 实验步骤

(1) 依据对网络上主流计算机CPU及存储器的介绍,掌握主流计算机CPU及各种存储器的技术参数。

(2) 通过对主流计算机CPU及存储器的技术指标进行分析,总结CPU及存储技术发展趋势。

(3) 整理记录,完成实验报告。

6. 实验报告

实验结束,完成《实验报告3》。

实验4　硬盘分区与格式化

1. 实验目的

(1) 熟练硬盘分区与格式化。

(2) 掌握常见的磁盘工具的使用方法。

(3) 学会使用DOS启动系统。

2. 实验准备

(1) 每小组一台可正常运行的PC(有光驱)。

(2) 每小组一张包含DOS引导程序的光驱启动盘(其中含有FDISK.EXE和Format.EXE、SYS.EXE 3个文件)。

3. 实验时间安排

(1) 建议本次实验安排在学习第5章之后。

(2) 实验时长为2学时。

4. 实验注意事项

(1) 实验前复习常用的DOS命令。

(2) 不得多次格式化硬盘,以延长硬盘寿命。

5. 实验步骤

(1) 进入BIOS设置程序,将开机顺序设置为“光驱→硬盘”。退出BIOS设置程序。

(2) 用DOS启动系统。

① 将DOS启动盘插入光驱。

② 重新开机,等待启动系统。

③ 用DIR命令查看DOS系统盘中的文件。

(3) 启动Fdisk,了解其功能。

① 输入Fdisk并按Enter键,启动Fdisk。

② 仔细观察界面,了解各项目的功能。

③ 尝试选择项目和退出项目的方法。

(4) 观察硬盘的现有分区。

① 选择相应选项。

② 观察本机硬盘的分区情况,并做好记录。

(5) 删除现有硬盘分区。

① 选择相应选项。

② 逐一删除本机硬盘中的所有分区。

(6) 建立分区。

① 拟出分区方案。

② 按方案分区。

③ 设置活动分区。

(7) 重新启动计算机,使分区生效。

① 确认DOS系统盘仍在光驱中,仍然用该盘启动系统。

② 关机并重新开机,等待系统启动。

③ 再次启动Fdisk,并查看分区是否生效。

(8) 格式化硬盘。

① 在DOS提示字符后输入“format c:”,即用Format命令格式化C区。

② 按提示输入Y并按Enter键。

③ 等待格式化,并在格式化结束时认真阅读格式化信息。

④ 用同样的方法格式化其他分区。

(9) 为硬盘安装DOS系统。

① 使用“sys:c”命令,在硬盘的C区中安装DOS系统。

② 用“dir c:/a/p”命令,查看C区中的文件。

(10) 以硬盘启动系统。

① 将启动盘取出,确保光驱中无光盘。

② 重新关机并开机。

③ 等待系统从C盘启动。

6. 实验报告

实验过程中记录有关数据,实验结束后完成《实验报告4》。

实验5 主板BIOS设置

1. 实验目的

(1) 熟悉BIOS的设置方法。

(2) 了解BIOS的主要功能。

(3) 熟练设置BIOS常用功能。

2. 实验准备

(1) 每小组一台可运行的PC。

(2) 本教材或相关参考书每人一本。

3. 实验时间安排

(1) 建议本次实验安排在学习第10章之后。

(2) 实验时长为2学时。

4. 实验注意事项

(1) 设置密码时,一定要记住密码,否则可能造成无法开机。在结束实验时,取消所设置密码,以便后续其他实验能顺利进入。

(2) 先理解项目的含义再予以设置,否则可能造成系统无法正常启动或正常工作。

(3) 实验结束时,将所有设置恢复到开始实验状态。

5. 实验步骤

(1) 进入BIOS设置界面。

① 开机,观察屏幕上相关提示。

② 按屏幕提示,按Del键或F2键,启动BIOS设置程序,进入BIOS设置界面。

③ 观察启动的BIOS设置程序属于哪一种。

(2) 尝试用键盘选择项目。

① 观察BIOS主界面相关按键使用的提示。

② 依照提示,分别按左、右、上、下光标键,观察光条的移动。

③ 按回车键,进入子界面。再按Esc键返回主界面。

④ 尝试主界面提示的其他按键,并理解相关按键的含义。

(3) 逐一了解主界面上各项目的功能。

① 选择第一个项目,按Enter键进入该项目的子界面。

② 仔细观察子菜单。

③ 明确该项目的功能。

④ 依次明确其他项目的功能。

(4) CMOS设置。

① 进入标准CMOS设置子界面。

② 设置日期和时间。

③ 观察硬盘参数。

④ 退出子界面,保存设置。

(5) 设置启动顺序。

① 进入启动顺序设置子界面。

② 改变现有启动顺序。

③ 退出子界面,保存设置。

(6) 设置密码。

① 选择密码设置选项。

② 输入密码(两次),并用笔记下密码。

③ 退出子界面,保存设置。

④ 退出BIOS设置程序,并重新开机,观察新设置密码是否生效。

⑤ 取消所设置密码。

(7) 载入BIOS默认设置。

(8) 加载出厂设置。

(9) 尝试不保存设置而退出主界面。

(10) 对照本教材或相关参考书,尝试其他项目的设置。

6. 实验报告

实验结束,完成《实验报告5》。

附录　计算机发展历史

1614年，苏格兰人John Napier(1550—1617)发表了一篇论文，其中提到他发明了一种可以进行四则运算和方根运算的精巧装置。

1623年，Wilhelm Schickard(1592—1635)制作了一个能进行6位以内数加减法，并能通过铃声输出答案的“计算钟”。

1625年，William Oughtred(1575—1660)发明计算尺。

1642—1643年，巴斯卡(Blaise Pascal)，发明了用齿轮运算的加法器Pascalene，这是第一部机械加法器。

1666年，英国的Samuel Morland发明了可以计算加数及减数的机械计数机。

1673年，Gottfried Leibniz制造了踏式(stepped)圆柱形转轮的计数机Stepped Reckoner，可以把重复的数字相乘，并自动地加入加数器里。

1694年，德国数学家Gottfried Leibniz，对巴斯卡的Pascalene改良，制造了可以计算乘数的机器，用齿轮及刻度盘操作。

1773年，Philipp-Matthaus制造并卖出了少量精确至12位的计算机器。

1775年，The third Earl of Stanhope发明了与Leibniz相似的乘法计算器。

1786年，J. H. Mueller设计了一部差分机。

1801年，Joseph-Marie Jacquard的织布机用连接有序的打孔卡控制编织的样式。

1847年，计算机先驱、英国数学家Charles Babbages开始设计机械式差分机。设计耗时近2年，这台机器可以完成31位精度的运算，被普遍认为是世界上第一台机械式计算机。但由于设计过于复杂，Charles Babbages直到去世也没有把自己的设计变成现实。直到2008年3月，人们才把Charles Babbages的差分机造出来，这台机器有8000个零件，重5t，目前放置在美国加利福尼亚州硅谷的计算机历史博物馆。

1854年，George Boole出版An Investigation of the Laws of Thought，讲述符号及逻辑，成为计算机设计的基本概念。

1889年，Herman Hollerith的电动制表机用于人口调查。采用Jacquard织布机的概念来计算，使本来需要10年时间才能得到的人口调查结果，在6星期内完成。

1893年，第一部四功能计算器发明。

1896年，Hollerith成立制表机器公司(Tabulating Machine Company)。

1901年，打孔机出现。

1904年，John A. Fleming取得真空二极管的专利权，为无线电通讯建立基础。

1906年，Lee de Foredt发明了三电极真空管。

1911年，Hollerith的表机公司与其他两家公司合并，组成Computer Tabulating

Recording Company(C-T-R),制表及录制公司。1924年,改名为International Business Machine Corporation(IBM)。

1931年,Vannever Bush发明了可以解决一些复杂的差分问题的机器。

1935年,IBM推出IBM 601,是有算术部件,可在1s内计算乘数的穿孔机器。对科学及商业计算起很大作用,共制造了1500部。

1937年,Alan Turing提出通用机器(universal machine)的概念,可以执行任何算法,形成了可计算(computability)的基本概念。

1939年11月,John Vincent Atannsoff与John Berry制造了一部16位加法器,是第一部用真空管计算的机器。

1939年,Zuse与Schreyer开始制造V2,这种机器沿用Z1的机械存储器,加上一个用断电器逻辑(relay logic)的新算术部件。

1939—1940年,Schreyer设计了采用真空管的10位加法器,用氖气灯做存储器。

1940年1月,Bell实验室的Samuel Williams及Stibitz完成了一部可以计算复杂数字的机器,叫复杂数字计数机(complex number calculator),后改称"断电器计数机型号I(model I relay calculator)"。用电话开关做逻辑部件:145个断电器、10个横杠开关。同年9月,电传打字etype安装在一个数学会议室里,由New Hampshire连接至纽约。

1940年,Zuse完成Z2,比V2运行得更好,但不太可靠。

1941年2月,Zuse完成V3(后来叫Z3),是第一台操作中可编写程序的计算机。用浮点操作,有7位指数、14位尾数,以及一个正负号。存储器可以存储64个字,有1400个断电器;有1200多个算术及控制部件。

1941年夏季,Atanasoff及Berry完成了一部专为解决联立线性方程系统的计算器,后来叫ABC(atanasoff-berry computer),有60个50位的存储器,以电容器(capacitories)形式安装在2个旋转的鼓上,时钟速度60Hz。

1943年,在John Brainered领导下,ENIAC开始研究。John Mauchly和J. Presper Eckert负责计划的执行。1946年,ENIAC在美国建造完成。

1947年,美国计算机协会(ACM)成立。

1947年,英国完成了第一个存储真空管。1948贝尔电话公司研制成半导体。

1949年,英国建造完成"延迟存储电子自动计算器"(EDSAC)。

1951年,美国麻省理工学院制成磁心。

1952年,第一台"储存程序计算器"诞生。第一台大型计算机系统IBM701建造完成。

1952年,第一台符号语言翻译机发明。

1954年,第一台半导体计算机由贝尔电话公司研制成功。

1954年,第一台通用数据处理机IBM650诞生。

1955年,第一台利用磁心存储的大型计算机IBM705建造完成。

1956年,IBM公司推出科学704计算机。

1957年,程序设计语言FORTRAN问世。

1959年,第一台小型科学计算器IBM620研制成功。

1960年,数据处理系统IBM1401研制成功。

1961年,程序设计语言COBOL问世。

1961年，第一台分系统计算机由麻省理工学院设计完成。

1963年，BASIC语言问世。

1964年，第三代计算机IBM360系列制成。

1965年，美国数字设备公司推出第一台小型机PDP-8。

1969年，IBM公司研制成功90列卡片机和系统-3计算机系统。

1970年，IBM 1370计算机系列制成。

1971年，伊利诺大学设计完成伊利阿克IV巨型计算机。

1971年，第一台微处理机4004由英特尔公司研制成功。

1972年，微处理机基片开始大量生产销售。

1973年，第一片软磁盘由IBM公司研制成功。

1975年，ATARI-8800微机问世。

1977年，柯莫道尔公司宣称全组合微机PET-2001研制成功。

1977年，TRS-80微机诞生。苹果-Ⅱ型微计算机诞生。

1978年，超大规模集成电路开始应用。

1978年，磁泡存储器第二次用于商用计算机。

1979年，夏普公司宣布制成第一台手提式微计算机。

1982年，PC开始普及，大量进入学校和家庭。

1984年，日本计算机产业着手研制"第五代计算机"——具有人工智能的计算机。

1984年，DNS域名服务器发布，当时互联网上有1000多台主机运行。

1984年，HP公司发明激光打印机，同时也在喷墨打印机上保持技术领先。

1984年1月，Apple公司的Macintosh发布，基于Motorola 68000微处理器，可以寻址16MB。

1984年8月，MS-DOS 3.0、PC-DOS 3.0、IBM AT发布，采用ISA标准，支持硬盘和1.2MB软驱。

1984年9月，Apple公司发布了有512kb内存的Macintosh。

1984年底，Compaq公司开始开发IDE接口，可以更快的速度传输数据，并被许多同行采纳，后来进一步的推出了EIDE，可以支持528MB的硬盘，数据传输也更快。

1985年，Philips和Sony公司合作推出CD-ROM驱动器。

1985年，EGA标准推出。

1985年3月，MS-DOS 3.1、PC-DOS 3.1推出，这是第一个提供网络功能的DOS版本。

1985年10月17日，80386DX推出，时钟频率为33MHz，可寻址1GB内存。拥有比286处理器更多的指令。600万条指令/s，集成275000个晶体管。

1985年11月，微软公司Windows发布。在3.0版本之前没有得到广泛的应用，需要DOS的支持，类似苹果机的操作界面，被苹果控告，诉讼到1997年8月终止。

1985年12月，MS-DOS 3.2、PC-DOS 3.2推出，是第一个支持3.5英寸磁盘的系统，支持软盘容量720KB，3.3版本可支持1.44MB软盘。

1986年1月，Apple公司发布较高性能的Macintosh，有4MB内存和SCSI适配器。

1986年9月，Amstrad Announced发布价格便宜且功能更强的计算机Amstrad PC 1512，具有CGA图形适配器、512KB内存、8086处理器、20MB硬盘。采用鼠标器和图形用户界面,面向家庭应用。

1987年,Connection Machine超级计算机发布。采用并行处理,运算速度为2亿次/s。

1987年,微软公司Windows 2.0发布。

1987年,英国数学家Michael F. Barnsley找到图形压缩的方法。

1987年,Macintosh Ⅱ发布,基于Motorola 68020处理器。时钟16MHz,260万条指令/s。有一个SCSI适配器和一个彩色适配器。

1987年4月,IBM公司推出PS/2系统。最初基于8086处理器和老的XT总线。后来过渡到80386,开始使用3.5英寸1.44MB软盘驱动器。引进了微通道技术,这一系列机型取得了巨大成功,生产了200万台。

1987年,IBM公司发布VGA技术,并发布了自己设计的微处理器8514/A。

1987年4月,MS-DOS 3.3、PC-DOS 3.3随IBM PS/2一起发布,支持1.44MB驱动器和硬盘分区。可为硬盘分出多个逻辑驱动器。

1987年4月,微软公司和IBM公司发布S/2Warp操作系统,但未取得成功。

1987年8月,一家加拿大公司发布AD-LIB声卡。

1987年10月,Compaq DOS(CPQ-DOS) V3.31发布。支持的硬盘分区大于32MB。

1988年,光计算机投入开发,用光子代替电子,可以提高计算机的处理速度。

1988年,XMS标准建立。

1988年,EISA标准建立。

1988年6月6日,发布迎合低价计算机需求的80386 SX CPU。

1988年7月,PC-DOS 4.0、MS-DOS 4.0发布。支持EMS内存,但因为存在BUG,后来又陆续推出4.01a。

1988年9月,IBM公司的PS/2 286发布,采用80286 CPU。

1988年10月,Macintosh Iix发布。采用Motorola 68030 CPU,主频16MHz、390万条指令/s,支持128MB RAM。

1988年11月,MS-DOS 4.01、PC-DOS 4.01发布。

1989年,欧洲物理粒子研究所的Tim Berners-Lee创立World Wide Web雏形。通过超文本链接,可以上网浏览信息,促进了Internet的发展。

1989年,Phillips和Sony公司发布CD-I标准。

1989年1月,Macintosh SE/30发布,采用新型68030 CPU。

1989年3月,E-IDE标准确立,支持528MB硬盘容量,33.3MB/s的传输速度,并被CD-ROM采用。

1989年4月10日,80486 DX发布,集成120万个晶体管,其后继型号时钟频率达到100MHz。

1989年11月,Sound Blaster Card(声卡)发布。

1990年,SVGA标准确立。

1990年3月,Macintosh Iifx发布,基于68030CPU,主频40MHz,使用SCSI接口。

1990年5月22日,微软公司发布Windows 3.0,兼容MS-DOS模式。

1990年10月,Macintosh Classic发布,显卡支持256色。

1990年11月,第一代MPC(多媒体PC标准)发布:CPU至少为80286/12MHz,一个光驱，至少 150KB/s 的传输率。

1991 年，发布 ISA 标准。Sound Blaster Pro 声卡发布。

1991 年 6 月，MS-DOS 5.0、PC-DOS 5.0 发布。突破了 640KB 的基本内存限制，也标志着微软公司与 IBM 公司在 DOS 上合作的终结。

1992 年，Windows NT 发布，可寻址 2GB RAM。Windows 3.1 发布。

1992 年 6 月，Sound Blaster 16 ASP 声卡发布。

1993 年，Internet 开始商业化运行。经典游戏 Doom 发布。

1993 年，Novell 并购 Digital Research，DR-DOS 成为 Novell DOS。

1993 年 3 月，Pentium 发布，集成 300 多万个晶体管。初期工作频率 60～66MHz，每秒钟执行 1 亿条指令。

1993 年 5 月，MPC 标准 2 发布。CD-ROM 传输率要求 300KB/s，在 320×240 的窗口中播放 15 帧图像/s。

1993 年 12 月，MS-DOS 6.0 发布，包括一个硬盘压缩程序 DoubleSpace，但一家小公司声称，微软公司剽窃了其部分技术。在后来的 DOS 6.2 中，微软公司将其改名为 DriveSpace。后来 Windows 95 中的 DOS 称为 DOS 7.0。

1994 年 3 月 7 日，Intel 公司发布 90～100MHz Pentium CPU。

1994 年 9 月，PC-DOS 6.3 发布。

1994 年，Doom Ⅱ 发布，开辟了 PC 游戏广阔市场。

1994 年，Netscape 1.0 浏览器发布。

1994 年，Comm&Conquer(命令与征服)发布。

1995 年 6 月 1 日，Intel 公司发布 133MHz 的 Pentium CPU。

1995 年 8 月，Windows 95 发布，完全脱离 MS-DOS，是纯 32 位的多任务操作系统。

1995 年 11 月 1 日，Pentium Pro CPU 发布，主频达 200MHz，完成 4.4 亿条指令/min，集成了 550 万个晶体管。

1995 年 12 月，Netscape 公司发布 JavaScript。

1996 年，Quake、Civilization 2、Command& Conquer-Red Alert 等著名游戏发布。

1996 年 1 月，Netscape Navigator 2.0 发布，是第一个支持 JavaScript 的浏览器。

1996 年 1 月，Intel 公司发布 150～166MHz 的 Pentium CPU，集成了 330 万个晶体管。

1996 年，Windows 95 OSR2 发布，修复了部分 BUG，扩充了部分功能。

1997 年，Quake 2、Blade Runner 等著名游戏发布，3D 图形加速卡开始流行。

1997 年 1 月，Intel 公司发布 Pentium MMX，对游戏和多媒体功能进行了增强。

1997 年 4 月，IBM 公司的深蓝(Deep Blue)计算机，战胜国际象棋世界冠军卡斯帕罗夫。

1997 年 5 月，Intel 公司发布 Pentium Ⅱ CPU，增加了更多的指令和更多 Cache。

1997 年，Apple 公司遇到严重的财务危机，微软公司注资 1.5 亿美元，条件是 Apple 撤销对微软模仿其图形窗口界面的起诉。

1998 年 2 月，Intel 公司发布 333MHz Pentium Ⅱ CPU，采用 0.25μm 制作工艺，速度提高，发热量减少。

1998 年 6 月，微软公司发布 Windows 98，并针对肢解微软的企图，微软回击说这会伤害美国的国家利益。

1999年1月,Linux Kernel 2.2.0发布。

1999年2月,Intel公司推出Pentium Ⅲ CPU,采用和Pentium Ⅱ相同的Slot1架构,增加了拥有70条全新指令的SSE指令集,以增强3D和多媒体的处理能力,时钟频率在450MHz以上,采用0.25μm工艺制造,集成512KB以上的二级缓存。

1999年2月,AMD公司发布K6-Ⅲ CPU主频400MHz,集成2300万个晶体管、采用Socket 7结构,宣称性能超过Intel Pentium Ⅲ。

1999年4月26日,台湾学生陈盈豪编写的CIH病毒在全球范围爆发,近100万台计算机软硬件遭到不同程度的破坏,直接经济损失达数十亿美元。

1999年5月,id Soft推出Quake Ⅲ的第一个测试版本,此后Quake Ⅲ逐渐确立了FPS游戏竞技标准,并成为计算机硬件性能的测试标准之一。

1999年6月,AMD公司推出采用全新架构,名为Athlon的CPU,在CPU频率上第一次超越了Intel公司。

1999年9月,nVIDIA公司推出GeForce256显示芯片,并提出了GPU的概念。

1999年10月,代号为Coppermine(铜矿)的Pentium Ⅲ CPU发布。采用0.18μm工艺,内部集成256KB二级缓存,有2800万个晶体管。

2000年1月1日,千年虫并没有爆发。2月,微软公司发布Windows 2000。

2000年3月,AMD公司推出主频1GHz的Athlon CPU,掀开了GHz CPU大战。

2000年3月18日,Intel公司推出1GHz Pentium Ⅲ CPU。

2000年4月27日,AMD公司发布“毒龙”(Duron)CPU,开始在低端市场向Intel发起冲击。

2000年5月14日,名为I LOVE YOU(爱虫)的病毒在全球爆发,仅3天时间就造成近4500万台计算机感染,经济损失达26亿美元。

2000年9月,微软公司推出面向家庭用户的Windows Me,这是微软公司最后一个基于9x内核的操作系统。

2000年11月,微软公司推出薄型个人计算机Tablet PC。

2000年11月,Intel公司推出Pentium 4 CPU。采用全新的Netburst架构,总线频率达到400MHz,另外增加了144条新指令,用于提高视频、音频及3D图形处理能力。

2000年12月,3dfx公司出售给竞争对手nVIDIA。

2001年2月,世嘉公司退出游戏硬件市场。

2001年3月,苹果公司发布Mac OS X操作系统,这是苹果操作系统自1984年诞生以来首个重大的修正版本。

2001年6月,Intel公司推出采用0.13μm制作工艺的Tualatin(图拉丁)内核Pentium Ⅲ和赛扬CPU。

2001年10月,AMD公司推出Athlon XP系列CPU,采用新的核心,3D Now!指令集和OPGA(有机管脚阵列)封装,而采用了PR标称值(相对性能标示)命名规范。

2001年10月,微软公司推出Windows XP,比尔·盖茨宣布“DOS时代到此结束。”

2002年2月,nVIDIA发布GeForce 4系列GPU,分为Ti和Mx两个系列,其中的GeForce4 Ti 4200和GeForce 4 MX 440两款产品成为市场中生命力极强的典范。

2002年5月，老牌显示芯片制造厂商Matrox公司发布了Parhelia-512(中文名：幻日)显示芯片，是世界上首款512bit GPU。

2002年7月，ATi公司发布Radeon 9700显卡，采用代号为R300的显示核心，并将nVIDIA赶下了3D性能霸主的宝座。

2002年11月，nVIDIA公司发布代号为NV30的GeForce FX显卡，使用0.13μm制造工艺，由于采用多项超前技术，该显卡被称为一款划时代的产品。

2003年1月，Intel公司发布移动处理技术规范“迅驰”(Centrino)。

2003年2月，AMD公司发布Barton核心的Athlon XP CPU，凭借超高的性价比和优异的超频能力，创造出了一个让所有DIY无限怀念的Barton时代。

2003年2月，FutureMark公司发布3Dmark 03，引发了一场测试软件的信任危机。

2004年，Intel公司全面转向PCI-Express。

2006年5月，Intel公司发布Core 2 Duo(酷睿2)CPU，Core成为该公司高能效的处理器的新品牌，包括Duo双核、QUAD四核和八核。台式机、笔记本计算机、服务器处理器均采用这个品牌。服务器版的开发代号为Woodcrest，桌面版的开发代号为Conroe，移动版的开发代号为Merom。

2007年，Intel公司在IDF大会推出震惊世界的20 000亿次80核CPU。

2007年1月，微软公司发布Windows Vista(Windows 6)。

2009年11月，微软公司发布Windows 7。

2011年1月，Intel第二代智能酷睿CPU(包括第二代Core i3/i5/i7)发布。新微架构命名为Sandy Bridge。Sandy Bridge的重要革新：内置GPU；第二代睿频加速技术；在CPU、GPU、L3缓存和其他I/O之间引入全新RING(环形)总线；全新的AVX指令集。

2011年3月，AMD公司发布APU(accelerated processing unit，加速处理器)，将CPU和独显核心做在一个晶片上，实现了传统CPU和GPU的真正融合。

2012年2月，微软公司发布Windows 8消费者预览版。支持Intel、AMD和ARM的芯片架构。

2012年4月，Intel公司发布第三代智能酷睿处理器(代号Ivy Bridge，简称IVB)，采用22nm制造工艺，三栅极3-D晶体管。

计算机在中国

1956年周恩来总理提议、制订了我国计算机科研、生产、教育发展计划，我国计算机事业由此起步。

1957年，哈尔滨工业大学研制成功中国第一台模拟式电子计算机。

1958年，中国第一台计算机——103型通用数字电子计算机研制成功，运行速度1500次/s，容量为1KB。

1959年，中国研制成功104型电子计算机，运算速度1万次/s。

1960年，中国第一台大型通用电子计算机——107型通用电子数字计算机研制成功。

1963年，中国第一台大型晶体管电子计算机——109机研制成功。

1970年，中国第一台具有多道程序分时操作系统和标准汇编语言的计算机——441B-Ⅲ型全晶体管计算机研制成功。

1972年,运算11万次/s的大型集成电路通用数字电子计算机研制成功。

1973年,中国第一台百万次集成电路电子计算机研制成功。

1977年,中国第一台微型计算机DJS-050机研制成功。

1979年,中国研制成功每秒运算500万次的集成电路计算机——HDS-9,王选用中国第一台激光照排机排出样书。

1983年,银河Ⅰ号巨型计算机研制成功,运算速度1亿次/s。填补了国内巨型计算机的空白,标志着中国进入了世界研制巨型计算机的行列。

1984年,联想集团的前身——新技术发展公司成立,中国出现第一次微机热。

1985年,华光Ⅱ型汉字激光照排系统投入生产性使用。

1986年,中华学习机投入生产。

1987年,第一台国产286微机——长城286正式推出。

1988年,第一台国产386微机——长城386推出,中国发现首例计算机病毒。

1990年,中国首台智能计算机——EST/IS4260智能工作站诞生,长城486计算机问世。

1992年,中国最大的汉字字符集——6万计算机汉字字库正式建立。

1994年,银河Ⅱ号10亿次巨型计算机在国家气象局投入运行,用于天气中期预报。

1997年,银河Ⅲ百亿次并行巨型计算机研制成功。

1999年,银河Ⅳ巨型机研制成功。

2000年,高性能计算机神威Ⅰ研制成功,主要技术指标和性能达到国际先进水平。我国成为继美国、日本之后第三个具备自主研制高性能计算机能力的国家。

2007年,银河Ⅴ巨型机研制成功。

2010年,国防科学技术大学在"天河一号"基础上,完成"天河一号A"系统的安装部署,实测运算能力2507万亿次/s,是当时世界上最快的超级计算机!

2013年6月,世界超级计算机TOP500组织发布第41届世界超级计算机500强排名。国防科技大学研制的天河二号超级计算机系统,以峰值计算速度每秒5.49亿亿次、持续计算速度每秒3.39亿亿次双精度浮点运算的性能位居榜首。

参考文献

[1] 秦杰.计算机组装与系统维护技术.北京：清华大学出版社，2010.

[2] 单学红.计算机组装与维护.北京：清华大学出版社，2009.

[3] 徐新艳.计算机组装维护与维修.北京：电子工业出版社，2008.

[4] 王战伟.计算机组成与维护.北京：电子工业出版社，2007.

[5] 陈国先.计算机组装与维护.第3版.北京：电子工业出版社，2006.

[6] 褚建立.计算机组装与维护实用技术.北京：清华大学出版社，2005.

[7] 张博竣.图片讲解电脑组装与维护.北京：电子工业出版社，2005.

[8] 赵兵.计算机维护与维修教程.北京：人民邮电出版社，2002.

[9] 吴权威.电脑组装与维护应用基础教程.北京：中国铁道出版社，2004.

[10] 仇伟明.计算机组装与维护基础教程.北京：中国科学技术出版社，2007.

[11] 褚建立.计算机组装与维护情境实训.北京：电子工业出版社，2009.

[12] 陈浩.计算机组装与维护.北京：人民邮电出版社，2006.

[13] 李红艳，胡红宇.计算机组装与维护宝典.北京：中国铁道出版社，2007.

[14] 吴学毅.计算机组装与维护.北京：机械工业出版社，2006.

[15] 张明.计算机组装与维护教程.北京：机械工业出版社，2009.

[16] 刘博.计算机组装与维护.北京：清华大学出版社，2008.

[17] 王坤.计算机组装与维护.北京：中国铁道出版社，2008.

[18] 王璞.计算机组装与维护教程.陕西：西北工业大学出版社，2007.

[19] 995电脑维护工作站.http://www.ip995.com/Article.asp?id=21&Page=5.

[20] AMD A系列APU.http://www.amdproduct.com/.

[21] ipad中文网.http://ipad.duowan.com/.

[22] 中关村在线.http://product.zol.com.cn/products/param_index.php.

[23] IT168.http://detail.it168.com.

[24] 博闻网.http://computer.bowenwang.com.cn.

[25] WordPress中文文档.http://codex.wordpress.org.cn.

[26] Intel公司.http://www.intel.com/?zh_CN_01.

[27] ARM.http://www.arm.com/zh/.

[28] ipad.http://www.apple.com.cn/ipad/.

21世纪高等学校数字媒体专业规划教材

ISBN	书名	定价(元)
9787302224877	数字动画编导制作	29.50
9787302222651	数字图像处理技术	35.00
9787302218562	动态网页设计与制作	35.00
9787302222644	J2ME手机游戏开发技术与实践	36.00
9787302217343	Flash多媒体课件制作教程	29.50
9787302210399	数字音视频资源的设计与制作	25.00
9787302201076	Flash动画设计与制作	29.50
9787302180319	非线性编辑原理与技术	25.00
9787302168119	数字媒体技术导论	32.00
9787302155188	多媒体技术与应用	25.00
9787302235118	虚拟现实技术	35.00
9787302234111	多媒体CAI课件制作技术及应用	35.00
9787302238133	影视技术导论	29.00
9787302224921	网络视频技术	35.00
9787302232865	计算机动画制作与技术	39.50
9787302275893	网页编程基础——XHTML、CSS、JavaScript	39.50
9787302272847	3D图形编程基础——基于DirectX 11	29.50
9787302262725	三维动画设计与制作技术	29.00
9787302261322	数字影视非线性编辑技术	29.50
9787302255376	数字摄影与摄像	25.00
9787302250203	数字媒体专业英语	35.00
9787302254133	网页设计与制作(第2版)	29.50
9787302243700	多媒体信息处理与应用	35.00

以上教材样书可以免费赠送给授课教师,如果需要,请发电子邮件与我们联系。

教学资源支持

敬爱的教师:

感谢您一直以来对清华版计算机教材的支持和爱护。为了配合本课程的教学需要,本教材配有配套的电子教案(素材),有需求的教师可以与我们联系,我们将向使用本教材进行教学的教师免费赠送电子教案(素材),希望有助于教学活动的开展。

相关信息请拨打电话010-62776969或发送电子邮件至weijj@tup.tsinghua.edu.cn咨询,也可以到清华大学出版社主页(http://www.tup.com.cn或http://www.tup.tsinghua.edu.cn)上查询和下载。

如果您在使用本教材的过程中遇到了什么问题,或者有相关教材出版计划,也请您发邮件或来信告诉我们,以便我们更好地为您服务。

地址:北京市海淀区双清路学研大厦A座707　计算机与信息分社魏江江　收
邮编:100084　电子邮件:weijj@tup.tsinghua.edu.cn
电话:010-62770175-4604　邮购电话:010-62786544

《网页设计与制作(第2版)》目录

ISBN 978-7-302-25413-3　　梁　芳　主编

图书简介：

Dreamweaver CS3、Fireworks CS3 和 Flash CS3 是 Macromedia 公司为网页制作人员研制的新一代网页设计软件，被称为网页制作"三剑客"。它们在专业网页制作、网页图形处理、矢量动画以及 Web 编程等领域中占有十分重要的地位。

本书共 11 章，从基础网络知识出发，从网站规划开始，重点介绍了使用"网页三剑客"制作网页的方法。内容包括了网页设计基础、HTML 语言基础、使用 Dreamweaver CS3 管理站点和制作网页、使用 Fireworks CS3 处理网页图像、使用 Flash CS3 制作动画和动态交互式网页，以及网站制作的综合应用。

本书遵循循序渐进的原则，通过实例结合基础知识讲解的方法介绍了网页设计与制作的基础知识和基本操作技能，在每章的后面都提供了配套的习题。

为了方便教学和读者上机操作练习，作者还编写了《网页设计与制作实践教程》一书，作为与本书配套的实验教材。另外，还有与本书配套的电子课件，供教师教学参考。

本书可作为高等院校本、专科网页设计课程的教材，也可作为高职高专院校相关课程的教材或培训教材。

目　录：

教学资源支持

敬爱的教师：

感谢您一直以来对清华版计算机教材的支持和爱护。为了配合本课程的教学需要，本教材配有配套的电子教案（素材），有需求的教师请到清华大学出版社主页（http://www.tup.com.cn）上查询和下载，也可以拨打电话或发送电子邮件咨询。

如果您在使用本教材的过程中遇到了什么问题，或者有相关教材出版计划，也请您发邮件告诉我们，以便我们更好地为您服务。

我们的联系方式：

地　　址：北京海淀区双清路学研大厦 A 座 707

邮　　编：100084

电　　话：010－62770175－4604

课件下载：http://www.tup.com.cn

电子邮件：weijj@tup.tsinghua.edu.cn

教师交流 QQ 群：136490705

教师服务微信：itbook8

教师服务 QQ：883604

（申请加入时，请写明您的学校名称和姓名）

用微信扫一扫右边的二维码，即可关注计算机教材公众号。

扫一扫

课件下载、样书申请

教材推荐、技术交流